普通高等教育"十一五"国家级规划教材

过程装备与控制工程专业精品教材

过程装备控制
技术及应用

第3版

张早校　王　毅　主编

U0228736

化学工业出版社

·北京·

《过程装备控制技术及应用》（第3版）突出过程装备与控制工程专业的特点，既力求介绍自动控制理论的一些基础知识要点，又高度重视实践与应用性，同时强调其先进性。从过程装备自动控制的应用角度出发，主要介绍了过程控制系统的基本概念、组成、原理及其应用；重点介绍了压力、温度、流量、液位、物质成分等常见参数的测量方法，以及测量变送器、控制器、执行器等仪器、仪表的结构、原理和应用；针对工业自动化发展趋势介绍了计算机控制系统的基本组成原理。最后简要介绍了几种目前比较先进的过程控制系统。

第3版在第2版的基础上进一步增加了过程控制基础知识内容。在第1章和第2章详细描述过程控制基本概念；第4章、第5章、第6章进一步增加了例题量；增设第3章，对复杂控制系统进行专门介绍。在附录里增加了常用标准热电阻分度表、常用标准热电偶分度表、常用管道仪表流程图设计符号等，方便学生参考使用。

本书可供过程装备与控制工程专业本科和研究生使用，也可作为有关院校的石油、化工、能源、动力、食品、环境工程等专业的学生使用，同时还可供从事过程设备与控制行业的工程技术人员参考。

图书在版编目（CIP）数据

过程装备控制技术及应用/张早校，王毅主编. —3 版.
—北京：化学工业出版社，2018.9（2024.7 重印）
普通高等教育"十一五"国家级规划教材
ISBN 978-7-122-32507-5

Ⅰ.①过… Ⅱ.①张…②王… Ⅲ.①过程控制-高等
学校-教材　Ⅳ.①TP273

中国版本图书馆 CIP 数据核字（2018）第 138333 号

责任编辑：丁文璇　程树珍　　　　　　　　装帧设计：张　辉
责任校对：王素芹

出版发行：化学工业出版社（北京市东城区青年湖南街 13 号　邮政编码 100011）
印　　装：三河市双峰印刷装订有限公司
787mm×1092mm　1/16　印张 21　字数 513 千字　2024 年 7 月北京第 3 版第 7 次印刷

购书咨询：010-64518888　　售后服务：010-64518899
网　　址：http://www.cip.com.cn
凡购买本书，如有缺损质量问题，本社销售中心负责调换。

定　　价：58.00 元

前　言

当前，随着"中国制造 2025"战略的实施和"互联网＋"的飞速发展，对过程装备与控制工程专业人才培养提出了新的、更高的要求。本专业围绕"过程"→"装备"→"控制"的核心内涵进行教材建设，显得尤为重要。《过程装备控制技术及应用》作为专业核心课程教材，在普及过程装备控制基础知识方面担当了重要角色。

在本教材第 1 版、第 2 版使用的基础上，第 3 版主要做了以下内容修订：首先将章节做了调整，把复杂控制系统单独扩展成章放到了第 3 章。在内容方面，加强了过程装备控制基础知识的介绍，进一步强调了反馈控制的基本概念，在数学模型部分增加了方框图及简化要点，以及控制理论常用的传递函数的基础知识。对过程装备控制的任务、要求和设计步骤作了明确阐述。全书增加了大量例题和习题，以加深对课程知识要点的理解。在附录部分，增加了拉普拉斯变换表，常用热电阻、热电偶分度表，常用管道仪表流程图设计符号和课外项目设计参考题目。

本教材是按照 64 学时计划编写的。考虑到不同学校对本课程学时的设置要求不一，在使用本教材时可以根据需要选择部分章节讲授学习。

参加第 3 版修订工作的有张早校、王毅、余云松、侯雄坡、吴震、马登龙、何阳、冯鹏辉、程彦铭、唐凯、王磊、冀丰偲、董会晶、樊琛、王苗和李宇声。

在本教材的修订过程中，于 2016 年 12 月在西安交通大学化工学院召开了《过程装备控制技术及应用》的修订及人才培养研讨会。来自全国 19 所高校 40 余名资深专家及一线教师代表对教材的修订提出了大量宝贵的意见和建议，对于本教材的修订大有裨益。过程装备与控制工程专业教学指导分委员会以及多所学校的教师、学生对本教材的修订也提出了很多建设性意见，在此一并表示衷心感谢。

由于时间仓促，书中难免有不妥之处，恳请各位专家和读者及时批评指正。

编者
2018 年 5 月

第一版序

按照国际标准化组织的认定（ISO/DIS 9000：2000），社会经济过程中的全部产品通常分为四类，即硬件产品（hardware）、软件产品（software）、流程性材料产品（processed material）和服务型产品（service）。在新世纪初，世界上各主要发达国家和我国都已把"先进制造技术"列为优先发展的战略性高技术之一。先进制造技术主要是指硬件产品的先进制造技术和流程性材料产品的先进制造技术。所谓"流程性材料"是指以流体（气、液、粉粒体等）形态为主的材料。

过程工业是加工制造流程性材料产品的现代国民经济的支柱产业之一。成套过程装置则是组成过程工业的工作母机群，它通常是由一系列的过程机器和过程设备，按一定的流程方式用管道、阀门等连接起来的一个独立的密闭连续系统，再配以必要的控制仪表和设备，即能平稳连续地把以流体为主的各种流程性材料，让其在装置内部经历必要的物理化学过程，制造出人们需要的新的流程性材料产品。单元过程设备（如塔、换热器、反应器与储罐等）与单元过程机器（如压缩机、泵与分离机等）二者的统称为过程装备。为此，有关涉及流程性材料产品先进制造技术的主要研究发展领域应该包括以下几个方面：①过程原理与技术的创新；②成套装置流程技术的创新；③过程设备与过程机器——过程装备技术的创新；④过程控制技术的创新。于是把过程工业需要实现的最佳技术经济指标：高效、节能、清洁和安全不断推向新的技术水平，确保该产业在国际上的竞争力。

过程装备技术的创新，其关键首先应着重于装备内件技术的创新，而其内件技术的创新又与过程原理和技术的创新以及成套装置工艺流程技术的创新密不可分，它们互为依托，相辅相成。这一切也是流程性产品先进制造技术与一般硬件产品的先进制造技术的重大区别所在。另外，这两类不同的先进制造技术的理论基础也有着重大的区别，前者的理论基础主要是化学、固体力学、流体力学、热力学、机械学、化学工程与工艺学、电工电子学和信息技术科学等，而后者则主要侧重于固体力学、材料与加工学、机械机构学、电工电子学和信息技术科学等。

"过程装备与控制工程"本科专业在新世纪的根本任务是为国民经济培养大批优秀的能够掌握流程性材料产品先进制造技术的高级专业人才。

四年多来，教学指导委员会以邓小平同志提出的"教育要面向现代化，面向世界，面向未来"的思想为指针，在广泛调查研讨的基础上，分析了国内外化工类与机械类高等教育的现状、存在的问题和未来的发展，向教育部提出了把原"化工设备与机械"本科专业改造建设为"过程装备与控制工程"本科专业的总体设想和专业发展规划建议书，于1998年3月获得教育部的正式批准，设立了"过程装备与控制工程"本科专业。以此为契机，教学指导委员会制订了"高等教育面向21世纪'过程装备与控制工程'本科专业建设与人才培养的总体思路"，要求各院校从转变传统教育思想出发，拓宽专业范围，以培养学生的素质、知识与能力为目标，以发展先进制造技术作为本专业改革发展的出发点，重组课程体系，在加强通用基础理论与实践环节教学的同时，强化专业技术基础理论的教学，削减专业课程的分量，淡化专业技术教学，从而较大幅度地减少总的授课时数，以加强学生自学、自由探讨和发展的空间，以有利于逐步树立本科学生勇于思考与创新的精神。

　　高质量的教材是培养高素质人才的重要基础，因此组织编写面向 21 世纪的 6 种迫切需要的核心课程教材，是专业建设的重要内容。同时，还编写了 6 种选修课程教材。教学指导委员会明确要求教材作者以"教改"精神为指导，力求新教材从认知规律出发，阐明本课程的基本理论与应用及其现代进展，做到新体系、厚基础、重实践、易自学、引思考。新教材的编写实施主编负责制，主编都经过了投标竞聘，专家择优选定的过程，核心课程教材在完成主审程序后，还增设了审定制度。为确保教材编写质量，在开始编写时，主编、教学指导委员会和化学工业出版社三方面签订了正式出版合同，明确了各自的责、权、利。

　　"过程装备与控制工程"本科专业的建设将是一项长期的任务，以上所列工作只是一个开端。尽管我们在这套教材中，力求在内容和体系上能够体现创新，注重拓宽基础，强调能力培养，但是由于我们目前对教学改革的研究深度和认识水平所限，必然会有许多不妥之处。为此，恳请广大读者予以批评和指正。

全国高等学校化工类及相关专业教学指导委员会

副主任委员兼化工装备教学指导组组长

大连理工大学 博士生导师

丁信伟教授

2001 年 3 月于大连

第一版前言

根据"化工设备与机械"本科专业调整更名为"过程装备与控制工程"专业的精神，为适应新专业人才培养目标的需要，全国高等学校化工类及相关专业教学指导委员会化工装备教学指导组多次召开会议，决定编写"过程装备与控制工程"专业的核心课教材。《过程装备控制技术及应用》确定为新编写的核心课教材之一。

新的专业要求学生掌握原专业的基本内容的同时，还能够掌握控制工程方面的知识。《过程装备控制技术及应用》课程的设置，充分体现了本科专业的一个重大特色，可以使本专业的学生能够将过程机械、计算机自动测试、控制、自动化等方面的知识有机地结合在一起，培养学生成为掌握多学科知识与技能的复合型人才。

本书的编写尚属首次，难度主要表现在如何使机械类专业的学生，在不增加更多的基础知识的情况下，比较好地掌握过程控制方面的内容。本书的内容涉及过程控制的基本理论、计算机自动测控技术、化工过程控制技术及典型应用等，最后介绍一些先进的控制系统。

本书尽可能做到重点突出、内容新颖、难易合适、切合实际。参考学时数 64 学时。

全书共分 7 章：第 1 章介绍过程控制系统的基本概念，内容包括系统的组成、结构、分类及其过渡过程和性能指标。第 2 章介绍过程控制的基础理论知识，内容包括被控对象特性、简单控制系统和复杂控制系统。第 3 章介绍过程设备的测试技术，内容包括过程测量的基本概念和误差基本知识；压力、温度、流量、液位、物质成分等参数的测量原理、方法及应用；新型传感器的介绍以及计算机辅助测试系统。第 4 章介绍过程控制装置，内容包括变送器、调节器和执行器三大部分。第 5 章介绍计算机控制系统，内容包括计算机控制系统的组成及分类，A/D、D/A 转换器，直接数字控制系统，计算机控制系统的设计与实现以及提高计算机控制系统可靠性的措施。第 6 章介绍典型过程控制系统应用方案，内容包括单回路控制、流体输送设备的控制、计算机数字控制以及典型实例。第 7 章介绍先进过程控制系统简介，内容包括自适应控制、推理控制、预测控制、模糊控制和人工神经网络控制。

本书内容丰富，涉及面广。在各章中选编了一些实例，并附有习题与思考题，有利于对过程控制基础理论学习较少的读者掌握与应用。

参加该书编写的有西安交通大学王毅教授（第 3 章、第 5 章第 3 节、第 7 章），张早校教授（第 4～6 章），四川大学胡涛副教授（第 1 章、第 2 章、第 6 章第 5 节）。

全书由王毅、张早校修改、统稿，负责全书的整理。

本书由王毅主编，施仁主审，丁信伟审定。

在编写过程中，何玉樵、王小丽老师给予大力支持，曹银强、陈春刚、胡海军、侯雄坡等做了大量工作，同时教学指导委员会的各位委员提出了宝贵的意见，在此特表谢意。

限于作者的水平，加之时间仓促，书中难免出现不妥之处，敬请读者予以批评指正。

编者
2001.3

第二版前言

本教材为过程装备与控制工程专业核心课程教材之一。

本教材第一版获得了陕西省优秀教材一等奖，第二版为普通高等教育"十一五"国家级规划教材。

本版在修订的过程中，在内容上适当增加了过程控制方面的基本内容，对检测方面的有关基础知识的介绍适当减少，尽可能的体现教材的系统性和先进性。为便于广大读者的阅读，在各章里增加了相关的例题，同时对部分内容进行了必要的整合。如在第1、第2章除详细描述过程控制基本概念外，增加了与内容相关的例题；第3章的第1、第2节合并为一节，增加了过程检测技术的新进展，调整了部分内容；第4章的内容作了适当的增减；第5章在结构上进行了较大的调整，同时增加了DCS和FCS的内容；第6章增加了应用实例。

参加本书修订工作的有西安交通大学的王毅、张早校、侯雄坡、杨斌、张属馨和杨丽杰。

在本教材修订的过程中，得到了浙江大学曾胜、石油大学王娟、西北大学余力军、湘潭大学闭业宾、浙江工业大学邓鸿英老师的大力帮助，并提出宝贵意见，在此表示深切谢意。同时对过程装备与控制工程专业教学指导分委员会以及多位热心读者、教师和学生的大力支持，编者对此表示衷心感谢。

由于时间仓促，书中难免有不妥之处，恳请各位专家和读者批评指正。

编者
2007 年 5 月

目　　录

1 控制系统的基本概念

1.1 概 述

过程装备控制是指在过程设备上，配上一些自动化装置以及合适的自动控制系统来代替操作人员的部分或全部直接劳动，使设计、制造、装配、安装等在不同程度上自动地进行。这种利用自动化装置来管理生产过程的方法就是生产过程自动化。因此，过程装备控制是生产过程自动化最重要的一个分支。

生产过程自动化是提高社会生产力的有力工具之一。它在确保生产正常运行、提高产品质量、降低能耗、降低生产成本、改善劳动条件、减轻劳动强度、保护环境等方面具有巨大的作用。

自 20 世纪 30 年代以来，随着自动控制理论的不断发展以及电子计算机的出现，自动化技术已取得了惊人的成就，在工业生产和科学发展中起到关键的作用。当前，自动化装置已成为大型装备不可分割的重要组成部分。可以说，如果不配置合适的自动控制系统，大型生产过程是根本无法运行的。实际上，生产过程自动化的程度已成为衡量工业企业现代化水平的一个重要标志。随着"中国制造 2025"和"互联网＋"的深入发展，生产过程自动化将发挥越来越突出的作用。

1.1.1 生产过程自动化系统所包含的内容

生产过程自动化系统包含如下四个部分的内容。

① 自动检测系统 要控制不断进行着各种物理化学变化的生产过程，首先必须随时了解生产过程中各工艺参数的变化情况。为此，必须采用各种检测仪表（如热电偶、热电阻、压力传感器等）自动连续地对各种工艺变量（如温度、压力、流量、液位等）进行测量，并将测量结果用仪表（如动圈仪表、数显仪表、电子电位差计等）指示记录下来供操作人员观察、分析或将测量到的"信息"传送给控制系统，作为自动控制的依据。

② 信号连锁系统 信号连锁系统是一种安全装置。在生产过程中，有时由于一些偶然因素的影响会导致某些工艺变量超出允许的变化范围，使生产不能正常运行，严重时甚至会引起燃烧、爆炸等事故。为了确保安全生产，常对这些关键性变量设置信号报警或连锁保护装置。其作用是在事故发生前，自动地发出声光报警信号，引起操作员的注意以便及早采取措施。若工况已接近危险状态，信号连锁系统将启动：打开安全阀，切断某些通路或紧急停车或者开启某些设备，从而防止事故的发生或扩大。

③ 自动操纵系统 这是一种根据预先规定的程序，自动对生产设备进行某种周期性操作，极大地减轻操作人员繁重或重复性体力劳动的装置。例如，合成氨造气车间煤气发生炉的操作就是按照程序自动进行的，如自动进行吹风、上吹、下吹制气、吹净等步骤，周期性地接通空气与水蒸气实现自动操纵。

④ 自动控制系统 利用一些自动控制仪表及装置，对生产过程中某些重要的工艺变量

进行自动控制，使它们在受到外界干扰影响偏离正常状态后，能够自动地重新回复到规定的范围之内，从而保证生产的正常进行。

1.1.2　过程装备控制的任务和要求

过程装备控制是工业生产过程自动化的重要组成部分，它主要是针对过程装备涉及的主要工艺参数，即温度、压力、流量、液位（或物位）、成分和物性等进行控制。

工业生产对过程装备控制的要求是多方面的，最终可以归纳为三项要求：即安全性、经济性和稳定性。安全性是指在整个生产过程中，确保人身和设备的安全，这是最重要也是最基本的要求。通常是采用越限报警、事故报警和安全连锁保护等措施加以保证。随着控制技术和计算机技术的不断发展，在线故障预测和诊断、容错控制等技术可以进一步提高系统的安全性。经济性是指生产同样质量和数量产品所消耗的能量和原材料最少，也就是要求生产成本低而效率高。随着市场竞争加剧和能源的匮乏以及环境保护的要求越来越严格，经济性已越来越受到各方面的重视。稳定性是指系统应具有抵抗外部干扰，保持生产过程长期稳定运行的能力。在生产过程中，原材料成分变化、反应器内催化剂老化、换热器表面结垢等都会或多或少地影响生产过程稳定性。为了满足上述三项要求，在理论上和实践上都还有许多问题有待研究。

过程装备控制的任务就是在了解、掌握工艺流程和生产过程的静态和动态特性的基础上，根据上述三项要求，应用控制理论对控制系统进行分析和综合，最后采用合适的技术手段加以实现自动控制。因此可以说，过程装备控制是控制理论、过程装备及工艺知识、计算机技术和仪器仪表等相结合而构成的一门综合性应用科学。

1.2　控制系统的组成

1.2.1　过程装备控制的基本概念

过程装备所服务的工业生产过程都是在一定的温度、压力、浓度、物位等工艺条件下进行的。为此，必须对这些工艺变量进行控制，使其稳定在保证生产正常运行的范围之内。为了实现控制要求，通常有两种方式可以选择：人工控制和自动控制。下面以化工、炼油等生产过程中必不可少的动力设备锅炉的汽包水位控制为例，说明人工控制与自动控制的执行过程。

图 1-1 所示为锅炉汽包水位控制的示意图。锅炉产生的高压蒸汽，既可作为风机、压缩机、大型泵类的动力源，又可作为蒸馏、化学反应、干燥和蒸发等过程的热源。要保证锅炉的正常运行，将锅炉的汽包水位维持在一定的高度是非常重要的。如果汽包水位过低，由于汽包内的水量较少而蒸汽的需求量很大，加上水的汽化速度又快，使得汽包内的水量变化速度很快，如不及时控制，就会使汽包内的水全部汽化，导致锅炉烧干甚至爆炸；水位过高，则会影响汽包内的汽水分离，使蒸汽夹带水分，对后续生产设备造成影响和破坏。因此，要维持汽包水位在规定的数值范围，根据物料平衡原理，就必须保证锅炉的给水量和蒸汽的排出量（或称蒸汽负荷）相等。当蒸汽负荷发生变化而给水量不变时，锅炉水位将会发生变化；当给水压力发生变化而负荷不变时，锅炉水位也将会偏离规定的数值。

在图 1-1（a）的人工控制系统中，首先用眼睛观察安装在锅炉汽包上的玻璃管液位计中

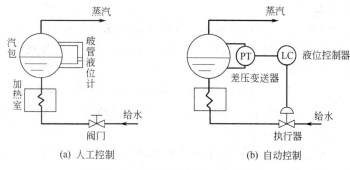

图 1-1　锅炉汽包水位控制示意图

的水位数值，经大脑思考，将观察到的数值与规定的数值进行比较，得到偏差，并根据此差值的大小及变化趋势决定如何操作给水阀门，最后按思考的结果用手开大或关小给水阀门。不断地重复上述过程，直到汽包水位维持在规定的数值范围内。从这一过程可以看出，人工控制的劳动强度很大，而且要求操作人员必须具有一定的操作经验。当过程参数变化较快或操作条件要求较严格时，这种控制方法就很难满足控制精度要求。

　　与人工控制不同，图 1-1（b）的锅炉汽包水位自动控制系统中，采用过程测量仪表（本图为差压变送器的测量室）代替人眼的观察得到水位数据，通过信号转换及传输装置（本图为差压变送器）将该数据送到过程控制仪表（本图为液位控制器）。控制仪表（也称调节仪表）相当于人工控制中人的大脑，将变送器送来的信号与预先设定的水位信号进行比较得到两者的偏差，然后根据一定的控制算法（即控制器的控制规律）对该偏差加以计算得到相应的控制信号，将该信号传送给执行器（一般为自动控制阀），执行器根据控制信号的大小控制给水阀，改变给水量的大小。如此反复调节，直至水位回复到规定的高度范围，完成水位的自动控制。

　　比较自动控制与人工控制：在自动控制系统中，测量仪表、控制仪表、自动控制阀分别代替了人工控制中人的观察、思考和手动操作，因而大大降低了人的劳动强度；同时由于仪表的信号测量、运算、传输、动作速度远远高于人的观察、思考和操作速度，因此自动控制可以满足信号变化速度快、控制要求高的场合。

1.2.2　系统组成

　　从上面锅炉汽包水位的自动控制系统中可以看出，一个自动控制系统主要由两大部分组成：一部分是起控制作用的全套自动控制装置，它包括测量仪表、变送器、控制仪表以及执行器等；另一部分是自动控制装置控制下的生产设备，即被控对象，如锅炉、反应器、换热器等。图 1-1（b）中，锅炉、差压变送器、液位控制器、执行器等构成了一个完整的自动控制系统。系统各部分的作用如下。

　　① 被控对象　在自动控制系统中，工艺变量需要控制的生产设备或机器称为被控对象，简称对象。在化工生产中，各种塔器、反应器、泵、压缩机以及各种容器、储罐、储槽，甚至一段输送流体的管道或者复杂塔器（如精馏塔）的某一部分都可以是被控对象。图 1-1 中的锅炉即为锅炉汽包水位控制系统中的被控对象。

　　② 测量元件和变送器　测量需控制的工艺参数并将其转化为一种特定信号（电动仪表的电流信号或气动仪表的气压信号）的仪器，在自动控制系统中起着"眼睛"的作用，因此

4

要求准确、及时、灵敏。

③ 控制器　又称调节器，它将检测元件或变送器送来的信号与其内部的工艺参数给定值信号进行比较，得到偏差信号，根据这个偏差的大小按一定的运算规律计算出控制信号，并将控制信号传送给执行器。

④ 执行器　又称执行机构，接受控制器送来的信号，自动地改变阀门的开度，从而改变输送给被控对象的能量或物料量。最常用的执行器是气动薄膜控制阀。当采用电动控制器时，控制阀上还需增加一个电气转换器。

在一个自动控制系统中，上述四个部分是必不可少的。除此之外，还有一些辅助装置，例如给定装置、转换装置、显示仪表等。其中显示仪表可以是单独的仪表，有时也可能是测量仪表、变送器和控制器里附有的显示部分。控制系统中一般不单独说明辅助装置。

1.3　控制系统的方框图

在研究控制系统的过程中，为了能够更清楚更直观地表示出控制系统中各个组成部分之间的相互影响和信息的联系，一般采用方框图来表示控制系统的组成以及各部分的作用。所谓方框图就是表示系统各单元、部件之间信号传递关系的一种数学图示模型，这是控制理论中描述复杂系统的一种简便方法，适用于线性和非线性系统。

方框图由信号线、分支点、相加点和方框图单元组成，如图 1-2 所示。

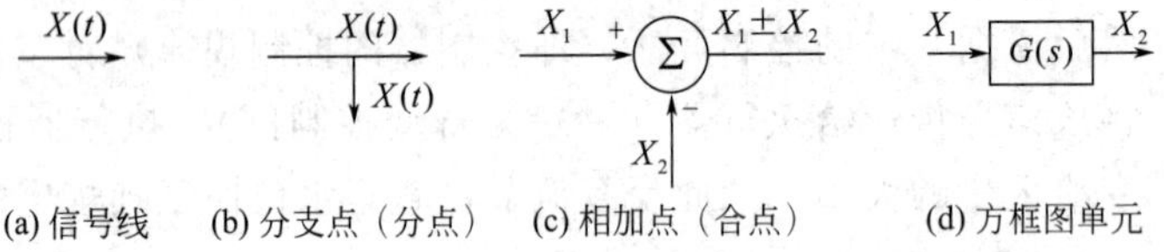

(a) 信号线　　(b) 分支点（分点）　　(c) 相加点（合点）　　(d) 方框图单元

图 1-2　方框图的基本组成单元

方框图中的Σ圆圈称为"加法器"，也称为合点，用于信号相加或相减，用"＋"或"－"标在圆圈外。图中的"т"称为分点，它表示经过该分点后，信号沿两条线路传递，而且两条线路上的信号都与输入分点的信号相等。

图 1-2 (d) 中的方框图单元表示对信号进行拉普拉斯变换（拉氏变换），其输出量等于方框图单元的输入量与传递函数的乘积，即

$$X_2 = G(s)X_1 \tag{1-1}$$

由图 1-2 各部分组合构成的一简单控制系统的方框图如图 1-3 所示。

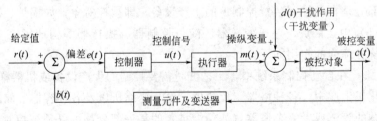

图 1-3　简单控制系统方框图

图 1-3 中的每一个小方框代表控制系统的一个组成部分，称为"环节"，代表自动控制装置和控制对象的一个部件或几个部件的组合。环节具有单向性，即任何环节既有"输入信

号"，也有"输出信号"，分别称为输入（量）和输出（量），只能由输入得到输出，不能逆行。连接两个环节的带箭头的线条表示控制系统中信号的传递途径和方向。从整个系统来看，给定值信号和干扰信号是输入信号，被控变量或其测量值是系统的输出信号。

图 1-3 所示系统中常用的变量含义如下。

① 被控变量（也称系统输出）$c(t)$ 指需要控制的工艺参数，如锅炉汽包的水位、反应器的温度、燃料流量等。它是被控对象的输出信号。在控制系统方框图中，它也是自动控制系统的输出信号。但它是理论上的真实值。

② 给定值（或设定值，或给定输入）$r(t)$ 对应于生产过程中被控变量的期望值。当其值由工业控制器内部给出时，称为内给定值。最常见的内给定值是一个常数，它对应于被控变量所需保持的工艺参数值；当其值产生于外界某一装置，并输入至控制器时，称为外给定值。

③ 测量值 $b(t)$ 由检测元件得到的被控变量的实际值。

④ 操纵变量（或控制变量）$m(t)$ 受控于控制阀，用以克服干扰影响，具体实现控制作用的变量称为操纵变量，它是控制阀的输出信号。在图 1-1 所示的例子中，就是锅炉的给水流量。化工、炼油等工厂中流过控制阀的各种物料或能量，或者由触发器控制的电压或电流都可以作为操纵变量。

⑤ 干扰（或外界扰动，或扰动输入）$d(t)$ 引起被控变量偏离给定值的，除操纵变量以外的各种因素。最常见的干扰因素是负荷改变，电压、电流的波动，流量波动，环境变化等。锅炉水位控制中，蒸汽需求量的变化就是一种干扰。

⑥ 偏差信号 $e(t)$ 在理论上应该是被控变量的实际值与给定值之差，而能够直接获取的信号是被控变量的测量值。因此，通常把给定值与测量值的差作为偏差，即 $e(t)=r(t)-b(t)$。在反馈控制系统中，控制器根据偏差信号的大小去控制操纵变量。

⑦ 控制信号 $u(t)$ 控制器将偏差按一定规律计算得到的输出量。

在图 1-3 中，从控制系统输出 $c(t)$ 引出的信号，经过测量变送器成为 $b(t)$，再经过合点，反馈到控制器输入。信号 $b(t)$ 称为反馈量（简称反馈），以削弱（取负号）控制器输入信号的方式起作用，故称为负反馈。在该系统中，被控变量经过测量变送器输入到控制器中，进一步影响被控变量，由此构成了信号传递的闭合回路，因而称为反馈控制系统，也称为闭环控制系统。

例 1-1 如图 1-4 所示是一反应器温度控制系统示意图。A、B 两种物料进入反应器进行反应，通过改变进入夹套的冷却水流量来控制反应器内的温度。图中 TT 表示温度变送器，TC 表示温度控制器。试画出该温度控制系统的方框图，并指出该控制系统中的被控对象、被控变量、操纵变量及可能影响被控变量变化的扰动各是什么？

解 该反应器温度控制系统是一个典型的反馈控制系统，其中被控对象为反应器；被控变量为反应器内温度；操作变量为冷却水流量；干扰为 A、B 物料的流量、温度、浓度、冷却水的温度、压力及搅拌器的转速等。反应器的温度反馈控制系统的方框图如图 1-5 所示。

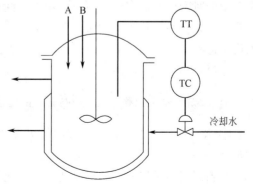

图 1-4 反应器温度控制系统示意图

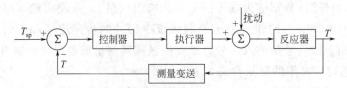

图 1-5　反应器温度反馈控制系统方框图

T—反应器内温度；T_{sp}—反应器内温度设定值

1.4　控制系统的分类

自动控制系统的分类方法有很多。例如，按被控变量的不同，可以分为温度控制系统、流量控制系统、压力控制系统、液位控制系统、成分控制系统等。按控制器的控制规律，可分为比例控制系统、比例积分控制系统、比例微分控制系统、比例微分积分控制系统等。但是，在分析自动控制系统的特性时，常常采用下述几种分类方法。

1.4.1　按给定值的变化规律划分

① 定值控制系统　也称为恒值控制系统。定值控制系统的给定值在系统运行过程中是恒定不变的，因此称为"定值"。控制系统的输出（即被控变量）应稳定在与给定值相对应的工艺指标上，或在规定工艺指标的上下一定范围内变化。在生产过程中，大多数场合要求被控变量保持恒定或在给定值附近。例如，换热器的温度控制系统常要求被加热物料出口温度达到一个定值。因此，定值控制系统在生产过程控制中最常见。

② 随动控制系统　随动控制系统的给定值是一个不断变化的信号，而且这种变化不是预先规定好的，即给定值的变化是随机的。这类系统的主要任务是使被控变量能够迅速地、准确无误地跟踪给定值的变化，让被控变量以尽可能小的误差，以最快的速度跟随给定值变化，因此又称为自动跟踪系统。在生产过程中，多见于复杂控制系统中。在化工生产中，有些比值控制系统就属于随动控制系统。例如要求甲流体的流量与乙流体的流量保持一定的比值，当乙流体的流量变化时，要求甲流体的流量能快速而准确地随之变化。由于乙流体的流量变化在生产中可能是随机的，所以相当于甲流体的流量给定值也是随机的，故属于随动控制系统。

③ 程序控制系统　程序控制系统的给定值也是一个不断变化的信号，但这种变化是一个已知的时间函数，即给定值按一定的时间程序变化。这类系统在间歇生产过程中的应用比较广泛，如食品工业中的罐头杀菌温度控制、造纸工业中制浆蒸煮温度控制等，它们要求的温度指标不是一个恒定的数值，而是一个按工艺规程规定好的时间函数，具有一定的升温时间、保温时间、降温时间等。

1.4.2　按系统输出信号对操纵变量影响的方式划分

① 开环控制　开环控制系统的操纵变量不受系统输出信号的影响，即不存在输出信号的反馈回路。控制器只是根据输入信号来进行控制。为了使系统的输出满足事先规定的要求，必须周密而精确地计算操纵变量的变化规律。一个工业控制系统，当反馈回路断开或控制器置于"手操"位置时，就成为开环控制系统。

② 闭环控制　在闭环控制系统中，系统输出信号的改变会返回影响操纵变量，所以操纵变量不是独立的变量，它依赖于输出信号，控制的目的是减少被控变量与给定值之间的偏差。当操纵变量使系统的输出信号增大时，反馈影响操纵变量的结果使输出信号减小。

如前所述，图 1-3 所示的自动控制系统无须操作者干预其运行即可自动克服干扰作用的影响，使被控变量保持在给定值的附近。其控制作用依赖于对被控变量的测量。自动控制通过控制器输出的控制信号实现：控制器根据给定值与被控变量测量值偏差信号的大小产生相应的控制作用，改变操纵变量，克服干扰作用的影响。

1.4.3　按系统的复杂程度划分

① 简单控制系统　一般称图 1-3 所示的控制系统为简单控制系统。这类控制系统只有一个简单的反馈回路，所以也可称为单回路控制系统，或称为单输入单输出控制系统。

② 复杂控制系统　工程上的控制系统常常比较复杂，它们可表现为在系统中包含多个控制器、检测变送器或执行器，从而形成系统中存在有多个回路或者在系统中存在有多个输入信号和多个输出信号。为了和简单控制系统相区别，称其为复杂控制系统。图 1-6 所示的夹套式反应器温度控制系统就是具有两个回路的控制系统。该反应器的温度 T_1 通过进入夹套的蒸汽量加以控制。图中 TC 为温度控制器，TT 为温度变送器。图 1-7 为该控制系统的方框图。

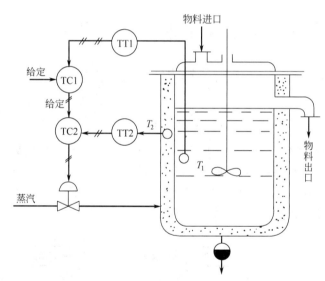

图 1-6　夹套式反应器温度控制系统图

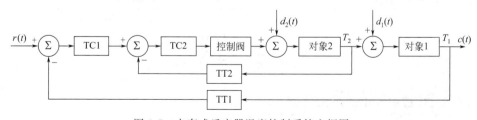

图 1-7　夹套式反应器温度控制系统方框图

从图 1-7 中可以看出，这是具有两个反馈回路的控制系统，工程上又称为串级控制系统。此外，还可以有更多的回路或更为复杂的形式。

1.4.4 按系统克服干扰的方法划分

① 反馈控制系统 如图 1-8 所示，当干扰 $d(t)$ 使系统的被控变量发生改变时，被控变量反馈至系统输入端与给定值相比较并得到偏差信号，经控制器及控制阀影响操纵变量以减弱或消除被控变量的变化。

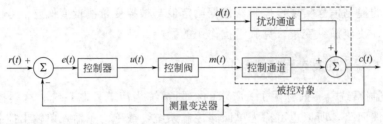

图 1-8 反馈控制系统

② 前馈控制系统 如图 1-9 所示。当干扰 $d(t)$ 引起被控对象的输出 $c_2(t)$ 改变时，控制系统测得干扰信号的大小，并输入前馈补偿器（或称前馈控制器），由前馈补偿器的输出去控制操纵变量 $m(t)$，引起被控对象输出 $c_1(t)$ 的改变，并且 $c_1(t)$ 与 $c_2(t)$ 的方向相反，由此减弱或消除被控变量 $c(t)$ 受干扰影响而产生的变化。当前馈完全补偿时，有 $c(t)=c_1(t)+c_2(t)=0$。

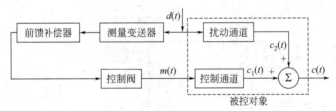

图 1-9 前馈控制系统

③ 前馈-反馈控制系统 当以上两种控制系统复合在一起时，就构成了前馈-反馈控制系统，如图 1-10 所示。这种系统当受到干扰 $d(t)$ 的影响时，可以通过前馈控制器使被控变量不变。若前馈补偿不完全，还可以通过反馈控制系统加以修正。控制系统受其他因素影响，或系统的给定值发生改变时，则由反馈控制系统加以控制。

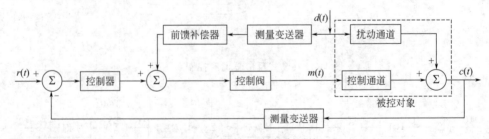

图 1-10 前馈-反馈控制系统

1.4.5 按控制作用的形式划分

① 连续控制系统 控制系统中所有环节之间信号的传递是不间断的，且各环节的输入量和输出量之间存在着连续的函数关系，因而控制作用也是连续的。

② 离散（断续）控制系统 控制系统中至少有一个采样元件把连续信号转换为有一

定周期的脉冲信号，因而控制作用是不连续的。例如，在计算机控制系统中，由于信号是以断续的脉冲形式出现的，它和一般连续信号有别，因而称为离散控制系统或采样控制系统。

③ 继电作用控制系统　控制系统中某一环节具有继电特性，即该环节的输出量幅值保持恒定，但其有无输出或输出的方向和大小取决于输入量的大小。继电器的双位控制系统即属此例。

1.4.6　按控制系统的特性划分

① 线性控制系统　指控制系统的所有元件、部件都是线性的，系统输入与输出之间可以用线性微分方程来描述。

② 非线性控制系统　指控制系统中存在非线性元件、部件，系统输入与输出之间需要用非线性微分方程来描述。

描述控制系统的微分方程中，输入量、输出量及各阶导数都是一次的，且没有交叉项，则该方程代表的是线性控制系统。如果描述线性控制系统的微分方程的各系数均为常数（即线性定常微分方程），则系统称为线性定常控制系统。

在工程上控制系统的形式多种多样，各具特点，分类方法很多。随着自动控制技术的不断进步和完善以及智能化仪表和计算机控制的应用，自动控制系统的形式越来越多，有些控制系统可以是不同类型系统的组合，这里不再一一说明。在所有的自动控制系统中，最常用最基本的控制系统是线性、定常、闭环、单输入单输出控制系统。

1.5　控制系统的过渡过程及其性能指标

处于平衡状态下的自动控制系统受到干扰作用后，被控变量会发生变化而偏离给定值，系统进入过渡过程。自动控制系统的作用就是检测变化、计算偏差并消除偏差。在这一过程中，被控变量的变化情况、偏离给定值的最大程度以及系统消除偏差的速度、精度等都是衡量自动控制系统控制质量的依据。

1.5.1　控制系统的过渡过程

从被控对象受到干扰作用使被控变量偏离给定值时起，控制器开始发挥作用，使被控变量回复到给定值附近范围内。然而这一回复并不是瞬间完成的，而是要经历一个过程，这个过程就是控制系统的过渡过程。它是控制系统在闭环情况下，在干扰和自动控制的共同作用下形成的。

在生产过程中，干扰的形式是多种多样的，而且大部分都属于随机性质，其中阶跃干扰（图1-11）对控制系统的影响最大，且最为多见。例如负荷的变化、直流电路的突然断开或接通、阀门的突然变化等。因此，本书只讨论在阶跃干扰影响下控制系统的过渡过程。

阶跃输入信号的数学表达式为：

$$r(t)=\begin{cases}0 & t<0 \\ x_0 & t\geq 0\end{cases} \tag{1-2}$$

在阶跃干扰的作用下，控制系统的过渡过程有如图1-12所示的几种基本形式。

10

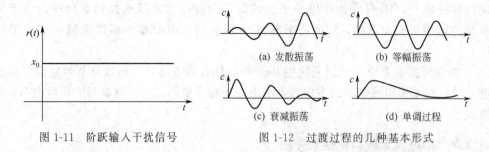

图 1-11　阶跃输入干扰信号　　　图 1-12　过渡过程的几种基本形式

① 发散振荡过程　如图 1-12（a）所示，它表明系统在受到阶跃干扰的作用后，不但不能使被控变量回到给定值，反而越来越偏离给定值，以致超出生产的规定限度，严重时引起事故。这是一种不稳定的过渡过程，因此要尽量避免。

② 等幅振荡过程　如图 1-12（b）所示，被控变量在某稳定值附近振荡，而振荡幅度恒定不变。这意味着系统在受到阶跃干扰作用后，就不能再稳定下来，一般不采用。只有对于某些工艺上允许被控变量在一定范围内波动的、控制质量要求不高的场合，才采用这种形式的过渡过程。

③ 衰减振荡过程　如图 1-12（c）所示，被控变量在稳定值附近上下波动，经过二三个周期就稳定下来。这是一种稳定的过渡过程，在过程控制中，多数情况下都希望得到这样的过渡过程。

④ 非振荡的单调过程　如图 1-12（d）所示，它表明被控变量最终稳定下来了，是一个稳定的过渡过程。但与衰减振荡相比，其回复到平衡状态的速度慢、时间长，因此一般不采用。

综上所述，一个自动控制系统的过渡过程，首先应是一个渐趋稳定的过程，这是满足生产要求的基本保证；其次，在大多数场合下，应是一个衰减振荡的过程。

1.5.2　控制系统的性能指标

衰减振荡的过渡过程是人们所希望得到的一种稳定过程。它能使被控变量在受到干扰作用后重新趋于稳定，并且控制速度快、回复时间短。但每一个衰减振荡过程的控制质量并不完全相同。要评价和讨论一个控制系统性能的优劣，就必须建立某些统一的衡量标准。取什么样的指标作为衡量标准是根据工艺过程的实际需要而定的。不过，通常采用如下的两大类标准。

一类是以系统受到单位阶跃输入作用后的响应曲线（又称过渡过程曲线）的形式给出的，如最大偏差（或超调量）、衰减比、余差、回复时间等，称为过渡过程的质量指标；另一类是偏差积分性能指标，一般是希望输出与系统实际输出之间误差的某个函数的积分，常用的有平方误差积分指标（ISE）、时间乘平方误差的积分指标（ITSE）、绝对误差积分指标（IAE）以及时间乘绝对误差的积分指标（ITAE）等，这些值达到最小值的系统是某种意义下的最优系统。

下面对这些指标分别进行讨论。

（1）以阶跃响应曲线形式表示的质量指标

图 1-13 分别表示出一个定值控制系统和随动控制系统在受到阶跃干扰作用后的衰减振荡过渡过程曲线。对于定值系统与随动系统，由于输入作用于系统的位置不同，故阶跃响应

也有所区别。对于定值系统，其响应曲线如图 1-13（a）所示，由于给定值不变，因此被控变量总是围绕着过程的初始值变化；而对于随动系统，其特性曲线如图 1-13（b）所示，由于给定值的变化是主要输入作用，整个过渡过程始终围绕这个变化了的给定值而波动。由于这种差别，它们所采用的质量指标定义也有所不同，这将在下面的讨论中分别介绍。

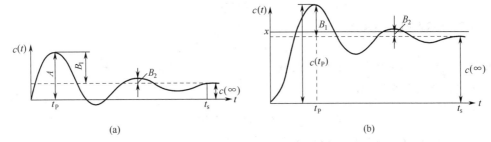

图 1-13　过渡过程曲线

① 最大偏差 A（或超调量 σ）　对一个定值控制系统来说，最大偏差是指过渡过程中被控变量第一个波的峰值与给定值的差，如图 1-13（a）中的 A；在随动控制系统中，通常采用另一个指标——超调量 σ

$$\sigma = \frac{c(t_P) - c(\infty)}{c(\infty)} \times 100\% \tag{1-3}$$

② 衰减比 n　是过渡过程曲线上同方向的相邻两个波峰之比，即 $B_1 : B_2$，一般用 $n:1$ 表示。显然 n 越小，衰减程度越小。当 $n=1$ 时，过渡过程为等幅振荡；$n<1$ 时，过渡过程则为发散振荡。反之，n 越大，过渡过程越接近非周期的单调过程，$n>1$ 时，过渡过程为衰减振荡；当 $n \to \infty$，过渡过程为单调过程。n 值究竟多大为合适，没有严格的规定。从便于操作管理，过程进行又有适当的速度这两方面综合考虑，一般希望衰减比在 $4:1 \sim 10:1$ 之间为好，中国多习惯采用 $4:1$。虽然 $4:1$ 的衰减过程并不是最优过程，但却是操作人员所希望的过程。

③ 回复时间 t_s　也称过渡时间或调整时间，是指被控变量从过渡状态回复到新的平衡状态的时间间隔，即整个过渡过程所经历的时间，如图中的 t_s。从理论上讲，被控变量完全达到新的稳定状态需要无限长的时间，但通常在被控变量进入新稳态值的 $\pm 5\%$（或 $\pm 2\%$）的范围内不再超出时，就认为被控变量已达到新的稳态值。因此，实际的过渡时间是从扰动开始作用之时起，直至被控变量进入新稳态值的 $\pm 5\%$（或 $\pm 2\%$）的范围内所经历的时间。

④ 余差 $e(\infty)$　是指过渡过程终了时，被控变量新的稳态值与设定值之差。即 $e(\infty) = c(\infty) - c_s$，$c_s$ 为设定值。它虽不是过渡过程的动态指标，但却是很重要的质量指标。在控制系统中，余差反映了系统的控制精度：余差越小，精度越高，控制质量就越好。在实际过程控制中，余差的大小只要能满足生产工艺要求即可。

⑤ 振荡周期 T　过渡过程的第一个波峰与相邻的第二个同向波峰之间的时间间隔称为振荡周期（或称工作周期），其倒数称为振荡频率。在相同的衰减比条件下，振荡周期与过渡时间成正比。因此，振荡周期短些为好。

（2）偏差积分性能指标

假若要对几种过渡过程曲线作出谁是"最优"的评论，则必须首先规定"最优"的性能指标。这种指标与过渡过程形式代表的质量指标不同，它应是系统动态特性的一种综合性能指标，这样才能对整个过渡过程曲线的形状作评价。一般采用误差函数的积分形式表示。下面介绍其中四种常用的形式。

首先，假定控制系统希望输出与实际输出分别为 $r(t)$ 和 $c(t)$，则定义误差（又称偏差）$e(t)$ 为

$$e(t) = r(t) - c(t) \tag{1-4}$$

当系统有余差时，可定义

$$e(t) = c(\infty) - c(t) \tag{1-5}$$

即这里的误差不包括系统的稳态误差。

平方误差积分指标（ISE）

$$J = \int_0^\infty e^2(t)\,\mathrm{d}t \to \min \tag{1-6}$$

时间乘平方误差积分指标（ITSE）

$$J = \int_0^\infty t e^2(t)\,\mathrm{d}t \to \min \tag{1-7}$$

绝对误差积分指标（IAE）

$$J = \int_0^\infty |e(t)|\,\mathrm{d}t \to \min \tag{1-8}$$

时间乘绝对误差积分指标（ITAE）

$$J = \int_0^\infty t|e(t)|\,\mathrm{d}t \to \min \tag{1-9}$$

下面对这些指标作一些讨论。

ⅰ. IAE 指标在图形上也就是偏差面积积分。这种指标，对出现在设定值附近的偏差面积与出现在远离设定值的偏差面积是同等对待的。而 ISE 指标，却对同一偏差面积由于离设定值远近不同引起的目标值 J 是不一样的：对远离者目标值 J 要大些，对临近者要小些。所以说，ISE 相对于 IAE 而言，前者对大偏差敏感。若用 ISE 指标来调整控制器参数，则所得到的过渡过程不会出现大偏差，当然其他的指标将会有所下降。

ⅱ. 时间乘绝对误差积分指标（ITAE），实质上是把偏差面积用时间来加权。同样的偏差积分面积，由于在过渡过程中出现时间的先后不同，其目标值 J 是不同的。出现的时间越迟，目标值 J 越大；出现的越早，J 值越小。所以说，ITAE 指标对初始偏差不敏感，而对后期偏差非常敏感。可以想象，若用 ITAE 指标来调整控制器参数，其过渡过程的初始偏差较大，而随着时间的推移，偏差将很快降低。这意味着，它的阶跃响应曲线将会出现较大的最大偏差（或超调量），但过渡时间较短。

ⅲ. 时间乘平方误差积分指标（ITSE）兼有 ISE 指标和 ITAE 指标的特点，用它来调整控制器参数，可以得到比较理想的结果。

实际上，控制系统的各种性能指标是彼此相关、相互约束的，不可能出现同时都是最好的情况。确定性能指标时应主要看能否满足工艺的要求，如对于定值控制系统，一般要求被控变量最大偏差小、尽可能快地回复到给定值；对于随动控制系统，要求被控变量以一定精度快速跟上给定值的变化，因此希望超调量小、控制时间尽可能短。

1.5.3 自动控制系统性能的基本要求

自动控制系统的基本任务是：根据被控对象和环境的特性，在各种干扰因素作用下，使

系统的被控变量能够按照预定的规律变化。例如对于恒值系统来说，就要求系统的被控变量维持在期望值附近。无论是哪类控制系统，对其性能的基本要求都是相同的，可以归结为稳定性、准确性和快速性，即稳、准、快的要求。

① 稳定性　是决定一个控制系统能否实际应用的首要条件。对于稳定的系统来说，当系统受到干扰的作用或者输入量发生变化时，被控变量就会发生变化，偏离给定值。由于控制系统中一般都含有储能元件或惯性元件，而储能元件的能量不可能突变，因此，被控变量不可能马上恢复到期望值，而是要经过一定的过渡过程，才能从原来的平衡状态达到一个新的平衡状态。不稳定的系统是无法使用的，系统激烈而持久的振荡会导致功率元件过载，甚至使设备损坏而发生故障，这是绝对不允许的。

② 准确性　是衡量系统稳态精度的重要指标。对于一个稳定的系统而言，当瞬态过程结束后，系统的稳态误差要尽可能地小，即希望系统具有较高的控制准确度或控制精度。

③ 快速性　为了很好地完成控制任务，控制系统仅仅满足稳定性要求是不够的，还必须对其瞬态过程的形式和快慢提出要求，一般称为瞬态性能。通常希望系统的瞬态过程既要快又要平稳。

对照过渡过程的品质指标分析：衰减比说明稳定性，动态与稳态偏差说明准确性，过渡时间与频率说明快速性。但上述这几个指标常常是互相矛盾，互相制约的。一般来讲，抑制动态偏差，就会产生比较强的波动；要求稳态偏差小，相应的过渡时间就要长些。所以不能片面地追求某一指标，而应该结合具体生产过程及其要求来综合考虑，使各个指标都能达到一个较为理想的数值。

思考题与习题

1. 什么叫生产过程自动化？生产过程自动化主要包含了哪些内容？工业生产对过程装备控制的要求有哪些？过程装备控制的任务是什么？

2. 自动控制系统主要是由哪几个环节组成的？自动控制系统中常用的术语是哪些？

3. 什么是自动控制系统的方框图？它与工艺流程图有什么不同？

4. 在自动控制系统中，什么是干扰作用？什么是控制作用？两者有什么关系？

5. 什么是闭环控制？什么是开环控制？定值控制系统为什么必须是一个闭环负反馈系统？

6. 自动控制系统可以按照哪些指标分类？试列举出两种分类方法及分类内容。

7. 在图 1-14 的换热器出口温度控制系统中，工艺要求热物料出口温度保持为某一设定值。

① 试画出该控制系统的方框图；

② 方框图中各环节的输入信号和输出信号是什么？整个系统的输入信号和输出信号又是什么？

③ 系统在遇到干扰作用（例如冷物料流量突然增大 Δq_V）时，该系统是如何实现自动控制的？

8. 图 1-15 为储槽液位控制系统，工艺要求液位保持为某一数值。

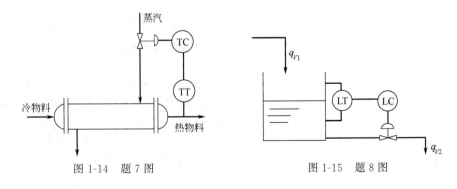

图 1-14　题 7 图　　　　　　图 1-15　题 8 图

① 试画出该系统的方框图；

② 指出该系统中被控对象、被控变量、操纵变量、干扰作用各是什么？

9.什么是自动控制系统的过渡过程？在阶跃干扰作用下有哪几种基本形式？其中哪些能满足自动控制的要求，哪些不能？为什么？

10.试画出衰减比分别为 $n<1$、$n=1$、$n>1$、$n\rightarrow\infty$ 时的过渡过程曲线。

11.表示衰减振荡过程的控制指标有哪些？

12.图 1-16 给出了一个带有一种进料和两种产品的精馏塔。试分析，该系统中被控对象、被控变量、操纵变量、干扰作用各是什么？

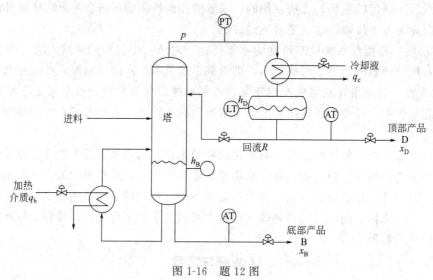

图 1-16　题 12 图

13.下述的各种情况，哪种是对的？

① 反馈和前馈控制都需要一个被测变量。

② 被控变量在反馈控制中是要测量的。

③ 前馈控制在理论意义上是完美的，控制器会通过操作量采取控制动作，以使被控量等于期望值。

④ 前馈控制会提供精确的控制作用。这意味着输出可能维持在设定值，即使过程模型是不准确的。

⑤ 反馈控制所采取的控制作用与那些已在设计中用过的模型精度无关，也与干扰源无关。

14.考虑由一个天然气加热炉和一个温度控制器组成的家用加热系统，控制对象是一个被加热的内部空间。温度自动控制装置包括了测量元件和控制器。加热炉处于进行加热或停止加热这两种状况。试为此控制系统画出控制方框图，在图中标明被控量、操作量和干扰量，而且一定要包括那些影响室内温度的几种可能的干扰源。

15.安全驾驶汽车需要许多单项技术，即使没有一般的认识，驾驶者也应该有利用前馈和反馈控制方法的这种直觉。

① 驾驶汽车的目标一般是要保持车辆行驶在交通路线的车道内，因而被控量是一些距离。在这种情况下，怎样利用反馈控制达到其控制目标？确定其传感器和执行器，怎样决定合适的控制作用并确定哪些是干扰？

② 汽车的刹车和加速是一个高度复杂的过程，为了安全驾驶，需要灵活地应用反馈和前馈机制。如果采用反馈控制，驾驶员通常把与前面车辆的距离作为测量参数，其"设定值"往往用那些与速度有关的距离。例如，当车速为每小时 35 公里的时候，把车距为一个车身的长度作为设定值。如果这个想法是正确的，那么当驾驶员希望用固定时速开车时，怎样将前馈控制应用于刹车/加速过程？换句话说，为了避免与前面的车相撞，除了两车之间的距离以外（显然永远不为零），他还利用哪些其他信息？

2 过程控制系统设计基础

本章主要讲述控制系统的数学模型，包括微分方程、传递函数和方框图，被控对象与控制器的动态特性，以及简单过程控制系统的设计步骤。简单控制系统是指单输入-单输出的线性控制系统，是控制系统的基本形式，也是应用最广泛的形式。设计一个控制系统，首先应对被控对象作全面的了解，下一步则是确定控制方案和控制器参数的整定，最后是系统的投运。

2.1 数学模型

控制系统在初始平衡态下受到某一时间函数 $r(t)$ 的输入作用时，其输出响应将是另一个时间函数 $c(t)$。$r(t)$ 与 $c(t)$ 之间存在着某种因果关系，称为系统的动态特性。动态特性有多种表示方法，除了最直观的图示法外，一般采用数学模型来精确描述，如微分方程（动态方程）、传递函数、频率特性、状态空间模型、差分方程等。限于篇幅，这里不一一介绍，只把常用的微分方程、传递函数和方框图做一介绍，其他可参考自动控制原理的相关书籍。

2.1.1 微分方程

利用机械学、电学、力学、热力学等物理规律，可以得到控制系统的动态方程，这些方程对于线性定常连续系统而言通常是一种常系数的线性微分方程，简称为微分方程。

图 2-1 所示是一个简单的水箱液位被控对象，水经控制阀（入水阀）流入水箱，经负载阀（出水阀）流出箱外。稳态时流入量与流出量相等，液面高度保持恒定值。设定各变量：H_s 为稳态液面高度，单位 m；$h(t)$ 为液面高度相对稳态值 H_s 的微小增量；Q_s 为稳态流量，单位 m^3/s；$q_i(t)$、$q_o(t)$ 分别为流入、流出水箱的流量相对稳态值 Q_s 的微小增量；$u(t)$ 为控制阀开度相对稳态开度 u_0 的微小增量；A 为水箱的横截面积，单位 m^2。

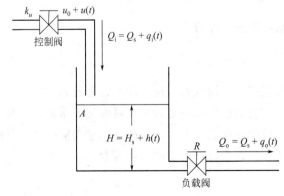

图 2-1 有自衡的单容水箱液位对象

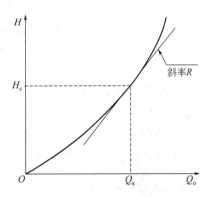

图 2-2 液面高度与流出量的关系

流出流量 Q_o 与液面高度 H 有关。当流出负载阀的流体为紊流时，液面高度 H 与流出量 Q_o 具有非线性特性，如图 2-2 所示。负载阀液阻的定义为

$$R = \frac{dh}{dq_o} \tag{2-1}$$

对式（2-1）关系进行如下的处理：在稳定状态下，当流入量有一微小变化 $q_i(t)$ 时，液面高度和流出量也分别有一微小的变化 $h(t)$ 和 $q_o(t)$，这时液阻 R 可近似看作负载阀静特性稳态工作点（Q_s，H_s）上的斜率，在小偏差范围内可以视为常量。即 $R = h(t)/q_o(t)$，或

$$h(t) = q_o(t)R \tag{2-2}$$

对于控制阀，当阀门开度变化 u 时，流入量 q_i 与 u 呈线性关系

$$q_i(t) = k_u u(t) \tag{2-3}$$

式中，k_u 为控制阀的放大系数。

由于在 dt 时间内，水箱中液体的变化量等于在同一时间间隔内水箱中流入、流出量的差。即

$$A\,dh(t) = [q_i(t) - q_o(t)]dt$$

或

$$A\frac{dh(t)}{dt} = q_i(t) - q_o(t) \tag{2-4}$$

将式（2-2）和式（2-3）代入式（2-4），并用 C 代替 A，可以得到水箱系统以 u 为输入、h 为输出的微分方程

$$RC\frac{dh(t)}{dt} + h(t) = Rk_u u(t) \tag{2-5}$$

令 $T = RC$，$K = Rk_u$，并代入式（2-5），可得

$$T\frac{dh(t)}{dt} + h(t) = Ku(t) \tag{2-6}$$

同样，以 $u(t)$ 为输入，$q_o(t)$ 为输出时，系统微分方程为

$$RC\frac{dq_o(t)}{dt} + q_o(t) = k_u u(t) \tag{2-7}$$

以 $q_i(t)$ 为输入，$h(t)$ 为输出时，系统微分方程为

$$RC\frac{dh(t)}{dt} + h(t) = Rq_i(t) \tag{2-8}$$

以 $q_i(t)$ 为输入，$q_o(t)$ 为输出时，系统微分方程为

$$RC\frac{dq_o(t)}{dt} + q_o(t) = q_i(t) \tag{2-9}$$

一个自动控制系统是由若干个动态环节连在一起构成的。每个环节都有各自的输入量和输出量。对每一个环节而言，一定的输入量变化都会引起一定的输出量变化。根据每个环节中所进行的物理过程可以写出其微分方程。微分方程表示了该环节的输出量与输入量之间的关系，也就是动态特性。这种微分方程描述的关系也可以表示成传递函数。

2.1.2 传递函数

先介绍拉普拉斯变换定义：设 $f(t)$ 为时间函数，且当 $t < 0$ 时，$f(t) = 0$，则 $f(t)$ 的

拉普拉斯变换定义为

$$L[f(t)] = F(s) = \int_0^\infty f(t)\mathrm{e}^{-st}\,\mathrm{d}t \tag{2-10}$$

式中，$f(t)$ 为原函数；$F(s)$ 为 $f(t)$ 的拉普拉斯变换，也称为 $f(t)$ 的像函数；$s = \sigma + j\omega$ 为复变量；L 为拉普拉斯运算符号。

拉普拉斯变换性质可以参阅积分变换、自动控制原理等相关书籍。常用的拉普拉斯变换见附录 1 所示。

拉普拉斯变换把时域函数 $f(t)$ 变成了 s 域函数 $F(s)$。同样，也可以把 s 域函数 $F(s)$ 通过拉普拉斯反变换得到时域函数 $f(t)$

$$f(t) = \frac{1}{2\pi j}\int_{\sigma-j\infty}^{\sigma+j\infty} F(s)\mathrm{e}^{st}\,\mathrm{d}s \tag{2-11}$$

记作

$$f(t) = L^{-1}[F(s)] \tag{2-12}$$

传递函数的定义：零初始条件下系统（或环节）的输出拉普拉斯（Laplace）变换与输入拉普拉斯变换之比。

设控制系统（或环节）的微分方程为

$$a_n \frac{\mathrm{d}y^n(t)}{\mathrm{d}t^n} + a_{n-1}\frac{\mathrm{d}y^{n-1}(t)}{\mathrm{d}t^{n-1}} + \cdots + a_1\frac{\mathrm{d}y(t)}{\mathrm{d}t} + a_0 y(t) =$$
$$b_m \frac{\mathrm{d}x^m(t)}{\mathrm{d}t^m} + b_{m-1}\frac{\mathrm{d}x^{m-1}(t)}{\mathrm{d}t^{m-1}} + \cdots + b_1\frac{\mathrm{d}x(t)}{\mathrm{d}t} + b_0 x(t) \tag{2-13}$$

式中，$x(t)$ 为系统（或环节）的输入；$y(t)$ 为系统（或环节）的输出；a_n，a_{n-1}，$\cdots$，a_0 和 b_m，b_{m-1}，$\cdots$，b_0 为系数。当 a_n，a_{n-1}，$\cdots$，a_0 和 b_m，b_{m-1}，$\cdots$，b_0 为常系数时，系统为线性定常系统。

在初始条件为零的情况下，对式（2-13）进行拉普拉斯变换得

$$a_n s^n Y(s) + a_{n-1} s^{n-1} Y(s) + \cdots + a_1 s Y(s) + a_0 Y(s) =$$
$$b_m s^m X(s) + b_{m-1} s^{m-1} X(s) + \cdots + b_1 s X(s) + b_0 X(s)$$

根据定义，该系统（或环节）的传递函数［记为 $G(s)$］为

$$G(s) = \frac{Y(s)}{X(s)} = \frac{b_m s^m + b_{m-1} s^{m-1} + \cdots + b_1 s + b_0}{a_n s^n + a_{n-1} s^{n-1} + \cdots + a_1 s + a_0} \tag{2-14}$$

根据传递函数的定义，可以作如下分析。

ⅰ.传递函数只适用于描述线性定常系统。

ⅱ.传递函数是一种以系统（或环节）参数表示的输入量与输出量之间关系的数学表达式，它只取决于系统（或环节）本身的特性，而与输入量和输出量的形式和大小无关。

ⅲ.传递函数包含着联系输入和输出所必需的单位，但不能表明系统的物理结构和过程（如电气过程、机械过程、热力过程等）。

ⅳ.传递函数是一种以复变量 s 为变量的代数数学模型。

ⅴ.传递函数分母多项式中 s 的最高阶次（等于输出量最高阶导数的阶数）为 n 时，这种系统（环节）称为 n 阶系统（环节）。自动控制系统中，传递函数的分子多项式的阶次 m 低于或等于分母多项式的阶次 n，即 $n \geqslant m$。

ⅵ.传递函数分母多项式 $A(s) = a_n s^n + a_{n-1} s^{n-1} + \cdots + a_1 s + a_0$ 称为系统（环节）的

特征多项式。令特征多项式等于零，即

$$a_n s^n + a_{n-1} s^{n-1} + \cdots + a_1 s + a_0 = 0 \tag{2-15}$$

称为系统（环节）的特征方程。

ⅶ.特征方程的根称为系统（环节）的极点。而使传递函数分子多项式等于零的 s 值称为系统（环节）的零点。

根据传递函数的定义，可以方便地求出 2.1.1 节液面系统的传递函数。对方程（2-5）进行初始条件为零的拉普拉斯变换，有

$$(RCs+1)H(s) = Rk_u U(s)$$

因此，可得液面系统控制阀开度对液位的传递函数为

$$\frac{H(s)}{U(s)} = \frac{k_u R}{RCs+1} \tag{2-16}$$

由方程（2-7）可得控制阀开度对流出量的传递函数为

$$\frac{Q_o(s)}{U(s)} = \frac{k_u}{RCs+1} \tag{2-17}$$

由方程（2-8）可得流入量对液位的传递函数为

$$\frac{H(s)}{Q_i(s)} = \frac{R}{RCs+1} \tag{2-18}$$

由方程（2-9）可得流入量对流出量的传递函数为

$$\frac{Q_o(s)}{Q_i(s)} = \frac{1}{RCs+1} \tag{2-19}$$

以上各式中，RC 具有时间的量纲，称之为时间常数。

2.1.3 方框图的简化

控制系统的方框图表示了系统中各变量之间的因果关系以及各变量所进行的运算，是由若干环节以不同的方式连接而成的。按照动态特性不同，可以把构成系统方框图的各基本环节划分为比例环节、惯性环节、积分环节、微分环节、振荡环节和迟延环节，取环节输入为 $r(t)$，输出为 $c(t)$，环节的传递函数为 $G(s)$，则其拉普拉斯变换见表 2-1。

表 2-1　典型环节的拉普拉斯变换

环节名称	微分方程	传递函数
比例环节	$c(t) = Kr(t)$	$G(s) = K$
惯性环节	$T\dfrac{dc(t)}{dt} + c(t) = Kr(t)$	$G(s) = \dfrac{K}{Ts+1}$
积分环节	$c(t) = \dfrac{1}{T_I}\int_0^t r(t)dt$	$G(s) = \dfrac{1}{T_I s}$
微分环节	$c(t) = T_D\dfrac{dr(t)}{dt}$	$G(s) = T_D s$
振荡环节	$\dfrac{d^2 c(t)}{dt^2} + 2\zeta\omega_n\dfrac{dc(t)}{dt} + \omega_n^2 c(t) = K\omega_n^2 r(t)$	$G(s) = \dfrac{K\omega_n^2}{s^2 + 2\zeta\omega_n s + \omega_n^2}$
迟延环节	$c(t) = r(t-\tau)$	$G(s) = e^{-\tau s}$

2.1.3.1　环节的基本连接方式

自动控制系统方框图的环节之间有串联、并联和反馈（反并联）三种基本连接方式。

（1）串联

在串联环节中，前一个环节的输出作为后一个环节的输入，如图 2-3 所示。

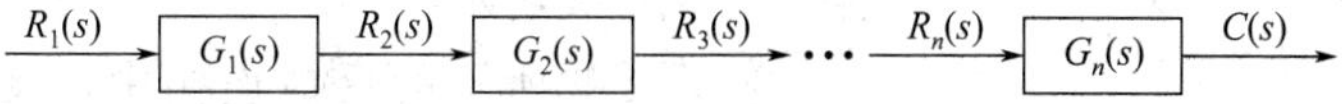

$$R_1(s) \rightarrow \boxed{G_1(s)} \xrightarrow{R_2(s)} \boxed{G_2(s)} \xrightarrow{R_3(s)} \cdots \xrightarrow{R_n(s)} \boxed{G_n(s)} \xrightarrow{C(s)}$$

图 2-3　串联环节

根据图 2-3 可以得出以下的等式

$$R_2(s) = G_1(s)R_1(s)$$
$$R_3(s) = G_2(s)R_2(s)$$
$$\cdots$$
$$R_n(s) = G_{n-1}(s)R_{n-1}(s)$$
$$C(s) = G_n(s)R_n(s) \tag{2-20}$$

根据式（2-20），可以导出下面的函数

$$G(s) = \frac{C(s)}{R_1(s)} = G_1(s)G_2(s)\cdots G_n(s) \tag{2-21}$$

因此，各个环节总的传递函数为

$$G(s) = G_1(s)G_2(s)\cdots G_n(s) \quad (2\text{-}22)$$

这里必须注意的是，在应用公式（2-22）时，每个环节都必须具有单向性（无负载效应）。

（2）并联

并联环节输入量都相同，输出量的代数和作为环节组的输出，如图 2-4 所示。

每个环节的输入量都为 $R(s)$，环节组的总输出为

$$C(s) = \sum_{i=1}^{n} \pm C_i(s) \quad (2\text{-}23)$$

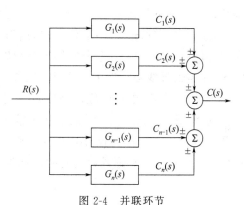

图 2-4　并联环节

又因为

$$C_1(s) = G_1(s)R(s)$$
$$C_2(s) = G_2(s)R(s)$$
$$\vdots$$
$$C_n(s) = G_n(s)R(s) \tag{2-24}$$

将式（2-24）代入式（2-23）中可得

$$C(s) = R(s)\sum_{i=1}^{n} \pm G_i(s) \tag{2-25}$$

因此并联环节总的传递函数为

$$G(s) = \frac{C(s)}{R(s)} = \sum_{i=1}^{n} \pm G_i(s) \tag{2-26}$$

根据拉氏反变换的线性定理可知，环节并联后总输出量的时间函数就等于各并联环节输出分量时间函数的代数和。

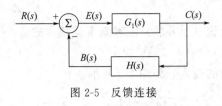

图 2-5 反馈连接

（3）反馈连接（反并联）

反馈连接是自动控制系统中应用最普遍的连接方式。自动控制系统和模拟自动控制器都是根据反馈原理而设计的。在反馈连接中，信号的传递构成闭合回路，如图 2-5 所示。

在图 2-5 所示的反馈连接中，反馈连接环节总的传递函数 $G(s)$ 的输出 $C(s)$ 在经过环节 $H(s)$ 后成为反馈信号 $B(s)$，反馈信号又送到环节 $G(s)$ 的输入端。在信号的合点上有

$$\begin{cases} E(s)=R(s)-H(s)C(s) \\ C(s)=E(s)G_1(s) \end{cases} \quad (2\text{-}27)$$

联立（2-27）两个方程式，得到总的传递函数

$$G(s)=\frac{C(s)}{R(s)}=\frac{G_1(s)}{1+G_1(s)H(s)} \quad (2\text{-}28)$$

$G(s)$ 的分子是输入量 $E(s)$ 到输出量 $C(s)$ 沿信号前进方向的传递函数 $G_1(s)$，称为前向通道传递函数，$H(s)$ 则称为反馈通道传递函数。如果是由负反馈连接环节组成传递函数 $G(s)$，那么式（2-28）中的分母是 $1+G_1(s)H(s)$；如果是由正反馈连接环节组成传递函数，那么其分母是 $1-G_1(s)H(s)$。上式中 $G_1(s)H(s)$ 称为开环传递函数。开环传递函数是把反馈连接所形成的闭环断开后所形成的传递函数。相对于开环传递函数，把 $G(s)$ 称为闭环传递函数。当反馈通道的传递函数 $H(s)=1$ 时，反馈环节可以不在框图中画出，但输入/输出信号线必须连接，这时系统称为单位反馈系统。

2.1.3.2　闭环系统的方框图与传递函数

图 2-6 是具有给定值 $R(s)$、扰动输入 $D(s)$ 和被控量为 $C(s)$ 的典型闭环控制系统方框图。图中 $B(s)$ 称为反馈，$E(s)$ 称为误差；$G_1(s)$ 和 $G_2(s)$ 为前向通道传递函数；$H(s)$ 为反馈通道传递函数（有时也称为反馈传递函数）。

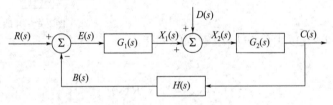

图 2-6　闭环控制系统方框图

由图 2-6 可得

$$\begin{cases} E(s)=R(s)-B(s) \\ X_1(s)=G_1(s)E(s) \\ X_2(s)=X_1(s)+D(s) \\ C(s)=G_2(s)X_2(s) \\ B(s)=H(s)C(s) \end{cases} \quad (2\text{-}29)$$

整理上述方程组，可得被控量 $C(s)$ 与给定输入 $R(s)$ 和扰动输入 $D(s)$ 之间的关系为

$$C(s)=\frac{G_1(s)G_2(s)}{1+G_1(s)G_2(s)H(s)}R(s)+\frac{G_2(s)}{1+G_1(s)G_2(s)H(s)}D(s) \quad (2\text{-}30)$$

很显然 $R(s)$ 与 $D(s)$ 对 $C(s)$ 的影响不一样。

（1）给定值对系统输出的传递函数

设 $D(s)=0$，由式（2-30）可得

$$C_r(s)=\frac{G_1(s)G_2(s)}{1+G_1(s)G_2(s)H(s)}R(s)$$

根据传递函数的定义

$$G_r(s)=\frac{C_r(s)}{R(s)}=\frac{G_1(s)G_2(s)}{1+G_1(s)G_2(s)H(s)} \qquad (2\text{-}31)$$

$G_r(s)$ 称为给定值作用下闭环系统的传递函数。

（2）扰动量对系统输出的传递函数

设 $R(s)=0$，由式（2-30）并结合传递函数的定义有

$$G_d(s)=\frac{C_d(s)}{D(s)}=\frac{G_2(s)}{1+G_1(s)G_2(s)H(s)} \qquad (2\text{-}32)$$

$G_d(s)$ 称为扰动量作用下闭环系统的传递函数。

考虑式（2-31）和式（2-32），式（2-30）可写成

$$C(s)=G_r(s)R(s)+G_d(s)D(s) \qquad (2\text{-}33)$$

值得一提的是，$G_r(s)$ 和 $G_d(s)$ 的分母多项式都是 $1+G_1(s)G_2(s)H(s)$。即无论根据给定值分析系统还是根据扰动量分析系统，传递函数特征多项式是一样的。换句话说，系统的特征方程只有一个，即

$$1+G_1(s)G_2(s)H(s)=0$$

2.1.3.3　方框图等效变换

在比较复杂的自动控制系统方框图中，各环节之间可能存在错综复杂的连接关系，不仅仅是环节之间简单的串联、并联和反馈连接方式，也不可能具有图 2-6 所示的典型形式。而要获得整个系统的传递函数可采用方框图简化的方法。即将控制系统中的一些环节按等价变换原则进行重新排列，这称为方框图的等效变换。这样可以使复杂的方框图得到简化，从而可以方便地求出系统的传递函数。

表 2-2 汇总了方框图等效变换的规则。为了使用方便，将环节的串联、并联和反馈公式一并列入表 2-2。

表 2-2　方框图的等效变换规则

形式	变换前	变换后
串联	$X \to \boxed{G_1} \to \boxed{G_2} \to Y$　$Y=G_1G_2X$	$X \to \boxed{G_1G_2} \to Y$
并联	$X \to \boxed{G_1},\boxed{G_2} \to \Sigma \to Y$　$Y=\pm G_1X\pm G_2X$	$X \to \boxed{\pm G_1\pm G_2} \to Y$
反馈	$X \to \Sigma \to \boxed{G_1} \to Y,\ \boxed{G_2}$　$Y=\dfrac{G_1}{1\mp G_1G_2}X$	$X \to \boxed{\dfrac{G_1}{1\pm G_1G_2}} \to Y$ ；$X \to \boxed{1/G_2} \to \Sigma \to \boxed{G_1} \to \boxed{G_2} \to Y$

续表

形式	变换前	变换后
分点逆矢移动	$Y_1=G_1G_2X \qquad Y_2=G_1G_2G_3X$	
分点顺矢移动	$Y_1=G_1G_2X \qquad Y_2=G_1G_3X$	
合点逆矢移动	$Y=\pm G_1G_2X_1\pm G_3X_2$	
合点顺矢移动	$Y=\pm G_1G_2X_1\pm G_3G_2X_2$	

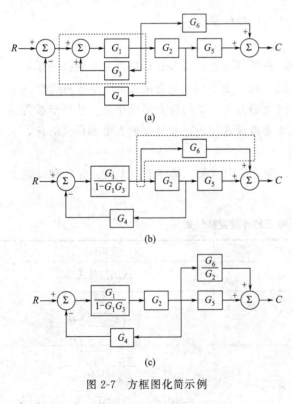

(a)

(b)

(c)

图 2-7　方框图化简示例

例 2-1　试求图 2-7（a）所代表的控制系统的传递函数。

解　利用表 2-2 的有关方框图化简规则，首先把反馈回路包括 G_1 和 G_3 作等效变换，注意到这是一个正反馈回路。变换后结果如图 2-7（b）。然后把 G_6 的入口点移到回路外面（即 G_2 出口），如图 2-7（c）所示。这时，左侧的负反馈回路与右侧的子系统（方框 G_5 和 G_6/G_2 并联）是串联连接。因此可以利用基本环节连接化简方式求得整个系统的传递函数为

$$G(s)=\frac{C(s)}{R(s)}=\frac{\dfrac{G_1G_2}{1-G_1G_3}\left(G_5+\dfrac{G_6}{G_2}\right)}{1+\dfrac{G_1G_2G_4}{1-G_1G_3}}$$

$$=\frac{G_1G_2G_5+G_1G_6}{1-G_1G_3+G_1G_2G_4}$$

复杂的方框图还可以采用梅森公式进行化简，可以参阅自动控制原理相关书籍。

2.2 被控对象的动态特性

控制质量的优劣是过程控制中最重要的问题，它主要取决于自动控制系统的结构及其各个环节的特性。其中，被控对象的特性是由生产工艺过程和工艺设备决定的，在控制系统的设计中是无法改变的。因此，必须深刻了解被控对象的特性，才能设计出合适的控制方案，取得良好的控制质量。

所谓被控对象的动态特性，就是当被控对象的输入变量发生变化时，其输出变量随时间的变化规律（包括变化的大小、速度等）。对一个被控对象来说，其输出变量就是控制系统的被控变量，而其输入变量则是控制系统的操纵变量和干扰作用。被控对象输入变量与输出变量之间的联系称为通道；操纵变量与被控变量之间的联系称为控制通道；干扰作用与被控变量之间的联系称为干扰通道。通常所讲的对象特性是指控制通道的对象特性。

2.2.1 被控对象的数学描述

在不同的生产部门中被控对象千差万别，图 2-1 已经讨论了一个单容水箱液位的数学模型，下面以此为例分析被控对象的数学描述形式。在连续生产过程中，最基本的关系是物料平衡和能量平衡。在静态条件下，单位时间流入对象的物料（或能量）等于从系统中流出的物料（或能量）；在动态条件下，单位时间流入对象的物料（或能量）与单位时间从系统中流出的物料（或能量）之差等于系统内物料（或能量）储存量的变化率。被控对象的数学描述就是由这两种关系推导出来的微分方程式。

（1）单容液位对象

① 有自衡特性的单容对象 图 2-1 所示就是一个有自衡特性的水箱液位被控对象。

式（2-5）～式（2-9）是用来描述单容水箱被控对象的微分方程式，这几个方程都是一阶常系数微分方程式。因此，将这样的被控对象叫作一阶被控对象。式（2-6）中的 T 称为时间常数，K 称为被控对象的放大系数，它们反映了被控对象的特性。

图 2-1 所示的水箱液位被控对象，在初始平衡状态时，稳态流量为 Q_s，流入水箱的流量等于流出水箱的流量，因此，液位稳定在某一数值 H_s 上，处于平衡状态。在 t_0 时刻，若流入量突然有一阶跃变化量 q_i，则可由式（2-8）解微分方程求出相应的液位变化量

$$h(t)=Kq_i(1-e^{-(t-t_0)/T}) \qquad (2-34)$$

根据式（2-34）画出图 2-1 水箱液位被控对象在阶跃输入作用下的特性曲线如图 2-8 所示。从曲线上可以看出，在初始阶段，由于 Q_i 突然增加 q_i 而流出量 Q_o 还没有变化，因此液位 H 上升速度很快；随着液位的上升，水箱出口处的静压增大，因此 q_o 随之增加，q_i 与 q_o 之间的差值就越来越小，液位增量 h 的上升速度就越来越慢，由式（2-34）和图 2-8 可以看出，当 $t\to\infty$ 时

$$h=Kq_i \qquad (2-35)$$

此时，K 和 q_i 均为常数。所以液位稳定在一个新的平衡状态，$q_i=q_o$。这就是被控对象的自衡特性，即当输入变量发生变化破坏了被控对象的平衡而引起输出

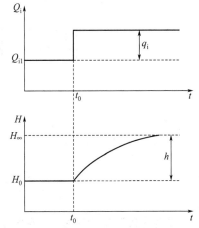

图 2-8 单容被控对象自衡特性曲线

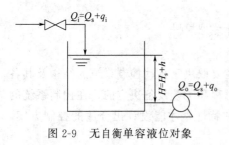

图 2-9　无自衡单容液位对象

变量变化时，在没有人为干预的情况下，被控对象自身能重新恢复平衡的特性。自衡特性有利于控制，在某些情况下，使用简单的控制系统就能得到良好的控制质量，甚至有时可以不用设置控制系统。

② 无自衡特性的单容对象　在实际生产中，还有一类无自衡特性的被控对象。图 2-9 就是一个典型的例子。由于泵的出口流量 Q_o 不随液位变化而变化，因此对象的动态方程为

$$q_i = A\frac{\mathrm{d}h}{\mathrm{d}t} \tag{2-36}$$

在 t_0 时刻之前，被控对象处于平衡状态，$Q_i = Q_o$。假定在 t_0 时刻，水槽的流入量突然有一个阶跃变化 q_i，由式（2-36）可得

$$h = \frac{q_i}{A}(t - t_0) \tag{2-37}$$

它的特性曲线如图 2-10 所示。由于水箱的流出量不变，所以当流入量突然增加 q_i 时，液位 H 将随时间 t 的推移恒速上升，不会重新稳定下来，直至水槽顶部溢出，这就是无自衡特性。无自衡特性的被控对象在受到扰动作用后不能重新恢复平衡，因此控制要求较高。对这类被控对象除必须施加控制外，还常常设有自动报警系统。

（2）双容液位对象

双容水箱如图 2-11 所示。它有两个串联在一起的水箱，它们之间的连通管具有阻力，因此两者的液位是不同的。进水 Q_{i1} 首先进入水箱 1，然后再通过水箱 2 流出。水流入量 Q_{i2} 由阀 1 控制，流出量 Q_o 决定于阀 2 的开度（根据用户的需要改变），被控变量是水箱 2 的液位 H_2。

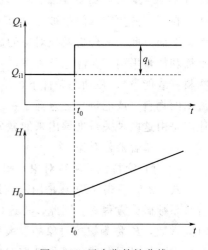

图 2-10　无自衡特性曲线

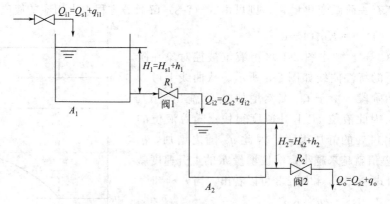

图 2-11　双容液位对象

下面分析液位变化量 h_2 在阀 1 开度扰动下的动态特性。根据物料平衡方程可以写出两个关系式。

水箱 1 的动态平衡关系为

$$q_{i1} - q_{i2} = A_1 \frac{dh_1}{dt} \tag{2-38}$$

水箱 2 的动态平衡关系为

$$q_{i2} - q_o = A_2 \frac{dh_2}{dt} \tag{2-39}$$

式 (2-38) 与式 (2-39) 相加得

$$q_{i1} - q_o = A_1 \frac{dh_1}{dt} + A_2 \frac{dh_2}{dt} \tag{2-40}$$

在 q_{i2}、q_o 变化量极小时，水流出变化量与液位变化量的关系近似为

$$q_{i2} = \frac{h_1}{R_1} \tag{2-41}$$

$$q_o = \frac{h_2}{R_2} \tag{2-42}$$

将式 (2-41) 和式 (2-42) 代入式 (2-39) 并求微分后，经整理得到

$$\frac{dh_1}{dt} = R_1 A_2 \times \frac{d^2 h_2}{dt^2} + \frac{R_1}{R_2} \times \frac{dh_2}{dt} \tag{2-43}$$

再将式 (2-42) 和式 (2-43) 代入式 (2-40)，经整理得到

$$A_1 A_2 R_1 R_2 \frac{d^2 h_2}{dt^2} + (A_1 R_1 + A_2 R_2) \frac{dh_2}{dt} + h_2 = R_2 q_{i1} \tag{2-44}$$

式中　A_1，A_2——分别为水箱 1、2 的横截面积；

　　　　R_1，R_2——分别为水箱 1、2 的出水阀阻力系数。

令 $T_1 = A_1 \cdot R_1$，$T_2 = A_2 \cdot R_2$，$K = R_2$，则

$$T_1 T_2 \frac{d^2 h_2}{dt^2} + (T_1 + T_2) \frac{dh_2}{dt} + h_2 = K q_{i1} \tag{2-45}$$

则该双容液位系统的传递函数为

$$G(s) = \frac{H_2(s)}{Q_{i1}(s)} = \frac{K}{T_1 T_2 s^2 + (T_1 + T_2)s + 1} \tag{2-46}$$

式 (2-45) 就是描述图 2-11 所示双容水箱被控对象的二阶微分方程式。通常，这样的被控对象叫作二阶被控对象。式中的 T_1 为水箱 1 的时间常数，T_2 为水箱 2 的时间常数，K 为被控对象的放大倍数。图 2-12 显示了双容水箱在阶跃输入作用下的响应曲线。

以上介绍了液位被控对象的数学描述形式的推导，即数学模型的建立。对于其他类型比较简单的被控对象，如压力罐的压力、热交换器的温度、机械系统的质量弹簧阻尼器系统、电系统的 RLC 电路、液压控制器系统和直流电动机系统等被控对象，都可以用这种方法建立其数学模型。对于复杂的被控对象，直接用数学方法来建立模型是比较困难的。

例 2-2　换热器是化工系统的典型单元设备，为了设计换热器的温度控制系统，需要首先建立换热器的数学描述，试用微分方程和传递函数两种方式建立两股流体热交换的换热器的数学描述。

解　设被加热流体的进口温度 θ_i（℃）保持不变，流入、流出换热器的被加热质量流量 G（kg/s）不变。当加热流体热流量稳定在 Q_s（kJ/s）时，被加热流体在换热器中得到的

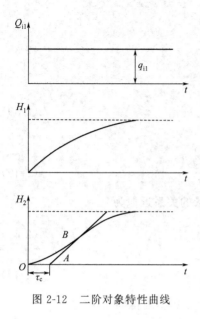

图 2-12　二阶对象特性曲线

热流量随已加热流体被带出。这时加热流体的温度 θ_s（℃）保持不变。

在加热流体热流量发生 q_i（kJ/s）变化的动态过程中，q_i 的一部分由被加热流体带走，还有一部分使换热器内流体的温度变化（储存热量变化）。设被加热流体出口温度的变化量为 θ（℃）。被加热流体带走热流量的变化量为 q_o（kJ/s）。根据能量平衡原理，q_i，q_o 和 θ 之间的关系为

$$Mc_p \frac{\mathrm{d}\theta}{\mathrm{d}t} = q_i - q_o$$

式中，M 为换热器中流体质量，kg；c_p 为流体的比热容，kJ/(kg·℃)。

被加热流体带走的热量变化量为

$$q_o = Gc_p\theta$$

如果记 $C = Mc_p$，$R = 1/(Gc_p)$，则可获得

$$RC \frac{\mathrm{d}\theta}{\mathrm{d}t} + \theta = Rq_i$$

根据传递函数的定义可得该换热器加热流体热流量对被加热流体出口温度的传递函数为

$$\frac{\Theta(s)}{Q_i(s)} = \frac{R}{RCs+1}$$

这就是换热器的传递函数表达。在实际过程中，换热过程还需考虑延迟，所以实际换热器的传递函数还包含延迟环节。注意本例中 q_i、q_o 是热流量，与前面的体积流量不同。

2.2.2　被控对象的特性参数

描述被控对象特性的参数有放大系数 K、时间常数 T 和滞后时间 τ。

（1）放大系数

式（2-6）及式（2-46）中的 K 就是对象的放大系数，又称静态增益，是被控对象重新达到平衡状态时的输出变化量与输入变化量之比。如图 2-8 所示，水箱液位在阶跃干扰作用下产生变化，当它重新达到平衡状态时，液位 H 稳定在一个新的数值上。此时，输出变化量 h 与输入变化量 q_i 有式（2-35）所示的对应关系。

由上述结果可以归纳出有关放大系数的几个一般性结论。

ⅰ. 放大系数 K 表达了被控对象在干扰作用下重新达到平衡状态的性能，是不随时间变化的参数。所以 K 是被控对象的静态特性参数。

ⅱ. 在相同的输入变化量作用下，被控对象的 K 越大，输出变化量就越大，即输入对输出的影响越大，被控对象的自身稳定性越差；反之，K 越小，被控对象的稳定性越好。

K 在任何输入变化情况下都是常数的被控对象称为线性对象。输入不同的变化量其放大系数不为常数的被控对象，称为非线性对象。非线性对象是比较难控制的。

处于不同通道的放大系数 K 对控制质量的影响是不一样的。对控制通道而言，如果 K 值大，则即使控制器的输出变化不大，对被控变量的影响也会很大，控制很灵敏。对于这种对象，其控制作用的变化应相应地缓和一些，否则被控变量波动较大，不易稳定。反之，K

小，会使被控变量变化迟缓。对干扰通道而言，如果 K 较小，即使干扰幅度很大，也不会对被控变量产生很大的影响。若 K 很大，则当干扰幅度较大而又频繁出现时，系统就很难稳定，除非设法排除干扰或者采用较为复杂的控制系统，否则很难保证控制质量。

（2）时间常数

式（2-6）以及式（2-46）中的 T、T_1、T_2 都叫作时间常数，它反映了被控对象受到输入作用后，输出变量达到新稳态值的快慢，它决定了整个动态过程的长短。因此，它是被控对象的动态特性参数。图 2-13 显示了不同时间常数下单容对象的响应曲线。随着时间常数 T 的增加，输出量到达新稳态值的时间也变长。

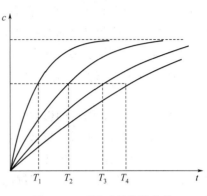

图 2-13　不同时间常数比较

处于不同通道的时间常数对控制系统的影响是不一样的。对于控制通道，若时间常数 T 大，则被控变量的变化比较缓和，一般来讲，这种对象比较稳定，容易控制，但缺点是控制过于缓慢；若时间常数 T 小，则被控变量的变化速度快，不易控制。因此，时间常数太大或太小，对过程控制都不利。而对于干扰通道，时间常数大则有明显的好处，此时阶跃干扰对系统的影响会变得比较缓和，被控变量的变化变得平稳，对象容易控制。

（3）滞后时间

有不少化工对象，在受到输入变量的作用后，其被控变量并不立即发生变化，而是过一段时间才发生变化，这种现象称为滞后现象。滞后时间是描述对象滞后现象的动态参数。根据滞后性质的不同可分为传递滞后和容量滞后两种。

① 传递滞后 τ_0　又叫纯滞后，是由于信号的传输、介质的输送或热的传递要经过一段时间而产生的，常用 τ_0 来表示。如图 2-14（a）所示的溶解槽，加料斗中的固体用皮带输送机送至溶解槽。在加料斗加大送料量后（即阶跃输入），固体溶质需等输送机将其送到加料口并落入槽中后，才会影响溶解槽内溶液的浓度。若以加料斗的加料量作为对象的输入，以溶液浓度作为对象的输出，则其响应曲线如图 2-14（b）。显然纯滞后 τ_0 与皮带输送机传送速度 u 和传递距离 L 有如下关系

$$\tau_0 = \frac{L}{u} \tag{2-47}$$

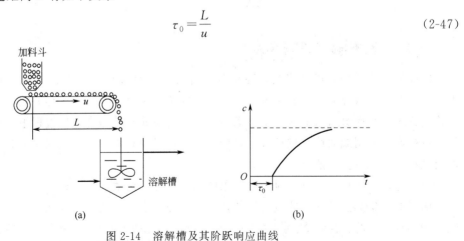

(a)　　　　　　　　　　　　(b)

图 2-14　溶解槽及其阶跃响应曲线

② 容量滞后 τ_c 一般是由于物料或能量的传递过程中受到一定的阻力而引起的，或者说是由于容量数目多而产生的。一般用容量滞后时间 τ_c 来表征其滞后的程度，其主要特征是当输入阶跃作用后，被控对象的输出变量开始变化很慢，然后逐渐加快，接着又变慢，直至逐渐接近稳定值。如图 2-11 所示的双容液位对象，从其响应曲线图 2-12 可以看出上述变化趋势。容量滞后时间 τ_c 就是在响应曲线的拐点 B 处作切线，切线与时间轴的交点 A 与被控变量开始变化的起点之间的时间间隔就是容量滞后时间 τ_c。

从原理上讲，传递滞后和容量滞后的本质是不同的，但实际上很难严格区分。当两者同时存在时，通常把这两种滞后时间加在一起，统称为滞后时间，用 τ 来表示，即 $\tau = \tau_0 + \tau_c$。

在控制系统中，滞后的影响与其所在的通道有关。对控制通道来讲，滞后的存在不利于控制。例如，控制阀距对象较远，控制作用的效果要隔一段时间才能显现出来，这将使控制不够及时，在干扰出现后不能迅速控制，严重影响控制质量。对于干扰通道，纯滞后只是推迟了干扰作用的时间，因此对控制质量没有影响。而容量滞后则可以缓和干扰对被控变量的影响，因而对控制系统是有利的。

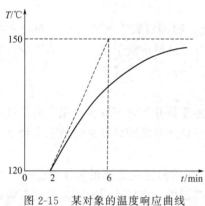

图 2-15 某对象的温度响应曲线

例 2-3   已知某对象在蒸汽流量从 $25\mathrm{m^3/h}$ 增加到 $28\mathrm{m^3/h}$ 的温度阶跃响应曲线如图 2-15 所示，温度测量仪表的测量范围为 $0 \sim 200℃$，蒸汽流量测量仪表的测量范围为 $0 \sim 40\mathrm{m^3/h}$。试求解该系统的放大系数、时间常数和滞后时间，并写出描述该对象特性的微分方程。

解   由阶跃响应曲线可知

放大系数 $K = \dfrac{(150-120)/200}{(28-25)/40} = 2$

时间常数 $\quad T = 6 - 2 = 4(\mathrm{min})$

滞后时间 $\qquad \tau = 2\mathrm{min}$

由上述参数，可获得描述该对象特性的微分方程（假设温度变化量为 T，q 为流量变化量）

$$4\frac{\mathrm{d}T(t+2)}{\mathrm{d}t} + T(t+2) = 2q(t)$$

2.2.3   对象特性的实验测定

前面从工艺过程的机理出发，写出各种有关的平衡方程（如物料平衡、能量平衡等），求取被测对象的微分方程式，是求取对象特性的机理建模法。还有一种方法，首先让对象处于稳定状态，其次给对象输入一个激励信号，使对象处于动态变化的过程中；然后根据测得的一系列实验数据或曲线，进行数据分析和处理，得到对象特性参数的具体数值，这就是求取对象特性的实验测定法。

机理建模法的精度依赖于对被测对象内部的物理、化学过程了解的程度，而实际上，相当多的工业对象其内部的工艺过程很复杂，其微分方程多为高阶非线性形式；错综复杂的相互作用会给对象的特性参数产生难以估计的影响，使得方程的求解很困难。而如果作出一些假设和简化，可以得到较为简单的形式，这样推得的结果必须经过实验加以验证。因此，工程上多采用机理建模与实验测定相结合的方法来获得对象的动态特性,先通过机理建模获取对象模型的结构形式,然后通过有目的的实验测定和数据处理,求得模型中各参数的数值。这个过程称为系统辨识。

加入的激励信号不一样,实验数据的分析方法也不一样。据此分类,常用的实验测定法主要有以下几种。

① 时域分析法 在被测对象的输入端施加阶跃信号或脉冲信号,测绘出对象的输出变量随时间变化的阶跃响应曲线或脉冲响应曲线,然后分析响应曲线,从而确定对象的数学模型。这种测试方法简单易用,在精度要求不高的场合应用非常广泛。

② 频域分析法 对被测对象施加不同频率的正弦波,测出输入量与输出量的幅值比和相位差,获得对象的频率特性,从而确定被测对象的传递函数。这种方法在原理和数据处理上都比较简单,但是需要专门的频率发生器和频响测试设备,相位测试的精度不高。

③ 统计分析法 对被测对象施加某种随机信号,观察和记录由此引起的各参数的变化,然后运用统计相关法研究对象的动态特性。这种方法可在生产过程正常状态下进行,精度也较高;但是需获取的数据量巨大,且需要进行复杂的数字信号处理。

下面介绍时域分析法,其他方法可参阅有关文献。

(1) 时域响应的测定

时域分析法采用的激励信号多为阶跃信号,即先让被测对象稳定在某个输入值下达到平衡状态,在某一时刻突然改变它的输入值,对象将逐渐运动到新的平衡态,记录下这一过程中输出变量的变化过程,即为阶跃响应(又称为飞升特性)。阶跃响应实验过程简单,而且后续的数据处理也是以阶跃响应曲线为基础的,因此是时域分析的首选。但是在实际运用

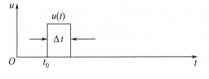

中,阶跃输入有时会使被测对象的输出变化超过允许范围;或受运行条件的限制,不允许对象的输出长时间偏离正常值。这时可采用矩形脉冲信号做激励,由脉冲响应曲线通过作图法转换为阶跃响应曲线,如图2-16所示,从图中可以看出

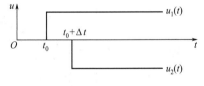

$$\begin{cases} u(t) = u_1(t) + u_2(t) \\ u_2(t) = -u_1(t - \Delta t) \end{cases} \quad (2\text{-}48)$$

设 $u_1(t)$、$u_2(t)$ 作用下的阶跃响应曲线为 $c_1(t)$ 和 $c_2(t)$,如图2-16所示。则脉冲响应曲线为

$$c(t) = c_1(t) + c_2(t) = c_1(t) - c_1(t - \Delta t)$$

即

$$c_1(t) = c(t) + c_1(t - \Delta t) \quad (2\text{-}49)$$

式(2-49)就是由矩形脉冲响应曲线 $c(t)$ 转换为阶跃响应曲线 $c_1(t)$ 的根据。具体做法如下。

将时间轴按 Δt 分成 n 等份,在 $0 \sim t_0 + \Delta t$ 区间,阶跃响应曲线与矩形脉冲响应曲线重合。即

$$c_1(t) = c(t) \quad (0 < t \leqslant t_0 + \Delta t) \quad (2\text{-}50)$$

在 $t_0 + \Delta t < t \leqslant t_0 + 2\Delta t$ 区间内

$$c_1(t) = c(t) + c_1(t - \Delta t) \quad (2\text{-}51)$$

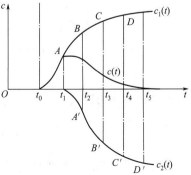

图 2-16 由矩形脉冲响应确定阶跃响应

依次类推，最后得到完整的阶跃响应曲线 $c_1(t)$。

（2）时域数据处理方法

由实验测得的响应曲线，结合选定的模型结构，就可以计算对象的特性参数了。对于同一个响应曲线，可以用不同的模型结构去拟合它。这里所谓的结构主要指对象数学模型（微分方程或传递函数）的阶次，采用高阶模型拟合的精度高，但是结构复杂、计算量大；而采用低阶模型则相反。折中的办法就是在满足精度要求的前提下尽量采用低阶（一阶和二阶）模型。为讨论方便，数学模型以传递函数表示。

设初始平衡状态为 $c(0)=0$，阶跃输入量为 Δu。

① 一阶自衡对象特性参数　常见的一种阶跃响应曲线如图 2-17 （a）所示，可按一阶惯性环节加纯滞后来处理，其数学模型为

$$G(s)=\frac{K}{Ts+1}e^{-\tau s} \tag{2-52}$$

其中，静态放大倍数为

$$K=\frac{c(\infty)-c(0)}{u(\infty)-u(0)}=\frac{c(\infty)}{\Delta u} \tag{2-53}$$

图中，$O\sim A$ 段输出不变化，为纯滞后，A 点以后为惯性环节。现在求取 T 和 τ。

第一种方法为切线法。在图 2-17 （a）中，过点 A 作响应曲线的切线，交稳态值线于点 B，得点 B 的横坐标为 t_2。则有

$$\tau=t_1$$
$$T=t_2-t_1 \tag{2-54}$$

该方法求取的时间常数 T，其精度受切线作图准确性的影响，因此推荐切线法的一个推论：在响应曲线上寻找这样一个点 P，其纵坐标值恰为 $0.63c_\infty$，如图 2-17 （a）所示，则该点的横坐标即为比较准确的 t_2，再代入式（2-54）计算。为避免找到的点 P 恰为某个测量点而引入该点的测量误差，可事先对整个响应曲线进行平滑拟合，以处理过的曲线参与作图。

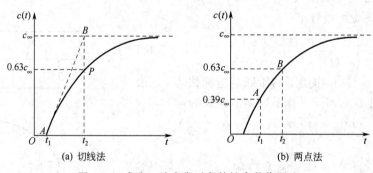

图 2-17　求取一阶自衡对象特性参数作图法

第二种方法为两点法。其原理为：式（2-52）相对应的阶跃响应在时域上的解析解为

$$c(t)=\begin{cases}0, & t<\tau \\ c_\infty(1-e^{-(t-\tau)/T}), & t\geq\tau\end{cases} \tag{2-55}$$

理论上可取两点坐标值代入式（2-55），即可求解 T 和 τ。为了计算简单，工程上常取这样的两个点 A、B，使得其横坐标 $t_1<t_2$，且纵坐标 $c(t_1)=0.39c_\infty$，$c(t_2)=0.63c_\infty$，如图 2-17 （b）所示。则有

$$\tau = 2t_1 - t_2$$
$$T = 2(t_2 - t_1) \tag{2-56}$$

② 二阶自衡对象特性参数 若阶跃响应曲线是类似于图 2-18（a）所示的 S 形曲线，在精度要求不高的情况下，也可按一阶惯性环节加纯滞后来处理，数学模型仍可表示为式（2-52），其中静态放大倍数仍按式（2-53）求取。求 T 和 τ 时可采用切线法，仍按式（2-54）求取，但是其中的 t_1、t_2 的值应按以下方式确定：在图 2-18（a）上过拐点 P 作切线，交横轴于点 A，交稳态值线于点 B，A、B 的横坐标分别为 t_1、t_2；亦可用一阶两点法，作图和求解可参照图 2-17（b）和式（2-56），不再赘述。

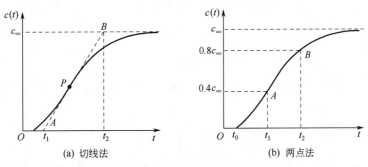

图 2-18 求取二阶自衡对象特性参数作图法

按上述方法求得的特性参数在 $O \sim P$ 段误差较大，若要提高这段的精度，可将数学模型改为二阶惯性环节加纯滞后来处理。

$$G(s) = \frac{K}{(T_1 s + 1)(T_2 s + 1)} e^{-\tau s} \tag{2-57}$$

或

$$G(s) = \frac{K}{(Ts + 1)^2} e^{-\tau s} \tag{2-58}$$

其中，静态放大倍数仍按式（2-53）计算，如图 2-18（b），t_0 以前的时间输出不变化，为纯滞后，故

$$\tau = t_0 \tag{2-59}$$

在曲线上寻找两点 A、B 使得其纵坐标 $c_A = 0.4c_\infty$，$c_B = 0.8c_\infty$，然后求得 A、B 的横坐标 t_1、t_2，并作如下变换

$$t_1^* = t_1 - \tau = t_1 - t_0$$
$$t_2^* = t_2 - \tau = t_2 - t_0 \tag{2-60}$$

令 $\beta = t_1^* + t_2^*$，$\lambda = t_1^* / t_2^*$，代入式（2-61a）和式（2-61b），联立求解

$$T_1 + T_2 = \frac{\beta}{2.16} \tag{2-61a}$$

$$\frac{T_1 T_2}{(T_1 + T_2)^2} = 1.74\lambda - 0.55 \tag{2-61b}$$

当 $0.32 < \lambda < 0.46$ 时，对象的数学模型为式（2-57）；当 $\lambda = 0.46$ 时，$T_1 = T_2$，模型演变为式（2-58）；当 $\lambda = 0.32$ 时，式（2-61b）右端为 0，模型转变为一阶特性，按式（2-52）拟合即可满足精度；当 $\lambda > 0.46$ 时，对象表现出更高阶特性，需要更复杂模型才能保证精度。

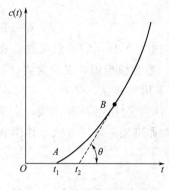

图 2-19　求取非自衡对象特性
参数作图法

③ 无自衡对象特性参数　大多数无自衡对象的阶跃响应如图 2-19 所示，其数学模型可处理为一个积分环节加一个纯滞后环节

$$G(s) = \frac{1}{T_a s} e^{-\tau s} \qquad (2-62)$$

在曲线的稳态上升部分的拐点 B 处作切线，与时间轴交于 t_2 且夹角为 θ。则该切线可视为一条原来过原点的直线向右移了 t_2。即把图 2-19 中 B 点以后的部分看作是经纯滞后时间 t_2 后的一条积分曲线。所以，式（2-62）中

$$\tau = t_2$$

$$T_a = \frac{\Delta u}{\tan \theta} \qquad (2-63)$$

这种方法简单易求，但是在 $A \sim B$ 段误差较大。如果要追求在该段的精度，可改用下述模型

$$G(s) = \frac{1}{T_a s (T s + 1)} e^{-\tau' s} \qquad (2-64)$$

式（2-64）中，认为 A 点之前是纯滞后，而 $A \sim B$ 之间是惯性环节为主，到 B 点之后仍旧认为是积分环节为主，所以

$$\tau' = t_1$$

$$T_a = \frac{\Delta u}{\tan \theta}$$

$$T = t_2 - t_1 \qquad (2-65)$$

（3）对象特性时域测定应注意的问题

从以上讨论中可知，对象的模型结构一旦选定，则求得的特性参数的精度，就严重的依赖于测得的响应曲线的精确性，其次才是作图法的准确性。因此，在录制对象特性时域响应曲线时必须注意以下几个问题。

ⅰ.由于采用的是单输入单输出的数学模型，须采取一切措施防止干扰的发生，并保证实验中其他变量不发生变化，否则将影响实验的结果。

ⅱ.对于阶跃响应，必须在对象平衡状态下加入激励，否则前一个过渡过程会叠加到后一个过渡过程上，造成曲线失真。

ⅲ.每次测试应格外注意过渡过程起始阶段的测量，即从加入激励信号到被测参数出现明显变化这段时间，以获取比较准确的滞后时间。

ⅳ.每次测试应进行到被测参数趋于足够稳定，以获取比较准确的稳定值。

ⅴ.为避免对象非线性因素的影响，阶跃值不宜太大，也不宜太小，一般取额定值或正常值的 5%～15%。对于更大的激励，可采用矩形脉冲。在对象的同一平衡工况下可分别施加正反两种方向的阶跃信号，以检验其非线性特性。

ⅵ.在同一平衡工况下施加相同的激励、重复进行多次，要剔除响应曲线上某些显然的偶然性误差，并对曲线作平滑处理，或把多次的实验曲线取平均值，用处理过的曲线进行计算。

ⅶ.一般应在对象工作范围内选取多个平衡工况，进行多次测试，如最小、最大、最常工况等，求取的多组特性参数可进一步加以处理。

2.3 控制器的动态特性

自动控制系统是由自动控制器（控制器）和被控对象构成的一个闭环系统。控制器输入来自于给定值和被控变量反馈而产生的偏差信号，并且按照一定的控制规律运算后输出信号对被控对象进行控制。控制器的动态特性就是控制器的输入偏差信号与输出信号之间的因果关系。

2.3.1 控制器的基本控制规律

控制器是自动控制系统的心脏。它的作用是将测量变送信号与给定值相比较产生的偏差信号，按一定的运算规律产生输出信号，推动执行器，实现对生产过程的自动控制。控制规律是指控制器的输出信号随输入信号变化的规律。

尽管控制器的种类很多，其工作原理和结构形式也不相同，但其基本的控制（也称调节）规律可归为四种：位式、比例、积分、微分。其中，除位式是断续控制外，其他三种均是连续控制规律。

不同的控制规律适应不同的生产要求，在了解常见基本控制规律的特点及适用条件的基础上，根据过渡过程的品质指标要求，结合被控对象的特性，才能正确地选用适当的控制规律。

（1）位式控制规律

双位控制是位式控制规律中最简单的形式。理想的双位控制规律的数学表达式为

$$u(t)=\begin{cases} u_{\max} & \text{当 } e(t)>0[\text{或 } e(t)<0]\text{时} \\ u_{\min} & \text{当 } e(t)<0[\text{或 } e(t)>0]\text{时} \end{cases} \tag{2-66}$$

相应控制器的输出特性曲线见图 2-20。双位控制规律是一种典型的非线性控制规律，当测量值大于或小于给定值时，控制器的输出达到最大或最小两个极限位置。与控制器相连的执行器相应也只有"开"和"关"两个极限工作状态。

图 2-21 所示为双位炉温自动控制系统。其中，加热炉 1 为被控对象，炉温是被控变量；热电偶 2 是检测元件；3 为双位控制器；继电器 4 为执行机构；电热器 5 是将电能转化为热能的加热装置。温度的给定值由人工调整双位控制器上的给定值指针设置，炉温由热电偶测量并送至双位控制器。双位控制器根据温度测量值与给定值的偏差大小发出使继电器通、断电的控制信号，从而控制加热炉内部的温度。

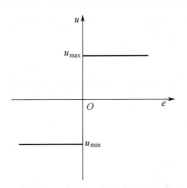

图 2-20 理想的双位控制规律

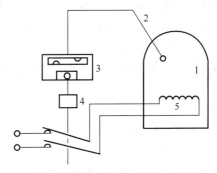

图 2-21 双位炉温自动控制系统

理想的情况是：当被控变量的测量值低于给定值时，控制器输出的极限状态使继电器闭合给电热器供电，被控温度上升；而当测量值一旦高于给定值时，控制器立刻输出另一极限状态使继电器断开而停止给电热器供电，被控温度下降，如此反复进行，使温度维持在给定值附近很小的范围内波动。

位式控制结构简单，成本较低，使用方便，对配用的执行机构无任何特殊的要求，一般带有上下限发信装置的检测仪表，如压力表、水银温度计、双金属片温度计、电子电位差计、自动平衡电桥等都可以方便地实现位式控制。其主要缺点是被控变量总在波动，控制质量不高。当被控对象纯滞后较大时，被控变量波动幅度较大。因此，在控制要求稍高的场合，不宜使用。

在图 2-21 所示的理想双位控制系统中，控制机构（继电器）的启停过于频繁，系统中的运动部件（继电器触头）容易损坏，这样就很难保证控制系统安全可靠地运行。因此，实际应用的双位控制器都有一个中间区域。具有中间区的双位控制规律如图 2-22 所示。从图中可以看出，只有当偏差达到一定数值（e_{min} 或 e_{max}）时，控制器的输出才会变化，而在中间区内控制器的输出将取决于它原来所处的状态。中间区的出现还有另外两个原因：一是执行机构都有不灵敏区，这时理想双位控制实际上是具有中间区的双位控制；二是采用双位控制的系统本身的要求就不高，只要求被控变量在两个极限值之间，这就是可用中间区的双位控制方案。采用具有中间区双位控制器的控制系统的过渡过程曲线如图 2-23 所示。

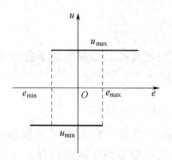

图 2-22　实际的双位控制规律

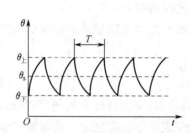

图 2-23　实际双位控制响应曲线

从图 2-23 中可以看出，该过程是一种断续作用下的等幅振荡过程。对于双位控制的质量不能用连续控制作用下的衰减振荡过程的性能指标来衡量，而是用振幅和周期作为其品质指标。在图 2-23 中，振幅为 $\theta_{\perp}-\theta_s$，周期为 T。显然，振幅小、周期长，控制品质就高。然而，对同一个双位控制系统来说，若要振幅小，其周期必然短；若要周期长，则振幅必然大。只有通过合理地选择中间区，才能使振幅在限制的范围之内，同时又可以尽可能地获得较长的周期。此外，振幅的大小还与对象的滞后时间 τ 有关，τ 越大则振幅也越大。

在位式控制中，除了双位控制外，还有三位或更多位的控制。

（2）比例控制规律（P）

① 比例放大倍数（K_P）　在比例控制中，控制器的输出信号 $u(t)$ 与输入信号 $e(t)$ 成比例关系

$$u(t)=K_P e(t) \tag{2-67}$$

控制器传递函数为

$$G_c(s)=K_P \tag{2-68}$$

式中，K_P 称为比例增益或比例放大倍数，在控制器中是可以改变的。在阶跃输入作用下，比例控制规律的输出特性如图 2-24 所示。

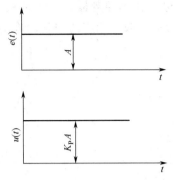

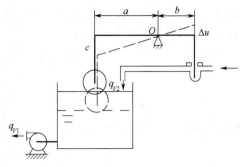

图 2-24 比例控制的阶跃响应曲线 　　图 2-25　简单比例控制系统示意图

图 2-25 是一个简单的比例控制系统的例子。被控变量是水箱液位，O 为杠杆的支点，杠杆的一端固定着浮球，另一端与控制阀的执行机构相连。通过浮球和杠杆的作用，调整阀门开度使液位保持在适当的高度上。当进水量大于出水量时，水槽的液位将升高，浮球也随之升高，通过杠杆的作用使进水阀关小；反之，当液位降低，浮球通过杠杆使进水阀开大；当进水量与出水量相等时，浮球停在某一位置，阀门开度不变，液位保持稳定。在这里，浮球是测量元件，杠杆是一个具有比例作用的简单控制器。从静态看，阀门开度与液位偏差成正比；从动态看，阀门的动作与液位的变化是同步的，没有时间上的迟延。

设图 2-25 中的虚线位置代表新的平衡状态，则控制器输出量 $u(t)$（即阀门开度的变化量）与输入量 $e(t)$（即液位偏差）之间的关系，可由相似三角形的关系得到

$$u(t) = \frac{b}{a} \times e(t) \tag{2-69}$$

式中的 b/a 即比例放大倍数，改变杠杆支点 O 的位置即可改变该控制器的放大倍数。从这个例子中可以得到以下结论。

ⅰ.比例控制器的输出量与输入量具有一一对应的比例关系，因此比例控制具有控制及时、克服偏差的特点。

ⅱ.在系统的平衡遭到破坏后，要改变进入水箱的物料建立起新的平衡，这就要求控制器有输出作用。而要使控制器有输出，就必须要有偏差存在［即 $e(t) \neq 0$］，因此比例控制必然有余差存在。

② 比例度　工业上使用的控制器，常采用比例度（而不是放大倍数）来表示比例作用的强弱。所谓比例度是指控制器的输入相对变化量与相应输出的相对变化量之比的百分数，用式子表示为

$$\delta = \frac{\dfrac{\Delta e}{(e_{max} - e_{min})}}{\dfrac{\Delta u}{(u_{max} - u_{min})}} \times 100\% \tag{2-70}$$

式中　　　　Δe——控制器输入信号的变化量；

　　　　　　Δu——控制器输出信号的变化量；

$e_{max} - e_{min}$——控制器输入信号的变化范围；

$u_{max} - u_{min}$——控制器输出信号的变化范围。

控制器的比例度可以理解为：要使输出信号作全范围的变化，输入信号必须改变全量程

的百分之几,即输入与输出的比例范围。例如,一个电动比例控制器,它的量程是 $100 \sim 200℃$,输出信号是 $4 \sim 20mA$,当输入从 $140℃$ 变化到 $160℃$ 时,相应的控制器输出从 $7mA$ 变化到 $12mA$,则该控制器的比例度为

$$\delta = \frac{\dfrac{160-140}{(200-100)}}{\dfrac{12-7}{(20-4)}} \times 100\% = 64\%$$

如果把比例度的数学表达式(2-70)改写为

$$\delta = \frac{\Delta e}{\Delta u} \times \frac{u_{\max} - u_{\min}}{e_{\max} - e_{\min}} \times 100\% \tag{2-71}$$

由式(2-71)可以看出:对于输入输出信号都是统一标准信号的控制器(如单元组合仪表系列),比例度与比例放大倍数互为倒数关系,即控制器的比例度越小,则比例放大倍数越大,比例控制作用越强。

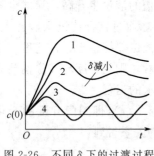

图 2-26 不同 δ 下的过渡过程

③ 比例度对过渡过程的影响 在比例控制系统中,控制器的比例度不同,其过渡过程的形式也不同。那么如何通过改变比例度来获得所希望的过渡过程呢?这就要分析比例度对系统过渡过程的影响,其结果如图 2-26 所示。

ⅰ.比例度对余差的影响:比例度越大,放大倍数越小,由于 $u(t) = K_p e(t)$,要获得同样大小的 Δu,变化量所需的偏差就越大,因此在相同的干扰作用下,系统再次平衡时的余差就越大。反之,比例度减小,系统的余差也随之减小。

ⅱ.比例度对最大偏差、振荡周期的影响:在相同大小的干扰下,控制器的比例度越小,则比例作用越强,控制器的输出越大,使被控变量偏离给定值越小,被控变量被拉回到给定值所需的时间越短。所以,比例度越小,最大偏差越小,振荡周期也越短,工作频率提高。

ⅲ.比例度对系统稳定性的影响:比例度越大,则控制器的输出变化越小,被控变量变化越缓慢,过渡过程越平稳。随着比例度的减小,系统的稳定程度降低,其过渡过程逐渐从衰减振荡走向临界振荡直至发散振荡。

在控制器的基本控制规律中,比例控制是最基本、最主要、应用最普遍的规律,它能较为迅速地克服干扰的影响,使系统很快地稳定下来。比例控制作用通常适用于干扰少、扰动幅度小、负荷变化不大、滞后较小或者控制精度要求不高的场合。当单纯的比例控制作用不能满足工业过程的控制要求时,则需要在比例控制的基础上适当引入积分控制作用和微分控制作用。

(3)积分控制规律(I)

在积分控制规律中,控制器输出信号与输入偏差的积分成正比。其数学表达式为

$$u(t) = K_I \int_0^t e(t) dt = \frac{1}{T_I} \int_0^t e(t) dt \tag{2-72}$$

其传递函数为

$$G_c(s) = K_I \times \frac{1}{s} = \frac{1}{T_I s} \tag{2-73}$$

式中，K_I 为积分控制器的积分速度；T_I 为积分时间常数。

对积分控制器来说，其输出信号的大小不仅与输入偏差信号的大小有关，而且还取决于偏差存在时间的长短。只要有偏差，控制器的输出就不断变化。偏差存在的时间越长，输出信号的变化量也越大。只有在偏差等于零的情况下，积分控制器的输出信号才能相对稳定。因此可以认为，积分控制作用是力图消除余差。

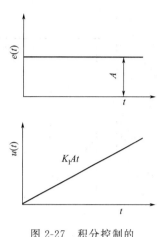

图 2-27　积分控制的阶跃响应曲线

在幅值为 A 的阶跃偏差输入作用下，积分控制器的输出特性如图 2-27 所示。将 $e(t)=A$ 代入式（2-72）可得

$$u(t)=K_I\int_0^t A\,\mathrm{d}t=K_I At \tag{2-74}$$

显然，式（2-74）所描述的是一条斜率为定值的直线，其斜率正比于控制器的积分速度。K_I 越大（即 T_I 越小），直线越陡峭，积分作用越强。

纯积分控制的缺点在于，它不像比例控制那样输出 u 与输入 e 保持同步、反应较快，而是其输出变化总要滞后于偏差的变化。这样就不能及时有效地克服扰动的影响，其结果是加剧了被控变量的波动，使系统难以稳定下来。因此，在工业过程控制中，通常不单独使用积分控制规律，而是将它与比例控制组合成比例积分控制规律来应用。

（4）微分控制规律（D）

对于惯性较大的被控对象，如果控制器能够根据被控变量的变化趋势来采取控制措施，而不要等到被控变量已经出现较大偏差后才开始动作，那么控制的效果将会更好，等于赋予了控制器以某种程度的预见性，这种控制规律就是微分控制规律。

在微分控制规律中，控制器输出信号与输入偏差的变化速度成正比。其数学表达式为

$$u(t)=T_D\frac{\mathrm{d}e(t)}{\mathrm{d}t} \tag{2-75}$$

其传递函数为

$$G_c(s)=T_D s \tag{2-76}$$

式中，T_D 为微分时间常数。

由式（2-75）可知，若在某一时刻 $t=T_0$ 输入一个阶跃变化的偏差信号 $e(t)=A$，则在该时刻控制器的输出为无穷大，其余时间输出为零，其特性曲线如图 2-28 所示。显然这种特性没有实用价值，称为理想微分作用特性。

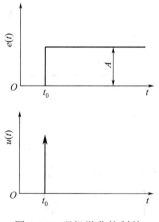

图 2-28　理想微分控制的阶跃响应曲线

从图 2-28 中还可看出，微分控制器的输出只与偏差的变化速度有关，而与偏差的存在与否无关。即微分作用对恒定不变的偏差是没有克服能力的。因此，微分控制不能单独使用。实际上，微分控制总是与比例控制或比例积分控制组合使用的。

在实际工程中，可以实现的微分环节都具有一定的惯

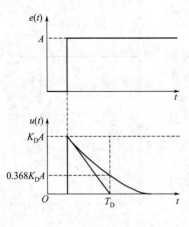

图 2-29 实际微分控制的
阶跃响应曲线

性，其微分方程为

$$T_D \frac{du(t)}{dt} + u(t) = K_D T_D \frac{de(t)}{dt} \tag{2-77}$$

其传递函数为

$$G_c(s) = \frac{K_D T_D s}{T_D s + 1} \tag{2-78}$$

式中，K_D 为微分增益。

与理想微分控制规律相比，式（2-77）增加了一个时间常数为 T_D 的惯性环节，这种微分控制称为实际微分控制规律。在幅值为 A 的阶跃扰动输入下实际微分控制规律的输出为

$$u(T_D) = K_D A e^{-t/T_D} \tag{2-79}$$

实际微分环节的阶跃响应是指数下降曲线，如图 2-29 所示。若 K_D 很大而 T_D 较小时，实际微分控制就接近于理想微分控制。当 $t = T_D$ 时，由式（2-79）可得，$u(T_D) = 0.368 K_D A$，即 $t = T_D$ 时，控制器输出下降到初始跃变值 $K_D A$ 的 36.8%。由响应曲线易求出与 $u(t) = 0.368 u(0)$ 对应的时间（记为 $t_{0.368}$），即为微分时间常数 T_D。因而可以根据阶跃响应曲线求出参数 K_D 和 T_D，即

$$K_D = \frac{u(0)}{A}$$

$$T_D = t_{0.368} \tag{2-80}$$

实际上，T_D 也就是以 $t = 0$ 时刻响应的变化速度，使控制器输出从初始值 $K_D A$ 变化到稳态值 0 所需要的时间。

（5）比例积分控制规律（PI）

① 比例积分控制规律（PI） 是比例控制与积分控制两种控制规律的组合，其数学表达式为

$$u(t) = K_P \left[e(t) + \frac{1}{T_I} \int_0^t e(t) dt \right] \tag{2-81}$$

其传递函数为

$$G_c(s) = K_P \left[1 + \frac{1}{T_I s} \right] \tag{2-82}$$

PI 规律将比例控制反应快和积分控制能消除余差的优点结合在一起，因而在生产中得到了广泛应用。

在幅值为 A 的阶跃偏差输入作用下，比例积分控制器的阶跃响应曲线如图 2-30 所示。开始时，比例作用使输出跃变至 $K_P A$，然后是积分作用使输出随时间线性增加。用数学式表示为

$$u(t) = K_P A + \frac{K_P}{T_I} A t \tag{2-83}$$

显然，在 $t = T_I$ 时刻，有输出 $u(t) = 2K_P A$。因而可将积分时间 T_I 定义为：在阶跃偏差输入作用下，控制器的输出达到比例输出两倍时所经历的时间。

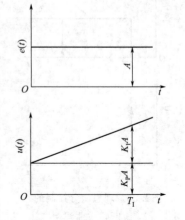

图 2-30 比例积分的输出特性

积分时间表征出积分作用的强弱。T_I 越小，则积分速度越大，积分控制作用越强；反之，T_I 越大，积分作用越弱。若积分时间无穷大，则表示没有积分作用，控制器特性就变成了纯比例特性。工业用控制器中都有改变积分时间的功能键。

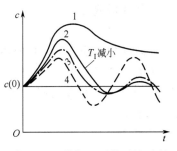

图 2-31　不同 T_I 下的过渡过程

② 积分时间对系统过渡过程的影响　在比例积分控制系统中，若保持控制器的比例度不变，则积分时间对过渡过程的影响如图 2-31 所示。从图中可以看出，积分时间对过渡过程的影响具有双重性：随着积分时间的减小，积分作用不断增强，在相同的扰动作用下，控制器的输出增大，最大偏差减小，余差消除加快，但同时系统的振荡加剧，稳定性下降。T_I 过小，还可能导致系统的不稳定。

在比例控制系统中，由于加入积分作用将会使系统的稳定性有所下降，因此若要保持原有的稳定性，则必须根据积分时间的大小，适当地增加比例度，这样就会使系统的振荡周期增大，控制时间增加，最大偏差增加。也就是说，积分作用的引入，一方面消除了系统的余差，而另一方面却降低了系统的其他品质指标。

比例积分控制规律的适用性很强，在多数场合下均可采用。只是当被控对象的滞后很大时，PI 控制可能时间较长；或者当负荷变化特别剧烈时，PI 控制不够及时。在这种情况下，可再增加微分作用。

例 2-4　有一台比例积分控制器，它的比例度为 50%，积分时间为 1min。开始时，测量、给定和输出都在 50%，当测量变化到 55% 时，输出变化到多少？1min 后又变化到多少？

解　由题可知，$\delta = 50\%$，$T_I = 1min$

比例积分控制器的输出和输入的关系如式（2-81）。

如果输入为一阶跃信号 $e(t) = \Delta e$，则相应的输出为

$$u(t) = K_P \left[\Delta e + \frac{1}{T_I} \int_0^t \Delta e \, dt \right] = \frac{1}{\delta} \left[\Delta e + \frac{t \Delta e}{T_I} \right]$$

当测量由 50% 跃变到 55% 的一瞬间，时间 $t = 0$，$\Delta e = 5\%$。已知控制器的比例度 $\delta = 50\%$，积分时间 $T = 1min$，代入上式可得

$$u = \frac{1}{50\%} \times 5\% + \frac{1}{50\% \times 1} \times 5\% \times 0 = 10\% \qquad (t = 0)$$

即输出变化为 10%，加上原有的 50%，所以输出跃变到 60%。

1min 后，输出变化为

$$u = \frac{1}{50\%} \times 5\% + \frac{1}{50\% \times 1} \times 5\% \times 1 = 20\% \qquad (t = 1min)$$

加上原有的 50%，所以 1min 后输出为

$$u(t) = 50\% + 20\% = 70\%$$

（6）比例微分控制规律（PD）

① 比例微分控制规律（PD）　是比例控制与微分控制两种控制规律的组合，其数学表达式为

$$u(t) = K_P \left[e(t) + T_D \frac{de(t)}{dt} \right] \tag{2-84}$$

其传递函数为

$$G_c(s) = K_P[1 + T_D s] \tag{2-85}$$

在阶跃偏差输入下，控制器的输出响应曲线如图 2-32 所示。

工业上实际采用的 PD 控制规律是比例控制与实际微分控制的组合。当输入偏差 $e(t)$ 的幅值为 A 的阶跃信号时，实际比例微分控制的阶跃响应特性曲线如图 2-33 所示，其数学表达式如下

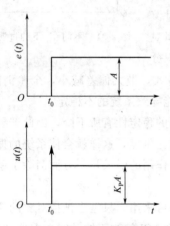

图 2-32　理想比例微分控制的阶跃响应曲线　　图 2-33　实际比例微分控制的阶跃响应特性曲线

$$u(t) = K_P A + K_P A (K_D - 1) e^{(-K_D/T_D)t} \tag{2-86}$$

工业控制器的微分增益 K_D 一般在 5～10 范围内。由式 (2-65)，当 $t = T_D/K_D$ 时，有

$$u(t) = K_P[A + 0.638 A(K_D - 1)] \tag{2-87}$$

即在 $t = T_D/K_D$ 时刻，PD 控制器的输出从跃变脉冲的顶点下降了微分作用部分最大输出的 63.2%。令 $t = T_D/K_D$，则 t 的 K_D 倍就是微分时间 T_D。利用这个关系，可通过实验来测定微分时间 T_D。

由于微分作用总是力图阻止被控变量的任何变化，所以适当的微分作用有抑制振荡的效果。若微分作用选择适当，将有利于提高系统的稳定性；若微分作用过强，即微分时间 T_D 过大，反而不利于系统的稳定。工业用控制器的微分时间可在一定范围内（例如 3s～10min）进行调整。

② 微分时间对过渡过程的影响　在比例微分控制系统中，若保持控制器的比例度不变，微分时间对过渡过程的影响如图 2-34 所示。从图中可以看出，微分时

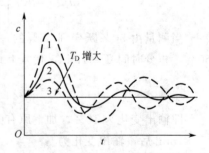

图 2-34　不同 T_D 下的过渡过程

间 T_D 太小，对系统的品质指标影响甚微，如图中的曲线 1；随着微分时间的增加，微分作用增强；当 T_D 适当时，控制系统的品质指标将得到全面的改善，如图中的曲线 2；但若微分作用太强，反而会引起系统振荡，如图中的曲线 3。

(7) 比例积分微分控制规律 (PID)

理想的 PID 控制规律的数学表达式为

$$u(t) = K_P\left[e(t) + \frac{1}{T_I}\int_0^t e(t)\mathrm{d}t + T_D\frac{\mathrm{d}e(t)}{\mathrm{d}t}\right] \tag{2-88}$$

其传递函数为

$$G_c(s) = K_P \left[1 + \frac{1}{T_I s} + T_D s \right] \tag{2-89}$$

不难看出，由上式所描述的控制器在物理上也是无法实现的。工业上实际采用的 PID 控制器如 DDZ 型控制器，其传递函数为

$$G_c(s) = K_P^* \frac{1 + \dfrac{1}{T_I^* s} + T_D^* s}{1 + \dfrac{1}{K_1 T_I s} + \dfrac{T_D}{K_D} s} \tag{2-90}$$

其中 $\qquad K_P^* = F K_P \qquad T_I^* = F T_I \qquad T_D^* = T_D / F$

式中带 * 的量为控制器参数的实际值，不带 * 的值为各参数的刻度值。F 为相互干扰系数；K_1 为积分增益。图 2-35 给出了工业用 PID 控制器的阶跃响应曲线。

在 PID 控制器中，比例、积分和微分作用取长补短、互相配合，如果比例度、积分时间、微分时间这三个参数整定适当，就可以获得较高的控制质量。因此，PID 控制器的适应性较强，应用也较为普遍，是历史最悠久、生命力最强的基本控制方式。PID 控制的优点如下。

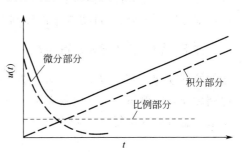

图 2-35　PID 控制器的阶跃响应曲线

ⅰ.原理简单，使用方便，成本低廉，易于操作。

ⅱ.适应性强，可以广泛应用于各种工业过程控制领域。

ⅲ.鲁棒性强，即其控制品质受对象特性的变化不大敏感。

2.3.2　控制规律的选取

为了对各种控制规律进行比较，图 2-36 表示了同一对象在相同阶跃干扰作用下，采用不同控制规律时具有同样衰减比的响应曲线。显然，PID 控制的控制作用最佳，但这并不意味着在任何情况下采用 PID 控制规律都是合理的。在 PID 控制器中有三个参数需要整定，如果这些参数整定不合适，不仅不能发挥各种控制规律的应有作用，反而会适得其反。

事实上，选择什么样的控制规律与具体对象相匹配，这是一个比较复杂的问题，需要综

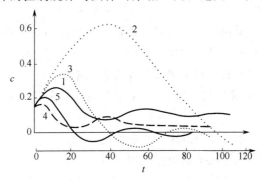

图 2-36　不同控制规律阶跃响应比较

1—比例控制；2—积分控制；3—比例积分控制；4—比例微分控制；5—比例积分微分控制

合考虑多种因素方能获得合理方案。通常，选择控制器控制规律时应根据对象特性、负荷变化、主要扰动和控制要求等具体情况，同时还应考虑系统的经济性以及系统投入方便等。关于控制规律的选取可归纳为如下几点。

ⅰ.简单控制系统适用于控制负荷变化较小的被控对象。如果负荷变化较大，无论选择哪种控制规律，简单控制系统都很难得到满意的控制质量，此时，应设计选用复杂控制系统。

ⅱ.在一般的控制系统中，比例控制是必不可少的。当广义对象控制通道时间常数较小，负荷变化较小，而工艺要求不高时，可选择单纯的比例控制规律，如储罐液位、不太重要的压力等参数的控制。

ⅲ.当广义对象控制通道时间常数较小，负荷变化较小，而工艺要求无余差时，可选用比例积分控制规律，如管道压力、流量等参数的控制。

ⅳ.当广义对象控制通道时间常数较大或容量滞后较大时，应引入微分作用。如工艺允许有余差，可选取比例微分控制规律；如工艺要求无余差时，则选用比例积分微分控制规律，如温度、成分、pH 等参数的控制。

如果被控对象传递函数可用 $G_p(s) = \dfrac{K e^{-\tau s}}{Ts+1}$ 近似，则可根据对象的可控比 τ/T 选择控制器的控制规律。当 $\tau/T > 0.2$ 时，选择比例或比例积分规律；当 $0.2 < \tau/T < 0.5$ 时，选择比例微分或比例积分微分控制规律；当 $\tau/T > 0.5$ 时，采用简单控制系统往往不能满足控制要求，这时应选用复杂控制系统。

2.4 单回路控制系统

单回路控制系统又称简单控制系统，是指由一个被控对象、一个检测元件及变送器、一个控制器和一个执行器所构成的闭合系统，其方框图如图 1-3 所示。单回路控制系统结构简单、易于分析设计，投资少、便于施工，并能满足一般生产过程的控制要求，因此，在生产过程中得到了广泛的应用。

2.4.1 单回路控制系统的设计

设计一个单回路控制系统的主要步骤概括如下。

ⅰ.对被控对象做全面的了解，除被控对象的动静态特性外，对于工艺过程、设备等也需要做比较深入的了解。

ⅱ.综合考虑位置、技术和噪声等因素，选择测量传感器类型和数目。

ⅲ.综合考虑位置、技术、噪声和功率等因素，选择执行机构的类型和数目。

ⅳ.对被控对象、执行器和测量变送器建立线性模型。

ⅴ.制定一个基于超前-滞后校正补偿或者比例积分微分控制的初步设计，如果满足要求，直接跳至步骤ⅷ。

ⅵ.考虑通过改变过程本身来改进闭环控制性能。

ⅶ.基于最优控制或其他标准尝试极点配置设计。

ⅷ.对系统进行模拟，包括非线性、噪声、和参数变化的效果。如果性能不满意，回到步骤ⅰ并重复上述步骤。

ⅸ.进行样机测试。如果不满意，回到步骤ⅰ并重复上述步骤。

概括而言，首先要确定控制目标。在此基础上，确定正确的控制方案，包括合理地选择被控变量与操纵变量；选择配套的一次仪表，包括合适的检测变送元件及检测位置；选用恰当的执行器、控制器以及控制器控制规律等；还要设计报警和连锁保护系统。最后是控制系统的调试和投运，最重要的是将控制器的参数整定到最佳值。

（1）被控变量的选择

被控变量是生产过程中希望保持在定值或按一定规律变化的过程参数。影响一个生产过程正常操作的因素很多，但并非所有的影响因素都要进行控制，而且也不可能都加以控制。作为被控变量，它应是对提高产品质量和产量、促进安全生产、提高劳动生产率、节能等具有决定作用的工艺变量。这就需要在了解工艺过程、控制要求的基础上，分析各变量间的关系，合理选择被控变量。以苯-甲苯二元精馏塔为例，来说明被控变量选择时应注意的问题。当气、液两相共存时，塔顶产品易挥发组分浓度 X_D、温度 T_D 和压力 p 之间是二元函数的关系，$X_D = f(T_D, p)$，其中的 X_D 是直接反映塔顶产品质量的指标，控制目标是要控制 X_D。但由于难以找到合适的成分分析仪表或成分分析测量滞后太大，不能及时反映浓度变化，考虑以另一参数作为被控变量，间接控制 X_D，但选择的这一参数必须与 X_D 是单值函数关系。当温度 T_D 或压力 p 为定值时，另一个物理量 p 或 T_D 与 X_D 是单值函数关系，所以，以温度 T_D 或压力 p 为被控变量。实际精馏过程中，要保持塔压 p 一定，如果 p 发生波动，则塔内的气、液两相平衡关系就会遭到破坏，使精馏塔不能工作在最佳工况，影响整个塔的效率和经济性，因此，选择塔顶温度 T_D 为被控变量是较为合理的。这里提出几个选择的基本原则。

ⅰ.作为被控变量，其信号最好是能够直接测量获得，并且测量和变送环节的滞后也要比较小。

ⅱ.若被控变量信号无法直接获取，可选择与之有单值函数关系的间接参数作为被控变量。

ⅲ.作为被控变量，必须是独立变量。变量的数目一般可以用物理化学中的相律关系来确定。

ⅳ.作为被控变量，必须考虑工艺合理性，以及目前仪表的现状能否满足要求。

综上所述，合理选择被控变量是单回路控制系统设计的第一步，同时也是关系到控制方案成败的关键。如果被控变量选择不当，则不管组成什么形式的控制系统，也不管配备多么精良的自动化设备，都不能达到预期的控制效果。

（2）操纵变量的选择

在控制系统中，用来克服干扰对被控变量的影响，实现控制作用的变量就是操纵变量。在化工和炼油生产过程中，最常见的操纵变量是流量，也有电压、转速等。如图 2-37 所示的换热器，已知被控变量是被加热介质的温度，那么，是选择载热体流量作为操纵变量，还是选择被加热介质的流量作为操纵变量呢？这主要应从工艺合理性以及被控对象的特性方面考虑。

① 考虑工艺合理性　对于图 2-37 所示的换热器，无论哪一个流量发生变化，都会使被控变量（温度）发生变化。从工艺合理性考虑，应选择载热体流量作为操纵变量。因为，被加热介质一般为生产过程中需要使用的物料，用它的变化来克服干扰因素的影响，达到温度控制的目的，势必会影响生产工艺过程中的负荷，甚至影响正常的生产。而载热体是用来加热介质的，它不直接影响生产所需物料量。因此，选择载热体流量作为操纵变量能满足工艺上的合理性。

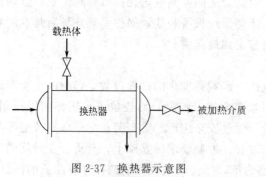

图 2-37　换热器示意图

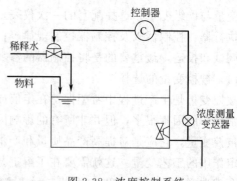

图 2-38　浓度控制系统

再看图 2-38 所示的某物料浓度的控制系统，应选择稀释水流量作为操纵变量，尽量避免选用主物料流量作为操纵变量。

② 考虑被控对象特性　操纵变量与被控变量之间的关系构成了被控对象的控制通道特性；干扰与被控变量之间的关系构成了被控对象的干扰通道特性。在本章第 2 节被控对象动态特性的内容中曾讲述了不同通道特性参数对控制质量的影响，根据其结论，可以归纳出操纵变量选择的一般原则为：

ⅰ. 使被控对象控制通道的放大系数较大，时间常数较小，纯滞后时间越小越好；

ⅱ. 使被控对象干扰通道的放大系数尽可能小，时间常数越大越好。

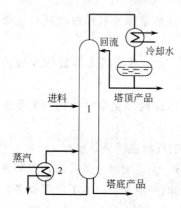

图 2-39　精馏过程示意图
1—精馏塔；2—蒸汽加热器

图 2-39 为炼油和化工生产中最常见的精馏设备。根据工艺需要，选择提馏段某板（一般为温度变化最灵敏的板——灵敏板）的温度作为被控变量，那么，控制系统的任务就是维持灵敏板温度的恒定，使塔底产品的成分满足工艺要求。在这个过程中，影响提馏段灵敏板温度的因素有：进料流量、进料成分、进料温度、回流流量、回流温度、加热蒸汽流量、冷凝器冷却温度以及塔压等。从工艺角度分析可以知道，除回流量和加热蒸汽量外，其他参数都不允许作为操纵变量。根据对象特性对控制质量的影响，在回流量与加热蒸汽量两者之间，选择加热蒸汽量作为操纵变量更为恰当。因为回流量与提馏段温度之间的控制通道时间常数太大，而加热蒸汽量与提馏段温度之间的控制通道时间常数小，滞后小，这样构成的控制系统克服干扰能力强，可以获得良好的控制质量。

（3）检测变送环节的影响

检测变送环节在控制系统中起着获取信息和传送信息的作用。一个控制系统如果不能正确及时地获取被控变量变化的信息，并把这一信息及时地传送给控制器，就不可能及时有效地克服干扰对被控变量的影响，甚至会产生误调、失调等危及生产安全的问题。

① 纯滞后　在过程控制中，由于检测元件安装位置的原因会产生纯滞后。如图 2-40 所示为一 pH 值控制系统，由于检测电极不能放置在流速较大的主管道，只能安装在流速较小的支管道上，使得 pH 值的测量引入纯滞后 τ_0。

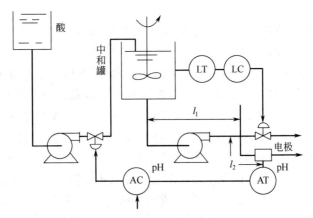

图 2-40　pH 值控制系统

$$\tau_0 = \frac{l_1}{u_1} + \frac{l_2}{u_2} \tag{2-91}$$

式中　l_1, l_2——主管道、支管道的长度；

　　　u_1, u_2——主管道、支管道内流体的速度。

图 2-41 所示是一个用蒸汽来控制水温的系统，蒸汽量的变化一定要经过长度为 L 的路程以后才能反映出来。

这是由于蒸汽作用点与被控变量的测量点间相隔一定距离所致。如果水的流速为 v，则蒸汽量变化引起的温度变化需经过一段时间 $\tau = L/v$ 才表现出来，τ_0 就是纯滞后时间。

纯滞后使测量信号不能及时地反映被控变量的实

图 2-41　蒸汽直接加热系统

际值，从而降低了控制系统的控制质量。由检测元件安装位置所引入的纯滞后是不可避免的，因此，在设计控制系统时，只能尽可能地减小纯滞后时间，唯一的方法就是正确选择安装检测点位置，使检测元件不要安装在死角或容易结焦的地方。当纯滞后时间太长时，就必须考虑采用复杂控制方案。

② 测量滞后　是指由测量元件本身特性所引起的动态误差。当测量元件感受被控变量的变化时，要经过一个变化过程，才能反映被控变量的实际值，这时测量元件本身就构成了一个具有一定时间常数的惯性环节。例如，测温元件测量温度时，由于存在传热阻力和热容，元件本身具有一定的时间常数 T_m，因而测温元件的输出总是滞后于被控变量的变化。如果把这种测量元件用于控制系统，控制器接收的是一个失真的信号，不能发挥正确的作用，因而影响控制质量。

克服测量滞后的方法通常有两种：一是尽量选用快速测量元件，以测量元件的时间常数为被控对象的时间常数的十分之一以下为宜；二是在测量元件之后引入微分作用。在控制器中加入微分控制作用，使控制器在偏差产生的初期，根据偏差的变化趋势发出相应的控制信号。采用这种超前补偿作用来克服测量滞后，如果应用适当，可以大大改善控制质量。需要指出的是，微分作用对克服纯滞后是无能为力的，因为在纯滞后时间里，参数没有发生变化，控制器中以参数变化速度为输入的微分控制器，其输出也等于零，起不到超前补偿作用。

③ 传递滞后　即信号传输滞后，主要是由于气压信号在管路传送过程中引起的滞后（电信号的传递滞后可以忽略不计）。

在采用气动仪表实现集中控制的场合，控制器和显示器均集中安装在中心控制室，而检测变送器和执行器安装在现场。在由测量变送器至控制器和由控制器至执行器的信号传递中，由于管线过长就形成了传递滞后。由于传递滞后的存在，控制器不能及时地接受测量信号，也不能将控制信号及时地送到执行器上，因而降低了控制系统的控制质量。

传递滞后总是存在的，克服或减小信号传递滞后的方法有：尽量缩短气压信号管线的长度，一般不超过 300m；改用电信号传递，即先用气电转换器把控制器输出的气压信号变成电信号，送到现场后，再用电气转换器变换成气压信号送到执行器上；在气压管线上加气动继动器（气动放大器），或在执行器上加气动阀门定位器，以增大输出功率，减少传递滞后的影响；如果变送器和控制器都是电动的，而执行器采用的是气动执行器，则可将电气转换器靠近执行器或采用电气阀门定位器；按实际情况采用基地式仪表，以消除信号传递上的滞后。

测量滞后和传递滞后对控制系统的控制质量影响很大，特别是当被控对象本身的时间常数和滞后很小时，影响就更为突出，在设计控制系统时必须注意这个问题。

（4）执行器的影响

执行器是过程控制系统中的一个重要环节，其作用是接受控制器送来的控制信号，控制管道中介质的流量（改变操纵变量），从而实现生产过程的自动控制。执行器通常为控制阀，包括执行机构和阀两个部分。由于控制阀直接与介质接触，当在高温、高压、深冷、强腐蚀、高黏度、易结晶、闪蒸、气蚀等各种恶劣条件下工作时，其重要性就更为突出。如果执行器选择不当或维护不善，常常会使整个系统不能可靠工作，或严重影响控制系统的质量。在设计控制系统时，按照生产过程的特点、安全运行和推动力等来选用气动、电动或液动执行器（化工过程控制中用得最多的是气动薄膜控制阀）；根据被控变量的大小选择控制阀的流通能力；从生产安全的角度选取控制阀的气开或气关形式；从被控对象的特性、负荷的变化情况等选择控制阀的流量特性等（详见本书第 4 章中的有关内容）。

从广义对象的角度考虑，执行器可以看作是被控对象的一部分，其动态特性相当于在被控对象中增加了一个容量滞后环节。当执行器的时间常数 T_V 与被控对象的时间常数接近时，将会使广义对象的容量滞后显著增大，这对于控制是非常不利的。

2.4.2　控制器参数的工程整定

当一个控制系统设计安装完成后，系统各个环节以及被控对象各通道的特性就不能再改变了，而唯一能改变的就是控制器的参数，即控制器的比例度 δ、积分时间 T_I 和微分时间 T_D。通过改变这三个参数的大小就可以改变整个系统的性能，获得较好的过渡过程和控制质量。控制器参数整定的目的就是按照已定的控制系统，求取使控制系统质量最好的控制器参数值。

控制器参数的整定方法有很多种，通常可分为两大类：理论计算整定法和工程整定法。根轨迹法、频率响应法、偏差积分准则（ISE、IAE 或 ITAE）等方法都属于理论计算整定法。这些方法的共同特点是：必须知道被控对象的特性，然后通过理论计算来求取控制器的最佳参数。但是，在缺乏足够的被控对象特性资料的情况下，使用理论计算整定法很难得到准确可靠的控制器参数；而且对复杂过程来讲，它的计算方法烦琐、工作量大，比较费时。因此，理论计算整定法一般适用于科研工作中做方案比较。工程上常常从实际出发，使用另一种方法即工程整定法。所谓工程整定法，就是避开被控对象的特性和数学描述，在被控对象运行时，直接在控制系统中，通过改变控制器参数，观察被控变量的过渡过程，来获取控制器参数的最佳数值。工程整定法是一种近似的方法，所得到的控制器参数不一定是最佳数值，但却很实用。工程整定法实质上也有一定的理论依据，因此在工程实践中得到了广泛的应用。下面介绍几种简单控制系统控制器参数的工程整定方法，包括经验试凑法、临界比例度法和衰减曲线法。

（1）经验试凑法

若将控制系统按液位、流量、温度和压力等参数来分类，属于同一类别的系统，其对象特性比较接近，所以无论是控制规律的形式还是所整定的参数均可相互参考。经验试凑法就是根据被控变量的性质，在已知合适的参数（经验参数）范围内选择一组适当的值作为控制器当前的参数值，然后直接在运行的系统中，人为地加上阶跃干扰，通过观察记录仪表上的过渡过程曲线，并以比例度、积分时间、微分时间对过渡过程的影响为指导，按照某种顺序反复试凑比例度、积分时间、微分时间的大小，直到获得满意的过渡过程曲线为止。

① 温度系统　其对象容量滞后较大，被控变量受干扰作用后变化迟缓，一般选用较小的比例度，较大的积分时间，同时要加入微分作用，微分时间是积分时间的四分之一。

② 流量系统　是典型的快速系统，对象的容量滞后小，被控变量有波动。对于这种过程，不用微分作用，宜用 PI 控制规律，且比例度要大，积分时间可小。

③ 压力系统　通常为快速系统，对象的容量滞后一般较小，其参数的整定原则与流量系统的整定原则相同。但在某些情况下，压力系统也会成为慢速系统，图 2-42 所示即为一慢速压力系

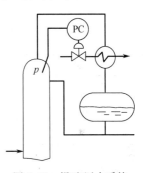

图 2-42　慢速压力系统

统。在该系统中，通过控制换热器的冷剂量来影响压力，因此热交换的动态滞后和流量滞后都会包含在压力系统中，从而构成一个由多容对象组成的慢速过程，这类系统的参数整定原则应参照典型的温度系统。

④ 液位系统　其对象时间常数范围较大，对只需要实现平均液位控制的地方，宜用纯比例控制，比例度要大，一般不用微分作用，要求较高时应加入积分作用。

各种不同控制系统的经验参数见表 2-3。

表 2-3　控制器参数经验数据

系统	参数		
	$\delta/\%$	T_I/min	T_D/min
温度	20～60	3～10	0.5～3
流量	40～100	0.1～1	
压力	30～70	0.4～3	
液位	20～100		

经验试凑法简单可靠，容易掌握，适用于各种系统。特别是对于外界干扰作用较频繁的系统，采用这种方法更为适合。但这种方法对于控制器参数较多的情况，不易找到最好的整

定参数。

（2）临界比例度法

临界比例度法又称 Ziegler-Nichols 方法，早在 1942 年已提出。它首先求取在纯比例作用下的闭环系统达到等幅振荡过程时的比例度 δ_K 和振荡周期 T_K，然后根据经验公式计算出相应的控制器参数。通常将等幅振荡下的比例度和振荡周期分别称为临界比例度和临界周期。临界比例度法便于使用，而且在大多数控制回路中能得到较好的控制品质。

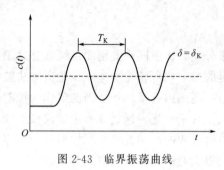

图 2-43　临界振荡曲线

临界比例度法整定参数的具体步骤是：首先将控制器的积分作用和微分作用全部除去，在纯比例的情况下，按比例度 δ 从大到小的变化规律，对应于某一 δ 值做小幅度的设定值阶跃干扰，直到获得等幅振荡过渡过程曲线，如图 2-43 所示。这时的比例度为临界比例度 δ_K，振荡周期即为临界周期 T_K，临界周期 T_K 可在图 2-43 中过渡过程曲线上求取。最后根据表 2-4 所给出的经验公式计算出控制器各参数的整定数值。

表 2-4　临界比例度法经验算式

控制规律	δ	T_I	T_D
P	$2\delta_K$		
PI	$2.2\delta_K$	$0.85T_K$	
PID	$1.7\delta_K$	$0.5\,T_K$	$0.13\,T_K$

表 2-4 列出的 PID 参数整定算式是以闭环系统得到 4:1 衰减比，并且有合适的超调量（或最大偏差）为目标的。

最后要指出的是，使用临界比例度法整定控制器参数有两个条件：一是工艺允许被控变量做等幅振荡；二是在获取等幅振荡曲线时，应特别注意，不能使控制阀出现全关、全开的极限状态。否则由此获得的等幅振荡实际上是"极限循环"，从线性系统概念上说系统早已发散了。

例 2-5　对简单控制系统中的 PI 控制器采用临界比例度法进行参数整定，当比例度为 10% 时系统恰好产生等幅振荡，这时的等幅振荡周期为 30s，问该控制器的比例度和积分时间应选用表 2-5 所列何组数值整定为最好？

表 2-5　控制器的比例度和积分时间

序号	比例度/%	积分时间/min
A	17	15
B	17	36
C	20	60
D	22	25.5
E	22	36

解 临界比例度法考虑的实质是通过现场试验找到等幅振荡的过渡过程，得到临界比例度和等幅振荡周期。其具体整定方法，首先用纯比例作用将系统投入控制，然后逐步减小比例度，使系统恰好达到振荡和衰减的临界状态，即等幅振荡状态，记下这时的比例度 δ_K 和振荡周期 T_K，则控制器的比例度和积分时间可按表 2-4 求出

$$\delta = 2.2\delta_K = 2.2 \times 10\% = 22\%$$

$$T_I = 0.85T_K = 0.85 \times 30 = 25.5(s)$$

所以，控制器参数应选表 2-5 中 D 组数值。

（3）衰减曲线法

在一些不允许或不能得到等幅振荡的情况下，可考虑采用修正方法——衰减曲线法。它与临界比例度法的唯一差异仅在于临界比例度法是以在纯比例下获得 4∶1 衰减振荡曲线为参数整定的依据，而衰减曲线法只需在比例作用下获得 4∶1 衰减振荡过渡过程曲线即可，记下此时的比例度 δ_s，并在 4∶1 曲线上求得振荡周期 T_s。然后根据表 2-6 给出的经验公式，求出相应的比例度、积分时间和微分时间。

表 2-6　衰减曲线法经验公式

控制规律	δ	T_I	T_D
P	δ_s		
PI	$1.2\delta_s$	$0.5T_s$	
PID	$0.8\delta_s$	$0.3T_s$	$0.1T_s$

表 2-6 给出的经验公式适用于多数系统。当控制器参数调整到计算值后，如果过渡过程仍不够理想，则可根据曲线振荡的情况，对控制器参数再做适当调整。

衰减曲线法的整定方法简单、可靠，而且整定的质量较高，目前得到了广泛的应用。但这种方法要求在工艺稳定的条件下通过改变设定值信号加入阶跃干扰，工艺上的其他干扰要设法免除，否则，记录曲线将是几种外界干扰作用同时影响的结果，不可能得到正确的 4∶1 衰减曲线上的比例度和振荡周期。因此，衰减曲线法适用于干扰较小的系统。另外，设定值信号的干扰幅度不应超出工艺允许的范围。

以上介绍了控制器参数的三种工程整定方法。它们都不需要预先知道被控对象的特性，而是直接在闭合的系统中进行整定。如果预先知道被控对象特性，就可以根据理论分析计算的方法求出控制器参数的数值，再在闭合系统投运中进行适当调整，将会更方便、迅速和准确。另外需要指出的是，对控制器参数的整定是在某一工作状态下进行的，即在一定的工艺操作条件和一定的负荷下进行的。那么一组控制器参数在一种工作状态下是最佳的，而在另一种工作状态下就不一定是最佳的。所以，当工艺操作条件或负荷发生较大变化时，控制器参数往往需要重新整定。

总之，上述所提到的方法一般都可以工作得较好，特别是以人工智能为基础的专家系统自整定的 PID 控制系统在过程工业控制的应用中取得了明显的实效，而且必将得到更广泛的应用。

思考题与习题

1. 什么是系统的动态特性？动态特性的表示方法有哪些？

2. 什么是被控对象的特性？表征被控对象特性的参数有哪些？它们的物理意义是什么？

3. 为什么说放大系数是对象的静态特性,而时间常数和滞后时间是动态特性?

4. 什么是被控对象的控制通道?什么是干扰通道?

5. 在控制系统中,对象的放大系数、时间常数、滞后时间对控制有什么影响?

6. 试从图 2-44 某对象的反应曲线中,表示出该对象的放大系数、时间常数和滞后时间。

7. 什么是控制器的控制规律?控制器有哪几种基本控制规律?

8. 什么是双位控制、比例控制、积分控制、微分控制?它们各有什么特点?

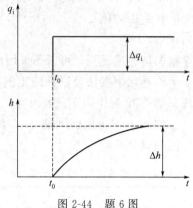

图 2-44　题 6 图

9. 什么是余差?为什么单纯的比例控制不能消除余差而积分控制能消除余差?

10. 为什么积分控制规律一般不单独使用?

11. 比例、积分、微分控制分别用什么量表示其控制作用的强弱?并分别说明它们对控制质量的影响。

12. 试画出在阶跃输入作用下,比例、比例积分、比例积分微分控制器的输出特性曲线。

13. 比例积分微分控制器有什么特点?

14. 在比例积分微分控制器中可以调整的参数有哪几个?试说明调整其中一个参数时,对控制器的控制作用有什么影响?

15. 控制器参数整定的目的是什么?工程上常用的整定方法有哪些?

16. 控制器控制规律选择的依据是什么?

17. 设计控制系统时,必须确定和考虑哪些方面的问题?

18. 某液位的阶跃响应实验测得如下数值:

t/s	0	10	20	40	60	80	100	140	180	250	300	400	500	600
h/mm	0	0	0.2	0.8	2.0	3.6	5.4	8.8	11.8	14.4	16.6	18.4	19.2	19.6

当其阶跃扰动量为 $\Delta u = 20\%$ 时,试求:

① 画出液位过程的阶跃响应曲线;

② 确定液位过程中的 K、T、τ(设该过程用一阶惯性加纯滞后环节近似描述)。

19. 两个非平常连接的水箱如图 2-45 所示。

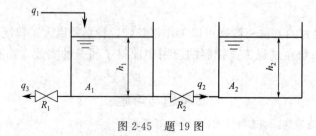

图 2-45　题 19 图

① 为此系统建立一个模型，要求在给定的输入流量 q_1 变化下能够得到随时间变化的 h_1、h_2、q_2 和 q_3。

② 指出所有的输入和输出。

注：输入流体密度 ρ 是常数，两个水箱的截面积分别为 A_1 和 A_2，q_2 是从水箱 1 到水箱 2 的流量，q_3 是从水箱 1 的左端流出的流量，两个阀门是具有阻力 R_2 和 R_1 的线性阀。

20. 图 2-46 所示的是一个液体上方具有不可凝结气体的封闭水箱流动系统。试推导出一个从液位 h 到输入流 q_i 的非稳态模型。此系统的运行与环境压力 p_a 无关吗？一个向大气开放的系统是怎样的情况？可能要做下列假设：

① 气体服从于理想气体定律，水箱中的气体的质量 m_g，为 n 摩尔；

② 系统是等温的；

③ 流体流过阀门时呈平方根关系；

④ 阀门 R 是线性阀。

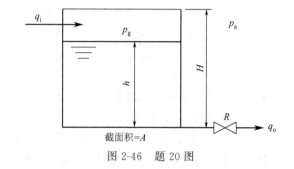

图 2-46　题 20 图

21. 试用微分方程和传递函数两种方法建立北方常用的暖气片的数学模型。

22. 通过文献查阅，确定常见精馏塔的传递函数表达式。

23. 试建立活塞压缩机出口流量与入口压力的传递函数。

24. 试简述控制系统设计的步骤。

3　复杂控制系统

在前两章中，主要讨论了控制系统中最简单的一类——单回路控制系统，也就是说控制系统中只使用了一个控制器、一个执行器和一个检测变送器。从系统的方框图看，只有一个闭环，即一个回路，由此称为单回路控制系统。在大多数情况下，这种简单控制系统已能够满足生产工艺的要求。因此，它是一种最基本的、使用最广泛的控制系统。但也有另外一些情况，例如被控对象的动态特性决定了它很难控制，而工艺对控制质量的要求又很高；或者被控对象的动态特性虽然并不复杂，但控制的任务却比较特殊，此时单回路控制系统就显得无能为力。另外还应看到，随着生产过程向大型化、连续化和集成化方向发展，对操作条件要求更加严格，参数间相互关系更加复杂，对控制系统的精度和功能提出了许多新的要求，对能源消耗和环境污染也有明确的限制。为此，需要在单回路控制的基础上，设计开发一类复杂控制系统，以满足生产过程控制的要求。

对于复杂控制系统，通常可根据其开发目的的差异，将其分为两大类。

① 为提高响应曲线的性能指标而开发的控制系统　开发这类系统的目的，主要是试图获得比单回路 PID 控制更优越的过渡过程质量，如串级控制系统、前馈控制系统等。

② 按某些特殊目的而开发的控制系统　这是为满足不同的工业生产工艺、操作方式乃至特殊的控制性能指标而开发的控制系统，如比值控制系统、分程控制系统等。

本章将从基本原理、结构和工业应用等方面对目前生产过程中常用的几种复杂控制系统分别加以讨论。

3.1　串级控制系统

串级控制系统是改善控制质量极为有效的方法，在过程控制中得到了广泛的应用。串级控制系统一般是由两个控制器、一个执行器、两个变送器和两个被控对象组成的控制系统，适用于滞后较大、干扰较剧烈、控制较频繁的过程控制。为了认识串级控制系统，下面以加热炉为例加以说明。

3.1.1　基本原理

管式加热炉是炼油化工生产中重要装置之一，它的任务是把原油或重油加热到一定温度，以保证下一道工序（分馏或裂解）的顺利进行。加热炉的工艺流程图如图 3-1 所示。燃料油经过蒸汽雾化后在炉膛中燃烧，被加热油料流过炉膛四周的排管后，就被加热到出口温度 T。在燃料油管道上装设了一个控制阀，用它来控制燃油量以达到控制被加热油料出口温度的目的。

引起油料出口温度 T 变化的扰动因素很多，主要有：

ⅰ.被加热油料的流量和温度的扰动 D_1；

ⅱ.燃料油压力的波动、热值的变化 D_2；

ⅲ.喷油用的过热蒸汽压力的波动 D_3；

ⅳ. 配风、炉膛漏风和大气温度方面的扰动 D_4 等。

从图 3-1 所示的控制系统中可以看出，从燃料油控制阀动作到出口温度 T 改变，这中间需要相继通过炉膛、管壁和被加热油料所代表的热容积，因此整个控制通道的容量滞后大、时间常数大，这就会导致控制系统的控制作用不及时、反应迟钝、最大偏差大、过渡时间长、抗干扰能力差，控制精度降低。而工艺上对出口温度 T 的要求很高，一般希望波动范围不超过 $\pm$（1%～2%）。实践证明，采用图 3-1 所示的简单控制系统是达不到这个要求的，必须寻求其他的控制方案。

再次分析各种影响出口温度的因素。除被加热油料的流量和温度外，D_2、D_3 和 D_4 的变化及其进入系统的位置，都是首先影响炉膛温度 T_2，而后经过加热管管壁影响被加热油料的温度 T。而炉膛的惯性小，其温度变化很快就可以反映出来。如果以炉膛为被控变量，燃料油为操纵变量构成单回路控制系统，则该系统控制通道的容量滞后大大减少，对干扰 D_2、D_3 和 D_4 能够及时克服，减少它们对出口温度的影响。但由于干扰 D_1 并没有包含在内，同时系统也没有对出口温度构成闭环控制，因此，仍不能保证出口温度稳定在要求的值上，还必须进行改进。

为了解决上述滞后时间与控制要求之间的矛盾，保持被加热油料出口温度稳定，可以根据炉膛温度的变化，先调节燃油量（迅速实现"粗调"作用），然后再根据被加热油料出口温度与给定值之间的偏差，进一步调节燃料油量（实现"细调"），以保持出口温度稳定，这样就构成了出口温度控制器与炉膛温度控制器串联起来的串级控制系统，如图 3-2 所示。

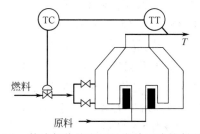

图 3-1 管式加热炉出口温度单回路控制系统

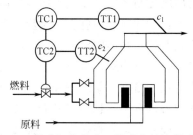

图 3-2 管式加热炉出口温度串级控制系统

与图 3-2 所示的加热炉出口温度串级控制系统示意图相对应的方框图如图 3-3 所示。被控对象中包括炉膛、管壁和油料等三个热容积，而诸如扰动 D_1、D_2、D_3 和 D_4 则作用于不同地点。由于热容积之间有相互作用，严格说来这个画法是不准确的，但可以近似地用来说明问题。从图 3-3 中可以看出，扰动因素 D_2、D_3 和 D_4（用 d_2 表示）包括在副环之内，因此可以大大减小这些扰动对出口油温 T 的影响。对于被加热油料方面的扰动 D_1，采用串级控制也可以得到一些改善，但效果则没那么显著。

再看一个串级控制系统的例子。如图 3-4 所示为一连续槽反应器温度控制系统流程图。

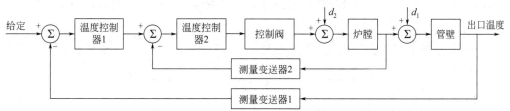

图 3-3 加热炉出口温度串级控制系统方框图

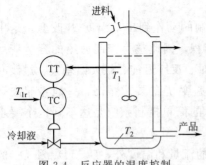

图 3-4　反应器的温度控制

物料自顶部连续进入槽中，经反应后从底部排出。反应产生的热量由冷却夹套中的冷却水带走。为了保证产品质量，必须严格控制反应温度 T_1，为此，在冷却水管道上装设了控制阀。图中被控对象具有三个热容积，即夹套中的冷却水、槽壁和槽中的物料。为简单起见，在图 3-5 的反应器温度单回路控制系统方框图中把这三个容积画成了串联形式，即忽略了它们之间的相互作用。

　　从图 3-5 所示的控制系统中可以看出：从冷却水控制阀动作到反应温度 T_1 改变，需要相继通过夹套、槽壁、反应槽等三个热容积，因此反应很缓慢。而工艺上对反应温度 T_1 的要求很高，不希望波动太大。实践中证明，采用上述简单控制系统达不到这个要求。

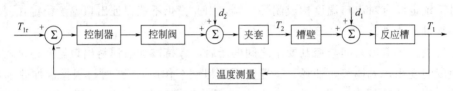

图 3-5　反应器简单温度控制系统

　　采用串级控制系统可以大大提高控制品质。分析引起温度 T_1 变化的扰动因素，主要来自两个方面：在物料方面有它的流量、入口温度和物料化学组分 D_1；在冷却水方面有它的入口温度以及控制阀前的压力 D_2，D_1 与 D_2 分别作用于系统的不同地点。当冷却水方面发生扰动时，例如冷却水入口温度升高，它首先影响反应器夹套温度，而后经槽壁影响反应器内的温度。连续槽反应器的串级控制系统如图 3-6 所示，它是以夹套温度作为中间变量构成。从图中可以看出：扰动因素 D_2 包括在副环之内，因此可以大大减小这个扰动对反应温度的影响。而对于来自物料方面的扰动 D_1，串级控制系统的效果则并不显著。

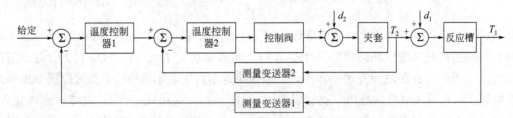

图 3-6　反应器温度串级控制系统

　　通过上面的例子，可以归纳出一个通用的串级控制系统方框图，如图 3-7 所示。
　　从图 3-7 中可以看出，串级控制系统由两套检测变送器、两个控制器、两个被控对象和

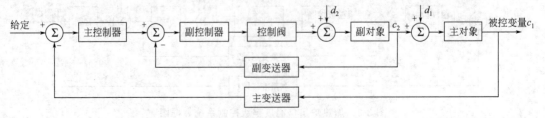

图 3-7　串级控制系统方框图

一个执行器组成，其中的两个控制器串联起来工作，前一个控制器的输出作为后一个控制器的给定值，后一个控制器的输出才送往控制阀。串级控制系统与简单控制系统有一个显著的区别，它在结构上形成了两个闭环。一个闭环在里面，称为副环或副回路，在控制过程中起着"粗调"的作用；一个闭环在外面，称为主环或主回路，用来完成"细调"任务，以保证被控变量满足工艺要求。

为了便于分析，下面介绍几个串级控制系统中常用的名词和术语。

① 主变量　c_1 称主变量，使它保持平稳是控制的主要目标。

② 副变量　c_2 称副变量，它是被控对象中引出的中间变量。

③ 副对象　副变量与操纵变量之间的通道特性。

④ 主对象　主变量与副变量之间的通道特性。

⑤ 副控制器　接受副变量的偏差，其输出操纵阀门。

⑥ 主控制器　接受主变量的偏差，其输出改变副控制器的设定值。

⑦ 副回路　处于串级控制系统内部，由副变量检测变送器、副控制器、执行器、副对象组成的回路。

⑧ 主回路　若将副回路看成一个以主控制器输出 r_2 为输入，以副变量 c_2 为输出的等效环节，则串级系统转化为一个单回路，称这个单回路为主回路。必须注意，主回路并不是指将副变量测量变送环节前（或后）断开后而形成的单回路。

3.1.2　主要特点及其应用场合

串级控制系统与单回路控制系统相比，不单纯是在结构上多了一套变送器和一个控制器，而且在功能上具有如下一些特点，其应用场合也与这些特点有关。

① 能迅速克服进入副回路的干扰　串级控制系统是一个双回路系统。如图 3-7 所示，进入副回路的干扰 d_2 首先影响副变量 c_2，使其发生变化。由于副回路的反馈控制作用，在主变量 c_1 尚未产生明显的变化之前，副控制器 G_{c2} 就已操纵控制阀 G_v 动作，以克服干扰 d_2 对 c_2 所造成的影响，使 c_2 的波动减小，从而使干扰 d_2 对主变量 c_1 的影响更小。由于设置了副回路，对进入副回路的干扰 d_2 具有很强的抑制能力，而不像单回路控制系统那样一定要等到 c_1 发生明显变化之后才进行调节，从而可大幅度地减小 c_1 的波动和缩短过渡过程时间，使控制品质得到明显改善。由此可见，副回路实际上起到了快速"粗调"作用，而主回路则担当起进一步"细调"的功能，从而使主变量 c_1 稳定在设定值上。

能够迅速克服进入副回路的干扰，是串级控制系统的最主要的特点。因此，在设计串级控制系统时，应设法让主要扰动的进入点位于副回路内。

② 能改善被控对象的特性，提高系统克服干扰的能力　在串级控制系统中，副回路可视为主回路的一个环节，或称为等效对象（等效环节）。对主控制器而言，整个被控对象分为两部分：一是副回路等效对象，二是主对象。如果匹配得好，可使通道大大缩短。当副回路整定得很好时，其闭合后的滞后时间将很小，使整个被控对象的滞后时间近似等于主对象的滞后时间。而若不设置副回路，整个被控对象的滞后时间与主、副对象的滞后时间均有关。此外，由于副回路等效被控对象的时间常数比副对象的时间常数小很多，所以由于副回路的引入而使对象的动态特性有了很大的改善，有利于提高系统克服干扰的能力。

③ 主回路对副对象具有"鲁棒性"，提高了系统的控制精度　由于实际过程往往具有非线性和时变特性，当工艺变化时，对象特性会产生变化，从而使原来整定好的控制器参数不

再是"最佳"的，系统的控制品质就会变差。然而，不同的控制系统，其控制品质对对象特性变化的敏感程度是不一样的。串级控制系统由于副回路的存在，它对副对象（包括控制阀）的特性变化不敏感，从这个意义上来讲，它也具有一定的"鲁棒性"。下面就来分析一下串级系统的"鲁棒性"。

在串级控制系统中，副回路相当于一个随动反馈控制系统，如果匹配得当，它的特性可近似看作是1∶1的比例环节。亦即，在给定值的作用下，其被控变量能尽快地跟随给定值而变化。此外，副回路内各环节的特性在一定范围内变化时，只要不至于改变副回路的1∶1比例特性，就不会影响整个系统的控制品质，因此有利于提高系统的控制精度。

凡是可以利用上述特点之一来提高系统的控制品质的场合，都可以采用串级控制系统，特别是在被控对象的容量滞后大、干扰强、要求高的场合，采用串级控制可以获得明显的效果。

3.1.3　控制器参数工程整定

不同于单回路控制系统，串级控制系统由于存在两个控制器，串联在同一系统中相互影响，因此，两个控制器的参数整定要更加复杂。串级控制系统中主回路和副回路两者波动频率不同，主回路频率较低而副回路频率较高。为了减少主控制器和副控制器之间的相互影响，提高控制质量，应尽量错开主回路和副回路之间的频率，使其相差在至少三倍以上。因此，在参数整定时，要尽量加大副控制器的增益，提高副回路的频率。这里介绍一种常用的参数整定方法：一步整定法。

串级控制在运行时，主变量一般是主要的操作指标，直接关系到工艺产品的质量或生产过程的正常运行；而副变量是为了辅助主变量精准控制而设置的，控制要求并不高。因此，在串级控制系统中，要严格控制主变量，而允许副变量在一定范围内变动。基于此，可先根据经验将副控制器的参数设定为一定数值并固定该数值，然后按照一般单回路控制系统的参数整定方法，重点整定主控制器的参数，直至主变量达到规定的控制质量指标，该方法被称为一步整定法。适用于对主变量要求高而副变量要求不高（可在一定范围内变动）的串级控制系统。

表 3-1 列出了常用副变量类型的控制器参数整定的经验数据。

表 3-1　常用副变量类型的控制器经验参数

副变量类型	副控制器比例度/%	副控制器比例放大系数
温度	20～60	5.0～1.7
压力	30～70	3.0～1.4
流量	40～80	2.5～1.25
液位	20～80	5.0～1.25

例 3-1　某聚合反应釜内进行放热反应，釜温过高会发生事故，为此采用夹套水冷却。由于釜温控制要求较高，且冷却水压力、温度波动较大，故设置控制系统如图 1-6 所示。

（1）这是什么类型的控制系统？试画出其方框图，说明其主变量和副变量是什么？

（2）如主要干扰是冷却水的温度波动，试简述其控制过程。

（3）如主要干扰是冷却水压力波动，试简述其控制过程。

答　（1）这是串级控制系统；主变量是釜内温度 T_1，副变量是夹套内温度 T_2，其方框图如图 1-7 所示。

（2）如主要干扰是冷却水的温度波动，整个串级控制系统的工作过程是这样的：设冷却水的温度升高，则夹套内的温度 T_2 升高，由于 TC2 为反作用，故其输出降低，因而气关型的阀门开大，冷却水流量增加以及时克服冷却水温度变化对夹套温度 T_2 的影响，因而减少以致消除冷却水温度波动对釜内温度 T_1 的影响，提高了控制质量。

如这时釜内温度 T_1 由于某些次要干扰（例进料流量、温度的波动）的影响而波动，该系统也能加以克服。设 T_1 升高，则反作用的 TC1 输出降低，因而使 TC2 的给定值降低，其输出也降低，于是控制阀开大，冷却水流量增加以使釜内温度 T_1 降低，起到负反馈的控制作用。

（3）如主要干扰是冷却水压力波动，整个串级控制系统的工作过程是这样的：设冷却水压力增加，则流量增加，使夹套温度 T_2 下降，TC2 的输出增加，控制阀关小，减少冷却水流量以克服冷却水压力增加对 T_2 的影响。这里为了及时克服冷却水压力波动对其流量的影响，不要等到 T_2 变化才开始控制，可改进原方案，采用釜内温度 T_1 与冷却水流量的串级。

3.2　前馈控制系统

在前面讨论的控制系统中，都是按偏差来进行控制的反馈控制系统，不论是什么干扰引起被控变量的变化，控制器均可根据偏差进行调节，这是反馈控制的优点；但反馈控制也有一些固有缺点：对象总存在滞后惯性，从扰动作用出现到形成偏差需要时间。当偏差产生后，偏差信号遍及整个反馈环路产生调节作用去抵消干扰作用的影响又需要一些时间。也就是说，反馈控制根本无法将扰动克服在被控变量偏离给定值之前，调节作用总不及时，从而限制了调节质量的进一步提高。另外，由于反馈控制构成一闭环系统，信号的传递要经过闭环中的所有储能元件，因而包含着内在的不稳定因素。为了改变反馈控制不及时和不稳定的内在因素，提出一种前馈控制的原理。在此介绍前馈控制的基本原理及其应用。

3.2.1　基本原理

前馈控制又称扰动补偿，它是一种与反馈控制原理完全不同的控制方法。前馈控制的基本概念是测量进入过程的干扰（包括外界干扰和设定值变化），并按其信号产生合适的控制作用去改变操纵变量，使被控变量维持在设定值上。下面举例说明前馈控制系统。

图 3-8 是一个换热器的温度控制示意图。加热蒸汽通过换热器中排管的外部，把热量传给排管内流过的被加热流体，它的出口温度 T 用蒸汽管路上的控制阀来加以控制。引起温度改变的扰动因素很多，其中主要的扰动是被加热物料的流量 q_V。

当流量 q_V 发生扰动时，出口温度

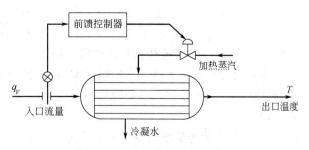

图 3-8　换热器前馈控制示意图

T 就会受到影响，产生偏差。如果用一般的反馈控制，控制器只根据被加热液体出口温度 T 的偏差进行调节，则当 q_V 发生扰动后，要等到 T 变化后控制器才开始动作。而控制器控制阀门，改变加热蒸汽的流量以后，又要经过热交换过程的惯性，才使出口物料温度 T 变化而反映控制效果。这就可能使出口温度 T 产生较大的动态偏差。如果根据被加热的物料流量 q_V 的测量信号来控制阀门，那么当 q_V 发生扰动后，就不必等到流量变化反映到出口温度以后再去进行操作。而是可以根据流量的变化，立即对控制阀进行操作，甚至可以在出口温度 T 还没有变化前就及时将流量的扰动补偿了。这就提出了在原理上不同的控制方法——前馈控制，这个自动控制装置就称为前馈控制器或扰动补偿器。前馈控制系统可以用如图 3-9 的方框图表示。

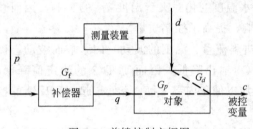

图 3-9 前馈控制方框图

从图 3-9 可以看出，扰动作用到输出被控变量 c 之间存在着两个传递通道：一个是 d 从对象扰动通道 G_d 去影响被控变量 c；另一个是从 d 出发经过测量装置和补偿器产生调节作用，经过对象的调节通道 G_p 去影响被控变量 c。调节作用和扰动作用对被控变量的影响是相反的。这样，在一定条件下，就有可能使补偿通道的作用很好地抵消扰动 d 对被控对象的影响，使得被控变量 c 不依赖于扰动 d。这里，首先要求测量装置要十分精确地测出扰动 d，还要求对被控对象特性有充分的了解，以及这个补偿装置的调节规律是可以实现的。在满足了这些条件之后，才有可能完全抵消扰动 d 对 c 的影响。

把前馈控制与反馈控制加以比较可以知道，在反馈控制中，信号的传递形成了一个闭环系统，而在前馈控制中，则只是一个开环系统。闭环系统存在一个稳定性的问题，控制器参数的整定首先要考虑这个稳定性问题。但是，对于开环控制系统来讲，这个稳定性问题是不存在的，补偿的设计主要是考虑如何获得最好的补偿效果。在理想情况下，可以把补偿器设计到完全补偿的目的，即在所考虑的扰动作用下，被控变量始终保持不变，或者说实现了"不变性"原理。

根据图 3-9 有如下的前馈控制计算公式

$$\frac{C(s)}{D(s)} = G_d(s) + G_f(s)G_p(s) \tag{3-1}$$

式中 $G_d(s)$，$G_p(s)$——分别为扰动通道和控制通道的传递函数；

$\qquad G_f(s)$——前馈补偿器传递函数。

要实现全补偿时，则必须 $C(s)=0$，同时 $D(s)\neq0$，于是得到

$$G_f(s) = -\frac{G_d(s)}{G_p(s)} \tag{3-2}$$

满足式（3-2）的前馈补偿装置可以使被控变量不受扰动的影响。

例如：精馏塔进料受前工序影响而波动，它影响精馏塔的稳定运行，因此可以用进料量作为前馈信号，开环控制再沸器的加热蒸汽量；也可以用该前馈信号，开环控制回流量或塔顶出料量。

如图 3-10 所示为精馏塔单纯前馈控制的示意图。图 3-10（a）是进料信号作为单纯前馈信号，控制再沸器加热蒸汽控制阀门开度。图 3-10（b）是进料单纯前馈信号，作为再沸器

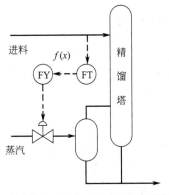 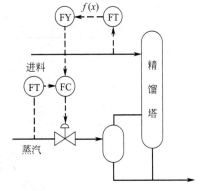

(a) 进料前馈信号控制再沸器加热蒸汽量   (b) 进料前馈信号—加热蒸汽量单回路

图 3-10　精馏塔单纯前馈控制示意图

加热蒸汽单回路控制系统的设定值。这相当于单闭环定比值控制系统。图 3-10 中，FY 是前馈控制器；FT 是流量检测变送器；FC 是流量控制器。

3.2.2　主要结构形式

① 静态前馈控制　由式（3-2）求得的前馈控制器，已经考虑了两个通道的动态情况，是一种动态前馈补偿器。它追求的目标是被控变量的完全不变性。而在实际生产过程中，有时并没有如此高的要求。只要在稳态下，实现对扰动的完全补偿就可以了。令式（3-2）中的 s 为 0，即可得到静态前馈补偿算式

$$G_f(0) = -\frac{G_d(0)}{G_p(0)} \tag{3-3}$$

利用物料（或能量）平衡算式，可方便地获取较完善的静态前馈算式。例如，图 3-8 所示的热交换过程，假若忽略热损失，其热平衡过程可表述为

$$q_V c_p (T - T_i) = G_s H_s \tag{3-4}$$

式中　c_p——物料比热容；

$\quad\quad T$——物料出口温度；

$\quad\quad T_i$——物料入口温度；

$\quad\quad G_s$——蒸汽流量；

$\quad\quad H_s$——蒸汽汽化热。

由式（3-4）可解得

$$G_s = q_V \frac{c_p}{H_s} (T - T_i) \tag{3-5}$$

用物料出口温度的设定值 T_o 代替式（3-5）中的 T，可得

$$G_s = q_V \frac{c_p}{H_s} (T_o - T_i) \tag{3-6}$$

式（3-6）即为静态前馈控制算式。相应的控制流程示于图 3-11 中。图中虚线方框表示了静态前馈控制装置。它是多输入的，能对物料的进口温度、流量和出口温度设定值作出静态补偿。

如前所述，前馈控制器（即补偿器）在测出扰动量以后，按过程的某种物质或能量平衡

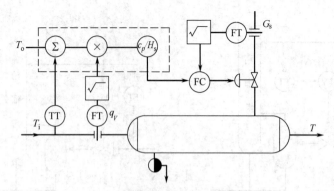

图 3-11　换热器的静态前馈控制流程图

条件计算出校正值，这种校正作用只能保证在稳态下补偿扰动作用，一般称为静态前馈。

② 动态前馈控制　静态前馈控制只能保证被控变量的静态偏差接近或等于零，并不能保证动态偏差达到这个要求，尤其是当对象的控制通道和干扰通道的动态特性差异很大时。而动态前馈控制则可实现被控变量的动态偏差接近或等于零，其是在静态前馈控制基础上加上动态前馈补偿环节，实施方案如图 3-12 所示。

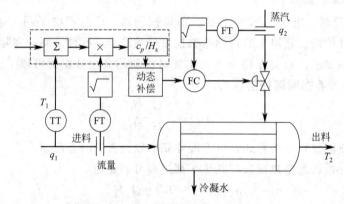

图 3-12　动态前馈控制实施方案

为了获得动态前馈补偿，必须考虑被控对象的动态特性，从而确定前馈控制器的规律。但是考虑到工业被控对象的动态特性千差万别，如果根据被控对象特性来设计前馈控制器，较难实现。因此，可在静态前馈控制的基础上，加上延迟环节或微分环节，以达到干扰作用的近似补偿。在这种前馈控制器中，存在三个重要的调整参数 K，T_1，T_2。其中，K 是放大系数，是为了静态补偿用的；T_1 和 T_2 分别表示延迟作用和微分作用的延迟时间和微分时间。相对于干扰通道而言，控制通道反应快的应加强延迟作用，反应慢的应加强微分作用。也就是说，结合干扰通道和控制通道的各自特性，对延迟时间和微分时间进行参数调整，以实现动态前馈补偿，减低甚至消除被控变量的动态偏差。因此，动态前馈控制是当对象的控制通道和干扰通道的动态特性差异很大时才使用。

③ 前馈-反馈控制系统　在理论上，前馈控制可以实现被控变量的不变性，但在工程实践中，由于下列原因，前馈控制系统依然会存在偏差。

ⅰ. 实际的工业对象会存在多个扰动，若均设置前馈通道，势必增加控制系统投资费用和维护工作量。因而一般仅选择几个主要干扰作前馈通道。这样设计的前馈控制器对其他干扰是丝毫没有校正作用的。

ⅱ.受前馈控制模型精度限制,模型的误差将导致非完全补偿,使被控变量最终存在偏差。

ⅲ.用仪表实现前馈控制时,往往作了近似处理,尤其当综合得到的前馈控制算式包含有纯超前环节或纯微分环节时,它们在物理上是不能实现的,构成的前馈控制器只能是近似的。

前馈控制系统中,不存在被控变量的反馈,即对于补偿的效果没有检验的手段。因此,如果控制的结果无法消除被控变量的偏差,系统也无法获得这一信息而作进一步的校正。为了解决前馈控制的这一局限性,在工程上往往将前馈与反馈结合起来应用,构成前馈-反馈控制系统。这样既发挥了前馈校正作用及时的优点,又保持了反馈控制能克服多种扰动及对被控变量最终检验的长处,是一种适合化工过程控制的控制方法。图 3-13 所示为换热器的前馈-反馈控制系统。

系统的被控变量是换热器出口被加热流体温度。由于换热器入口流体流量是引起换热器出口被加热流体温度变化的主要干扰,所以一旦入口流量变化,通过前馈补偿装置(即前馈控制器),及时调整加热蒸汽量,以克服入口流量变化对出口温度的影响。同时,被加热流体出口温度的变化又能通过反馈控制器来调整加热蒸汽量,

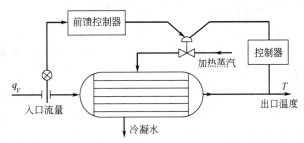

图 3-13　换热器前馈-反馈控制系统

以克服其他干扰对出口温度的影响。这种典型的前馈-反馈控制综合了前馈与反馈控制的优点,既发挥了前馈控制及时克服主要干扰的优点,又保持了反馈控制能克服多种干扰,始终保持被控变量等于给定值的优点。因此,是一种较为理想的控制方式。

前馈-反馈控制系统具有下列优点。

ⅰ.从前馈控制角度,由于增添了反馈控制,降低了对前馈控制模型的精度要求,并能对未选作前馈信号的干扰产生校正作用。

ⅱ.从反馈控制角度,由于前馈控制的存在,对干扰作了及时的粗调作用,大大减轻了反馈控制的负担。

对于图 3-13 的前馈-反馈控制系统,为了提高前馈控制的精度,还可以增添一个蒸汽流量的闭合回路,使前馈控制器的输出改变这个流量回路的设定值。这样构成的系统称为前馈-串级控制系统,其方框图如图 3-14 所示。

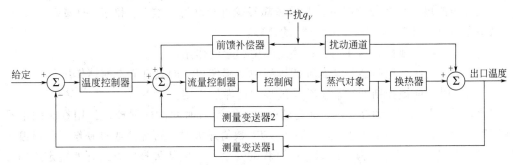

图 3-14　换热器前馈-串级控制系统方框图

除上述两种前馈控制系统外，还有多变量前馈控制等。多变量前馈控制系统是具有多个输入和多个输出的系统，控制形式计算复杂，构成较难，在此不再详细讨论。

3.2.3 参数整定

由于前馈控制器的控制效果受被控对象特性的测试精度、测试工况与在线运行时的情况差异以及前馈装置的制作精度等因素的影响，使得控制效果往往不够理想。因此，必须对前馈控制器进行在线整定。前馈控制器最常用的模型为 $G_s = \dfrac{1+T_1 s}{1+T_2 s} K_f$，本节针对该模型进行静态参数 K_f 和动态参数 T_1、T_2 的整定方法介绍。

（1）静态参数 K_f 的整定

静态参数 K_f 分开环和闭环两种整定方法。

① 开环整定法 开环整定针对的是系统处于单纯静态前馈运行状态，在干扰信号下，调整静态参数 K_f 值（由小到大逐步增大），直到被控变量接近设定值，所对应的静态参数 K_f 称为最佳整定值。开环整定法的前提是系统处于单纯静态前馈运行状态，故开环整定过程中并没有被控变量控制的反馈，为了防止被控变量远远偏离设定值（静态参数 K_f 值过大）而导致生产过程不正常甚至产生事故，在静态参数 K_f 值整定中，应逐步由小到大进行调整。另注意：为了减小其他干扰量对被控变量控制的影响，参数整定时应保证工况稳定。

② 闭环整定法 考虑到开环整定法易影响生产的正常进行以及安全性无法保障，因而在实际应用中较少，工程上往往采用较多的是闭环整定法。闭环整定法是在反馈系统已经整定完成的基础上，再施加相同的干扰作用，通过由小到大逐步调整静态参数 K_f 值，使被控变量回到设定值上。图 3-15 显示了静态参数 K_f 值过小、合适和过大三种情况下，对补偿过程的三种影响：欠补偿、合适补偿和过补偿。

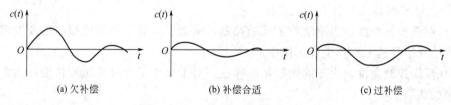

(a) 欠补偿   (b) 补偿合适   (c) 过补偿

图 3-15 K_f 值对补偿过程的影响

（2）动态参数 T_1 和 T_2 的整定

动态参数的整定决定了动态补偿的程度，但由于前馈控制器动态参数的整定较复杂，仍处于定性分析阶段，大多数情况下，主要依靠经验进行动态参数 T_1 和 T_2 的整定。

动态参数 T_1 和 T_2 存在一些原则性的调整：

$T_1 > T_2$ 时：前馈控制器在动态补偿过程中起超前作用。

$T_1 = T_2$ 时：前馈控制器在动态补偿过程中不起作用，即只有静态前馈作用。

$T_1 < T_2$ 时：前馈控制器在动态补偿过程中起滞后作用。

因此，动态参数 T_1 和 T_2 分别称为超前时间和滞后时间。根据校正作用在时间上是超前或滞后，可以决定 T_1/T_2 的数值。当 T_1/T_2 数值过大时，可能造成过补偿，使过渡过程曲线反向超调过高。因此，为了保障生产过程的安全性，应从欠补偿方式开始整定前馈控制器的动态参数，逐步提高 T_1/T_2 数值，使过渡过程曲线逐次试凑逼近设定值。也可在初次整定时，先试取 $T_1/T_2 = 2$（超前）或 $T_1/T_2 = 0.5$（滞后）数值，施加干扰，观察补偿过程。

根据过渡过程曲线的变化趋势，再调整 T_1 或 T_2 使补偿过程曲线达到上、下偏差面积相等，最后调整 T_1/T_2 数值，直到获得平坦的补偿过程曲线为止。

3.3 比值控制系统

在化工、炼油生产中，经常需要两种或两种以上的物料按一定比例混合或进行化学反应，一旦比例失调，轻则造成产品质量不合格，重则造成生产事故或发生危险。例如聚乙烯醇生产中，树脂和氢氧化钠必须按一定比例进行混合，否则树脂将发生自聚而影响生产的正常进行。又如稀硝酸生产中的氧化炉，氨和空气应保持一定的比例，否则将使反应不能正常进行，而氨和空气比超过一定极限将会引起爆炸。比值控制的目的，就是为了实现几种物料符合一定的比例关系，以使生产能安全正常地进行。

为了了解比值控制问题的实质，下面用两个例子加以说明。

第一个例子，某工厂中需连续使用（6%～8%）NaOH 溶液，工艺上采用 30%NaOH 溶液加水稀释配制，如图 3-16 所示。一般来讲，由电化厂提供的 30% 液体 NaOH 浓度比较稳定，引起混合器出口溶液浓度变化的主要原因是入口碱（或水）的流量变化。根据反馈控制原理，为了保证出口浓度，可设计出口浓度为被控变量，入口水（或碱）流量为操纵变量的单回路反馈控制系统。但由于浓度信号的获取较困难，即使可以获得并组成控制系统，往往因测量变送和对象控制通道滞后较大，影响控制质量。根据前馈控制不变性原理，若某一输入物料流量变化时，另一物料也能按比例跟随变化，则可以达到对出口浓度的完全补偿。对于上述混合问题，通过简单的化学计算可知，只要入口 30%NaOH 和 H_2O 的质量流量之比为 1∶4～1∶2.75，就可以使出口 NaOH 溶液浓度达到 6%～8%。对于这样一个浓度控制问题，也就成为流量比值控制问题。

第二个例子，某厂废水中含有碱，若直接排入河道，将严重污染环境。常用的解决方法有两种：一种是直接从废水中回收碱，另一种是加酸中和，保证排出废水的 pH 值为 7，如图 3-17 所示。前者应该说是一种很好的方法，但这需要建立一套碱回收装置，增加一笔可观的投资，若废水中碱含量不是很高，从经济角度考虑不一定合算。而后者方法简单，投资也不多，目前被不少工厂所采用。为了保证排出废液呈中性，可以设计各种反馈控制方案。但当含碱废水与添加酸浓度变化都不大时，只要保证两者流量成一定比例，同样可以满足出口 pH 要求。这样一个废水处理问题又成为流量比值控制问题。

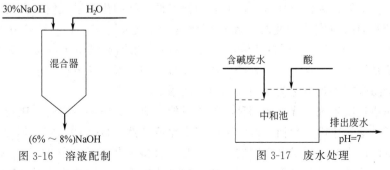

图 3-16 溶液配制   图 3-17 废水处理

生产上这种类似的控制问题很多，都可以通过保持物料流量比来保证最终质量。显然，保持流量比只是一种控制手段，保证最终质量才是控制目的。

64

3.3.1 定比值控制系统

定比值控制系统的一个共同特点是系统以保持两物料流量比值一定为目的，比值器的参数经计算设置好后不再变动，工艺要求的实际流量比值 r 也就固定不变，因此，称为定比值控制系统。定比值控制系统共有三类：开环比值控制系统、单闭环比值控制系统和双闭环比值控制系统。

① 开环比值控制系统　对于图 3-16 所示的生产过程，为保证混合后的浓度，可设计如图 3-18(a) 所示的控制系统，当流量 q_{V1} 随高位槽液面变化时，通过测量变送使控制器 FC 的输出按比例变化，控制阀的流量特性选线性，则 q_{V2} 也就跟随 q_{V1} 按比例变化，以满足最终质量要求。在上述保持流量比例关系的两物料中，q_{V1} 处于主导地位，称为主流量，q_{V2} 随 q_{V1} 变化，称为副流量。一般情况下，总以生产中的主要物料或不可控物料作为主流量，通过改变可控物料流量（副流量）的方法来实现它们的比例关系。在图 3-18 所示的控制系统中，控制器 FC 只起比例作用，可用比值器代替。改变控制器的比例度或比值器的比值系数，就可以改变两流量的比值 r（$r = q_{V2}/q_{V1}$）。系统的方框图如图 3-18 (b) 所示，从图中可以看出系统是开环的，因此称为开环比值控制。由于该系统的副流量 q_{V2} 无反馈校正，所以副流量本身无抗干扰能力。如本例中的水流量，若阀前压力变化，就无法保证两物料流量的比值为定值。因此对于开环比值控制方案，只有在副流量较平稳且流量比值要求不高的场合才采用。

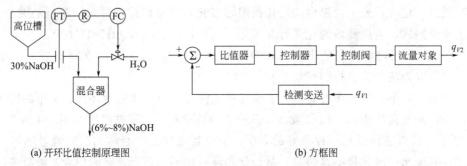

(a) 开环比值控制原理图　　　　　　　　　　(b) 方框图

图 3-18　开环比值控制系统及其方框图

② 单闭环比值控制系统　为了克服开环比值控制系统的缺点，可以在副流量对象中引入一个闭合回路，组成如图 3-19 所示的控制系统。由图可知，当主流量 q_{V1} 变化时，其流量信号经测量变送器送到比值器 R，比值器按预先设置好的比值系数使输出成比例变化，并作为副流量控制器的设定值，此时副流量调节是一个随动系统，q_{V2} 经调节作用自动跟踪 q_{V1} 变化，使其在新的工况下保持两流量比值 r 不变。当副流量由于自身干扰而变化时，此时副流量调节系统是一个定值系统，经反馈克服自身的干扰。从方框图中可以看出，系统中只包含了一个闭合回路，故称为单闭环比值控制系统。

单闭环比值控制系统的优点是两种物料流量的比值较为精确，实施也比较方便，所以在工业中得到了广泛的应用。然而，两物料的流量比值虽然可以保持一定，但由于主流量 q_{V1} 是可变的，所以进入的总流量是不固定的。这对于直接去化学反应器的场合是不太合适的，因为负荷波动会给反应过程带来一定的影响，有可能使整个反应器的热平衡遭到破坏，甚至造成严重事故，这是单闭环比值控制系统无法克服的一个弱点。

③ 双闭环比值控制系统　为了能实现两流量的比值恒定，又能使进入系统的总负荷平

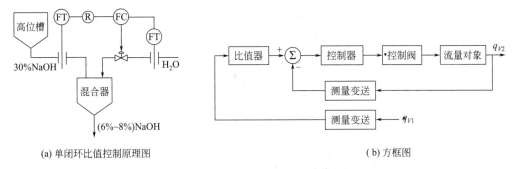

(a) 单闭环比值控制原理图   (b) 方框图

图 3-19　单闭环比值控制系统及其方框图

稳，在单闭环比值控制的基础上又出现了双闭环比值控制。它与单闭环比值控制系统的差别在于主流量也构成了闭合回路，由于有两个闭合回路，故称为双闭环比值控制系统。

在双闭环比值控制系统中，两个闭合回路可以克服各自的外界干扰，使主、副流量都比较平稳，流量间的比值可通过比值器实现。这样，系统的总负荷也将是平稳的，克服了单闭环比值控制的缺点。图 3-20 所示即为图 3-16 中 NaOH 溶液配置系统的双闭环比值控制系统图。

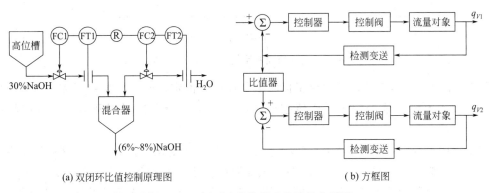

(a) 双闭环比值控制原理图   (b) 方框图

图 3-20　双闭环比值控制系统及其方框图

双闭环比值控制系统的缺点是所用的仪表较多，投资高。一般情况下，采用两个单回路控制系统分别稳定主流量和副流量，也可以达到目的。

3.3.2　变比值控制系统

如前所述，流量间实现一定比例的目的仅仅是保证产品质量的一种手段，而定比值控制的各种方案只考虑如何来实现这种比值关系，没有考虑成比例的两种物料混合或反应后最终质量是否符合工艺要求。因此，从最终质量的角度来看，定比值控制系统是开环的。由于工业生产过程中的干扰因素很多，当系统中存在着除流量干扰以外的其他干扰（如温度、压力、成分以及反应器中触媒衰老等干扰）时，原来设定的比值器系数就不能保证产品的最终质量，需进行重新设置。但是，这种干扰往往是随机的，且干扰幅度又各不相同，无法用人工经常去修正比值器的参数，于是出现了按照某一工艺指标自动修正流量比值的变比值控制系统。它的一般结构形式如图 3-21 所示。

在稳定状态下，主、副流量 q_{V1}、q_{V2} 恒定（即 $q_{V2}/q_{V1}=r$ 为某一定值）；它们分别经流量变送、开方运算后，送除法器相除，其输出表征了它们的比值，同时作为比值控制器

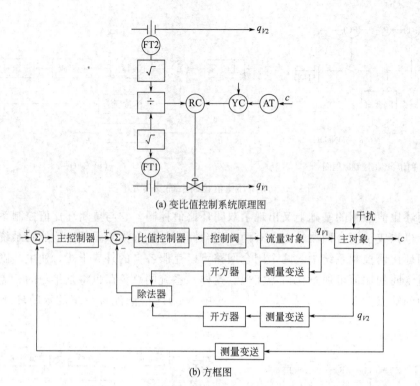

(a) 变比值控制系统原理图

(b) 方框图

图 3-21　变比值控制系统原理图及其方框图

RC 的测量信号。这时表征最终质量指标的主参数 c 也恒定，所以主控制器 YC 的输出信号稳定，且和比值测量信号相等，比值控制器的输出也稳定，控制阀开度一定，产品质量合格。

当系统中出现除流量干扰外的其他干扰引起主参数 c 变化时，通过主反馈回路使主控制器输出变化，修改两流量的比值，以保持主参数的稳定。对于进入系统的主流量 q_{V1} 的干扰，由于比值控制回路的快速随动跟踪，使副流量按 $q_{V2} = rq_{V1}$ 关系变化，以保持主参数 c 稳定，它起了静态前馈的作用。对于副流量本身的干扰，同样可以通过自身的控制回路克服，它相当于串级控制系统的副回路。因此，这种变比值控制系统实质上是一种静态前馈-串级控制系统，也可以称为串级比值控制系统。

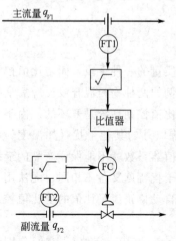

图 3-22　比值器方案

3.3.3　比值控制系统的实施

比值控制系统的实施，可有以下几种情况。

① 应用比值器的方案　图 3-22 是应用比值器实现单闭环比值控制的方案。若方案由电动Ⅲ型仪表实施，比值运算单元采用电动比值器，其信号关系为

$$I_0 = (I_{c1} - 4)K + 4 \tag{3-7}$$

当系统按要求的流量比值稳定操作时，控制器的测量值等于设定值，即

$$I_{c2} = I_0 = (I_{c1} - 4)K + 4 \tag{3-8}$$

所以

$$K = \frac{I_{c2} - 4}{I_{c1} - 4} \qquad (3-9)$$

式中　I_0——副流量控制器的设定值，即比值器的输出信号；

　　　I_{c1}——主流量的测量值，即比值器的输入信号；

　　　I_{c2}——副流量控制器的测量值；

　　　K——比值器的比值系数，可内部设定。

比值系数 K 与流量比值 r 不一定相同，但两者有一一对应关系。这可分为以下两种情况。

ⅰ.流量与测量信号之间存在线性关系或用差压测量并经过开方运算时，测量信号 I_c 与流量 q_V 之间的关系为

$$I_c = \frac{q_V}{q_{V_{max}}}(I_{cmax} - I_{cmin}) + I_{cmin} = \frac{q_V}{q_{V_{max}}}16 + 4 \qquad (3-10)$$

所以

$$K = \frac{\left(\dfrac{q_{V2}}{q_{V2_{max}}}16 + 4\right) - 4}{\left(\dfrac{q_{V1}}{q_{V1_{max}}}16 + 4\right) - 4} = \frac{q_{V2}}{q_{V1}}\frac{q_{V1_{max}}}{q_{V2_{max}}} = r\frac{q_{V1_{max}}}{q_{V2_{max}}} \qquad (3-11)$$

由此可见，该比值系数 K 与两流量之比 r 和测量仪表的量程上限有关，与负荷大小无关。

ⅱ.用差压法测量流量，但未经开方运算，测量信号 I_c 与流量 q_V 之间关系为

$$I_c = \frac{\Delta p}{\Delta p_{max}}16 + 4 = \left(\frac{q_V}{q_{V_{max}}}\right)^2 16 + 4 \qquad (3-12)$$

所以

$$K = \frac{\left(\dfrac{q_{V2}}{q_{V2_{max}}}\right)^2 16 + 4 - 4}{\left(\dfrac{q_{V1}}{q_{V1_{max}}}\right)^2 16 + 4 - 4} = \left(\frac{q_{V2}}{q_{V1}}\right)^2\left(\frac{q_{V1_{max}}}{q_{V2_{max}}}\right)^2 = r^2\left(\frac{q_{V1_{max}}}{q_{V2_{max}}}\right)^2 \qquad (3-13)$$

由式（3-13）可知，该比值系数 K 同样与负荷大小无关。

比值器的比值系数 K 只能在一定范围内调整（如 0.25～4），所以要实现预定的流量比 r，变送器的量程必须适当选择。若选择适当，K 值在 1 附近。

② 应用乘法器的方案　图 3-23 是应用乘法器实现的比值控制方案。

比值系统的设计任务是要按工艺要求的流量比值 r 来正确设置图中的 I_s 信号。DDZ-Ⅲ型仪表乘法器的运算式为

$$I_O = \frac{(I_{c1} - 4)(I_s - 4)}{16} + 4 \qquad (3-14)$$

式中，I_{c1}、I_s 均为乘法器的输入信号；I_O 为乘法器的输出信号。

当系统稳定时，$I_{c2} = I_O$，代入上式，可得

$$I_s = \frac{I_{c2} - 4}{I_{c1} - 4} \times 16 + 4 \qquad (3-15)$$

当流量为线性变送时，用式（3-10）代入式（3-15），可得

$$I_s = \frac{q_{V2}\, q_{V1_{\max}}}{q_{V1}\, q_{V2_{\max}}} \times 16 + 4 = r\, \frac{q_{V1_{\max}}}{q_{V2_{\max}}} \times 16 + 4 \tag{3-16}$$

当流量为非线性变送时，用式（3-12）代入式（3-15），可得

$$I_s = \left(\frac{q_{V2}}{q_{V1}}\right)^2 \left(\frac{q_{V1_{\max}}}{q_{V2_{\max}}}\right)^2 \times 16 + 4 = r^2 \left(\frac{q_{V1_{\max}}}{q_{V2_{\max}}}\right)^2 \times 16 + 4 \tag{3-17}$$

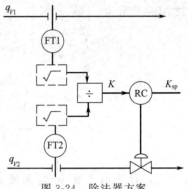

图 3-23　乘法器方案　　　　　图 3-24　除法器方案

利用以上两式，按工艺要求的流量比值 r 来设置 I_s。

③ 应用除法器的方案　如图 3-24 所示，显然，它还是一个单回路控制系统，只是控制器的测量值和给定值都是流量信号的比值，而不是流量本身。

除法器方案的优点是直观，可直接读出比值，使用方便，可调范围宽；但也有其弱点：由于比值的计算包含在控制回路中，因此对象的放大倍数随负荷的不同而发生变化，当负荷较小时，系统不易稳定，现已逐渐被乘法器方案所取代。

3.3.4　比值控制系统的参数整定

在变比值控制系统中，由于结构本身是串级控制系统，因此可按照串级控制系统整定方法整定主控制器的参数。对于定比值控制系统中的双闭环比值控制系统，主流量回路可按单闭环回路比值控制系统整定。下面将主要介绍单闭环比值控制系统回路、双闭环的副流量回路以及变比值回路的参数整定。

一般工艺上希望副流量能及时随着主流量变化而变化，即在比值控制系统中副流量回路是一个随动系统。因此，比值控制系统的参数整定步骤一般如下。

ⅰ.根据工艺对主流量和副流量比值的要求，计算比值系数。若采用乘法器，则需计算乘法器的一个相应输入值；若采用除法器，则需计算比值控制器的设定值。在设定比值系数之后，再根据现场参数整定的实际情况进行适当调整，以满足实际工艺的需求。

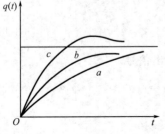

图 3-25　比值控制的过渡过程

ⅱ.控制器需采用比例积分（PI）规律。比例积分控制

器整定时可先最大化地设定积分时间，再由大到小逐步调整比例度，直到使比值控制系统出现振荡与不振荡的临界过程。

ⅲ. 在适当放宽比例度的情况下，一般放大 20％，然后慢慢减少积分时间，直到出现振荡与不振荡的临界过程或微振荡的过程，如图 3-25 中的曲线 *b*。

3.4　选择性控制系统

通常的自动控制系统只能在正常情况下工作，而随着生产过程自动化的发展，如何保证生产工艺过程的安全操作，尽量减少开、停车中的不稳定工况，成为工业自动化中的一个重要课题。选择性控制就是解决这个问题的一种控制系统。

3.4.1　基本原理

一般地说，凡是在控制回路中引入选择器的系统都称为选择性控制系统。常用的选择器是高值选择器和低值选择器，它们各有两个（或多个）输入。低值选择器把低信号作为输出，而高值选择器把高信号作为输出，即

$$\begin{cases} u_0 = \min(u_1, u_2 \cdots) \\ u_0 = \max(u_1, u_2 \cdots) \end{cases} \tag{3-18}$$

选择性控制在结构上的特点是使用选择器，可以在两个或多个控制器的输出端，或在几个变送器输出端对信号进行选择，以适应不同的工况需要。通常的自动控制系统在遇到不正常工况或特大扰动时，很可能无法适应，只能从自动改为手动。例如，大型压缩机、泵、风机等的过载保护，过去通常采用报警后由人工处理或采用自动连锁方法，这样势必造成操作人员紧张、设备停车，甚至会引起不必要的事故。在手动操作的这段时间，操作人员为确保安全生产，适应特殊情况，有另一套操作规律，如果将这一任务交给另一个控制器来实现，那就可以扩大自动化的应用范围，使生产更加安全。选择性控制系统正是解决这一问题的方法，有时也称这种控制系统为"超弛控制"，有时也称为"取代控制"。

在选择性控制系统中，有两个控制器，它们的输出信号通过一个选择器后送往控制阀。这两个控制器，一个在正常情况下工作（称之为"正常"控制器），另一个准备在非正常情况下取代"正常"控制器而投入运行（称之为"取代"控制器或"超弛"控制器）。当生产过程处于正常情况时，系统在"正常"控制器的控制下运行，而"取代"控制器则处于开环状态备用；一旦发生不正常情况，通过选择器使原来备用的"取代"控制器投入自动运行，而"正常"控制器处于备用状态。直到生产恢复正常后，"正常"控制器又代替"取代"控制器发挥调节作用，而"取代"控制器又重新回到备用状态。

与自动连锁保护系统不同，选择性控制可以在工艺过程不停车的情况下解决生产中的不正常状况，但在"取代"控制器运行期间控制质量会有所降低，这种系统保护方式称为"软保护"。

如图 3-26 所示，一个氨冷器的选择性控制系统。氨冷器温度受液氨液位的影响，液位改变会影响液氨的蒸发空间大小。正常工况下，液位低于安全极限，因此，用温度控制器控制进入氨冷器的液氨流量。受扰动影响，如果传热能力达到极限，则液位升高超过安全极限，液氨来不及蒸发而进入气氨管线，并进入冰机，造成冰机叶轮损坏。为此，一种方法是设置液位报警系统，当液位超过极限高度（安全极限）时，发出报警声光信号，由操作员将

温度控制切入手动控制，或设置连锁系统自动切断液氨进料阀。另一方法是如果在液位到达安全极限时，能保证液位不超过一定高度，就能减少停车事故发生，扩大自动化工作范围。例如，当液位超过安全极限时，采用液位控制器控制液氨进料量，就能使液位不超过安全极限。

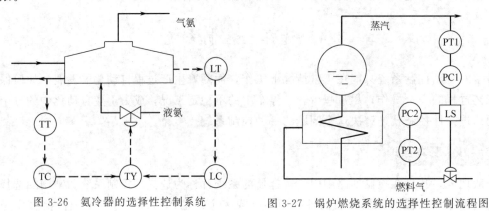 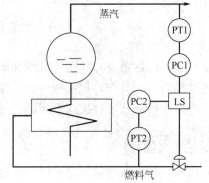

图 3-26　氨冷器的选择性控制系统　　　　图 3-27　锅炉燃烧系统的选择性控制流程图

3.4.2　选择性控制的类型

① 选择器位于两个控制器与执行器之间　这种类型的选择性控制系统的特点是两个控制器共用一个执行器，其中一个控制器处于工作状态，另一个控制器处于待命状态。这是使用最广泛的一类选择性控制。

现以锅炉燃烧系统的选择性控制为例加以说明。在锅炉燃烧系统中一般以锅炉的蒸汽压力为被控变量，控制燃料量（在此为燃料气）以保证蒸汽压力恒定。但在燃烧过程中，控制阀阀后压力过高会造成脱火现象（炉膛熄火后若燃料气继续进入，则在一定的燃料气、空气混合浓度下，遇火种极易爆炸），燃料气压力过低会造成回火现象。为此，设置了一个选择性控制系统以防脱火，另外可设置一个低流量连锁系统以防止回火。图 3-27 为该系统的流程图。

在图 3-27 中，选择器为低值选择器，蒸汽压力控制器为正常控制器，燃料气阀后压力控制器为超驰控制器。在正常工况下，蒸汽压力控制器的输出总是小于超驰控制器的输出，蒸汽压力控制器的输出通过低值选择器去控制燃料气控制阀，以使蒸汽压力满足工艺需要。

当蒸汽压力下降时，由于蒸汽压力控制器的作用，使控制阀逐渐打开，增加燃料气量以提高蒸汽压力。如果阀门打开过大，阀后压力达到极限状态，再增加压力就会产生脱火现象。此时，由于阀后压力控制器是反作用，其输出立即减小，通过低值选择器取代了蒸汽压力控制器的工作，关小阀门，使燃料气压力脱离极限状态，防止了脱火事故发生。回到正常工况后，蒸汽压力控制器自动重新切换上去，以维持正常的蒸汽压力。

② 选择器在变送器与控制器之间　这类选择性控制系统的特点是多个变送器共用一个控制器，其任务是实现被控变量的选点。这类系统一般有如下两种使用目的。

ⅰ. 选出最高或最低测量值，以满足生产需要。例如，化学反应器中热点温度的选择性控制。为防止反应温度过高烧坏触媒，在触媒层的不同位置装设了温度检测点，其测得的温度信号送往高值选择器，选出最高的温度进行控制。这样，系统将一直按反应器的最高温度进行控制，从而保证触媒层的安全。

ⅱ. 选出可靠或中间测量值。在某些生产过程中，为了可靠，有时采用冗余技术，往往同时安装多台（如三台）变送器同时进行测量，然后从中选择出中间值作为比较可靠的测量值。此任务可用选择器来实现。

保证某些工艺变量不超过极限或选择正确表示被测变量的测量值，是选择性控制系统的主要职能，但绝非全部。选择性控制为系统构成提供了新的思路，从而丰富了自动化的内容和范围。

3.4.3 选择性控制中选择器性质的确定

在选择性控制系统中，一个重要的内容是确定选择器的性质，是使用高值选择器，还是使用低值选择器。确定选择器性质的步骤是首先从工艺安全出发确定控制阀的气开、气关形式，然后确定控制器的正反作用方式，最后确定选择器的类型。对于上面的例子，当控制阀的气源中断时，为了使锅炉安全，应该截断燃料，因此选气开阀。相应的蒸汽压力控制器和燃料阀后压力控制器都选择反作用。选择器的性质只取决于超弛控制器。由于阀后压力控制器为反作用，当阀后压力过高时，控制器输出信号减小。该信号减小后要求被选中，显然选择器应为低值选择器。

3.4.4 积分饱和防止措施

积分饱和是控制系统中常见问题，在实际生产中危害较大，易使控制阀陷入工作死区，无法发挥其控制作用，使控制精度达不到要求。

为了尽量防止积分饱和在选择性控制系统中出现，应采取一些抗积分饱和的措施。积分饱和是在以下条件下发生的：具有积分作用的控制器处于开环工作状态和偏差一直存在。因此，根据其产生的条件，目前有限幅法、积分切除法、外反馈法等抗积分饱和的措施。

① 限幅法 即对积分反馈信号进行限制，使控制阀工作在设定的信号范围内，而不会陷入工作死区。

② 积分切除法 即切除控制器中的积分作用（当控制器处于开环工作状态时）。

③ 外反馈法 由于控制器处于开环工作状态时，无法反馈控制器的偏差是否过大或过小，从而造成具有积分作用的控制器不断积累偏差。针对此，可采用外反馈法即用外部信号作为控制器的反馈信号，而反馈信号不足，输出信号自身就不会形成对偏差的积分作用。注意：外反馈法只适用于气动控制器。

3.5 均匀控制系统

3.5.1 基本原理及特点

连续生产过程中，前一设备的出料往往是后一设备的进料，如连续精馏塔的多塔分离过程中，前塔要求通过出料量的调节来保持液位平衡；而后塔又要求进料量保持恒定。这样前一塔底液位和流出量两个被控变量都必须平稳。这种用来保持两个变量在规定范围内均匀缓慢变化的系统，就称为均匀控制系统。

图 3-28 所示为一个均匀控制系统，用来控制精馏塔冷凝器气相压力与气相出料流量在规定范围内缓慢均匀变化。当被控变量是液体流量时，兼顾的累积量变化可用液位的变化来

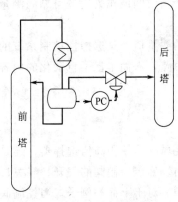

图 3-28 精馏段冷凝器压力
和气相出料均匀控制

表征，这就是液位-流量的均匀控制；当气体流量是被控变量时，兼顾的累积量变化可用缓冲容器内的压力表征，组成压力-流量均匀控制。本例为气相出料，并进入后塔，冷凝器液位用于调整回流量，由于回流量的剧烈变化会破坏精馏塔塔顶汽液平衡，所以，采用冷凝器气相压力与气相出料的均匀控制。

实现上述目的的均匀控制有下述两个特点。

ⅰ. 表征前后供求矛盾的两个变量都应该是变化的，且变化是缓慢的。图 3-29 所示是反映液位与流量的几种情况。图（a）是单纯的液位定值控制；图（b）是单纯的流量定值控制；图（c）是实现均匀控制以后，液位与流量都渐变的波动情况，但波动都比较缓慢，那种试图把液位和流量都调整成直线的想法是不可能实现的。

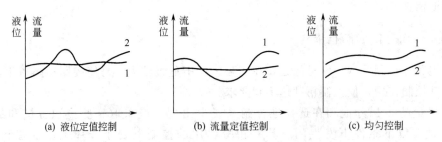

图 3-29　前一设备的液位与后一设备的进料量关系
1—液位变化曲线；2—流量变化曲线

ⅱ. 前后互相联系又互相矛盾的两个变量应保持在所允许的范围内。均匀控制要求在最大干扰作用下，液位在储罐的上下限内波动，而流量应在一定范围内平稳渐变，避免对后序设备产生较大的干扰。

3.5.2　均匀控制的类型

实现均匀控制，有下列三种可行的方案。

① 简单均匀控制　如图 3-30(a) 所示。从方案外表上看，它像一个单回路液位定值控制系统，并且确实常被误解。差别主要在于控制器的控制规律选择及参数整定问题上。在所有均匀控制系统中都不需要、也不应该加微分作用，一般采用纯比例控制，有时可用比例积分控制。而且在参数整定上，一般比例度大于 100%，并且积分时间也要放得相当大，这样才能满足均匀控制要求。图 3-30(a) 方案结构简单，但它对于克服阀前后压力变化的影响及液位自衡作用的影响效果较差。

② 串级均匀控制　如图 3-30(b) 所示。从外表看与典型串级控制系统完全一样，但它的目的是实现均匀控制，增加一个副环流量控制系统的目的是为了消除控制阀前后压力干扰及塔釜液位自衡作用的影响。因此，副环与串级控制中的副环一样，副控制器参数整定的要求与前面所讨论的串级控制对副环的要求相同。而主控制器（即液位控制器）则与简单均匀控制的情况作相同处理。

③ 双冲量均匀控制　如图 3-30(c) 所示。双冲量均匀控制是以液位和流量两信号之差

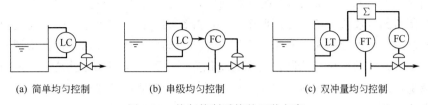

| (a) 简单均匀控制 | (b) 串级均匀控制 | (c) 双冲量均匀控制 |

图 3-30　均匀控制系统的三种方案

（或和）为被控变量来达到均匀控制目的的系统。系统在结构上类似前馈-反馈控制系统。

图 3-30 给出的均匀控制方案都是采用控制阀装在出口管线的方式。如果工艺需要，也可在进口管线上进行流量控制，以实现后级设备的液位与前级设备的出料流量之间的均匀控制。

3.5.3　控制器的参数整定

由图 3-30 可知，简单均匀和双冲量均匀控制系统结构上属于单回路控制系统，按照单回路控制系统的参数整定方法进行整定即可。整定时，为了实现均匀协调控制，注意比例度要设置稍宽，积分时间要更长。

针对串级均匀控制系统的控制器参数整定，目前主要有经验逼近法和停留时间法。

① 经验逼近法　首先根据经验分别设置主控制器和副控制器的大致比例度，然后由小至大先逐步地调整副控制器的比例度，使控制过程成为缓变的非周期衰减过程，对应的副控制器比例度为最优比例度参数；调整好副控制器比例度后，再同样由小至大逐步地调整主控制器的比例度，直至获得最优的主控制器比例度参数。此外，可以根据被控对象的具体情况，适当加入积分作用，以防止干扰造成被控变量波动过大。

② 停留时间法　即通过调整控制器参数使变量在被控对象的可控范围内通过所需要的时间 t，t 约为被控对象时间常数 T 的一半。因此，停留时间法本质上是按照被控对象的特性进行参数整定。停留时间与控制器参数的关系如表 3-2 所示。

表 3-2　停留时间与控制器参数关系表

停留时间/min	<20		20~40		>40
比例度/%	100	150		200	250%
积分时间/min	5		10		15

3.6　分程控制系统

一般的反馈控制系统中，通常是一个控制器的输出控制一个控制阀，但有时为了满足某些工艺的要求或者扩大可调范围，需要使用一个控制器的输出控制两个或两个以上控制阀，这种方式的控制系统称为分程控制系统。

为了使一个控制器能够控制几个控制阀，将控制器的输出信号按某种方式分段，每一段信号控制一个控制阀。例如，控制器的输出信号 0.02~0.1MPa 可以分段为 0.02~0.06MPa 和 0.06~0.1MPa，这由附设在控制阀上的阀门定位器实现。设有 A、B 两个控制阀，一般控制阀的输出信号为 0.02~0.1MPa，通过阀门定位器，在控制器输出信号为 0.02~0.06MPa 时，使 A 阀全程动作，即 A 阀输出由 0.02MPa 变化到 0.1MPa；同样，在

74

控制器输出为 0.06~0.1MPa 时，B 阀全程动作，从 0.02MPa 变化到 0.1MPa，从而实现了用同一个控制器的分段输出信号控制两个不同的控制阀，控制多个控制阀与此类似。

分程控制系统中的控制阀由开闭形式可以分为：同向动作和异向动作。所谓同向动作就是指两个控制阀开度的变化与控制器输出的变化方向一致。异向动作就是指随控制器输出逐渐增大或减小，其中一个阀逐渐开大或关小，而另一个控制阀则逐渐关小或开大。相应的动作过程特性如图 3-31、图 3-32 所示。

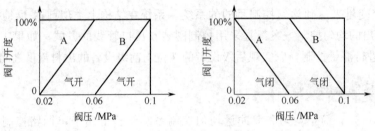

图 3-31　同向动作过程特性

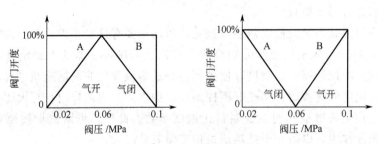

图 3-32　异向动作过程特性

前文提到分程控制的目的是扩大可调范围或满足某种工艺要求。

（1）扩大可调范围

国内控制阀的可调范围一般为 $R=\dfrac{\text{最大流通能力}}{\text{最小流通能力}}=30$。分别以 $C_{\max}$ 和 $C_{\min}$ 表示控制阀的最大和最小流通能力。当控制阀膜头气压为 0 时，通过控制阀的流体流量称为泄漏量；当膜头气压为 0.02MPa 时，流过控制阀的流体流量称为最小流量，即最小流通能力。假设

$$C_{A\max}=100, C_{B\max}=4, R=30$$

则　　　　　　　　　$$C_{A\min}=100/30=3.33, C_{B\min}=4/30=0.133$$

这两个控制阀组成分程控制后，$R'=\dfrac{100+4}{0.133}=782$，可见可调范围大大提高了。但一般大阀 A 总有一定的泄漏量，假设有 1% 的泄漏量，则 $R'=\dfrac{100+4}{1.133}=92$，可调范围大大降低了，而且最小流通能力一般都大于泄漏量，所以这个数字比 92 更小，因此要通过分程控制来提高可调范围，必须严格控制泄漏量。

（2）满足某些工艺要求

在夹套反应釜的工作过程中，通常采用分程控制系统，如图 3-33 所示。

V1 为加热蒸汽控制阀，气开式；V2 为冷却水控制阀，气闭式。控制器为反作用。当反应釜温度未达到设定温度即反应温度时，控制器输出就增加，加热蒸汽控制阀 V1 开度增大，对反应釜加热。当釜内温度达到反应温度后，开始发生放热反应，釜内温度升高。这时

控制器输出减小，V1 开度逐渐减小，冷却水控制阀 V2 开度增大，对反应釜进行冷却，保证釜内温度在允许范围。该控制系统为气开-气关异向分程控制。

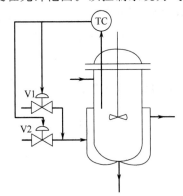 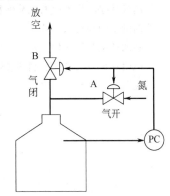

图 3-33　夹套反应釜的分程控制系统　　　　图 3-34　油储罐分程控制

在某些需要保证安全的系统上，也采用分程控制系统。

如图 3-34 所示，为保证一个氮封的油品储罐安全，采用分程控制系统。当油品储罐中的油被抽出时，油品液面上方氮封空间变大，压力变小，压力控制器输出增大，A 阀开度增大，向罐内充入氮气，保证氮封压力一定，避免被吸瘪；当向罐中注油时，氮封压力增大，控制器输出减小，B 阀为气闭式，此时则增大开度，将氮气排出一部分，维持罐内压力。

由上文所述，运用分程控制系统可以提高可调范围，但同时必须注意到由此导致的问题：因为组成分程控制系统的两个控制阀的流通能力一般不同，由此导致其总流量特性在分程交接及分程点处非平滑过渡，对系统的平稳运行不利。所以在分程控制系统的设计过程中，可以通过连续分程法或间接分程法对分程点进行合理设置，尽量使总流量特性在分程点处不发生突变。

思考题与习题

1. 复杂控制系统与单回路控制系统在系统方框图上体现的区别是什么？

2. 常见的复杂控制系统有哪几类？

3. 什么是串级控制系统？画出一般串级控制系统的方框图？它有什么特点？什么情况下采用串级控制？

4. 串级控制系统中的副回路和主回路各起什么作用？为什么？

5. 图 3-35 是聚合釜温度与流量的串级控制系统。

① 说明该系统的主、副对象，主、副变量，主、副控制器各是什么？

② 试述该系统是如何实现其控制作用的。

6. 什么是前馈控制系统？应用在什么场合？

7. 前馈控制系统的特点有哪些？其与反馈控制系统有哪些基本区别？

8. 前馈控制系统的主要结构形式有哪些？分别适应什么场合？

9. 前馈控制系统哪些参数需要整定，如何整定？

10. 什么是比值控制系统？它有哪几种类型？

11. 比值控制系统的实施有哪几种情况，各自的特点有哪些？

12. 比值控制系统中，其控制器的参数整定步骤有哪些？

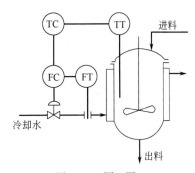

图 3-35　题 5 图

13. 选择性控制系统的特点是什么？应用在什么场合？

14. 选择性控制的类型有哪些？各有什么特点？

15. 什么是选择性控制系统中的积分饱和现象？如何防止该现象的发生？

16. 均匀控制的目的和特点是什么？

17. 均匀控制的类型有哪几种？各自应用在什么场合？

18. 试举例说明一种串级均匀控制的参数整定方法。

19. 试画图说明分程控制系统中控制阀的同向和异向动作的过程特性区别。

4 过程检测技术

生产过程自动化是现代生产的重要特征。为了高效率地进行生产操作,提高产品的质量和产量,对生产过程必须进行自动控制。为了实现对生产过程的自动控制,首先必须对生产过程的各参数进行可靠的测量。这些参数主要是指生产过程中所遇到的压力(或差压)、温度、流量、物位和成分等工艺参数。

学习和掌握过程测试及应用,就能够在科研和生产中正确地选择测试原理、测量方法以及测量工具,组成合适的测试系统,完成测试任务。

4.1 测量与误差的基本知识

4.1.1 测量的基本概念

4.1.1.1 测量定义

测量一词,在人们的日常生活、学习、生产和科学实验中是经常用到的。测量是人类对自然界的客观事物取得数量概念的一种认识过程。在这一过程中,借助于专门的设备,通过实验方法,求出被测未知量的数值,或者说测量就是为取得任一未知参数而做的全部工作。

4.1.1.2 测量方法

测量的具体方法是由被测量的种类、数值的大小、所需要的测量精度、测量速度的快慢等一系列的因素所决定的。

测量方法与测量原理具有不同的概念。测量方法是指实现被测量与单位进行比较并取得比值所采用的方法。而测量原理是指仪器、仪表工作所依据的物理、化学等具体效应。根据分类依据的不同,测量方法主要有以下几种分类方法。

(1)直接测量与间接测量

① 直接测量法 将被测量与单位直接比较,立即得到比值,或者仪表能直接显示出被测参数数值的测量方法称为直接测量法。例如用尺测物体长度、用水银温度计测温度等。这种方法可以直接得出测量结果,测量过程简单、迅速;缺点是测量精度不容易达到很高。它是工程技术中应用最广的一种方法。

② 间接测量法 采用直接测量方法不能直接得到测量结果,而需要先测出一个或几个与被测量有一定函数关系的其他量,然后根据此函数关系计算出被测量的数值,这种方法称为间接测量法。在实际工作中经常会碰到间接测量的情况。

在过程检测中,多数采用直接测量法,间接测量用得不多。但这两种方法在一定条件下是能相互转化的。当前只能用间接测量法测量的某些参数,随着测量技术的发展及新型仪器仪表的出现,尤其是采用微机的智能化仪表的出现,可能用直接法就能测量。

(2)等精度测量与不等精度测量

根据测量条件的不同,测量方法可以分为等精度测量法和不等精度测量法。

① 等精度测量法 在测量过程中,使影响测量误差的各因素(环境条件、仪器仪表、

测量人员、测量方法等）保持不变，对同一被测量值进行次数相同的重复测量，这种测量方法称为等精度测量法。等精度测量所获得的测量结果，其可靠程度是相同的。

② 不等精度测量法　在测量过程中，测量环境条件有部分不相同或全部不相同，如测量仪器精度、重复测量次数、测量环境、测量人员熟练程度等有了变化，所得测量结果的可靠程度显然不同，这种方法称为不等精度测量法。

一般来说，在科学研究及重要的精密测量或检定工作中，为了获得更可靠和精确度更高的测量结果才采用不等精度测量法。通常工程技术中，采用的是等精度测量法。

（3）接触测量与非接触测量

用接触测量法测量时，仪表的某一部分（一般为传感器部分）必须接触被测对象（被测介质）。而采用非接触测量法时，仪表的任何部分均不与被测对象接触。过程检测多数采用接触测量法。

（4）静态测量与动态测量

按照被测量在测量过程中的状态不同，可将测量分为静态测量与动态测量两种。在测量过程中，如被测参数恒定不变，则此种测量称为静态测量。被测参数随时间变化而变，此种测量方法称为动态测量。动态测量的分析与处理比静态测量复杂得多。过程检测中的被测参数不可能始终保持不变，因此严格讲均属动态测量。但由于仪表的反应一般很迅速，多数被测参数的变化又较缓慢，在仪表响应的短时间内被测参数可近似视为恒定不变，因此可近似当成静态测量对待。这样近似，可以使分析处理大为简化，而分析结果与实际情况又无太大的出入。

4.1.1.3　测量仪器与设备

测量仪器仪表与设备可以由许多单独的部件组成，也可以是一个不可分的整体。前者构成的是检测系统，属于复杂仪表，多用于实验室；后者是简单仪表，应用极为广泛。不论是复杂仪表还是简单仪表，原则上它们都是由几个环节所组成。只不过对于简单仪表来说，各个环节的界线不大明显而已。这几个环节是：传感器、变送器、显示器以及连接各环节的传输通道。检测仪表的组成框图如图 4-1 所示。

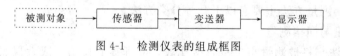

图 4-1　检测仪表的组成框图

（1）感受件（传感器）

传感器是检测仪表与被测对象直接发生联系的部分。它的作用是感受被测量的变化，直接从对象中提取被测量的信息，并转换成一相应的输出信号。例如，体温计端部的温包可以认为是传感器，它直接感受人体温度的变化，并转换成水银柱高度的变化而输出信号。传感器的好坏，直接影响检测仪表的质量，所以它是检测仪表的重要部件。对传感器有如下要求。

① 准确性　传感器的输出信号必须准确地反映其输入量，即被测量的变化。因此，传感器输入输出关系必须是严格的单值函数关系，且最好是线性关系，即只有被测量的变化对传感器有作用，非被测量则没有作用。真正做到这点是困难的，一般要求非被测量参数对传感器的影响尽可能小到可以忽略不计。

② 稳定性　传感器的输入、输出的单值函数关系是不随时间和温度而变化的，且受外界其他干扰因素的影响很小，工艺上还能准确地复现。

③ 灵敏性　要求有较小的输入量便可得到较大的输出信号。

④ 其他　如经济性、耐腐蚀、低能耗等。

传感器往往也被称为敏感元件、一次仪表等。

（2）中间件（变送器或变换器）

变送器是检测仪表中的中间环节，它由若干个部件组成，它的作用是将传感器的输出信号进行变换，实现放大、远距离传送、线性化处理或转变成规定的统一信号，供给显示器等。例如，压力表中的杠杆齿轮机械将弹性敏感元件的小变形转换并放大为指针在标尺上的大转动；又如，单元组合仪表中的变送器将各种传感器的输出信号转换成规定的统一数值范围的电信号，使一种显示仪表能够适用于不同的被测参数。在数字式仪表和采用微型计算机的现代检测系统中，需要将信号进行模拟量和数字量之间的相互变换，这也是由变送器来完成的。

对变送器的要求是能准确稳定地传输、放大和转换信号，且受外界其他因素的干扰影响小，变换信号的误差小。

（3）显示件（显示器）

显示器的作用是向观察者显示被测量数值的大小。它可以是瞬时量的显示、累积量的显示、越限报警等，也可以是相应的记录显示。

显示仪表常被称为二次仪表。显示方式有三种类型：指示式（模拟式显示）、数字式和屏幕式（图像显示式）。

4.1.2　误差的基本概念

对测量过程中出现的误差的研究，不论在理论上还是在实践中都有现实的意义。能合理确定检测结果的误差；能正确认识误差的性质，分析产生误差的原因，采取措施，达到减少误差的目的；有助于正确处理实验数据，合理计算测量结果，以便在一定的条件下，得到最接近于真实值的最佳结果；有助于合理选择实验仪器、测量条件及测量方法，使能在较经济的条件下，得到预期的结果。

由于在测量过程中所用的仪器仪表准确度的限制，环境条件的变化，测量方法的不够完善，以及测量人员生理、心理上的原因，测量结果不可避免地存在与被测真值之间的差异，这种差异称为测量误差。因此，只有在得到测量结果的同时，指出测量误差的范围，所得的测量结果才是有意义的。测量误差分析的目的是，根据测量误差的规律性，找出消除或减少误差的方法，科学地表达测量结果，合理地设计测量系统。

4.2.1.1　测量误差及分类

测量过程是将被测变量与和它同性质的标准量进行比较的过程。测量结果可以用数值和测量单位来表示，也可以用曲线或图形来描述。

测量结果与被测变量的真值之差称为误差。任何测量过程都不可避免地存在误差。当被测变量不随时间变化时，其测量误差称为静态误差。当被测变量随时间而变化时，在测量过程中所产生的附加误差称为动态误差。一般未加特别说明的情况下，测量误差指静态误差。

根据测量误差的性质，可将其分为系统误差、随机误差和粗大误差三类。

（1）系统误差

系统误差是指在相同条件下，多次测量同一被测量值的过程中出现的一种误差，它的绝对值和符号或者保持不变，或者在条件变化时按某一规律变化。

系统误差是由于测量工具本身的不准确或安装调整得不正确、测试人员的分辨能力或固有的读数习惯以及测量方法的理论根据有缺陷或采用了近似公式等原因所造成的。例如，仪表零位未调整好会引起恒值系统误差。又如，仪表使用时的环境温度与校验时不同，并且是变化的，这就会引起变值系统误差。

（2）随机误差

随机误差又称偶然误差，它是在相同条件下多次测量同一被测量值的过程中所出现的、绝对值和符号以不可预计的方式变化的误差。

随机误差大多是由测量过程中大量彼此独立的微小因素对被测值的综合影响所造成的。这些因素通常是测量者所不知道的，或者因其变化过分微小而无法加以严格控制的。例如，气温和电源电压的微小波动，气流的微小改变，电磁场微变、大地微震等。

单次测量的随机误差的大小和方向都是不可预料的，因此无法修正，也不能采用实验方法予以消除。但是，随机误差在多次测量的总体上服从统计规律，因此可以利用概率论和数理统计的方法来估计其影响。

值得指出，随机误差与系统误差之间既有区别又有联系，二者并无绝对的界限，在一定条件下它们可以相互转化。随着测量条件的改善、认识水平的提高，一些过去视为随机误差的测量误差可能分离出来作为系统误差处理。

（3）粗大误差

明显地歪曲测量结果的误差称为粗大误差。这种误差是由于测量操作者的粗心（如读错、记错、算错数据等）、不正确地操作、实验条件的突变或实验状况尚未达到预想的要求而匆忙实验等原因所造成的。

含有粗大误差的测量值称为异常值或坏值。一般来说，所有的坏值均应从测量结果中剔除，但对原因不明的可疑测量值应根据一定的准则进行判断，方可决定是否应把该数值从测量结果中剔除掉。应注意的是，不应当无根据地轻率剔除测量值。

4.2.1.2 粗大误差的检验与剔除

个别的异常数据（坏值）一旦混入正常的测量数列之中，将对可能得到的真实测量结果带来很大歪曲，所以这种坏值必须舍弃。反之，在同一组测量数据中，各测量值本来具有正常的分散性，不很集中，如果错把某些属于正常波动范围之内的测量数据也当作坏值加以删除，同样会对测量结果造成歪曲。只有经过正确的分析和判断，被确认属于坏值的数据才有理由予以剔除。

在测量过程中，一般情况下不能及时确知哪个测量值是坏值而加以舍弃，必须在整理数据时加以判别。判断坏值的方法有几种，概括起来都属于统计判别法。其基本方法是规定一个置信概率和相应的置信系数，即确定一个置信区间，将误差超过此区间的测量值，都认为是属于不仅包含随机误差的坏值，而应予以剔除。

统计判别法的准则很多，根据理论上的严密性和使用上的简便性，介绍以下几个准则。在准则中，σ 表示标准差，用贝塞尔（Bessel）公式求得。即

$$\sigma = \lim_{n \to \infty} \sqrt{\frac{1}{n-1} \sum_{i=1}^{n} (x_i - \overline{x})^2} = \lim_{n \to \infty} \sqrt{\frac{1}{n-1} \sum_{i=1}^{n} V_i^2} \qquad (4\text{-}1)$$

$$V_i = x_i - \overline{x} \qquad (4\text{-}2)$$

式中　n——测量次数；

　　$\overline{x}$——测量值 x 的算术平均值；

　　x_i——第 i 个测量值；

　　V_i——x_i 的剩余误差。

（1）拉依达准则（3σ 准则）

对于大量的重复测量值，如果其中某一测量值 x_k（$1<k<n$）的剩余误差 V_k 的绝对值大于或等于该测量列的标准误差 σ 的 3 倍，那么认为该测量值存在粗大误差，即

$$|V_k| = |x_k - \overline{x}| \geqslant 3\sigma \tag{4-3}$$

故又称为 3σ 准则。按上述准则剔除坏值 x_k 后，应重新计算剔除坏值后的标准误差 σ，再按准则判断，直至余下的值无坏值存在。

此准则是建立在无限次测量的基础上，当进行有限次测量时，该方法并不可靠。但由于该方法计算简单，因此可用作粗大误差的近似判断。

（2）肖维奈（Chauvenet）准则

在一系列等精度测量数据 $x_1, x_2, \cdots, x_n$ 中，如果某一测量值 x_b（$1<b<n$）的剩余误差 V_b 的绝对值大于或等于标准误差 σ 的 k_c 倍时，则此测量值 x_b 可判别为可疑值或坏值，而予以剔除。即

$$|V_b| = |x_b - \overline{x}| \geqslant k_c\sigma \tag{4-4}$$

式中，k_c 为肖维奈准则中与测量次数有关的判别系数，可由表 4-1 查出。

表 4-1　肖维奈准则的判别系数表

n	$k_c = \varepsilon_0/\sigma$	n	$k_c = \varepsilon_0/\sigma$	n	$k_c = \varepsilon_0/\sigma$
3	1.38	13	2.07	23	2.30
4	1.53	14	2.10	24	2.31
5	1.65	15	2.13	25	2.33
6	1.73	16	2.15	30	2.39
7	1.80	17	2.17	40	2.49
8	1.86	18	2.20	50	2.58
9	1.92	19	2.22	75	2.71
10	1.96	20	2.24	100	2.81
11	2.00	21	2.26	200	3.02
12	2.03	22	2.28	500	3.29

（3）格拉布斯（Grubbs）准则

格拉布斯准则是根据正态分布理论提出的，但它考虑到测量次数 n 以及所选定的粗大误差误判概率 a，理论推导严密，使用比较方便。

准则规定：凡剩余误差大于格拉布斯鉴别值的误差属于粗大误差，相应的测量值是坏值，应予剔除。公式表示为

$$|V_b| = |x_b - \overline{x}| > [g(n,a)]\sigma \tag{4-5}$$

式中，$[g(n,a)]\sigma$ 为格拉布斯准则鉴别值；$g(n,a)$ 为格拉布斯准则判别系数，它与测量次数 n 及粗大误差误判概率 a 有关。格拉布斯准则的判别系数见表 4-2。

表 4-2　格拉布斯准则判别系数表

n \ a	0.01	0.05	n \ a	0.01	0.05	n \ a	0.01	0.05
3	1.15	1.15	12	2.55	2.28	21	2.91	2.58
4	1.49	1.46	13	2.61	2.33	22	2.94	2.60
5	1.75	1.67	14	2.66	2.37	23	2.96	2.62
6	1.94	1.82	15	2.70	2.41	24	2.99	2.64
7	2.10	1.94	16	2.75	2.44	25	3.01	2.66
8	2.22	2.03	17	2.78	2.48	30	3.10	2.74
9	2.32	2.11	18	2.82	2.50	35	3.18	2.81
10	2.41	2.18	19	2.85	2.53	40	3.24	2.87
11	2.48	2.23	20	2.88	2.56	50	3.34	2.96

　　格拉布斯判别方法可用于有限测量次数时的粗大误差判定,是目前应用较广泛的粗大误差判别方式。

　　例 4-1　应用以上介绍的三种粗大误差判别方法,分别对下列测量数据进行判别,若有坏点,则舍去。

　　测量数据 x_i:38.5,37.8,39.3,38.7,38.6,37.4,39.8,38.0,41.2,38.4,39.1,38.8。

　　解　$n=12$,平均值 $\bar{x}=\dfrac{1}{n}\sum_{i=1}^{n}x_i=38.8$

　　剩余误差 $V_i=x_i-\bar{x}=-0.3$,-1.0,0.5,-0.1,-0.2,-1.4,1.0,-0.8,2.4,-0.4,0.3,0.0。

　　按贝塞尔方程计算标准差 $\sigma=\sqrt{\dfrac{1}{n-1}\sum_{i=1}^{n}V_i^2}\approx1.0$

　　方法一:按拉依达准则

$$3\sigma=3.0$$
$$V_{\max}=V_9=2.4<3\sigma$$

因而 x_9 不属于粗大误差,该组数中无坏值。

　　方法二:按肖维奈准则

　　由表 4-1 可查得,当 $n=12$ 时,$k_c=2.03$,则 $k_c\sigma\approx2.03$。

$$V_{\max}=V_9=2.4>k_c\sigma$$

　　因而 x_9 属于粗大误差,即该组数中的 41.2 为坏值,剔除。对剩余的 11 个数值再进行粗大误差判别。算得

　　$n=11$,$\bar{x}\approx38.58$;

　　剩余误差 $V_i=-0.08$,-0.78,0.72,0.12,0.02,-1.18,1.22,-0.58,-0.18,0.52,0.22;

　　$\sigma\approx0.687$,

　　由表 4-1 可查得,当 $n=11$ 时,$k_c=2.00$,则 $k_c\sigma\approx1.374$。

　　V_i 中无一数值的绝对值大于 $k_c\sigma$,因而剩余的 11 个数中无坏值。

方法三：按格拉布斯法

选 a 为 0.05，由表 4-2 可查得，当 $n=12$ 时，$g(n,a)=2.28$，$[g(n,a)]\sigma\approx2.28$

$$V_{max}=V_9=2.4>[g(n,a)]\sigma$$

因而 x_9 属于粗大误差，即该组数中的 41.2 为坏值，剔除。对剩余的 11 个数值再进行粗大误差判别。算得

$n=11$，$\overline{x}\approx38.58$；

剩余误差 $V_i=-0.08$，-0.78，0.72，0.12，0.02，-1.18，1.22，-0.58，-0.18，0.52，0.22；

$\sigma\approx0.687$，

选 a 为 0.05，由表 4-2 可查得，当 $n=11$ 时，$g(n,a)=2.23$，则 $[g(n,a)]\sigma\approx1.532$。$V_i$ 中无一数值的绝对值大于 $[g(n,a)]\sigma$，因而剩余的 11 个数中无坏值。

4.1.3　仪器仪表的主要性能指标

仪表的性能指标是评价仪表性能差异、质量优劣的主要依据，也是正确地选择仪表和使仪表达到准确测量目的所必须具备和了解的知识。

仪表的性能指标很多，主要有技术、经济及使用三方面的指标。

仪表技术方面的指标有误差、精度等级、灵敏度、变差、量程、响应时间、漂移等。

仪表经济方面的指标有使用寿命、功耗、价格等。当然，性能好的仪表，总是希望它的使用寿命长、功耗低、价格便宜。

仪表使用方面的指标有操作维修是否方便、运行是否可靠安全、抗干扰与防护能力的强弱、重量体积的大小以及自动化程度的高低等。

上述仪表性能的划分显然是相对的。例如，仪表的使用寿命，既是经济方面的性能指标，又是一项极为重要的技术指标（从仪表的可靠性来说）。

4.1.3.1　量程与精度

（1）量程

在诸多性能中，使用者最关注的是仪表计量方面的性能，它是指仪表能否满足测量要求并给出准确测量结果方面的性能。

仪表在保证规定精确度的前提下所能测量的被测量的区域称为仪表的测量范围。在上述相同条件下，仪表所能测量的被测量的最高、最低值分别称为仪表测量范围的上限和下限（简称上、下限，又称仪表的零位和满量程值）。仪表的量程是指测量范围上限与下限的代数差。

例如，某温度计的测量范围为 $-200\sim800℃$，那么该表的测量上限即为 $800℃$，下限为 $-200℃$，而量程为 $1000℃$。

又如，某温度计的测量范围为 $0\sim800℃$，那么该表的测量上限即为 $800℃$，下限为 $0℃$，而量程为 $800℃$。

通常仪表刻度线的下限值调整到 $X_{min}=0$，这时所得到的量程即为上限值 X_{max}。在整个测量范围内，由于仪表所提供被测量信息的可靠程度并不相同，所以在仪表下限值附近的测量误差较大，故不宜在该区使用。于是，更合理的量程概念应规定为：在仪表工作量程内的相对误差不超过某个设定值。由此可见，仪表的量程问题涉及仪表的精度问题。根据仪表的测量范围，便可算出仪表的量程；反之，仅知量程则不能判定仪表的测量范围。习惯上也就常以给出测量范围的数据来描述量程了。

（2）精度等级

精度是一个比较复杂的概念，它涉及各种各样的指标。目前，尚未有一个比较统一的说法。一般情况下，把精确度称之为精度。

引用误差是一种简化的、使用方便的相对误差，常常在多挡仪表和连续分度的仪表中应用。仪表的最大引用误差可以描述仪表的测量精度，可以据此来区分仪表质量，确定仪表精度等级，以利生产检验和选择使用。仪表在出厂检验时，其示值的最大引用误差不能超过规定的允许值，此值称为允许引用误差，记为 Q，则有

$$q_{\max} \leqslant Q \tag{4-6}$$

可根据仪表的基本误差限来判断其精确度。根据国家颁布的有关标准规定：由绝对误差表示基本误差限的仪表，直接用基本误差限的数值来表示其精确度，不划分精确度等级。工业自动化仪表通常根据引用误差来评定其精确度等级，即以允许引用误差值的大小来划分精度等级，并规定用允许引用误差去掉百分号后的数字来表示精度等级。例如，精度等级为1.0级的仪表允许引用误差为 $\pm 1.0\%$，在正常使用这一精度的仪表时，其最大引用误差不得超过 $\pm 1.0\%$。又如，若某压力表的基本误差限用引用误差表示为 $\pm 1.5\%$，则该压力表的精确度等级即为1.5级。根据规定，仪表的精确度等级已经系列化，只能从下列数据中选取最接近的合适数值作为精确度等级，即

$$0.1,\ 0.2,\ 0.5,\ 1.0,\ 1.5,\ (2),\ 2.5,\ 5.0$$

其中，括号内的精确度等级不推荐采用。必要时，亦可采用0.35级的精确度等级。特别精密的仪表，可采用0.005，0.02，0.05的精确度等级。在工业生产过程中常用1.0～4.0级仪表。

例4-2 某台测温仪表的测温范围为0～1000℃。根据工艺要求，温度指示位的误差不允许超过 ± 7℃，试问应如何选择仪表的精度等级才能满足以上要求？

解 根据工艺上的要求，仪表的允许误差为

$$\delta_{允} = \frac{\pm 7}{1000 - 0} \times 100\% = \pm 0.7\%$$

如果将仪表的允许误差去掉"$\pm$"号与"$\%$"号，其数值介于0.5～1之间，如果选择精度等级为1.0级的仪表，其允许的误差为1.0%，超过了工艺上允许的数值，所以必须选用0.5级的测温仪表才能满足工艺要求。

4.1.3.2 静态性能指标

仪表的特性有静态特性和动态特性之分，它们所描述的是仪表的输出变量与输入变量之间的对应关系。当输入变量处于稳定状态时，仪表的输出与输入之间的关系称为静态特性。这里介绍几个主要的静态特性指标。至于仪表的动态特性，因篇幅所限不予介绍，感兴趣的读者请参阅有关专著。

（1）灵敏度

灵敏度是指仪表或装置在到达稳态后，输入量变化引起的输出量变化的比值。或者说输出增量 Δy 与输入增量 Δx 之比，即

$$K = \frac{\Delta y}{\Delta x} \tag{4-7}$$

式中　　K——灵敏度；

　　　　Δy——输出变量 y 的增量；

　　　　Δx——输入变量 x 的增量。

对于带有指针和标度盘的仪表，灵敏度亦可直观地理解为单位输入变量所引起的指针偏转角度或位移量。

当仪表的"输出-输入"关系为线性时，其灵敏度为一常数；反之，当仪表具有非线性特性时，其灵敏度将随着输入变量的变化而改变。

（2）线性度

一般说来，总是希望仪表具有线性特性，即其特性曲线最好为直线。但是，在对仪表进行标定时人们常常发现，那些理论上应具有线性特性的仪表，由于各种因素的影响，其实际特性曲线往往偏离了理论上的规定特性曲线（直线）。在测试技术中，采用线性度这一概念来描述仪表的标定曲线与拟合直线之间的吻合程度，如图 4-2 所示。图中 a 表示标定曲线，b 表示拟合直线。用实际标定曲线与拟合直线之间最大偏差 $\Delta L_{\max}$ 与满量程 $Y_{\max}$ 之比值的百分比来表征线性度 L_N，即

$$L_N = \frac{\Delta L_{\max}}{Y_{\max}} \times 100\% \qquad (4-8)$$

应当注意，量程越小，线性化带来的误差越小，因此，在要求线性化误差小的场合可以采取分段线性化。

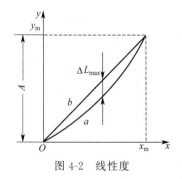

图 4-2　线性度

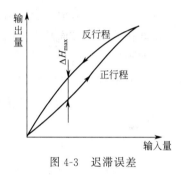

图 4-3　迟滞误差

（3）迟滞误差

在输入量增加和减少的过程中，对于同一输入量会得出大小不同的输出量，在全部测量范围内，这个差别的最大值与仪表的满量程之比值称为迟滞误差。一般情况下，把仪表的输入量从起始值增至最大值的过程称为正行程，把输入量从最大值减至起始值的过程称为反行程，正行程与反行程之差称为迟滞差值，用 ΔH 表示，如图 4-3 所示。全量程中最大的迟滞差值 $\Delta H_{\max}$ 与满量程 $Y_{\max}$ 之比值的百分比，称为迟滞误差。即

$$\delta_h = \frac{\Delta H_{\max}}{Y_{\max}} \times 100\% \qquad (4-9)$$

迟滞误差是由于仪表内有吸收能量的元件（如弹性元件、磁化元件等）、机械结构中有间隙以及运动系统的摩擦等原因造成的。

（4）漂移

漂移是指输入量不变时，经过一定的时间后输出量产生的变化。由于温度变化而产生的漂移称温漂。当输入量固定在零点不变时，输出量的变化值引起的漂移称为零漂。一般情况下，用变化值与满量程的比值来表示漂移。它们是衡量仪表稳定值的重要指标。

这种变化通常是由于仪表弹性元件的失效、电子元件的老化等原因造成的。

（5）重复性

仪表的重复性是指在同一工作条件下，对同一输入值按同一方向连续多次测量时，所得输出值之间的相互一致程度称为重复性。在全量程中寻求最大的重复性差值 ΔR_{max}，并称其与满量程 Y_{max} 之比值的百分比为重复性误差 δ_R。即

$$\delta_R = \frac{\Delta R_{max}}{Y_{max}} \times 100\% \qquad (4\text{-}10)$$

重复性还可以用来表示仪表在一个相当长的时间内，维持其输出特性不变的性能。从这个意义上讲，重复性与稳定性是一致的。

例 4-3 某压力表，量程范围为 0～25MPa，1 级精确度，压力表的标尺总角度为 270°，检定结果如表 4-3 所示。

表 4-3　例 4-3 实验数据

被测压力 p/MPa	0	5	10	45	20	25
示值 x/MPa	0.1	4.95	10.2	15.1	19.9	24.9

试求：

(1) 各点示值的绝对误差；

(2) 仪表基本误差的绝对值与引用值；

(3) 判断该表在精确度方面是否合格；

(4) 求仪表的平均灵敏度。

解　(1) 由示值绝对误差 $\delta = x - p$，可得各点示值绝对误差分别为

$$0.1, \ -0.05, \ 0.2, \ 0.1, \ -0.1, \ -0.1$$

(2) 求仪表的基本误差

绝对误差　　　　　　$$\delta_b = |\delta|_{max} = |0.2| = 0.2(\text{MPa})$$

引用误差　　　　　　$$Q = \frac{|\delta|_{max}}{\text{量程}} \times 100\% = \frac{|0.2|}{25-0} = 0.8\%$$

(3) 因仪表为 1 级精确度，所以

$$Q_a = 1\%$$

考虑仪表的量程，其绝对误差

$$\delta_a = 1\% \times (25-0) = 0.25(\text{MPa})$$

由于 $Q < Q_a$（或者说 $\delta_b < \delta_a$），所以该仪表合格。

(4) 仪表的平均灵敏度为

$$K = \frac{270}{25-0} = 10.8(°/\text{MPa})$$

4.2　传感器概述

在现代科学技术发展过程中，非电量测量技术已经在各个应用领域中成为必不可少的部分，特别是在自动测试、自动控制等方面。获取这些参数所使用的传感器无疑掌握着这些系统的命脉。

传感器是实现自动测试和自动控制的首要环节，如果没有传感器对原始信息进行精确可靠的捕获和转换，那么一切测量和控制都是不可能实现的。可以说，没有传感器也就没有现

代化的自动测量和控制，也就没有现代科学技术的迅速发展。正因为传感器是自动检测和自动控制的最重要的组成部分，本节内容作比较详尽的介绍。

4.2.1 传感器基本概念及组成

（1）传感器基本概念

① 传感器定义　传感器是将被测物理量转换为与之有确定对应关系的输出量的器件或装置。或者把从被测对象中感受到的有用信息进行变换、传送的器件称之为传感器。传感器有时也被称为变送器、变换器、换能器、探测器等，只是在不同的场合有不同的叫法而已。

传感器首先是一个测量装置，它以测量为目的；其次它又是一个转换装置，在不同量之间进行转换。尽管有些装置也能在不同量之间进行转换，但不是以测量为目的，因而不能看成是传感器。例如，发电机不能认为是传感器，而测速电机则是测量转速的传感器。

② 传感器的作用　传感器主要应用在自动测试与自动控制领域中。它将诸如温度、压力、流量等参量转换为电量，然后通过电的方法进行测量和控制。人们常把电子计算机比为人的大脑称电脑，把传感器比作人的五官，因此如果一个失去了某种传感器——感官的人，即使有健全的大脑和发达的四肢，也难以对某些外界信息作出反应。

随着科学技术的迅速发展，自动测试、自动控制等技术得到广泛应用。但是，如果没有合适的传感器对原始数据和待测物理量进行有效的拾取（感受或采集）和精确可靠的测量，那么信号的转换、信息的处理、最佳状态的控制都无从谈起。因此，电子技术、自动控制技术和计算机技术的发展，促进了传感器的发展和应用。反之，传感器的发展和应用，又为电子技术、自动控制技术和计算机技术的应用、普及和进一步发展创造了条件。

由于科学技术、工农业生产及保护生态环境等方面都要进行大量的测试工作，因此，传感器在各个领域中的作用也日益显著。在工业生产自动化、能源控制、交通管理、灾害预测、安全防卫、环境保护、医疗卫生等方面已经研制了各种各样的传感器，它们不仅可代替人的五官功能，而且还能检测人的五官所不能感受的参数。

随着生产的发展和技术水平的提高，新技术、新工艺、新材料不断出现，传感器的品种和质量得到迅速的发展和提高，它们必将在工农业生产、科学技术研究、国防现代化以及日常生活等方面得到更加广泛应用，发挥更大的作用。

（2）传感器的组成

由于被测量的种类繁多，而且传感器对信息的感受、获取和转换的方式又不尽相同，因此，传感器的构成方式也就有很大差别。可能做得很简单，也可能做得很复杂。这就是说，传感器的组成形式随用途、检测原理、方式等不同而有差异。

传感器一般是利用物理、化学和生物等学科的某些效应或原理按照一定的制造工艺研制出来的。尽管它的组成差异很大，但是一般说来，传感器由敏感元件、转换元件、测量电路与其他辅助部件组成，如图 4-4 所示。

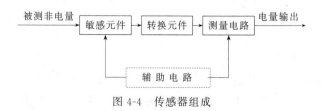

图 4-4　传感器组成

敏感元件是泛指能直接感受、获取被测量并能输出与被测量有确定函数关系的其他物理量的元件。在测量技术或传感器技术中，常把直接感受被测量的元件统称为敏感元件。它所感受的量可以是任意量，一般为非电量。它的输出量亦可以是任意量，一般为非电量或电量。当其输出为电量时，图中的敏感元件和转换元件合为一体，这就是所谓一次转换型传感器了。例如，热电偶感受被测物体的温度变化，输出热电势信号，所以热电偶就属于一次转换型传感器。敏感元件是整个传感器的核心元件，它是每个传感器必须具有的组成部分。

转换元件是能将敏感元件感受到的非电量直接转换成电量的部分。当敏感元件的输出是非电量时，转换元件就成为传感器不可缺少的重要组成部分。例如应变式压力传感器由弹性膜片和电阻应变片组成。应变式压力传感器的弹性膜片就是敏感元件，它能够将压力转换成弹性膜片的应变（形变）；弹性膜片的应变施加在应变片上，它能够将应变转换成电阻的变化，电阻应变片就是转换元件。

测量电路的作用是把转换元件（或敏感元件）输出的电信号转换成便于测量、显示、记录、控制和处理的电信号后再输出。测量电路的具体形式随转换元件的类型而定，但使用最多的是各种类型的电桥电路，有时也使用高阻抗输入电路、脉冲调宽电路等特殊电路。有些转换元件输出的电信号较强，可以直接显示或带动记录仪器，也可以不用测量电路。当转换元件的输出信号微弱时，为了便于显示和记录，测量电路中一般还包括放大器。

辅助电路通常包括电源，有些传感器系统常采用电池供电。

仅就目前而言，传感器技术应涉及传感器原理、传感器件设计、传感器开发及应用等项综合技术。

4.2.2 传感器分类

对传感器进行分类，将有助于人们从总体上认识和掌握传感器，以便更合理地使用。传感器品种繁多，它的分类是一个比较复杂的问题，目前并未形成统一的分类方法。一般地，传感器分为以下几种类型。

（1）按输入物理量分类

根据传感器的输入量的性质不同进行分类，也就是按被测物理量分类。例如，传感器的输入量分别为温度、湿度、流量、压力、位移、速度时，其相应的传感器称为温度传感器、湿度传感器、流量传感器、压力传感器、位移传感器、速度传感器等。

按这种方法分类，其优点是比较明确地表达了传感器的用途，便于使用者根据其用途选择。但是，这种分类方法把原理互不相同的传感器按照用途都归入一类，难以看出每个传感器在转换工作原理上的共同点和差异，因此，对掌握传感器的一些基本原理及分析方法不利。

（2）按工作原理分类

这种分类方法是以工作原理划分，将物理和化学等学科的原理、规律和效应作为分类的依据，如压电式、压阻式、热阻式等。这种分类法能比较清楚地说明传感器的转换原理，表明传感器如何实现从某一非电量到电量的转换。且这种分类方法分类少，有利于对传感器的深入研究分析与设计。

（3）按能量的关系分类

根据能量观点分类，可将传感器分为有源传感器和无源传感器两大类。有源传感器将非电能量转换为电能量，称之为能量转换型传感器或换能器。通常配有电压测量电路和放大器，例如压电式、热电式、电磁式等。无源传感器又称为能量控制型传感器。它本身不是一个换能器，被测非电量仅对传感器中的能量起控制或调节作用。这类传感器有电阻式、电容式和电感式等。

（4）按输出信号的性质分类

按输出信号的性质分类可分为模拟式和数字式传感器两大类，即传感器输出量分别为模拟量或数字量。当然输出的模拟量或数字量都与被测非电量成一定关系，只不过模拟传感器输出的模拟量还必须经过模/数（A/D）转换器的转换，才能与计算机相连，或者进行数字显示；而数字传感器输出的数字量可直接用于数字显示或与计算机相连，且抗干扰性较强，例如盘式角度数字传感器、光栅传感器等。

4.2.3　传感器特性及标定

（1）传感器特性

传感器所测量的非电量一般有两种形式：一种是稳定的，即不随时间变化或变化极其缓慢的信号，称为静态信号；另一种是随时间变化而变化的周期信号、瞬变信号或随机信号，称为动态信号。无论对静态信号或动态信号，人们希望传感器输出电量都能够不失真地复现输入量的变化。这主要取决于传感器的静态特性和动态特性。由于输入量的状态不同，传感器所呈现出来的输入-输出特性也不同，因此存在所谓的静态特性和动态特性。为了降低或消除传感器在测量控制系统中的误差，传感器必须具有良好的静态和动态特性，才能使信号（或能量）按准确的规律转换。

① 静态特性　表示传感器在被测物理量的各个值处于稳定状态时的输出、输入关系。任何实际传感器的静态特性不会完全符合所要求的线性或非线性的关系。通常要求传感器静态情况下的输出、输入关系保持线性，实际上，只有在理想情况下才呈现线性的静态特性。

传感器的静态特性是在静态标准条件下进行标定的。静态标准条件是指没有加速度、振动和冲击（除非这些参数本身就是被测物理量），环境温度一般为室温即（20±5）℃，相对湿度不大于85%，大气压力为（760±60）×133.322Pa 的情况。在这种标准工作状态下，利用一定等级的校准设备，对传感器进行往复循环测试，得到的输出、输入数据，一般用表格列出或画成曲线，即为该传感器的静态特性。

衡量传感器静态特性的重要指标有：线性度、迟滞、重复性等。这些特性与仪器仪表的静态特性是一致的。

② 动态特性　是指传感器对于随时间变化的输入量的响应特性。与静态特性的情况不同，它的输出量与输入量的关系不是一个定值，而是时间的函数，随输入信号的频率而变。动态特性好的传感器，其输出量与被测量随时间的变化应一致或接近一致。由于被测量随时间变化的形式可能是各种各样的，所以在讨论传感器动态特性时，通常也是依据人为规定的输入特性来考虑传感器的响应特性，常用的典型输入有正弦变化和阶跃变化两种。传感器的动态特性分析和动态标定，都以这两种典型输入信号为依据；其输出量与输入量的关系常用传递函数和频率特性来表示，后者包括幅频特性和相频特性。

传感器动态特性指标在使用中最应该引起注意的是响应时间，它是表示传感器能否迅速反应输入信号变化的一个重要指标。其次是传感器的频率响应范围，它表征传感器允许通过的频带宽度。以上两者是从不同角度提出的，有一定联系。

响应时间定义为当输入给定阶跃信号时，输出从它的初始值第一次（在过冲之前或无过冲）到达最终值的规定范围（最终值的 90%或 95%）所需要的时间。如果考虑振荡影响，可定义为：当输入产生阶跃信号时，输出从它的初始值进入最终值的规定范围内所需要的时间。

频率响应范围一般是指幅频特性曲线相对幅值变化在 ± 3 dB 时所对应的频率范围，称为传感器的频率响应范围。当被测信号频率超出传感器的频率响应范围时，会影响测量精度，使用传感器时应注意这一点。

（2）传感器的标定

测量仪器如不进行标定，那只不过是重复性较好的仪器而已，传感器也是一样。用试验的方法确定传感器的性能参数的过程称为标定。任何一种传感器在制成以后，都必须按照技术要求进行一系列的试验，以检验它是否达到原设计指标的要求，并最后确定传感器的基本性能。这些基本性能一般包括灵敏度、线性度、重复性和频率响应等。

标定实际上就是利用某种规定的标准或标准器具对传感器进行刻度。一般来说，传感器的性能指标通常随时间环境的变化而改变，而且这种变化常常是不可逆的，预测也是极其困难的。因此，标定工作不仅在传感器出厂时或安装时要进行，而且在使用过程中还需定期检验。

传感器的互换性是与传感器标定相关联的技术之一。传感器在使用一段时间之后，由于性能变坏或完全损坏，需用新的传感器进行替换。能进行替换的前提不仅是安装外形尺寸一致，而且要求性能一致，否则必须重新进行标定。尤其对具有非线性自动校准功能的测量仪器来说，保持这一点就显得更为重要。

4.2.4 新型传感器介绍

近几十年来，由于激光、生物医学、仿生学、机器人及各种智能技术的迅速发展，开发了一批新型传感器，如光纤传感器、激光探测器（传感器）、仿生传感器、智能传感器、生物分子传感器等，它们在工农业生产、科学研究、国防、空间技术等领域得到越来越多的应用。由于新型传感器不断涌现，极大地丰富了测试技术的应用范围。这里简要介绍几种较为成熟的新型传感器，以便使大家开阔眼界。要作进一步更深刻地了解，请参阅这方面的有关书籍。

（1）光纤传感器

光导纤维是 20 世纪 70 年代发展起来的一种新兴的光电子技术材料，并形成了光电子学，成为 20 世纪后半期重大发现之一。与传统的传感器相比，它不受电磁干扰、体积小、重量轻、可挠曲、灵敏度高、动态范围大、电绝缘性能好，能够在易燃易爆、强腐蚀、高压、强电磁场等恶劣环境中发挥其作用。

① 光纤 光导纤维简称为光纤，它是用直径为微米级的石英玻璃制成的。每根光纤由一个圆柱形的内芯和包层组成。内芯的折射率略大于包层的折射率。

② 光纤的传输原理 众所周知，光在空间是直线传播的。而在光纤中，光的传输却能随光纤的弯曲而走弯曲的路线，并能传送到很远的距离。当光纤的直径比光的波长大很多时，可以用几何光学的方法来说明光在光纤中的传播。当光线从光密物质射向光疏物质，而入射角大于临界角时，光线产生全反射，即反射光不再离开光密介质。根据这个原理，光纤由于其圆柱形内芯的折射率 n_1 大于包层的折射率 n_2，如图 4-5 所示，在角 2θ 之间的入射光，除了在内芯中吸收和散射之外，大部分在内芯和包层界面上产生多次全反射，而以锯齿形的路线在光纤中传播，在光纤的末端以与入射角相等的出射角射出光纤。

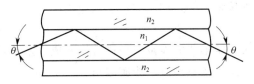

图 4-5 光纤传输原理

③ 光纤传感器的工作原理及种类 光纤传感器是将被测对象的状态转换成光信号来进行测试的传感器。基本原理是将来自光源的光经过光纤送入调制器，在调制器内与外界被测参数相互作用，导致光的光学性质，如强度、频率、相位、波长、偏振态等发生变化，成为被调制的光信号，再经过光纤送入光探测器，经解调器解调后获得被测参数。

光纤传感器一般分类如下。

ⅰ.按照光纤在传感器中的作用分，光纤传感器可分为传感型和传光型两类。

传感型光纤传感器（也称功能型）的光纤不仅起传光作用，而且是敏感元件。它是利用光纤本身的特性受被测物理量作用而发生变化的特点工作的。调制器是光纤本身，即内部调制，应用的是基本功能的转换，所以称传感型。光纤传感器中的光纤是连续的，如图 4-6(a) 所示。由于光纤本身是敏感元件，因此加长光纤的长度，可以提高灵敏度。

传光型光纤传感器（也称非功能型）的光纤不是敏感元件，仅起传光作用，传感器中的光纤是不连续的。它是利用在光纤端面或两根光纤中间放置其他介质的敏感元件，感受被测物理量的变化，使透射光或反射光强度发生变化。光纤仅作为光的传输线，所以称传光型，如图 4-6(b) 所示。

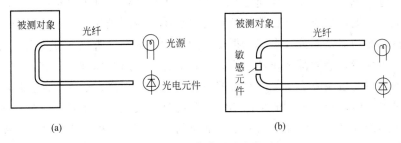

图 4-6 光纤传感器基本类型

ⅱ.按光在光纤中被调制的原理分，光纤传感器分为强度调制型、相位调制型、频率调制型、波长调制型和偏振态调制型等。

ⅲ.按测量对象分，光纤传感器分为光纤位移传感器、光纤温度传感器、光纤流量传感器、光纤图像传感器等。

④ 光纤传感器的应用 目前，光纤技术主要用于光纤通信、直接信息交换和把待测的量和光纤内的导光联系起来，形成光纤传感器。光纤用于传感器始于 1977 年，经过几十年的研究开发，已取得了十分重要的进展，现正进入实用阶段。它对军事、航空航天和其他科学技术的发展起着十分重要的作用。

光纤传感器广泛用于对磁、声、光、压力、温度、加速度、位移、液面、转矩、电流和应变等物理量的测量。光纤传感器的研究还在蓬勃地开展着，随着新兴学科的交叉渗透，将会出现更广泛更重要的应用。

（2）激光传感器

激光技术是 20 世纪 60 年代初发展起来的一门新兴技术。虽然历史不长，但发展速度很快，已成为近代重要的科学技术之一，广泛应用于工业生产、国防军事、医学卫生和非电量电测等领域里。

激光传感器是对其输入一定形式的能量，经过转换变成一定波长光的形式发射出来。激光传感器包括激光发生器、激光接收器及其相应电路。

由于激光技术不断趋于成熟，利用激光技术研制成的各种探测器、传感器等，广泛应用于各个方面，如激光精密机械加工、激光通讯、激光音响、激光影视、激光武器和激光检测等。激光技术用于检测是利用其优异特性，将它作为光源，配以光电元件来实现的。它具有测量精度高、范围大、检测时间短及非接触式等优点。主要用来测量长度、位移、速度、振动等参数。如激光测距、激光测流速、激光测长度等。

（3）仿生传感器

人是最有智慧、最聪明的生命体。人创造了先进的科学技术，为自身创造了优越的生活条件。科学又进而把人的行为和思维活动部分地转移到非生命的装置上，使这些装置反过来为人类服务。例如，雷达是根据蝙蝠的声波发射与接收研制而成的，是仿生学的产物。仿生学就是利用现有的科学技术把生物体或人的行为（五感）和思维（智慧）进行部分模拟的科学，机器人是一个典型的仿生装置。科学家和工程技术人员对人的种种行为如视觉、听觉、感觉、嗅觉和思维等进行模拟，产生了自动捕获信息、处理信息、模仿人类的行为装置——仿生传感器。电脑的出现，对仿生传感器的发展产生了极大的促进作用。

仿生传感器的典型代表就是机器人所用的传感器。一般可分为机器人外部传感器（感觉传感器）和内部传感器两大类。其内部传感器的功能是测量运动学及动力学参数，以使机器人按规定的位置、轨迹、速度、加速度和受力大小进行工作。其外部传感器的功能是识别工作环境，为机器人提供信息，其目的是检查对象物体、控制操作、应付环境和修改程序。

感觉传感器的功能是部分或全部地再现人的视觉、触觉、听觉、冷热觉、病觉（异觉）、味觉等感觉。仿生传感器的基本原理是建立在其他各种传感器原理的基础上，但也有其特殊性。视觉传感器主要检测或确定传感对象的明暗度、位置距离、运动方向、形状特征等。触觉是指人与对象物体接触所得到的全部感觉，它可分为接触觉、压觉、力觉、接近觉和滑觉等。每一种传感器都是设计成根据人的不同部位的不同感觉，模仿人的各种感受和动作。所以，这类传感器均以各种其他传感器为基础，在工艺和结构上作一定的改进而研制的。

相应的仿生传感器包括视觉传感器、听觉传感器、接触觉传感器、压觉传感器、力觉传感器、接近觉传感器和滑觉传感器等。

（4）霍尔传感器

霍尔传感器是半导体磁敏传感器的一种，是利用霍尔效应进行工作的传感器。根据霍尔效应原理制成的元件称为霍尔元件，它是霍尔传感器的核心敏感部件。

把一片半导体材料垂直于磁力线方向放在磁场 B 中，在半导体材料上通一激励电流 I，则半导体中移动着的载流子（电子）将受到磁场力 F_B 的作用。在 F_B 的作用下，电子在向前运动的同时向侧面偏转，形成一边电子积累，而另一边正电荷积累，于是在半导体两侧产生电场，此电场阻止电子继续向侧面偏转。当电场力 F_E 与磁场力 F_B 相等时，电子的积累达到动态平衡，这时在半导体薄片两侧之间形成的电位差称为霍尔电压 U_H，如图 4-7 所示，这一现象称为霍尔效应。

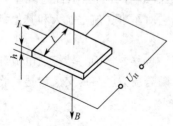

图 4-7　霍尔效应原理图

霍尔电压 U_H 的大小与激励电流 I 和磁感应强度 B 成正比，与半导体材料的厚度 h 成反比，即

$$U_H = S_H IB \tag{4-11}$$

式中，S_H 为霍尔灵敏度。表示在单位电流和单位磁感应强度作用下开路霍尔电压的大小。$S_H = 1/nqh$，其中 n 为单位体积中的电子数目，q 为电子的电荷量，h 为半导体薄片的厚度。

由霍尔元件制成的传感器具有在静止状态下感受磁场的能力，而且具有结构简单、小型、频率响应宽、动态范围大、无接触、寿命长等特点，但它的温度稳定性较差，转换效率较低。

霍尔式传感器可以应用于下述三个方面。

ⅰ. 当控制电流不变时，使传感器处于非均匀磁场中，传感器的输出正比于磁感应强度。因此，对能转换为磁感应强度变化的量都能进行测量，例如可以进行磁场、位移、角度、转速、加速度等测量。

ⅱ. 磁场不变时，传感器输出值正比于控制电流值。因此，凡能转换成电流变化的各量均能进行测量。

ⅲ. 传感器输出值正比于磁感应强度和控制电流之积。因此可以用于乘法、功率等方面计算与测量。

（5）气、湿敏传感器

① 半导体气敏传感器　是用来测量气体的类别、浓度和成分的传感器。由于气体种类繁多、性质各异，不可能用一种传感器检测所有类别的气体，因此，能实现气-电转换的传感器种类很多。按构成气敏传感器材料可分为半导体和非半导体两大类，而实际使用的以半导体气敏传感器最多。

半导体气敏元件具有灵敏度高、响应时间和恢复时间短、使用寿命长、成本低等优点，得到广泛的应用。目前应用最广，最成熟的是 SnO_2、ZnO、和 $\gamma\text{-}Fe_2O_3$ 等烧结型气敏元件。

气敏元件可对某种特定的单一成分气体进行检测，如甲烷（CH_4）、一氧化碳（CO）、氢气（H_2）等；也可对混合气体中的某一种气体做选择性检测，还可作为环境气氛检测，如对某种气体含量的变化的检测，对温度及温度的变化的检测等。利用气敏元件可以做成各种仪器。

ⅰ. 检漏仪（又称探测器）广泛用于检测可燃性气体有无及管道和容器的泄漏。如 SnO_2 气敏传感器的自动吸排油烟机。

ⅱ. 报警器，当泄漏气体达到某一危险限值时自动进行报警。如便携式缺氧监视器。

ⅲ. 自动控制仪器是利用气敏元件的气电特性进行气电转换，按设定的门限值接通其他电路，对被控设备进行自动控制。如换气扇自动换气控制等。

② 湿度传感器　在日常生活中，湿度也是一个重要的概念，例如，粮食仓库湿度过大会使粮食发霉，军械仓库湿度过大会使军械生锈等。湿度是指大气中水蒸气的含量。通常采用绝对湿度和相对湿度两种方法表示。绝对湿度是单位空间中所含水蒸气的绝对含量或者浓度或者密度，一般用符号 AH 表示。相对湿度是指被测气体中的水蒸气压和该气体在相同温度下饱和水蒸气压的百分比，一般用符号 $\%RH$ 表示。相对湿度给出大气的潮湿程度，因此，它是一个无量纲的值。在实际使用中多使用相对湿度概念。

虽然人类早已发明了毛发湿度计、干湿球湿度计，但因其响应速度、灵敏度、准确性等性能都不高，而且难以与现代的控制设备相连接，所以只适用于家庭。20世纪50年代后，陆续出现了电阻型等湿敏计，湿度的测量精度大大提高，但是，与其他物理量的检测相比，无论是敏感元件的性能，还是制造工艺和测量精度都差得多和困难得多。原因是空气中水蒸气的含量少，而且在水蒸气中，各种感湿材料涉及的种种物理、化学过程十分复杂，目前尚未完全清楚所存在问题的原因。

（6）数字式传感器

数字式传感器可以把输入量转换成数字量输出，或需要进一步转换才能得到数字量。数字式传感器是检测技术、微电子技术和计算技术的综合产物，是传感器技术发展的一个重要方向。

数字式传感器具有如下特点：

ⅰ.测量精度高，读数直观准确；

ⅱ.测量范围大，分辨率高；

ⅲ.易于实现测量的自动化和数字化；

ⅳ.采用高电平数字信号时，对外部干扰抑制能力强。

数字式传感器包括光栅、磁栅、感应同步器、编码器和频率输出式数字传感器等。由于其具有诸多的特点，因此，数字式传感器在机床数控、自动化和计量检测技术中得到日益广泛的应用。

（7）智能式传感器

常用的智能式传感器具有三个特点：能够提供数字信号、能够进行信号通信、能够执行逻辑功能和指示。智能传感器的基本组成包括初级传感单元、激励控制、信号放大、模拟滤波、数据转换、信号补偿、数字信息处理、数字通信等，比如智能式压阻压力传感器、智能转速传感器等。

（8）其他新型传感器

随着科学技术的不断发展和新型材料的不断出现，新型传感器不断研制成功。除了上述几种外，还有生物分子传感器、超导传感器等。目前已经问世或者正在研究的生物分子传感器大致有如下几类。

① 酶传感器　酶作为敏感材料已经走出实验室，并且已有产品进入市场。其后科学家们又相继研究了酶热敏电阻。

② 微生物传感器　其实质仍属于酶类生物传感器，它是多酶系统化的复合酶系，但是两者性质却有很多不同之处。

③ 免疫传感器　它几乎与微生物传感器同时被研究，现仍处在实验阶段。

④ 有机物传感器、组织传感器　它们在上述几类之后才被人们所研究。与此同时，也交叉研究了酶免疫传感器、酶免疫热敏电阻、酶发光传感器和免疫发光传感器等。

⑤ 生物电子学传感器　它是生物学和电子学的结合，也是最新型的生物传感器。例如酶场效应管（FET）和酶发光二极管等。

⑥ 超导传感器　是利用某些材料，当温度接近绝对零度时，其电阻几乎为零，在其上施加电压时，电流将会无限制地流动下去的这种超导特性而研制的一种传感器。

4.2.5　传感器选用

传感器作为测试系统中获取信息的最前沿部件，得到的是被测对象的第一手资料，类似于人类的感觉器官，所以在测试过程中传感器的选用是一个关键性的问题。

选择使用传感器时，应根据几项基本标准，具体情况具体分析。下面列出选择传感器时应考虑的几方面准则。

（1）对传感器的技术性能要求

ⅰ．精度高；

ⅱ．灵敏度高，线性范围宽广；

ⅲ．响应快，滞后、漂移小；

ⅳ．输出信号信噪比高；

ⅴ．稳定性、重复性好；

ⅵ．动态性能好；

ⅶ．负载效应低；

ⅷ．超标准过大的输入信号保护。

（2）传感器的选用原则

① 按测量方式选　在工程测试中，针对被测对象的工作条件、工作方式，选择不同的测量方式。如接触与非接触测量；破坏与非破坏性测量；在线与离线测量等。测量方式不同，所选的传感器亦不相同。例如，对于非接触测量，选用电容式、电涡流式等非接触式传感器较为合适。对于非破坏性测量如无损检测，选用超声波、声发射等传感器较方便。

② 按测量要求选　不同的测量要求选择不同的传感器。例如，电涡流式位移传感器和变极距式电容传感器，都是非接触式测量微位移的传感器，虽然后者比前者的灵敏度高，但是，前者比后者的稳定性好，因此，选用时要根据具体情况而定。

③ 按使用方便选　传感技术近年来发展很快，传感器的品种、规格十分繁多，新型传感器每年都有许多的种类出现。因此，选用时尽可能要求使用方便，即便于安装、调试和维修。

④ 按性能价格比选　在选择传感器时，不要片面追求各种性能指标。由于传感器的性能指标不同，价格差异很大。例如，在选择压力传感器时，精度为1%的压力传感器能满足要求的使用场合，不要选用精度为0.4%的压力传感器。

4.2.6　传感器发展动向

传感器的研究工作一直在向新的检测量和高可靠性、高精度、小型化、低成本等目标发展。近年来由于半导体技术已进入了超大规模集成化时代，各种制造工艺和材料性能的研究已达到相当高的水平，这为传感器的发展创造了极为有利的条件。传感器发展动向总的来说有以下几个方面。

（1）传感器采用新原理

新原理的采用往往给传感器的发展带来本质的飞跃。正是由于新的理论不断产生，促进了新的种类的传感器不断涌现。例如，一种基于约瑟夫逊效应的红外探测器，对光通信带来极大方便。

（2）传感器的固态化和小型化

结构型传感器发展得较早，目前已趋于成熟。它的检测原理明确，受环境影响小，但一般来说它的结构复杂、体积偏大、价格偏高。物性型传感器与之几乎相反，具有不少诱人的优点，世界各国在开发物性型传感器方面，都投入了大量人力物力，加强研究，目前发展很快。物性型传感器又称固态传感器，它包括半导体、电介质和强磁体三类。其中半导体传感器的发展最引人注目，它不仅灵敏度高、响应速度快，而且小型化。与传感器配用的电路可以做在半导体传感器的硅片上，并且在电路内进行传感器的温度补偿和非线性补偿，从而使传感器的精度也得到提高。采用的单晶硅和多晶硅压力传感器就是典型的例子。

（3）传感器的集成化和多功能化

随着传感器应用领域的不断扩大，借助半导体的蒸镀技术、扩散技术、光刻技术、精密细微加工及组装技术等，使传感器从单个元件，单一功能向集成化和多功能化方向发展。集成化主要是指将敏感元件、信息处理或转换单元以及电源等部分，集成在同一芯片上，如集成压力传感器、集成温度传感器等。多功能化是指一块芯片具有多种参数的检测功能，即一次可测量许多信息，如半导体温度湿敏传感器和多功能气体传感器等。目前先进的固态传感器，在一块芯片上能同时集成差压、静压、温度三个传感器，使差压传感器具有温度和压力补偿功能。

（4）传感器的智能化

智能传感器一般是指集成有微型计算机的传感器，具有信息处理、量程转换、误差修正、反馈控制、自诊断及其他有关"智能"功能。智能传感器首先检测对象的物理量，并将其转换成电信号（这是一般传感器可达到的功能），同时还必须记忆、存储数据，进而解析和对这些数据作出统计处理，最后再变换成所需要的数据形式而作为有用信息输出。将传感器功能、逻辑功能、存储功能等立体地集成于同一半导体芯片上，这正是未来的智能传感器。

（5）仿生传感器的研制

随着微纳制造技术、电子信息技术，特别是人工智能技术的蓬勃发展，基于自然生物特性、仿真生物体敏感响应特性，开发能够模拟生物感官特性的传感器成为传感器发展的一个主要方向。

4.3 压力测量

4.3.1 概述

压力是生产过程或过程装备中的一个重要参数。在过程设备测试与控制中，经常会遇到压力测量问题。例如：对压缩机进排气压力的测量，化工容器内的压力测量等。又如：对流量测量和液位测量，有时可以转化成对压力或压差的测量。由这些例子可以看出，压力测量在工业生产中应用十分广泛。因此，掌握压力测量的基本知识，对过程设备的测试与控制以及生产过程自动化将会起到重要的作用。

在工程技术中，压力定义为垂直而均匀作用在物体表面上的力，也就是物理学中压强的概念。它的基本公式为

$$P = \frac{F}{S} \tag{4-12}$$

式中 F——作用力；

S——作用面积。

国际单位制中压力的单位是帕斯卡 Pa（N/m^2）。但长期以来工程中使用的压力单位有

很多，如工程大气压、标准大气压、毫米汞柱、毫米水柱等，因此使用时一定要正确的换算。它们之间的关系如下。

$$1 \text{工程大气压（at）} = 1 \text{ kgf/cm}^2 = 98066.5 \text{ N/m}^2 \approx 98 \text{kPa}$$

$$1 \text{标准大气压（atm）} = 1.013 \times 10^5 \text{ Pa}$$

$$1 \text{毫米汞柱（mmHg）} = 133.322 \text{Pa}$$

$$1 \text{毫米水柱（mmH}_2\text{O）} = 9.80665 \text{Pa}$$

进行压力测量时，为了不同的测试目的，常使用一些不同的压力名词术语。如：表压力是指绝对压力与大气压之差；负压是指绝对压力低于大气压时的表压力等，使用时应特别注意。

常用的压力测量仪表有以下几种：

液柱式压力计——是将被测压力转化为液柱的高度来进行测量的一种仪表；

弹性式压力计——是利用测量弹性敏感元件在压力作用下产生的弹性变形的大小来测量压力的一种仪表；

电测式压力计——是将被测压力转化为电量进行测量的仪器。它的种类很多，这里主要介绍压阻式压力计和压电式压力计两种。

气流的压力分为静压和总压。静压是指气流中某一点的气体，作用在通过该点并顺流线方向上无穷小和薄的壁面上的压力，也就是流动气体的真实压力。总压是指一束气流在没有外功的情况下，可逆的、绝热的减速到零之后气体的压力。

由流体力学的知识可知，通过测量处于气流中的感受器上某一点的压力，能够测量气流的压力，据此制作的感受器称之为压力探针。常见的 L 形静压探针如图 4-8 所示。它的测孔开在探针的侧面，根据流体力学中的伯努利方程可知，从其测孔引出的压力为气流的静压，将其测孔连至压力计就可得到气流的静压值。类似地，如果将测孔开在探针的头部，就可以用来测量气体的总压。圆柱形压力探针如图 4-9 所示，根据气流正对测孔还是背对测孔，可测气流的总压或静压。

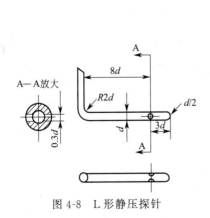

图 4-8　L 形静压探针

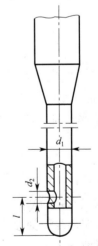

图 4-9　圆柱形压力探针

4.3.2　液柱式压力计

液柱式压力计测压的基本原理是流体静力学定理。它是用一定高度的液柱去平衡被测压力，液柱的高度可以换算成被测压力的大小。液柱式压力计一般用来测量较低的压力、真空或压差。液柱式压力计的种类很多，常用的有 U 形管压力计，单管压力计和微压计等。

（1）U 形管压力计

① 基本原理　U 形管压力计的结构如图 4-10 所示，根据流体静力学的原理可得

$$p_1 - p_2 = (\rho - \rho_1)gh = \rho gh\left(1 - \frac{\rho_1}{\rho}\right) \qquad (4-13)$$

式中　g——当地的重力加速度；

　　　h——液柱高度差；

　ρ，ρ_1——介质、介质上面另一介质的密度；

p_1，p_2——高、低压侧的压力。

一般情况下，ρ_1 比 ρ 小得多。在工程计算中，当介质上的气体与介质的密度之比小于 0.002 时，$\dfrac{\rho_1}{\rho}$ 项可以忽略，于是公式（4-13）简化为

$$p_1 - p_2 = \rho gh \qquad (4-14)$$

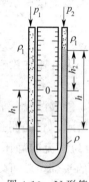

图 4-10　U 形管压力计

通常用该公式来计算压差，其精度能够满足工程上的要求。

② U 形管压力计的使用　U 形管压力计测压的原理相当简单，但在使用 U 形管压力计的过程中，应注意以下几点。

ⅰ.为了得到较高的准确性，U 形管压力计有两个读数，即图 4-10 中的 h_1、h_2 都要读。这是由于 U 形管内径并不均匀，当液柱移动时，其总长会发生变化，从而改变了仪器的零点，因此采用两边读数的办法可以消除这个影响。

ⅱ.在对液柱进行读数时，要注意到毛细现象的影响。由于毛细现象的影响使得液面变成弯月面，为了减少毛细现象的影响，读数时应当取弯月面中央所对应的刻度值为读数值。此外，毛细现象还会引起整管液柱的上升或下降。在使用压力计时需加以修正。通常，当介质为水时，修正值取 $-\dfrac{30}{d}$ mm；介质为水银时取修正值为 $\dfrac{14}{d}$ mm。其中 d 为压力计管子的内径。

ⅲ.当工作液体的膨胀系数较大时，在使用过程中还要考虑由于温度变化带来的工作液体密度的变化，必须对此进行修正。可以用下面的公式进行

$$h = h'\frac{\rho'}{\rho_B} \qquad (4-15)$$

式中　ρ'——介质的实际密度；

　　　ρ_B——水或水银的密度；

　　　h'——实际测量时的读数值；

　　　h——被测压力值。

此式也可用于介质不是水或水银时的换算。

ⅳ.在读数时要注意消除视差。U 形管压力计制造简单，工作可靠，方便。不足之处是在读数时要读取两个管子的刻度值，不仅麻烦，而且两个读数过程本身就增大了带来误差的可能性。

（2）单管压力计

① 基本原理　单管压力计的示意图如图 4-11 所示。其基本原理类似于 U 形管压力计。根据流体静力学定理可得

$$p_1 - p_2 = \rho g (h_1 + h_2) \tag{4-16}$$

又由于

$$A_1 h_1 = A_2 h_2 \tag{4-17}$$

式中　A_1——肘管内截面积$\left(A_1 = \dfrac{\pi d^2}{4}\right)$；

　　　A_2——宽容器内截面积$\left(A_2 = \dfrac{\pi D^2}{4}\right)$。

将式（4-17）代入式（4-16），得到

$$p_1 - p_2 = \rho g h_1 \left(1 + \frac{A_1}{A_2}\right) \tag{4-18}$$

一般情况下，A_1 总是远小于 A_2，通常 $\dfrac{A_2}{A_1} < 500$，因此除需要特别准确的读数外，可以忽略 h_2，直接用 h_1 来计算压力的大小。当然在实际使用中，由于 $\dfrac{A_1}{A_2}$ 为常数，往往在压力计标定时就已考虑了这个因素。

② 单管压力计的使用　单管压力计与 U 形管压力计的原理类似，因此，使用时的注意事项也类似，不同之处是单管压力计只需一个读数。另外，使用时还应注意测量对象是正压还是负压，要保证容器一侧接较高压力，肘管一侧接较低压力。虽然单管压力计的读数简单，但当它的测量对象有正负变化时，需要一个切换的阀门装置。

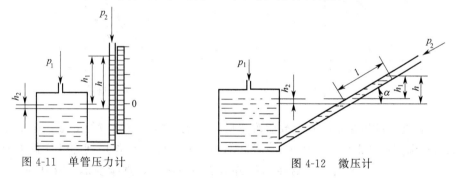

图 4-11　单管压力计　　　　　　　　图 4-12　微压计

（3）微压计

① 微压计原理　微压计是采用肘管倾斜的方式来实现微压测量的。其原理图如图 4-12 所示。

根据液柱式压力计的原理可知

$$p_1 - p_2 = l \rho g \left(\sin\alpha + \frac{A_1}{A_2}\right) \tag{4-19}$$

式中　A_1，A_2——分别为肘管和水箱的横截面积。

由于 $\left(\sin\alpha + \dfrac{A_1}{A_2}\right) < 1$，因此 $l > l\left(\sin\alpha + \dfrac{A_1}{A_2}\right)$。而 $l\left(\sin\alpha + \dfrac{A_1}{A_2}\right)$ 是当肘管垂直放置时液柱的高度，由此可见仪器的示值被放大了，读数的灵敏度和精度也就提高了。

② 微压计的使用 在使用微压计时，希望灵敏度尽可能的大。因此力求增加 $\dfrac{A_2}{A_1}$ ，一般情况下，该值应取 $700\sim1000$；管子的内径为 $2\sim3$ mm，既不能太大也不能太小，太大则读数时不易确定弯月面的位置，太小则增加毛细现象的影响；对 α 角一般要求在 $20°\sim30°$ 之间，不能太小。

4.3.3 弹性式压力计

弹性式压力计是工业生产中应用最为广泛的一种测压仪表。它使用各种形式的弹性元件作为感受件，其原理是以弹性元件受压后产生的反作用力与被测压力平衡。此时，弹性元件的变形为被测压力的函数，这样用测量变形的方法就可以测得压力的大小。

这种压力计结构简单，使用方便，便于携带，工作安全可靠，无须反复保养，价格也比较便宜。但这种压力计以弹性元件为敏感元件，难免要受到弹性元件一些不完全弹性特性的影响，精度不太高，且需定期校验。

弹性式压力计使用的弹性元件主要有：弹簧管、膜片、膜盒、膜盒组和波纹管等。

（1）弹性元件特性

弹性元件的不完全弹性因素主要包括弹性滞后和弹性后效。

① 弹性滞后 指由于弹性元件工作时分子间存在摩擦而导致的加载曲线与卸载曲线不重合的现象，如图 4-13 所示。图中的 Δx 代表对于一定的力 F 的滞后误差。

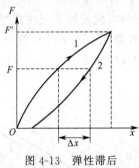
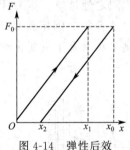

图 4-13 弹性滞后   图 4-14 弹性后效

② 弹性后效 指弹性元件所受载荷改变后，不是立即完成相应的变形，而是在一定的时间间隔内逐渐完成变形的一种现象，如图 4-14 所示。当力 F 作用到弹性元件上时，弹性元件的变形由 0 立刻增至 x_1，然后在作用力不变的情况下，继续变形，直到 x_0 为止。反之，卸载时的情况也类似，当作用力变为 0 时，其变形并不是立刻变为 0，而是先减至 x_2，然后再逐渐减小到 0。

弹性滞后和弹性后效在弹性式压力计工作时是同时产生的，是造成仪表误差的主要因素。弹性滞后和弹性后效与制造弹性元件的材料特性有关。在制造弹性式压力计时，为了减小压力计的测量误差，总是要通过合理的选择材料和利用合适的加工方法来减小弹性滞后和弹性后效。通常弹性元件使用的材料是合金钢和铜合金。

（2）弹簧管式压力计

由于弹簧管同波纹管、膜片、膜盒等相比，有着精度高，测量范围宽等优点，因此弹簧管式压力计是应用最为广泛的一种压力计。

弹簧管压力计如图 4-15 所示，它是由弹簧管压力感受元件和放大指示机构两部分组成。

前者是一根弯曲成约 270°圆弧的扁圆形或椭圆形截面的空心金属管，一端固定，作为压力输入端；另一端自由，作为位移输出端，接放大指示机构。放大指示机构通常是由拉杆、齿轮以及指针组成。

弹簧管式压力计的工作原理是：在被测压力的作用下，扁圆或椭圆形截面的弹簧管有变圆的趋势，并迫使弹簧管的自由端发生相应的弹性变形，这个变形借助于拉杆，经齿轮传动机构予以放大，最终由固定于小齿轮上的指针将被测值在刻度盘上指示出来。

在弹性范围内，弹簧管自由端的位移与被测压力之间近似线性关系，因此通过测量自由端的位移可直接测得相应的被测压力的大小。

根据被测介质的性质和测压的大小，可使用不同的材料来制造弹簧管式压力计的压力感受元件。如：压力小于 2×10^7 Pa 时用磷铜，大于 2×10^7 Pa

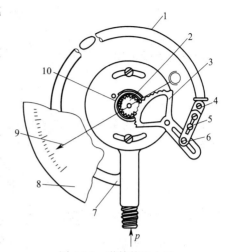

图 4-15　弹簧管压力计

1—弹簧管；2—小齿轮；3—扇形齿轮；
4—拉杆；5—连杆调节螺钉；6—放大调节螺钉；
7—接头；8—刻度标尺；9—指针；10—游丝

时用不锈钢和合金钢。工业上常用的弹簧管式压力计是用各种不同刚度、不同形状的弹簧管制成的，有较大的测量范围。另外，在使用弹簧管压力计时，要特别注意介质的化学性质。如：在测量氨气时必须采用钢质材料，测量氧气时则严禁沾有油脂，以确保安全。

4.3.4　压阻式压力计

压阻式压力计是根据半导体的压阻效应来工作的。这种压力计通常是以单晶硅为基体，按特定的晶面，根据不同的受力形式加工成弹性应变元件，并在弹性应变元件的适当位置，用集成电路技术扩散出四个等值的应变电阻，组成惠斯登电桥。不受压力作用时电桥处于平衡状态，当受到压力作用时，一对桥臂的电阻变大，另一对变小，电桥失去平衡。若对电桥加上恒流源，输出端便有对应于所加压力的电压信号输出。测得电压的大小，即可知道待测压力的大小。这就是压阻式压力计工作的基本原理。单晶硅材料的弹性性能很好，其转换的滞后与蠕变很小，所以转换精度较高。

压阻式压力计的优点是：体积小、重量轻、灵敏度高、响应速度快等，是一种应用广泛的压力测量仪表。

（1）半导体的压阻效应

对于长为 L，截面积为 A 的电阻，其阻值 R 为

$$R = \rho \frac{L}{A} \tag{4-20}$$

式中　ρ——材料的电阻率。

对上式微分可得

$$\frac{dR}{R} = \frac{dL}{L} - \frac{dA}{A} + \frac{d\rho}{\rho} \tag{4-21}$$

因为 $A = \frac{\pi D^2}{4}$（D 为电阻的直径），所以 $\frac{dA}{A} = 2\frac{dD}{D}$，式（4-21）变为

102

$$\frac{dR}{R} = \frac{dL}{L} - 2\frac{dD}{D} + \frac{d\rho}{\rho} \tag{4-22}$$

由材料力学可知，$\dfrac{dD}{D} = -\mu\dfrac{dL}{L}$（$\mu$ 为材料的泊松比），可得

$$\frac{dR}{R} = (1+2\mu)\frac{dL}{L} + \frac{d\rho}{\rho} \tag{4-23}$$

假如定义 K 为单位纵向应变引起的电阻变化率，称其为应变片的纵向灵敏度，那么可以得到

$$K = \frac{dR}{R}\frac{1}{\varepsilon} = (1+2\mu) + \frac{d\rho}{\rho}\frac{1}{\varepsilon} \tag{4-24}$$

式中　ε——电阻的纵向应变，$\varepsilon = \dfrac{dL}{L}$。

式（4-24）既适于金属也适于半导体。对于半导体来说，K 约为 $60\sim170$。同时半导体的几何应变很小，可以近似认为 $K = \dfrac{d\rho}{\rho}\dfrac{1}{\varepsilon}$。一般说来半导体应变片的灵敏度与半导体材料、渗杂深度、应力相对于晶轴的取向等因素有关。

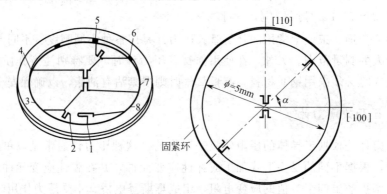

图 4-16　单晶硅膜片

1,2—等效电阻；3,4—基座；5,6—单晶硅；7,8—密封圈

（2）压阻式压力计

一种常见的压阻式压力计的单晶硅膜片如图 4-16 所示。它是在 N 型单晶硅的表面用氧化技术生成一层二氧化硅薄膜，然后在需要电阻的地方除去氧化膜，并用扩散技术在此处向硅的深处扩散杂质硼，使之形成 P 型区，这些 P 型区形成压阻敏感元件。

对压阻敏感元件在膜片上位置的选择有一定要求。为了弄清这个问题，首先要了解单晶硅膜片受压后的变形，如图 4-17 所示。当膜片的一侧受压时，周边固定的膜片就会发生变形。膜片中心处 ε_r、ε_t 同时达到最大值。在边缘处，$\varepsilon_t = 0$，ε_r 为负的最大值。

应变电阻应设置在感压元件应变比较大的位置。如图 4-16 所示，在这种压阻式压力计

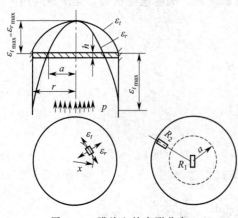

图 4-17　膜片上的变形分布

中，根据变形的情况，用中间的两个压阻元件沿 [110] 晶轴方向感应正的 ε_r，另外两个压阻元件在与 [100] 轴成一定角度的方向感受边缘负的 ε_r。由于边缘的 ε_r 大于中心的 ε_r，为了使两对压阻元件有同样大的电阻应变率，必须改变 K。要降低 K 值，必须使边缘处的压阻元件适当偏离 [100] 晶轴方向，从而使四个压阻元件具有一样的特性。

使用压阻式压力计时需要注意温度补偿问题。这是因为半导体应变片的灵敏度系数虽然高，但受温度的影响很大，在温度变化的时候，会产生桥路的零点漂移和灵敏度漂移。

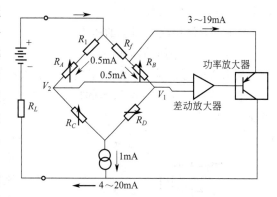

图 4-18　压阻式压力计测量电路原理图

图 4-18 为压阻式压力计测压时的测量电路原理图。图中的 R_A、R_B、R_C、R_D 为四个半导体压阻敏感电阻，整个电桥以 1mA 的恒流源供电，输出为 4～20mA 的标准信号。

随着半导体集成工艺的发展，压阻式压力计为测量仪表向小型化、高精度方向发展提供了方便，是一种很有前途的压力测量仪表。

4.3.5　压电式压力计

压电式压力计是利用某些晶体的压电效应来测量压力的。压电效应是指晶体在承受压力（或拉力）时，表面产生电荷的特性。石英、酒石酸钾钠、钛酸钡及锆酸、钛酸等多晶体烧结而成的陶瓷都具有压电效应。目前常使用石英作为压电式压力计的压电元件。它具有高的机械强度和绝缘特性，同时其压电特性随温度的变化比较小。

压电式压力计尺寸小、重量轻、工作可靠、测量频率范围宽。它的不足之处是对于振动和电磁场很敏感。

（1）石英的压电效应

对于如图 4-19 所示的石英晶体，沿 x 轴方向切片，然后将两块电极板放在垂直于 x 轴的两个面上，施以压力，电极板表面就会产生大小相等、方向相反的电荷。该电荷的大小与受到的压力成正比，而与石英晶体的尺寸没有关系。其关系式为

$$q = dAp \tag{4-25}$$

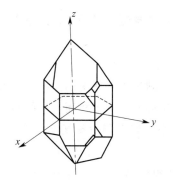
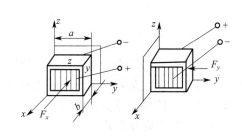

图 4-19　石英晶体

式中　d——压电系数；

　　　p——作用在表面上的压力；

　　　A——作用面的面积。

从上式中可以看出，测出了电荷量的大小就可以得到压力的大小。

值得注意的是，石英晶体的压电特性与其切割方向有关。如果按 z 轴方向切割，不会表现出压电特性。

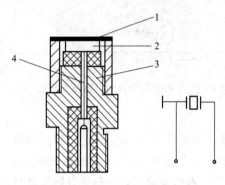

图 4-20　膜片型的压电式压力计

1—膜片；2—石英晶体；
3—传感器座；4—引线

（2）压电式压力计

图 4-20 所示为一种常见的膜片型的压电式压力计。被测压力作用在膜片上，膜片产生变形，起传递压力的作用，同时也用来实现预压和密封（预压是为了避免传力元件刚度不恒定而引起的压电元件灵敏度的变化）。压电元件的上表面与膜片接触并接地，其下表面则通过引线 4 将电荷引出。

压电式压力计的压电元件产生的电荷分布在两个端面的极板上，其数量相等而极性相反，相当于一个电容器。两极板间的电压为 $U=\dfrac{q}{C_0}$。从理论上讲，只有外接电阻是无穷大时，这个电压才能保持，

事实上是不可能的。但也要求测量电路有极高的阻抗，才能有效地减少误差。解决的办法是在压电式压力计的输出端先接入一个高阻抗前置放大级，然后再用一般放大级进行放大。

4.3.6　压力计的选用

压力测量仪表的选用主要包括仪表的类型、量程范围、精度和灵敏度。

对于压力计类型的选择主要是根据被测对象的性质、状态以及压力计的现场工作环境来确定。介质是否具有腐蚀性、温度的高低、现场的振动、电磁场等环境因素，都会影响压力计的使用。选择压力计一定要充分考虑这些因素，以适应介质的要求。同时还应注意测试中其他要求，如要求远传，自动记录或要求报警等。

压力计量程的选择要根据被测压力的范围，再加上一定的富裕度。一般原则是：对弹性式压力计，为避免超负荷而破坏，被测压力的额定值为压力计满量程的 $\dfrac{2}{3}$；为了满足测量精度的要求，被测压力的最小值也不应低于满量程的 $\dfrac{1}{3}$；如果测量脉动变化的压力，被测压力的正常值应在压力计测量范围的 $\dfrac{1}{2}$。

压力计的精度选择是根据实际需要而定。通常是在满足生产要求的前提下，选用尽可能廉价的压力计。同时，应注意到由于测压系统和测压条件所带来干扰而产生的附加误差的影响。例如：弹性式压力计对于环境温度的适应范围较小，如果测量现场的温度不符合要求，就会使压力计的测量产生附加误差。

例 4-4　有一台空压机的缓冲罐，其工作压力变化范围为 13.5～16MPa，工艺要求最大测量误差为 0.8MPa，试选用一合适的压力表（包含压力范围、精度等级）。供选用的压力表如表 4-4 所示。

表 4-4　待选压力表参数

名称	型号	测量范围/MPa	精度等级
弹簧管压力表	Y-60 系列	−0.1~0,0~0.1,0~0.25, 0~0.4,0~1.0,0~1.6, 0~2.5,0~4,0~6	2.5
	Y-100 Y-100TQ	−0.1~0.1,−0.1~0.5, 0~0.25,0~6	1.5
电接点压力表	YX-150 系列	−0.1~0.1,−0.1~0.5, −0.1~0.9,0~0.1, −0.1~0.25,−0.1~6, 0~10,0~16,0~40,0~60	1.5
活塞式压力表	YS-2.5 系列 YS-6 系列	−0.1~0.25, 0.04~0.6, 0.1~6, 1~60	0.02 0.05

解　因为该空压机的缓冲罐的压力脉动较大，所以选择仪表的上限为

$$P = P_{max} \times 2 = 16 \times 2 = 32 \text{（MPa）}$$

由上表可知，选用 YX-150 系列的表，测量范围为 0~40MPa，符合量程的范围。又由

$$\frac{13.5}{40} \geqslant \frac{1}{3}$$

可知被测压力的最小值不低于满量程的 1/3，满足要求。其最大应用误差为

$$\frac{0.8}{40} \times 100\% = 2\%$$

所以，可以选择测量范围为 0~40MPa，精度为 1.5 级的 YX-150 型压力表。

4.4　温度测量

4.4.1　概论

温度是表征物体冷热程度的物理量，是测量中最常见、最基本的参数之一。工业生产过程中物体的任何化学或物理变化都与温度有关，因此温度测量就显得尤为重要。

温度测量的方法很多，一般可分为接触式测温法和非接触式测温法。

接触式测温法是测量体与被测物体直接接触，两者进行热交换并最终达到热平衡，这时测量体的温度就反映了被测物体的温度。接触式测温的优点显而易见，它简单、可靠、测量精度较高，但同时也存在许多不足：测温元件要与被测物体接触并充分换热，从而产生了测温滞后现象；测温元件可能与被测物体发生化学反应；由于受到耐高温材料的限制，接触式测量仪表不可能应用于很高温度的测量。

非接触式测温法由于测量元件与被测物质不接触，因而测量范围原则上不受限制，测温速度较快，还可以在运动中测量。但是它受到被测物质的辐射率、被测物质与测量仪表之间的距离以及其他中间介质的影响，测温误差较大。

在长期生产实践中，形成了多种多样的测温仪表，从原理上可分为以下几大类：

ⅰ.利用物体的热膨胀来测温；

ⅱ.利用导体（半导体）的热电效应来测温；

ⅲ.利用电阻随温度变化而变化的特性来测温；

ⅳ.利用物体表面辐射与其温度的关系来测温。

表 4-5 中列出了按测温方法分类的一些目前工业上常用的测温仪表。

表 4-5　常用测温仪表分类

测温方法		测温原理	温度计名称	测温范围	使用场合
接触式	体积变化	固体热膨胀	双金属温度计	−200～700℃	轴承、定子等处的温度，作现场指示及易爆、有振动处的温度，传送距离不很远
		液体热膨胀	玻璃液体温度计,压力式温度计		
		气体热膨胀	压力式温度计(充气体)	0～300℃	
	电阻变化	金属热电阻	铂、铜、镍、铑铁热电阻	−200～650℃	液体、气体、蒸气的中、低温，能远距离传送
		半导体热敏电阻	锗、碳、金属氧化物热敏电阻		
	热电效应	普通金属热电偶	铜-康铜、镍铬-镍硅等热电偶	0～1800℃	液体、气体、蒸气的中、高温，能远距离传送
		贵重金属热电偶	铂铑-铂、铂铑-铂铑等热电偶		
		难熔金属热电偶	钨-铼、钨-钼等热电偶		
		非金属热电偶	碳化物-硼化物等热电偶		
非接触式	辐射测温	亮度法	光学高温计	600～3200℃	用于测量火焰、钢水等不能直接测量的高温场合
		全辐射法	辐射高温计		
		比色法	比色温度计		

表 4-5 中所列各种测温仪表中，机械式测温仪表大多作现场指示用，而热电阻、热电偶等测温仪表测量精度高，信号可以远传，因而应用广泛。

4.4.2　热膨胀式温度计

热膨胀式温度计是一种最简单的测温仪器，它利用物体热胀冷缩的性质制成。下面简要介绍几种常见的热膨胀式温度计。

（1）液体膨胀式温度计

最常见的是玻璃管液体温度计，它是一种应用最早的测温仪器。由于这种温度计结构简单、直观、使用方便、灵敏度与精度较高、价格便宜而且测量范围较广，因此得到广泛应用。但它易碎、不便于自动记录和信号远传。

在实际测量中，温度计中的工作液体的选择主要取决于测温范围。如果在玻璃管中充入低凝固点液体，最低可将量程扩展到−200 ℃。使用时应注意玻璃管插入深度，工业温度计的插入深度一般是固定的，而实验室或标准温度计则是全浸式。

（2）固体膨胀式温度计

固体膨胀式温度计中应用最多的是双金属温度计。它是由两种线膨胀系数不同的金属片叠焊在一起制成。如图 4-21 所示，金属片一端固定，一端可以自由移动。如果下面的金属线膨胀系数大，则当温度升高时，双金属片会向上弯曲。为了使双金属片长而结构紧凑，常制成螺旋形，一端固定，一端与指针连接。温度变化后，双金属片自由端产生偏转，利用指针指示偏转角度，可以测出温度。

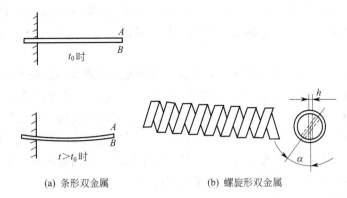

(a) 条形双金属　　　　　　　(b) 螺旋形双金属

图 4-21　双金属温度计原理图

双金属温度计测量范围一般在 80～600 ℃之间，精度最高可达 0.5 级。它的结构简单，抗振性能好，工业上已逐步用来替代水银温度计。

此外，还有一种压力式温度计，它是利用密闭容器中物质受热后体积膨胀而压力升高的原理来测温的。

4.4.3　热电偶测温仪表

热电偶温度仪表是基于热电效应原理制成的测温仪器，它由热电偶、电测仪表和连接导线组成，其核心元件是热电偶。热电偶温度计越来越广泛的应用于生产和研究领域，因为它具有以下特点：

ⅰ.测温精度较高、性能稳定；

ⅱ.结构简单、易于制造、产品互换性好；

ⅲ.将温度信号转换成电信号，便于信号远传和实现多点切换测量；

ⅳ.测温范围广，可达−200～2000 ℃；

ⅴ.形式多样，适用于各种测温条件。

（1）热电偶温度仪表工作原理

热电偶的测温原理是以热电效应为基础，如图 4-22 所示。两种不同材料的导体 A、B 组成一个闭合回路，当回路两端接点 t_0、t 的温度不相同时（假设 $t>t_0$），回路中就会产生一定大小的电势，形成电流，这个电流的大小与导体材料性质和接点温度有关，这种原理称为热电效应。把两种不同材料的组合体称为热电偶，它感受被测温度信号，输出与温度相对应的直流电势信号。构成热电偶的两种导体称为热电极，把插入被测介质中感受被测温度的一端称为测量端（工作端，热端），如图中接点 t；把处于周围环境中的一端称为参考端（自由端，冷端），如图中接点 t_0。

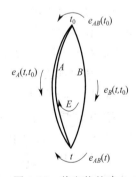

图 4-22　热电势的建立

进一步研究表明，热电势是接触电势和温差电势共同作用的结果。接触电势是由于两种不同导体的电子密度不同，从而在接点处发生电子扩散而形成的电动势。假设 A 导体的电子密度 N_a 大于 B 导体的电子密度 N_b，则从 A 扩散到 B 的电子数目要多于从 B 扩散至 A 的电子数目，因此 A 失去电子带正电，B 得到电子带负电，于是在两者接触面上形成了一个由 A 到 B 的静电场，这个静电场阻碍了电子净迁移，最终达到动平衡。此时在 A、B 间形成一个电位差，这就是接触电势，它只与 A、B 导体的性质和接点处温度有关。当 A、B 材料特性确定后，接触电势只是接点温度的函数，可以记作 $e_{AB}(t)$。接点温度越高，接触电势 $e_{AB}(t)$ 越大。

温差电势是由于同一根导体中电子从高温端向低温端迁移而引起的电动势。对于同一根导体，高温端电子的能量要大于低温端电子的能量，因此，高温端向低温端有电子的净迁移。高温端失去电子带正电，低温端带负电，从而形成了高温端指向低温端的静电场，这个静电场阻碍了电子从高温端向低温端迁移，加速了电子从低温端向高温端的转移，从而会达到动态平衡，此时存在的电势差称为温差电势，它由低温端指向高温端。温差电势只与导体材料性质和两端温度有关。当导体材料一定时只与两端的温度有关，记作 $e_A(t, t_0)$。为了方便起见，一般记成

$$e_A(t, t_0) = e_A(t) - e_A(t_0) \tag{4-26}$$

通过以上分析可以得到以下关系

$$
\begin{aligned}
E_{AB}(t, t_0) &= e_{AB}(t) + e_B(t, t_0) - e_{AB}(t_0) - e_A(t, t_0) \\
&= e_{AB}(t) + e_B(t) - e_B(t_0) - e_{AB}(t_0) - e_A(t) + e_A(t_0) \\
&= [e_{AB}(t) + e_B(t) - e_A(t)] - [e_{AB}(t_0) + e_B(t_0) - e_A(t_0)]
\end{aligned} \tag{4-27}
$$

令

$$f_{AB}(t) = e_{AB}(t) + e_B(t) - e_A(t)$$

$$f_{AB}(t_0) = e_{AB}(t_0) + e_B(t_0) - e_A(t_0)$$

可得热电势的公式为

$$E_{AB}(t, t_0) = f_{AB}(t) - f_{AB}(t_0) \tag{4-28}$$

式（4-28）表明：对于给定热电偶，热电势是其两端温度函数之差。若其冷端温度 t_0 恒定，则 $f_{AB}(t_0)$ 是定值，因此热电势的大小只依赖于热端温度 t，两者一一对应。热电偶温度仪表就是依据这个原理，通过对热电势的测量可以测出温度值。

（2）热电偶的基本定律

热电偶有几条简单的定律，为热电偶的灵活应用提供了充足的理论基础。

① 匀质导体定律　匀质导体的回路不论各处温度分布如何都不会产生热电势。这里的"匀质"仅指导体各处的成分、材质相同，与其外形无关。

从这个定律可以得出以下几个结论：

ⅰ.热电偶必须由两个不同质的材料组成；

ⅱ.同一导体回路是否有热电势可用来判定导体是否匀质。

② 中间导体定律　由两种不同导体构成的热电偶回路中，接入第三种导体，只要保持第三种导体两端温度相等，则对回路热电势没有影响。

③ 中间温度定律　两种匀质导体 A 与 B 构成的热电偶，两端温度为 t 和 t_0，如存在一个中间温度 t_n，则热电势存在以下关系

$$E_{AB}(t, t_n) + E_{AB}(t_n, t_0) = E_{AB}(t, t_0) \tag{4-29}$$

④ 标准电极定则　A、B 导体的热电势等于它们对另一参考导体 C 的热电势之和，即

$$E_{AC}(t, t_0) + E_{CB}(t, t_0) = E_{AB}(t, t_0) \tag{4-30}$$

（3）常用热电偶测温系统

一般热电偶很短，在测量时信号无法远传，同时待测温度也会影响冷端温度的恒定。如果把热电偶做得很长，则很不经济。工业上常用的测温系统如图 4-23 所示。根据热电偶的

基本定律，利用接入的补偿导线，使冷端远离测温现场，并同测量仪表一起放在恒温或温度波动较小的控制室里。

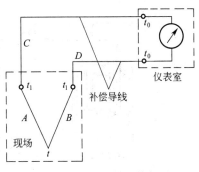

补偿导线是在一定的温度范围内与所接的热电偶热电性能相同的廉价金属丝。采用补偿导线只是改变了冷端的位置，不会影响热电偶的正常工作。下面证明这个结论（假设与 A、B 相连的导线分别为 C、D）。

图 4-23 中回路总电势为

$$E = E_{AB}(t,t_1) + E_{CD}(t_1,t_0) \quad (4-31)$$

图 4-23　工业测温系统框图

由补偿导线的性质得

$$E_{CD}(t_1,t_0) = E_{AB}(t_1,t_0)$$

代入上式得

$$E = E_{AB}(t,t_1) + E_{AB}(t_1,t_0) = E(t,t_0) \quad (4-32)$$

在使用补偿导线时要注意型号和极性，补偿导线必须和热电偶配套，正确与热电偶的正、负极连接。具体选型可参照有关标准。为了避免造成附加误差，连接时补偿导线与热电偶的两个接点温度必须相等。

应用热电偶的基本定律，可以灵活地实现以下几种情况的测温，测温线路图如图 4-24 所示。图（a）可以测两点的温度差，图（b）可以测多点温度之和，图（c）可以测量多点温度的平均温度。

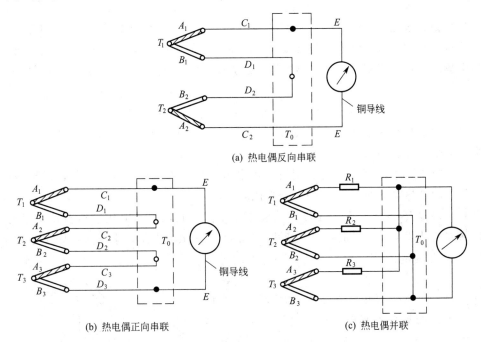

(a) 热电偶反向串联

(b) 热电偶正向串联　　　　　　(c) 热电偶并联

图 4-24　几种常用测温线路

（4）热电偶冷端温度的影响及处理

在前面的讲述中，将冷端温度视作恒定值。在实际应用过程中，冷端温度大多是变化的，从而给测量带来误差。常用的修正方法有恒温和补偿两大类。

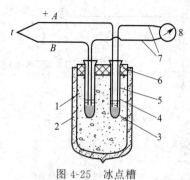

图 4-25　冰点槽

1—冰水混合物；2—保温槽；3—变压器油；
4—蒸馏水；5—试管；6—盖；
7—铜导线；8—显示仪表

① 恒温法　这种方法就是把热电偶冷端置于人造恒温装置中。常用的恒温装置有冰点槽和电热式恒温箱，冰点槽一般用于实验室精确测温或检定热电偶，而在生产现场一般用热电式恒温箱。

冰点槽的工作原理如图 4-25 所示，冰点槽内充满冰水混合物，温度维持在 0℃。在槽盖上插几根盛有变压器油的试管，将热电偶两电极的冷端置于其中，这样既可以保证两热电极相互绝缘，又能保证良好的传热性能，可以较精确地使冷端温度恒定在 0℃。

② 示值修正法　根据热电势与温度的对应关系，显示仪表可以直接读出温度。一般显示仪表的分度是在冷端温度恒定为 0℃ 条件下进行的。因此，当温度示值为 t 时，不论冷端与被测温度如何，输入的电势值必为 $E(t,0)$。若当冷端温度为 0℃ 时，示值正确反映为待测温度值；若冷端温度 $t_0 \neq 0℃$ 时，输入电势为 $E(t,t_0)$，而 $E(t,t_0) \neq E(t,0)$，因此示值不能正确反映被测温度，这时就需要修正。

在现场一般采取机械零位调整法，即预先把仪表的机械零位调整到冷端温度 t_0 处，相当于预加了一个电势 $E(t_0,0)$，综合起来，仪表的输入电势为

$$E(t,t_0)+E(t_0,0)=E(t,0) \tag{4-33}$$

从公式可以看出，示值正确反映了被测温度，消除了 $t_0 \neq 0℃$ 引起的误差。值得注意的是，这种方法要求 t_0 是一个恒定的值。

另外一种方法是计算修正法。假设冷端温度 $t_0 \neq 0℃$，被测温度为 t，示值温度为 t'。那么，显示出来的输入热电势应为 $E(t',0)$，而实际产生的热电势为 $E(t,t_0)$。显而易见，输入热电势应为热电偶实际产生的热电势，即 $E(t',0)=E(t,t_0)$，由此可得计算修正法的公式

$$E(t,0)=E(t,t_0)+E(t_0,0)=E(t',0)+E(t_0,0) \tag{4-34}$$

通过示值 t' 和冷端温度 t_0 查分度表求得 $E(t',0)$ 和 $E(t_0,0)$，代入上式求出 $E(t,0)$，再依据分度表求出被测温度 t。

③ 冷端温度补偿电桥法　是利用不平衡电桥产生的电压作为补偿电压，以抵消因冷端温度变化引起的热电势的变化。电路如图 4-26 所示。

电路的桥臂 $R_1=R_2=R_3=1\ \Omega$ 均为锰铜丝电阻，它们的阻值几乎不随温度变化。R_{Cu} 是铜线制成的补偿电阻，阻值随温度变化。电阻 R_s 是限流电阻，阻值大小因热电偶不同而不同。电桥直流电源 $E=4\ V$，U_{ab} 为输出的补偿电势。

选择 $R_{Cu}=1\ \Omega$，使电桥在 20 ℃ 达到平衡，此时 $U_{ab}=0$。当冷端温度升高时，R_{Cu} 也随之增大，因而 U_{ab} 也增大，热电势 E_x 在逐渐减小。如果 ΔU_{ab} 等于 ΔE_x，则 $U_{AB}=U_{ab}+E_x$ 不会随冷端温度变化而变化。

（5）热电偶的结构型式

在不同测温条件下要采用不同的热电偶。常见

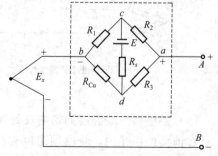

图 4-26　冷端温度补偿电桥

的热电偶大多数是标准化热电偶，应用广泛，性能优良、稳定，加工工艺较成熟，产量很大。国际上对于标准化热电偶制定了有关标准，有 S 分度号（铂铑 10-铂）、B 分度号（铂铑30-铂铑 6）、K 分度号（镍铬-镍硅）、T 分度号（铜-铜镍）、E 分度号（镍铬-铜镍）、J 分度号（铁-铜镍）和 R 分度号（铂镍-铂铑）。此外还有非标准化热电偶。它的使用范围和数量都较小。非标准化热电偶主要应用于标准化热电偶无法使用的高温、低温、超低温、真空和特殊介质等场合。根据材料可分为金属热电偶和非金属热电偶两大类。

热电偶的结构可分为普通热电偶、铠装热电偶、特殊热电偶。

图 4-27 为普通热电偶的整体外形及各部分的示意图。普通热电偶由热电极、绝缘套管、保护套管（带有固定装置）和接线盒组成。绝缘套管是为了防止两热电极之间及与保护套管之间短接；保护套管是用来防止热电极受到介质侵蚀和机械损伤，并起到密封隔离作用，防止外界影响被测介质温度；接线盒可以支撑热电偶并提供接线端子，热电偶的冷端一般在接线盒里。

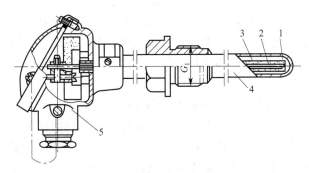

图 4-27 普通工业标准化热电偶结构示意图
1—热电偶热端；2—热电极；3—绝缘管；4—保护套管；5—接线盒

铠装热电偶是一种结构牢固、小型、使用方便的特殊热电偶。它动态性能好、反应快、热容量小、对被测温度场影响小、机械强度高、挠性好，可以装在复杂的装置上。铠装热电偶是由金属套管、绝缘材料和热电极经拉伸加工而成。

例 4-5 用一支铂铑 10-铂热电偶进行温度测量，已知热电偶冷端温度 $t_0 = 20℃$。测量得到 $E(t, t_0) = 7.341mV$，求被测介质的实际温度。

解 查附录 3.1 铂铑 10-铂热电偶分度表得：

$$E(t_0, 0) = 0.113mV$$

则 $E(t, 0) = E(t_0, 0) + E(t, t_0) = 7.341 + 0.113 = 7.454(mV)$

反查 S 分度表得其对应的实际温度为 810℃。

由于热电偶的温度-热电势关系是非线性的，因而对热电偶的冷端温度进行补偿不能采用温度直接相加，必须按热电势相加进行补偿。

4.4.4 热电阻测温仪表

通常金属导体或半导体电阻都具有阻值随温度变化而变化的性质。例如，当温度每升高1℃，大多数金属电阻的阻值将升高 0.4%～0.6%，而半导体电阻的阻值却减小 2%～6%。热电阻就是利用测量阻值的变化而间接测出温度。

热电阻测温仪表在中低温范围内测量精度高、灵敏度高、性能稳定、输出信号较强，同时还便于远距离测量，因此得到了广泛的应用。

（1）测温原理

金属热电阻与温度的关系一般用多项式表示

$$R_t = R_{t_0}[1 + A(t-t_0) + B(t-t_0)^2 + C(t-t_0)^3 + \cdots] \tag{4-35}$$

式中，R_{t_0}、R_t 分别表示温度为 t_0、t 时的阻值；A、B、C 均为常数，只与热电阻材料性质有关。常用温度系数和电阻比来表征热电阻的电阻温度特性。其中温度系数用 α 表示，表达式为

$$\alpha = \frac{1}{R_{t_0}} \frac{\mathrm{d}R_t}{\mathrm{d}t} \bigg|_{t=t_0} \tag{4-36}$$

称 α 为 t_0 下的温度系数，α 越大，测温灵敏度也就越高。电阻比 R_{100}/R_0 是指在 100℃ 和 0℃ 下的电阻值的比值，显然 R_{100}/R_0 越大，α 也越大。实验证明，纯金属的电阻温度特性最好，测温灵敏度最高，因此测温热电阻一般尽可能采用纯金属制作。

半导体热电阻又称为热敏电阻，与金属热电阻不同之处在于阻值随温度升高而减小；和金属热电阻相比，优点是电阻温度系数高、测温灵敏、电阻率高、体积小。但是它的互换性差、复现性差、阻值与温度的关系不太稳定等，因此限制了它的使用。

（2）常用热电阻

常用的热电阻主要有铂热电阻、铜热电阻和镍热电阻。

铂热电阻性能可靠、精确度高，在氧化甚至高温条件下的物理化学性能非常稳定，因此一般被作为标准仪表，但是在还原性条件中容易变脆，且价格较高。铜热电阻的突出优点是阻值与温度几乎成线性关系，但它高温下易被氧化，测量精度不高，适用于测量准确度要求不高、温度较低的场合。镍热电阻最大的特点是温度系数较大、测温灵敏度高，但温度系数在 200℃ 时产生特殊变化，因此测温范围低于 200℃。

（3）热电阻的结构

工业用热电阻分为普通型热电阻、铠装热电阻、特殊热电阻等，这几种热电阻的外观和使用特点都与相应的热电偶相似。热电阻由电阻体、绝缘套管、保护套管和接线盒组成。

热电阻的电阻体是由绝缘骨架和电阻丝组成。绝缘骨架用来缠绕、固定和支撑热电阻丝。不同的骨架及骨架材料对热电阻的构造和性质都有影响，表 4-6 列出了几种常见的热电阻结构及各自的特点。

表 4-6　热电阻的结构及特点

热电阻结构类型	结 构 图	图 注	特 点
云母骨架铂热电阻	 (a)	1—云母绝缘件；2—铂丝；3—云母骨架；4—引出线	耐振性好，时间常数小
玻璃骨架铂热电阻	 (b)	1—玻璃外壳；2—铂丝；3—骨架；4—引出线	体积小，可小型化，耐振性差，易碎

热电阻结构类型	结　构　图	图　注	特　点
陶瓷骨架 铂热电阻	(c)	1—釉；2—铂丝；3—陶瓷骨架；4—引出线	体积小，可小型化，耐振性比玻璃骨架好，测温上限达900℃
	(d)	1—陶瓷骨架；2—螺旋状铂丝；3—引出线	体积小，测温范围−200～800℃，耐振性好，热响应时间短
铜热电阻	(e)	1—骨架；2—漆包铜线；3—引出线	结构简单，价格低廉

表 4-7　测温仪表的选用

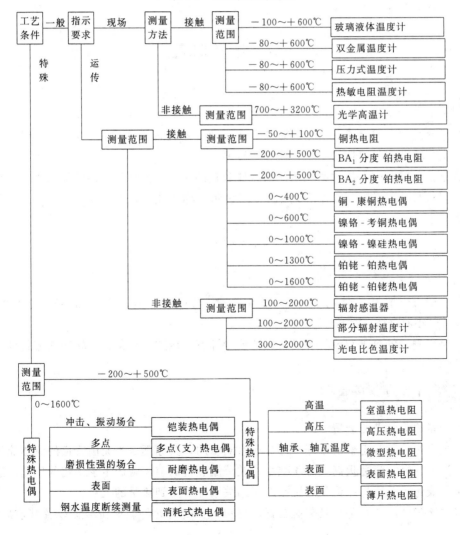

4.4.5　测温仪表的选用

在实际测量温度时，测量条件是多种多样的，针对不同的测量条件应选取不同的测量仪表。通常应考虑测量范围、仪表使用要求、测量环境、仪表的可维修性及成本等。

ⅰ.根据生产所要求的测温范围、允许的误差，选择合适的测温仪表，使之有足够的量程和精度。但不能单纯追求仪表的精度，以免造成不合理的经济支出。

ⅱ.根据生产现场对仪表功能的要求，可以选用一般性仪表、自动记录仪表、可远传仪表以及自动控温系统等。

ⅲ.根据仪表的工作条件，选择合适的仪表及保护措施，防止过多的维护管理费用。

在实际选用过程中，可以参考表4-7进行选择。

如何正确安装测温元件是实现正确测量的基础，也是减少维修费用的一个途径。实现正确安装应做好以下两点。

ⅰ.正确选择具有代表性的测温点，测温元件应插入被测物的足够深处。对于管道流体的测量，应迎着流体流动方向插入。

ⅱ.要有合适的保护措施，如加装保护管、在插入孔处密封等。这样可以延长元件使用寿命，减小测量误差。

4.5　流量测量

4.5.1　概述

流量是测量中的重要参数之一，是产品成本核算和能源科学管理所必需的指标。因此，对流量测量方法及测量仪器的学习显得非常重要。

流量是指单位时间内流过某一截面的流体数量的多少。流量可以用体积来表示，称为体积流量，用符号 q_V 来表示；也可以用质量来表示，称为质量流量，用符号 q_m 来表示。它们的关系如下

$$q_m = \rho \times q_V \tag{4-37}$$

或

$$q_V = \frac{q_m}{\rho} \tag{4-38}$$

单位一般可表示为吨/小时（t/h），千克/小时（kg/h），千克/秒（kg/s），立方米/小时（m^3/h），升/小时（L/h）等。

用于流量测量的仪表叫流量计。常见的流量计有：压差式流量计、转子式流量计、电磁式流量计等。

4.5.2　压差式流量计

（1）测量原理及节流装置

压差式流量计是基于节流原理来进行流量测量的。其原理是当充满管道的流体流经节流装置时，流束收缩，流速提高，静压减小，在节流装置的前后就产生了一定的压差。这个压差的大小与流量有关，根据流量与压差之间的关系即可得到流量的大小。

压差式流量计的核心部件是节流装置，它包括：节流元件、取压装置以及其前后管段。

常用的节流装置有孔板、喷嘴和文丘里管等。这些节流元件均已标准化，使用时可以查阅有关手册。节流装置的取压方式通常有角接取压和法兰取压，其中角接取压又可分为钻孔取压和环室取压。一般说来角接取压既可用于孔板装置又可用于喷嘴装置，而法兰取压一般只用于孔板装置。

（2）节流装置的流量方程

① 流量方程的推导　节流元件安装在管道里，内部有局部收缩，流体流过节流元件时流动速度加快，静压减小，在节流元件前后产生了压差。流动情况如图 4-28 所示（以孔板装置为例）。截面 1 处流体未受节流元件的影响，流体充满流道，流束直径为 D，流体压力为 p_1'，平均流速 v_1，流体密度为 ρ_1。截面 2 是流束在节流后收缩到最小时的截面，此处流束压力为 p_2'，平均流速 v_2，流体密度为 ρ_2。图中 p_1、p_2 为取压点的压力。流体由于受节流元件的阻挡而导致 p_1 大于 p_1'，同时，截面在 p_2 处并非最小，流体速度也非最高，因而 p_2 也大于最小压力 p_2'。根据流

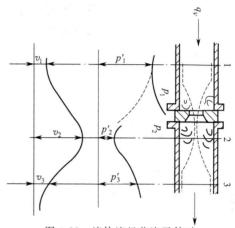

图 4-28　流体流经节流元件时压力流速的变化情况

体力学的伯努利方程和连续方程可以推导出节流装置的流量方程式。

假设水平管道中的流体为不可压缩流体，由伯努利方程可得

$$\frac{v_1^2}{2}+\frac{p_1'}{\rho_1}=\frac{v_2^2}{2}+\frac{p_2'}{\rho_2} \tag{4-39}$$

根据连续方程

$$\rho v_1 A_1 = \rho v_2 A_2 = q_m \tag{4-40}$$

令 $\mu=\dfrac{A_2}{A_0}$, $m=\dfrac{A_0}{A_1}$, $\beta=\dfrac{d}{D}$, $m=\beta^2$,（其中，A_1、A_2 分别为 1、2 截面的面积，A_0 为孔板开孔截面的面积，μ 为流束的收缩系数）。

由式（4-39）、式（4-40）可得

$$v_2=\frac{1}{\sqrt{1-\mu^2 m^2}}\sqrt{\frac{2}{\rho}(p_1'-p_2')} \tag{4-41}$$

质量流量为

$$q_m=\rho v_2 A_2=\frac{\mu A_0}{\sqrt{1-\mu^2 m^2}}\sqrt{2\rho(p_1'-p_2')} \tag{4-42}$$

体积流量为

$$q_V=\frac{q_m}{\rho}=\frac{\mu A_0}{\sqrt{1-\mu^2 m^2}}\sqrt{\frac{2}{\rho}(p_1'-p_2')} \tag{4-43}$$

测得压力 p_1 与 p_2，然后引进压力修正系数 ξ，$\xi=\sqrt{\dfrac{p_1'-p_2'}{p_1-p_2}}$，它与取压位置、流动损失以及流速在截面上分布的不均匀性等因素有关。令 $\alpha=\dfrac{\mu\xi}{\sqrt{1-\mu^2 m^2}}$（称其为流量系数），则

得到不可压缩流体的流量方程为

$$q_m = \alpha A_0 \sqrt{2\rho(p_1 - p_2)} \tag{4-44}$$

或

$$q_V = \alpha A_0 \sqrt{\frac{2}{\rho}(p_1 - p_2)} \tag{4-45}$$

对于可压缩流体，流束在节流中由于压力下降要引起体积膨胀，使得可压缩流体的流量方程要变得复杂一些。如果将流体通过节流元件时的状态变化过程视为绝热过程，可以得到可压缩流体的流量方程为

$$q_m = \alpha \varepsilon A_0 \sqrt{2\rho_1'(p_1 - p_2)} \tag{4-46}$$

或

$$q_V = \alpha \varepsilon A_0 \sqrt{\frac{2}{\rho_1'}(p_1 - p_2)} \tag{4-47}$$

其中的 ε 为气体膨胀系数，

$$\varepsilon = \frac{\mu_K \zeta_K}{\sqrt{1 - \mu_K^2 m^2}} \frac{1}{\alpha} \sqrt{\frac{1 - \mu_K^2 m^2}{1 - \mu_K^2 m^2 \left(\frac{p_2}{p_1}\right)^{\frac{2}{k}}}} \sqrt{\frac{p_1}{p_1 - p_2} \frac{k}{k-1} \left[\left(\frac{p_2}{p_1}\right)^{\frac{2}{k}} - \left(\frac{p_2}{p_1}\right)^{\frac{k+1}{k}}\right]} \tag{4-48}$$

式中 k——绝热指数；

  μ_K——流束收缩系数 $\left(\mu_K = \dfrac{A_2}{A_0}\right)$；

  ξ_K——可压缩气体修正系数。

公式(4-48) 中的 α 与不可压缩流体时相同。如果认为不可压缩流体的 $\varepsilon = 1$，那么式(4-46) 和式(4-47) 就可以看作是流量方程的一般形式。

② 流量公式分析   在流量基本方程式中，流量系数 α 和气体膨胀系数 ε 是两个重要参数，而其大小与诸多因素有关。

i. 流量系数 α

$$\alpha = \frac{\mu \xi}{\sqrt{1 - \mu^2 m^2}} \tag{4-49}$$

α 取决于 μ、ξ 和 m 的大小。

μ 值取决于摩擦力和惯性力，与 Re 有关。Re 增加，流束收缩将变大，但当 Re 上升到一定的值时，流束的收缩将不再变大，即 Re 几乎不再对 α 有影响。

ξ 与取压位置、流动损失和流速沿截面分布的不均匀性有关，而流动损失又是由流速沿截面分布的不均匀性、Re、管道的粗糙度以及 m 所决定的。

综上所述，α 与节流装置的形式、取压方式、Re、m 以及管道的粗糙度有关。在节流装置一定时，α 只取决于 Re、m 和管道的粗糙度。在标准节流装置中，由于 Re 已足够大，因此其对 α 的影响很小，而管道的粗糙度已定，α 只与 m 有关。

ii. 膨胀系数 ε 与节流前后的压比 p_2/p_1、β（或 m）、k 等因素有关。在 $p_2/p_1 \geqslant 0.75$，$50\text{mm} \leqslant D \leqslant 1000\text{mm}$，$0.220 \leqslant \beta \leqslant 0.80$ 时，ε 可以由以下公式确定

$$\varepsilon = 1 - (0.3703 + 0.3184\beta^2) \left[1 - \left(\frac{p_2}{p_1}\right)^{\frac{1}{k}}\right] \times 0.935 \tag{4-50}$$

（3）压差式流量计的组成

压差式流量计由节流装置、引压导管、压差变送器和二次仪表组成。

　　节流装置是将管道中流体的流速转变成压差信号，引压管道是将压差信号送至压差变送器。压差变送器是压差式流量计的重要组成部分，它是将压差装置的压差信号转变为标准电流信号。二次仪表是将接收到的电流信号经过转化、运算，最终显示出流量值。其测量系统如图 4-29 所示。

　　（4）压差式流量计的使用

　　压差式流量计是国内外长期使用的一种流量仪表，它可以测量除固体物质以外的任何介质的流量，有着悠久的历史，目前已经实现了标准化、系统化，如国际标准 ISO 5176。中国修正的国家标准 GB/T 2624 也直接采用了这一国际标准。

　　一般情况下，此类流量计使用范围：管径为 $50 \sim 1000\mathrm{mm}$，测量范围为 $1.5 \sim 100000\mathrm{m}^3/\mathrm{h}$，精度为 $\pm 1\% \sim \pm 2\%$。

　　压差式流量计有很多优点，但由于压力损失比较大，且安装时前端需要直管段，因此在使用时应注意以下几点。

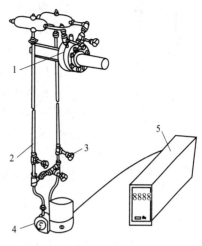

图 4-29　压差式流量计的组成
1—节流装置；2—引压导管；3—三阀组；
4—压差变送器；5—二次仪表

　　ⅰ. 节流装置的安装要正确。节流装置的正确安装是正确使用压差式流量计的前提。在安装时一定要注意方向正确，并且在使用中还应特别注意不能使节流装置出现沉淀、结焦、堵塞等现象，以免引起过大的测量误差。

　　ⅱ. 对孔板的要求。孔板的进口边缘应尖锐，严格直角，不可有毛刺、划痕。如有圆弧，应满足 $r_k \leqslant 0.0004d$。如果孔板的边缘变钝，就会造成 Δp 变小，从而引起测量误差。

　　ⅲ. 对管道、取压装置、导压管、压差变送器等的安装、使用都有一定的要求。在进行流量测量时，一定要遵守有关规定，否则就会引起较大的测量误差，导致测量精度与设计时的精度相差甚远。

　　（5）压差式流量计的发展

　　近年来，压差式流量计有了新的发展。在原有的压差信号的基础之上，又增加了温度信号和压力信号，这样就可以实现对流体密度的补偿，减少由于密度的变化而引起的流量测量的误差。特别是随着计算机技术的发展和计算机的广泛应用，出现了智能化流量测量仪表。它通过采集压差、压力、温度以及其他信号，可以跟踪流体工况的变化，从而准确的测量各个参数，得到更加真实的流量值。今后随着科学技术的进一步发展，还会有更多的新技术应用到压差式流量计中。

　　例 4-6　某压差式流量计的流量测量上限为 $320\mathrm{m}^3/\mathrm{h}$，差压上限为 $2.5\mathrm{kPa}$。当仪表指针指在 $160\mathrm{m}^3/\mathrm{h}$ 时，求相应的差压是多少（流量计不带开方器）。

　　解　由式（4-45）所示，流量与差压的平方根成正比。当所有测量条件都不变，存在以下的关系

$$\frac{q_{V1}}{q_{V2}} = \sqrt{\frac{\Delta p_1}{\Delta p_2}}$$

　　由此可得

$$\Delta p_2 = \frac{q_{V1}^2}{q_{V2}^2}\Delta p_1 = \frac{160^2}{320^2} \times 2500 = 625(\mathrm{Pa})$$

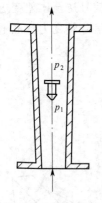

图 4-30 转子流量
计工作原理图

4.5.3 转子式流量计

（1）测量原理及流量公式

转子式流量计的结构如图 4-30 所示。它由一个锥形管和一个可在锥形管中上下自由运动的转子两个基本部分组成。当被测流体通过锥形管时，流体从转子与锥形管的环隙中流过，转子受到一个向上的力而浮起。当转子在流体中受到的向上作用力与转子在流体中的重量相等时，转子就静止在某一高度上。这样通过转子的重力、浮力求得转子两边的压差后，可以根据压差求得流体通过环隙的速度，进而求得所测的流量。其流量方程的推导如下。

根据力的平衡方程式可得

$$G_1 \frac{\rho_1 - \rho}{\rho_1} = (p_1 - p_2)A \tag{4-51}$$

式中　G_1——转子所受的重力；

ρ_1——转子材料的密度；

ρ——所测流体的密度；

A——转子的最大表面积；

p_2，p_1——转子上、下表面所受的总压力。

由式（4-51）可得

$$\Delta p = p_1 - p_2 = G_1 \frac{\rho_1 - \rho}{\rho_1 A} \tag{4-52}$$

流体通过环隙 A_1 的流速 c 为

$$c = K \sqrt{\frac{2(p_1 - p_2)}{\rho}} \quad \text{（其中 } K \text{ 为系数）} \tag{4-53}$$

流体的体积流量为

$$q_V = A_1 c = KA_1 \sqrt{\frac{2G_1}{\rho A}\left(\frac{\rho_1 - \rho}{\rho_1}\right)} \tag{4-54}$$

其质量流量为

$$q_m = KA_1 \sqrt{2G_1 \frac{\rho}{A}\left(\frac{\rho_1 - \rho}{\rho_1}\right)} \tag{4-55}$$

其中

$$A_1 = \frac{\pi}{4}\left[(d_0 + nl)^2 - d^2\right]$$

式中　n——转子升起单位高度时，锥形管内径的变化；

l——由零点转子上升的高度；

d_0——在刻度尺零点处的锥形管内径；

d——转子的最大直径。

对一定的仪表，与转子形状及介质黏性有关的系数 K 是一个常数。因此，流量只与环隙面积有关，也即与转子的位置有关。

（2）转子流量计的使用和特点

转子式流量计在国内已形成系列，如 LZB 系列。在使用中应当特别注意的是，转子流量计在出厂时通常是按照空气作为被测介质标定的。如果被测介质不是空气，其密度与空气密度不同，则应重新进行标定。通常可用如下公式进行修正

$$q_{V_2}=q_{V_1}\sqrt{\frac{\rho_f-\rho_2}{\rho_f-\rho_1}\frac{\rho_1}{\rho_2}} \qquad (4\text{-}56)$$

式中　q_{V_2}——修正后的流量；

　　　q_{V_1}——标定时的流量；

　　　ρ_f——转子材料的密度；

　　　ρ_1——标定时空气的密度；

　　　ρ_2——实际被测气体的密度。

转子式流量计是一种常规的测量仪表。由于转子位于锥形管中央，不与管壁产生摩擦，具有一定的灵敏度和准确度。

转子式流量计的优点主要有：可测小流量、结构简单、维修方便、压力损失小、价格低廉等。但是也有许多缺点限制了它在工业中的应用。首先转子式流量计采用机械传递信号，仪表性能和准确度都难以提高；此外，转子本身也有很多问题，如流量大小发生突变时，或是仪表有垂直度偏差时，转子容易卡死。有时即便没有卡死，但它与内壁产生摩擦，影响转子上下运动，也会造成很大的测量误差。

一般情况下，此类流量计的管径范围是 4～150mm，测量范围是 0.001～3000m³/h，精度为±1%～±2.5%。

（3）远传式转子流量计

远传式转子流量计是将位移信号转变为电信号，从而实现远距离传送，也可同时进行显示和记录。位移信号变为电信号通常是采用差动变送器，如图 4-31 所示。将转子与差动变送器的内铁芯相连，转子在流体的作用下，向上移动，同时带动铁芯也向上移动，导致差动变送器有一个相应的不平衡电势输

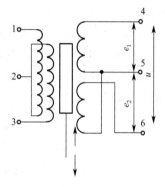

图 4-31　差动变送器结构原理图

出，该信号送至差动仪即可显示流量。转子流量计的位移信号也可以变为压力信号进行远距离传送，称之为气动的远传式转子流量计。

4.5.4　涡街流量计

涡街流量计的测量原理如图 4-32 所示。

在流体管道中插入一定形状的旋涡发生体（阻流体），当流体绕过发生体后，在发生体两侧会交替产生规则的旋涡，这种旋涡称为卡门涡街。经过推导，流体的体积流量 Q 与旋涡频率 f 符合下面公式

$$Q=f/K \qquad (4\text{-}57)$$

式中的 K 为流量计的流量系数。在一定雷诺数范围内 K 为常数，流量 Q 与旋涡频率 f 成线性关系。因此，只要测出 f，就能求得体积流量 Q。

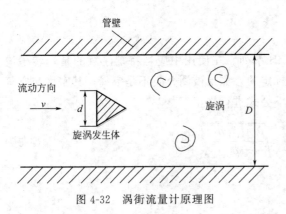

图 4-32　涡街流量计原理图

涡街流量计适用的管道口径一般在 300mm 以下，测量的精确度对于液体大致在 $\pm 0.5\% \sim \pm 1\%$，对于气体在 $\pm 1\% \sim \pm 2\%$，重复性一般为 $0.2\% \sim 0.5\%$。涡街流量计不适用于测量低雷诺数（$Re \leqslant 2 \times 10^4$）流体，一般平均流速下限对液体为 0.5m/s，对气体为 $4 \sim 5$m/s。

不同公司生产的涡街流量计具有不同的特点，特别是在涡街发生体的形状设计上，有梯形、长方形、T 形，还有多发生体等，对涡街信号的检测也有不同方法，采用的元件有压电元件、热敏元件、超声波、电容元件等。

4.5.5　电磁式流量计

（1）测量原理

如图 4-33 所示，电磁式流量计是由变送器和转换器两部分组成。变送器包括磁路部分、电极、外壳和引线等。转换器的作用是将变送器输出的电压信号转换为 $4 \sim 20$mA 的电流信号。

电磁式流量计的基本原理是：当有导电的流体通过磁极之间的管道时，流体相当于是一个长度为管道内径的导体在切割磁力线，这时就会产生电动势 E。根据恒定磁场的理论，可得

$$E = Bdv \tag{4-58}$$

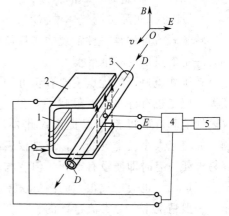

图 4-33　电磁式流量计工作原理图
1—励磁线圈；2—铁芯；3—导管；
4—转换器；5—显示仪表

式中　B——磁极间的磁感应强度；

　　　v——导管中液体的流速；

　　　d——导管的内径。

根据流量 $q_V = \dfrac{\pi}{4} d^2 v$，可得

$$q_V = \frac{\pi}{4} \frac{E}{B} d \tag{4-59}$$

当使用交流励磁时，磁场以频率 f 随时间变化。因此

$$E = \frac{4B}{\pi d} q_V \sin 2\pi f t = K q_V \tag{4-60}$$

q_V 与 E 为线性关系，测得 E 就可以求得流量的大小。

（2）电磁式流量计的使用

电磁式流量计有很突出的优点。用它可以测量导电液体的流量，它不受流体压力、温度、黏性、密度、电导率等的影响，测量范围比较宽。可测量两个不同方向的流量，可测含杂质液体，同时还可用于强酸、强碱及盐类等腐蚀性液体。此外电磁式流量计受流动状态的影响小，测量中没有压降，不会对流动造成损失。

电磁式流量计也存在一些缺点。①电磁式流量计在测量中没有考虑到密度的变化（目前随着智能化仪表的应用，这个问题已经得以解决）；ⅱ安装和调试要求很严格，用起来比较复杂；ⅲ测量有污垢的黏性流体时，黏性物或沉淀物容易附着在电极上，从而带来测量误差，甚至会导致测量无法进行，因此必须在使用时注意清洗；ⅳ测量时干扰信号比较多，且不易排除。

使用电磁式流量计进行测量，由于其原理特殊，并且属于非接触式测量，因此可以用于其他流量计不能使用的场合。正是这些特殊的用途使得电磁式流量计在工业中有着广泛的应用。

一般情况下，此类流量计的管径在 $6 \sim 900 \text{mm}$，测量范围为 $0.1 \sim 20000 \text{m}^3/\text{h}$，精度为 $\pm 1\%$。

4.5.6 热式气体质量流量计

热式气体质量流量计是利用热扩散原理测量气体流量的仪表，即利用流动中的流体与热源之间热量交换关系来直接测量气体质量流量的仪表。根据热效应的金氏定律（King's law），加热功率 P、温度差 ΔT（$T_{RH} - T_{RMG}$）与质量流量 Q 有确定的数学关系式。

热式流量计传感元件包括两个带不锈钢套管保护的铂 RTD 温度敏感元件，如图 4-34 所示，一个为参考传感器（RH），感应介质的温度；另一个为测量探头（RMG），被电路部分加热。在两个铂 RTD 传感头之间存在着温差（电阻差），这个温差通过电路转换为电压信号。气体流过传感头时，带走热量。气体带走的热量和气体的质量流量成比例关系，也和传感头之间的温差有关。流量越大，两个传感头之间的温差越小。通过测量温差，就可得到气体的质量流量。如果探头外形是圆柱形，根据传热学公式

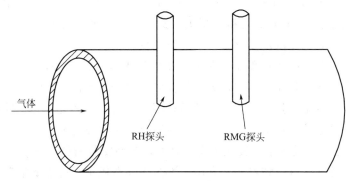

图 4-34　热式流量计原理图

$$NU = \frac{hd}{k_f} = C\left(\frac{\rho v d}{\nu}\right)^n \left(\frac{c_p \nu}{k}\right)^{1/3} = CRe^n Pr^{1/3} \tag{4-61}$$

式中　NU——平均换热系数；

$\quad\ C$——系数，由 Re 决定；

$\quad\ h$——对流换热系数；

$\quad\ v$——气体的流动速度；

$\quad\ \nu$——流体动力黏度；

$\quad c_p$——流体比热容；

$\quad\ d$——传感头直径；

n——特征参数；

k_f——导热系数；

Re——雷诺数；

Pr——普朗特数。

圆柱形传感头的发热量

$$Q = hA\Delta T = h \cdot 2\pi dL \cdot \Delta T \tag{4-62}$$

式中　L——圆柱形传感头的长度；

ΔT——圆柱形传感头和流体之间的温差；

A——传感头的表面积。

由式（4-61）、式（4-62）得

$$\rho_V = \left(\frac{\nu}{d}\right)\left[\frac{1}{(C\pi LkPr^{1/3})}\right]^{1/n} \cdot \left(\frac{Q}{\Delta T}\right)^{1/n} \tag{4-63}$$

式中，ρ_V 为气体的质量流量。由式（4-63）可知在一定的工作条件下，$\left(\dfrac{u}{d}\right)\left[\dfrac{1}{(C\pi LkPr^{1/3})}\right]^{1/n}$ 为常数。质量流量 ρ_V 和 $\left(\dfrac{Q}{\Delta T}\right)^{1/n}$ 成一定的比例关系。当 Q 恒定，气体质量流量和温差成反比，此种流量计称为恒功率流量计。也可以通过改变恒热源 HTR 加热电流大小，保持温差 T 恒定，气体质量流量和加热功率成正比，此种流量计称为恒温差流量计。

在热式流量计的选用过程当中，若被测介质工况温度/压力变化范围不大，仅在工作点附近波动，比热容变化不大，可视作常数。若工作点温度/压力远离校准时温度/压力，则必须按该工作点温度/压力进行调整。流体使用温度一般为 0～50℃，范围较宽者 -10～120℃，应用于窑炉或烟道的高温高粉尘型则可达 550℃。加热热源温度高于气体几十度甚至上百度。测量气体时气体温度变化不影响质量流量。

热扩散技术有着非常高的量程比。在大多数应用中典型的量程比为 100∶1，但在一些应用中甚至需要更高的量程比。例如，火炬气监测需要 500∶1 或更高的量程比，而热扩散式流量计能提供 1000∶1 的量程比。由于无活动部件和可堵塞的孔，热扩散技术已被证明在一些恶劣环境中是可靠的。流体传感元件可选择适合各种流体的材料，在大多数情况下使用 316 不锈钢，也常用到哈氏合金和其他金属。另外，典型安装的插入式流体元件在大多数情况下产生的压损可忽略。这个特点非常有用，因为压损造成更大的能源浪费并增加费用。另外，热扩散式流量计能测量极低的流量，插入式流量计能测量 0.08m/s 的流体，在线式流量计能测量 0.008m/s 的流体。

典型型号的热式流量计技术参数如表 4-8 所示。

表 4-8　典型型号的热式流量计技术参数

产品型号	TF100 型	ST75 型	Fox10A	HQ980	ILBOT-FEB
所属公司	加拿大 SAILSORS	美国 FCI	美国 Fox	上海华强仪表	昆明埃里伯特
测量精度	±1%	±1%	±0.75%	±2%	±2.5%
重复性	±0.5%	±0.5%	±0.2%	±1.5%	±1.5%

4.5.7 流量测量仪表的选用

掌握了以上的知识，在选用流量计时首先要考虑流体的性质和状态，其次要考虑工艺允许的压力损失、最大最小额定流量，同时应注意使用场合的特点，测量精度的要求，价格因素以及显示方式等。只有同时注意以上几点，才可能选用合适的流量计，进行精确的测量。

4.6 液位测量

4.6.1 概述

物位是液位、料位以及界位的统称。其中液位指容器内液体介质液面的高低。物位测量的主要目的在于测知容器中物料的存储量，以便对物料进行监控，保证顺利和安全生产。在过程装备控制中，液位是一个很重要的参数，它对生产的影响不可忽视。例如，工业锅炉汽包水位的测量与控制是保证锅炉安全的必要因素。若锅炉汽包水位太高，则容易使蒸汽带液增加、蒸汽品质变坏，长时间还会导致过热结垢，对锅炉的安全造成极大的隐患。

生产过程中的液面情况十分复杂，除常压、常温、一般性介质水平液面情况外，还会遇到高温、高压、易燃易爆、黏性及多泡沫沸腾状的液面情况。在实际操作过程中，对液位测量的要求是多方面的，液位测量的范围变化也很大。针对这些不同的情况，应选用不同的液位计。

液位测量已有很长的历史，在测量方法和测量仪器制作方面积累了相当多的经验。工业上使用很多种液位计，按工作原理可分为直读式、浮力式、静压式、电容式、光纤式、激光式、核辐射式。其中，直读式是直接用与被测容器旁通的玻璃管或夹缝的玻璃管显示液位高度，方法直观、简单。本节主要介绍工业上广泛应用的浮力式、静压式、电容式以及利用光纤技术制成的新式光纤液位计。

4.6.2 浮力式液位计

浮力式液位计是根据浮力原理对液位进行测量，可分为恒浮力式和变浮力式两种。

（1）恒浮力式液位计

浮力式液位计是利用漂浮在液面上的浮子来实现测量。浮子因浮力作用漂浮在液面上，其位置代表了液面的位置。当液面变化时，浮子随液面一起运动，从而产生位移，但浮子所受浮力的大小不发生改变，然后通过传递、放大系统显示出液位的变化和液面高度。

① 测量原理　有一圆柱形浮子，其几何尺寸如图 4-35 所示。设浮子的密度为 ρ_1，液体密度为 ρ_0，则浮子受力情况如下。

自身重力　　　$G=\dfrac{\pi}{4}D^2a\rho_1 g$　　　（4-64）

所受浮力　　　$F=\dfrac{\pi}{4}D^2b\rho_0 g$　　　（4-65）

设所受外力为 F'，当浮子处于平衡状态时有

$$F'+F=G \qquad (4\text{-}66)$$

当液位上升 Δh 时上述平衡关系发生变化，浮子浸在液体中的部分增大，浮力增加 ΔF，则

$$\Delta F=\dfrac{\pi}{4}D^2\Delta h\rho_0 g \qquad (4\text{-}67)$$

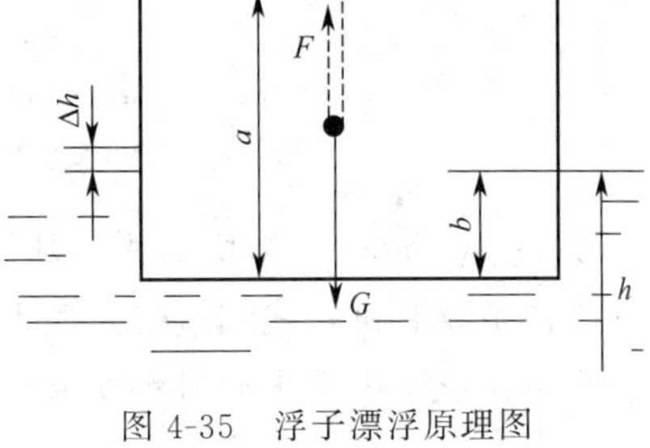

图 4-35　浮子漂浮原理图

124

因此在假设 F' 不变时，$F'+(F+\Delta F)>G$。

由于 ΔF 的产生，导致了受力不平衡，从而迫使浮子上浮，也就是说浮子的升降是随液位的升降而变化的。当重新达到平衡后，浮子的静止位置就表示了新液面的位置。

② 浮子的结构形式　由于仪表各部件之间存在摩擦等阻力，只有当浮力的变化量 ΔF 达到某一值 ΔF_0 时，也就是液位变化量达到仪器可感应量 Δh_0 时，浮子才能克服阻力开始动作。因此把 $\Delta h_0/\Delta F_0$ 称为浮力式液位计的不灵敏区。

$$\frac{\Delta h_0}{\Delta F_0}=\frac{\Delta h_0}{(\pi/4)D^2\Delta h_0\rho_0 g}=\frac{4}{\pi D^2\rho_0 g} \tag{4-68}$$

由式（4-68）可以看出，$\Delta h_0/\Delta F_0$ 与浮子的直径 D 的平方成反比，直径越大，灵敏度越高。根据这个原理，一般将浮子制成扁平空心圆盘或圆柱形。但对于波动较大且变化频繁的液面，扁平浮子易倾覆。为提高抗风浪性能，将浮子作成高圆柱状，但却降低了灵敏性。常见几种形式的浮子结构如图4-36所示。

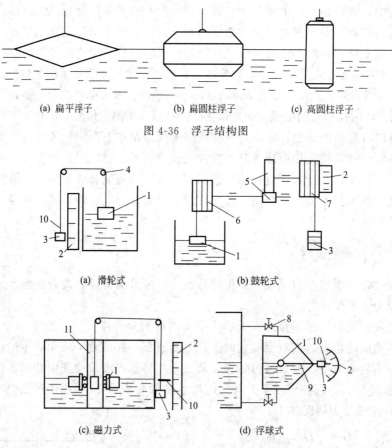

图 4-36　浮子结构图

图 4-37　恒浮力式液位计结构图

1—浮子（球）；2—刻度尺（盘）；3—平衡重；4—滑轮；5—啮合齿轮；
6，7—鼓轮；8—阀门；9—连杆；10—指针；11—不导磁的管子

③ 恒浮力液位计结构形式　其结构上的主要差异在于它对浮子位移的传递、放大和显示方式，主要有机械式和电气式两大类。机械式如图4-37所示。

图4-37(a)中浮子通过钢丝绳经由滑轮与平衡重相连。液位、浮子、指针、平衡重同步

移动，通过指针在刻度尺上指示的位置可以测得液面高度。这种仪器方便、简单、直观。图4-37(b) 中的鼓轮式用齿轮啮合来传递位移，其突出优点是可以通过改变齿轮的齿数来改变仪器的量程。图 4-37(c) 所示的磁力式是利用浮子与磁铁之间的引力来实现对液位变化的信号的传递。图 4-37(d) 所示的是浮球式，通过调节平衡重 3，使浮球一半浸润在液体中，浮球随液位升降，通过转轴带动指针转动，在刻度盘上指示液位的位置。

④ 误差分析　恒浮力式液位计的测量误差，主要由以下几个因素引起：

ⅰ.仪器灵敏度的高低；

ⅱ.在腐蚀性工作环境中，浮子被浸蚀而造成质量减轻；

ⅲ.当测量黏度较大的液体时，由于浮子上粘一些液体，从而使浮子质量增加；

ⅳ.由于温度变化引起液体各点处的密度不同。

（2）变浮力式液位计

变浮力式液位计是通过感受元件将液位变化转化为力的变化，再将力的变化转化为机械位移，然后通过转换装置将位移转换为电信号。

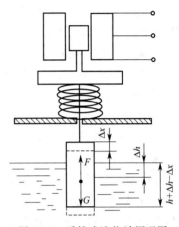

如图 4-38 所示，一个截面积为 A 的圆柱形金属浮筒悬挂在弹簧上，浮筒的重量由弹簧力来平衡，当浮筒的一部分浸入液体时，由于浮力作用而使浮筒上移，当与弹簧力平衡时，浮筒停止运动。对于浮筒存在以下平衡关系

$$cx = G - Ah\rho_0 g \tag{4-69}$$

图 4-38　浮筒式液位计原理图

式中　c——弹簧刚度；

　　　h——浮筒浸入液体高度；

　　　G——浮筒重量；

　　　x——弹簧压缩位移量；

　　　ρ_0——液体密度。

当液位发生变化时，假设升高 Δh，则浮筒由于所受浮力变化引起浮筒位置的变化，上升 Δx，则平衡关系为

$$c(x - \Delta x) = G - A(h + \Delta h - \Delta x)\rho_0 g \tag{4-70}$$

两式相减得

$$c \cdot \Delta x = A\rho_0 g(\Delta h - \Delta x) \tag{4-71}$$

由式(4-71) 得

$$\Delta h = \left(1 + \frac{c}{A\rho_0 g}\right)\Delta x = k\Delta x \tag{4-72}$$

对于 c、A、ρ_0 均为常数的系统来说，k 也为常数，因此液位变化量 Δh 与浮筒位移 Δx 成正比。若在浮筒连杆上装上指针，可直接指示液位；若在浮筒连杆上装上铁芯，通过差动变送器，可输出电信号，从而间接测出液位。

4.6.3　静压式液位计

（1）测量原理

静压式液位计是通过测量某点的压力或该点与另一参考点的压差来间接测量液位的仪表。

由流体静力学可知，当液体在容器内有一定高度时，会对容器的底面或侧面产生一定的

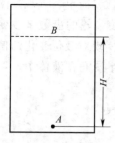

图 4-39 静压液
位计原理图

压力。如图 4-39 所示，在一密闭容器中，取 A、B 两点，设 B 点为参考点，则

$$\Delta p_{AB} = p_A - p_B = \rho g H \tag{4-73}$$

若图中容器为开口容器，则液体自由表面处的压力等于大气压，上式可以变为

$$p = p_A - p_B = \rho g H \tag{4-74}$$

在测量中若液体的密度不变，则液面的高低直接影响液体对底面和侧面压力的大小。由公式(4-74) 可知，A、B 两点的垂直高度与密闭容器中两点的压差 Δp_{AB} 成正比，或与敞口容器中 B 点的表压 p 成正比。因此，在选定测点后，可以通过测量 p 或 Δp_{AB} 将液位测量转化为压力测量，进而由压力大小间接测量出液位高低。

（2）静压式液位计的结构形式

① 玻璃管液位计　利用连通器的原理而制成，通过玻璃管来显示液柱高度，直接观察液位。这是一种最简单的静压式液位计。

② 压力式液位计　利用测压仪表来测量液位的仪器。

ⅰ.压力表测液位系统。因为一般压力表的默认气压为大气压，所以该测量系统只适用于敞口容器。如图 4-40 所示。

对于图 4-40(a)

$$p = \rho g H + \rho g h \tag{4-75}$$

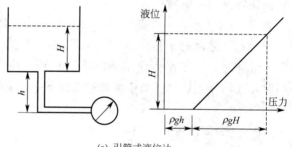

(a) 引管式液位计

当压力表布置固定好后，h 是一个常数。因此仪的刻度方程为

$$p = \rho g H + C \tag{4-76}$$

式中，$C = \rho g h$，为常数。

对于图 4-40(b)

$$p = \rho g H \quad (C = 0) \tag{4-77}$$

由上述分析可知，图 4-40(a)、(b) 所示系统最大差异就在于测量基准点不同，因而在刻度方程曲线上存在差异，图(a) 系统的刻度曲线存在一个零点的

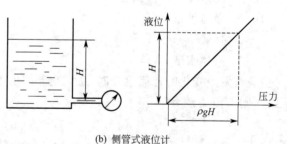

(b) 侧管式液位计

图 4-40　两种不同的压力表布置方式

迁移量 $C = \rho g h$。在实际测量中，计算时必须减去这个零点的迁移量。

ⅱ.法兰式压力变送器测量位移系统。当待测量液体黏度大、易结晶，不便于或不能用管路输送时，可以用法兰压力变送器将测压元件直接连接在容器上进行测量。

ⅲ.吹气式液位测量系统。对于易腐蚀、高黏度或密度不均的液体，最好使用吹气式液位测量计。如图 4-41 所示，将一根导管插入敞口容器的液面下，压缩空气经减压阀和节流元件，最后从导管下端开口逸出。由于有节流元件的稳压作用，根据流体力学原理，供气量几乎是恒定的。当导管的气压与液封压力（B 点压力）相等时，导管下仅有微量气体逸出。此时压力表的读数就可以反映出液位高度 H。当液面变化时，液封压力也要随之变化，但供气量恒定，这样就引起导管内压力的同步变化，因此压力计就可以显示出液位的变化。

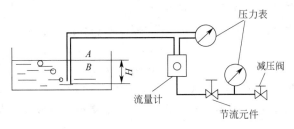

图 4-41　吹气式液位测量系统

③ 压差式液位计　对于密闭式容器，当液位变化时，液面处的气压也随之发生变化。此时气压对压力计指示有影响，只能用压差计来测量气、液两相的压差。压差大小通过气动或电动差压变送器传送，并转化为电信号，最终显示出液位的大小及其变化。

4.6.4　电容式液位计

电容式液位计由电容式液位传感器和测量电路两部分组成，它的传感部件结构简单，动态响应快，能够连续、及时地测量液位的变化。电容式液位计应用广泛，适用于各种导电、非导电液体的液位测量。

（1）电容法测液位原理

电容器由两个同轴的金属圆筒组成，如图 4-42 所示，两圆筒半径分别为 R、r，高为 L。当两筒之间充满介电常数为 ε 的介质时，则两筒间电容量可由下面公式表述

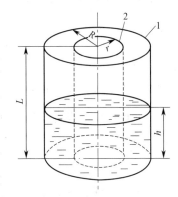

图 4-42　电容器的组成
1—外电极；2—内电极

$$C_0 = \frac{2\pi\varepsilon L}{\ln(R/r)} \tag{4-78}$$

若圆筒电极的一部分被介电常数为 ε_1（设 $\varepsilon_1 > \varepsilon$）的另一种介质充满，在保证电容不放电的情况下，电容量发生变化，则

$$C = \frac{2\pi\varepsilon L}{\ln(R/r)} + \frac{2\pi(\varepsilon_1-\varepsilon)h}{\ln(R/r)} \tag{4-79}$$

两式相减，得

$$\Delta C = \frac{2\pi(\varepsilon_1-\varepsilon)h}{\ln(R/r)} \tag{4-80}$$

因此在 ε、ε_1、R、r 均为常数时，电容变化量 ΔC 与液位高度 h 成正比。当测得电容变化量后，可以测得 h 的大小。

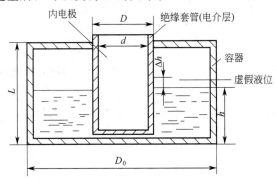

图 4-43　电容式液位计原理图

电容式液位计就是利用这个原理制成的。当液位上升时，电容两圆筒电极的介电常数发生变化，引起电容量的变化，根据变化量的大小可计算出液位高度 h 的大小。

（2）导电液体电容液位计

图 4-43 所示的是测量导电介质液位的电容式液位计原理图。图中金属内电极外套聚四氟乙烯塑料套管或涂以搪瓷作为电介质和绝缘层。设绝缘套管的介电常数为

ε_1，电极的绝缘层和容器内气体的等效介电常数为 ε_2。

当容器内没有液体时，即 $h=0$，则金属容器壁作为外电极，电容量大小为

$$C_0 = \frac{2\pi\varepsilon_2 L}{\ln(D_0/d)} \qquad (4\text{-}81)$$

当电容中液体高度为 h 时，因为液体导电，所以外电极就应该是液体，其直径等于绝缘套管的直径 D。而未被液体浸润的地方外电极仍为容器。此时，电容大小为

$$C = \frac{2\pi\varepsilon_2(L-h)}{\ln(D_0/d)} + \frac{2\pi\varepsilon_1 h}{\ln(D/d)}$$

$$= \left[\frac{2\pi\varepsilon_1}{\ln(D/d)} - \frac{2\pi\varepsilon_2}{\ln(D_0/d)}\right]h + C_0 \qquad (4\text{-}82)$$

上式可以写成
$$h = KC - KC_0 \qquad (4\text{-}83)$$

其中
$$K = \frac{1}{\dfrac{2\pi\varepsilon_1}{\ln(D/d)} - \dfrac{2\pi\varepsilon_2}{\ln(D_0/d)}}$$

如果 $D_0 \gg d$，$\varepsilon_2 < \varepsilon_1$，则 $K = \dfrac{\ln(D/d)}{2\pi\varepsilon_1}$。

由此可以定义电容式液位计的灵敏度

$$S = \frac{1}{K} = \frac{2\pi\varepsilon_1}{\ln(D/d)} \qquad (4\text{-}84)$$

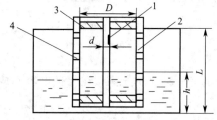

图 4-44　非导电介质电容液位计简图
1—内电极；2—外电极；
3—绝缘套；4—通液小孔

ε_1 越大，绝缘层越薄，灵敏度越高。

如果被测介质的黏度较高时，在绝缘套管上易形成一个虚假液位。因此实际应用时应尽量使绝缘套管表面光滑，或使用不沾染的涂层材料。

（3）非导电介质电容液位计

与前面所介绍的导电介质电容液位计所不同的是非导电介质电容液位计有专门的外电极，如图 4-44 所示。为了保证介质流动顺畅，在外电极上开了很多小孔。设液体介电常数为 ε_1，空气介电常数为 ε_0。则有

$$C = \frac{2\pi\varepsilon_0(L-h)}{\ln(D/d)} + \frac{2\pi\varepsilon_1 h}{\ln(D/d)}$$

$$= \left[\frac{2\pi\varepsilon_1}{\ln(D/d)} - \frac{2\pi\varepsilon_0}{\ln(D/d)}\right]h + C_0 \qquad (4\text{-}85)$$

$$S = \frac{2\pi(\varepsilon_1 - \varepsilon_0)}{\ln(D/d)} \qquad (4\text{-}86)$$

同样的，测得电容变化量，即可计算出液位高度。当（$\varepsilon_1 - \varepsilon_0$）越大时，$D/d$ 值越接近于 1，则灵敏度越高。

非导电介质电容液位计同样会出现虚假液面，其大小与被测介质黏度、内外电极间隙大小、电极形状等有关。

4.6.5　光纤液位计

光纤具有绝缘性好，防爆性好，不会产生火花、高温、漏电等不安全因素，耐腐蚀性

好，体积小，易弯曲等特点，在工业上得到日益广泛的应用。

如图 4-45 所示，在两根石英光纤的端部粘上（或烧结加工而成）石英棱镜，其中一根与光源相连，另一根与光电元件相连。

当探头置于空气中时，光线在棱镜中发生全反射，光源所发出的光经过如图所示的光路传送至光电元件。当探头接触液面Ⅰ时，液体的折射率与空气不同，一般均大于空气，则临界角 α_0 增大，从而破坏了棱镜中全反射，部分光线漏射至液体中，这样送至光电元件的光强度极大地被减弱了。若探头再深入至Ⅰ-Ⅱ界面时，由于两者折射率的不同，从而临界角 α_0 又一次发生变化，同样送至光电元件的光强再次变化。从上面分析来看，探头每进入不同介质（不同折射率）时，送至光电元件的信号就要发生变化，从而可以确定出液面位置。

由以上原理可知，光纤液位计可用于以下几种情况：

ⅰ.易燃易爆液体的液面报警；

ⅱ.不同介质分界面的测定；

ⅲ.监控液位，防止液体的泄漏。

此外，也可用单根光纤制成单光纤液位计。图 4-46 所示为单光纤液面传感器的工作原理图。将光纤端部加工成菱形，菱形的角度要保证该传感元件在空气中时发生全反射。当探头浸入液体时，由于液体折射率比空气折射率大，从而发生折射现象，返回光被削弱，使光电元件所测得的光信号强弱发生变化，由此可以测得液面位置。在实际应用中，光源一般采用氦氖激光器，光纤采用粗光纤。光纤端头研磨要陡一些，以利于附着的液体立即落下，便于下次测量。

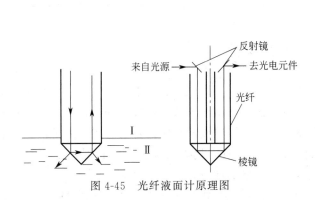

图 4-45　光纤液面计原理图

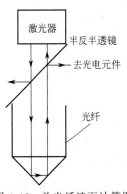

图 4-46　单光纤液面计简图

光纤液位计的特点是仪表用光纤传递信息，可以做到现场无电源及电传送信号，传送能量小，属于本质安全型仪表。

近年来出现的新型液位计还有利用回声测距原理的超声波液位计，利用光电效应的激光液位计等。

4.6.6　液位计的选用

选择液位计主要考虑以下几个方面：

ⅰ.仪表特性，主要包括测量范围、测量精度、工作可靠性等；

ⅱ.工作环境，主要包括被测对象情况、液位计的放置情况等；

ⅲ.输出方式，主要包括是否连续测量、信号传递和显示等。

表 4-9 列出了一般液位计的分类与性能，可供选择参考。

表 4-9 液位计的分类与性能

仪表种类 比较项目		直读式液位计		压力式液位计			浮力式液位计			电容式液位计	光纤式液位计
		玻璃管式液位计	玻璃板式液位计	压力表式液位计	吹气式液位计	差压式液位计	带钢丝绳浮子式液位计	浮球式液位计	浮筒式液位计		
仪表特性	测量范围/m	<1.5	<3			20	20			2.5	
	测量精度					1%		1.5%	1%	2%	
	可动部件	无	无	无	无	无	有	有	有	无	有
	是否接触被测介质	是	是	是	是	是	是	是	是	是	是
输出方式	连续或间断测量或定点控制	连续	连续	连续	连续	连续	连续	连续 定点	连续	连续 定点	连续、定点、间断
	操作条件	现场直读	现场直读	远传仪表显示	现场目测	远传仪表显示	远传可记数	报警 指示 记录	指示	指示	远传报警
测量条件	工作压力 10^4/Pa	<16	<40	常压	常压		常压	<16	<320	<320	
	工作温度/℃	100~150	100~150			−20~200		<150	<200	−200~200	
	防爆性	本质安全	本质安全	可隔爆	本质安全	可防爆	可隔爆	可隔爆、本质安全	可隔爆		本质安全
	对多泡沫、沸腾介质的适用性	精度过低	精度过低	适用	适用	适用		适用	适用		

4.7 物质成分分析

现代化工生产过程中，为了保证原材料、中间产品、成品的质量和产量，可以利用温度、压力、流量等过程参数进行测量和控制，这是间接的方法。而成分分析仪表则可以随时监视原料、半成品、成品的成分及其含量，达到直接检测和控制的目的。成分分析仪表的应用，可以提高和保证产品的质量，降低原材料的消耗，提高劳动生产率，促进生产力的发展。因此，成分分析测量在工业生产过程中有重要的地位。

成分分析仪表种类繁多，按其工作原理可分为光学式、热学式、电化学式、传质式和其他类型的分析仪表。本节仅对常用的分析仪表的工作原理简要介绍。

4.7.1 红外线气体分析仪

红外线气体分析仪是一种吸收式光学分析仪器，常用来检测 CO、CO_2、NH_3 以及 CH_4、C_2H_2、C_2H_4 等气体浓度，在现代化工流程工业（如合成氨工业）中有广泛的应用。它也可用来检测锅炉烟气中 CO、CO_2 的含量以及环境的大气污染。

（1）工作原理

红外线气体分析仪是基于物质对光辐射的选择性吸收原理来工作的。一定的物质只能吸收特定波长的光辐射，称为该物质的特征光谱。混合气能吸收红外线的波带与待测组分有关，能吸收红外辐射能的大小与待测组分的浓度有关。当红外线通过混合气体时，气体中的待测组分吸收红外线的辐射能，引起自身压力、温度的变化。若将这种变化转化成易于测量的电信号（如电容），就可测出气体吸收的辐射能，进而得到气体的浓度。

红外线的波长范围为 $0.76\sim300\mu m$，位于可见光和微波之间。在红外线气体分析仪中通常只利用 $1\sim25\mu m$ 范围内的光谱。一些结构对称、无极性的气体（如 O_2、H_2、Cl_2、N_2、He、Ne、Ar）的吸收光谱不在 $1\sim25\mu m$ 内，所以红外线气体分析仪不能检测此类气体。红外线通过介质被介质吸收的规律，符合朗伯-比尔定理

$$I=I_0 e^{-KCL} \tag{4-87}$$

式中　I——红外线的出射光强；

　　　I_0——红外线的入射光强；

　　　K——待测组分的吸收系数；

　　　C——待测组分的浓度；

　　　L——样气的厚度。

当气体浓度不是很大时，可认为 K 与 C 无关。这样当 I_0、L 一定时，出射光强 I 是 C 的单值函数，通过检测 I，可求出 C 的大小。

（2）结构组成

红外线气体分析仪的种类很多，可大致分类如下。

目前中国生产的工业型红外线气体分析仪大都属于直读—双光束—正式这一类。直读式气体分析仪的结构简图如图 4-47 所示。

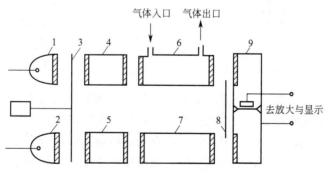

图 4-47　红外线气体分析仪检测系统

1,2—红外线光源；3—切光片；4,5—干扰滤光室；6—测量气室；

7—参比气室；8—调零挡板；9—薄膜电容接收器

红外线光源 1、2 发出两束波长范围基本相同、光强基本相等的两束红外光，切光片 3 在同步电机的带动下周期性的遮断光源，它将两束平行光调制成两束脉冲光。一束光通过干扰滤光室 5、参比气室 7 进入薄膜电容接收器 9，光强基本不变；另一束光通过干扰滤光室 4、测量气室 6 进入接收器。由于在测量气室里红外线被待测组分气体吸收了部分能量，光强减弱，减弱的程度与待测组分的浓度有关，因此进入接收器的两束光强是不同的。在接收器内光强的差转化成电信号，送入放大器，最后由仪表显示。

红外线光源通常由镍铬丝制成，工作温度在 $700\sim800$℃ 范围内。此时其辐射光的波长

范围为 $3\sim10\mu m$，比较适合检测气体的浓度。由于检测时需要稳定的辐射光谱，灯丝的温度不能随意变化，因此需要较好的稳定电源。

干扰滤光室充以待测样气中含有的干扰组分气体，这些干扰组分气体的吸收光谱与待测气体组分的吸收光谱有一部分重叠。例如在合成氨工业中，由于 CO_2 与 CO 的吸收光谱有一部分重叠，在测量 CO 的浓度时，必须在干扰滤光室里充以足量的 CO_2，让 CO_2 完全吸收其特征波长范围内的红外线能量，这样，在后面的气室吸收过程中，光强的变化完全由 CO 的吸收引起，就排除了 CO_2 的干扰。

测量气室通以连续的待测样气和干扰气体，有入口和出口。而参比气室则通以不吸收红外辐射的气体，一般为 N_2。参比气室的作用是保证两束光通过的光程相同。通过参比气室的光强基本不发生变化，而通过测量气室的气体由于被样气中的待测组分气体吸收了部分辐射而减弱光强。这样，从参比气室和测量气室出来的光强度差值就是测量气室吸收的辐射能。

薄膜式电容接收器是仪器的心脏部件，它将红外辐射的能量差异转化成电信号。其结构简图如图 4-48 所示。

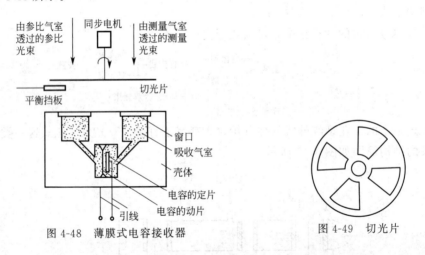

图 4-48　薄膜式电容接收器　　　　　图 4-49　切光片

接收器有三个气室，都充以一定浓度的待测气体，两侧的吸气室的尺寸结构完全一样，被中间气室里的电容动片隔开。当两束红外光进入两侧吸气室时，待测组分气体对其进行充分吸收，使分子热运动增强，压力升高。若两束光强相同，则两侧吸气室吸收能量相同，压力变化相同，故动片不动；若两束光强不同，则两吸气室吸收能量不同，压力变化不同，于是电容动片两侧压力不同，动片就会变形，动片与定片间的距离就发生变化，电容大小也发生改变。测量气室中的待测组分气体浓度越大，光强减少越多，电容变化越大。直接测量电容的微小变化是相当困难的，为了方便测量，需要用切光片对光束进行调制。切光片一般是对称的，其结构简图如图 4-49 所示。切光片由同步电动机带动旋转，它保证左右两束光能同时遮断和同时通过。对于双光源的红外线气体分析仪，切光片的调制频率一般在 $3\sim25Hz$，常用为 $6.25Hz$。

当两光束周期性地、同步地射入气室和薄膜式电容接收器中时，电容的动片就会产生周期性的振动，电容的大小也发生周期性的变化。若此时在电容两极板上加一恒定电压，电容周期性地变化就会引起电容反复的充、放电。充、放电的电流大小取决于电容变化量的大小，也即取决于待测组分气体的浓度。将电流信号经放大器放大后，送入仪表显示。

4.7.2 氧化锆氧气分析仪

工业生产过程中检测氧气的含量，比较常用的检测仪器如氧化锆氧气分析仪。其优点是：结构简单、维护方便、反应迅速、测量范围广等。它适用于化工、冶金部门检测各种工业锅炉及炉窑中烟道气的氧含量。此外，它与控制器组成自动控制系统，能实现低氧燃烧控制，有利于节省能源和减少环境污染。

（1）工作原理

氧化锆气体分析仪的基本原理是以氧化锆作为固体电解质，在较高的温度下，电解质两侧的氧浓度不同而形成浓差电池。浓差电池的电动势与两侧的氧浓度有关，当一侧氧浓度固定时，可通过输出电势和浓差——电势关系求出另一侧氧气浓度。

氧化锆（ZrO_2）在常温下是一种单斜晶系物质，导电性能差。若掺入一定数量的氧化钙（CaO）或氧化钇（Y_2O_3）并经高温焙烧后，就变成稳定的面心正方形晶系物质，具有良好的导电性。此时 Ca^{2+} 就会置换晶格点阵上的 Zr^{4+} 并在晶格中形成氧离子空穴。如果有外加电场，就会形成氧离子 O^{2-} 占据空穴的定向移动而导电。示意图如图 4-50 所示。固体电解质的导电性与温度有关，温度越高导电性越强。在 $600 \sim 1000 ℃$ 高温下，掺杂的氧化锆晶体对氧离子有良好的传导性。

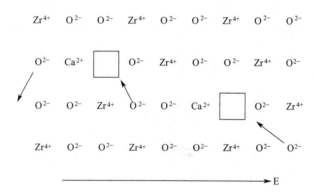

图 4-50 ZrO_2（＋CaO）固体电解质与导电机理

氧浓差电池构造如图 4-51 所示。氧化锆晶体材料两侧分别为参比气体和待测气体，两侧气体的氧气浓度不等。在晶体两侧贴有多孔的铂金属极板，在高温下，吸附在铂金属片周围的氧分子从铂电极上获得自由电子后变成氧离子，并通过氧化锆晶体中的氧离子空穴向低浓度一侧移动，在另一侧的铂电极上释放电子变成氧分子逸出。于是在铂电极上造成电荷积累，形成氧浓差电池。当接通外电路时，指针就会偏转。

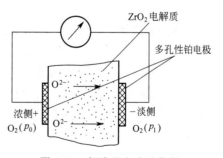

图 4-51 氧浓差电池示意图

氧浓差电池可表示为 　（－）Pt，O_2（分压 p_1）｜$ZrO_2 \cdot CaO$｜O_2（分压 p_0），Pt（＋）

其中 p_0、p_1 为两侧的氧分压，$p_0 > p_1$。

在正极上的反应为 　$O_2(p_0) + 4e \longrightarrow 2O^{2-}$

在负极上的反应为 　$2O^{2-} \longrightarrow O_2(p_1) + 4e$

电池两端的电势 E 可由能斯特（Nernst）公式表示

$$E = \frac{RT}{NF}\ln\frac{p_0}{p_1} \tag{4-88}$$

式中　E——氧浓差电势，mV；

$\quad\quad R$——气体常数 $R = 8.315\text{J}/(\text{mol}\cdot\text{K})$；

$\quad\quad F$——法拉第常数 $F = 96500\text{C}$；

$\quad\quad T$——热力学温度，K；

$\quad\quad N$——反应时所输送的电子数（对氧 $N = 4$）；

p_0，p_1——两侧气体氧分压。

若两侧气体总压力相等，则上式可改写为

$$E = \frac{RT}{NF}\ln\frac{\phi_0}{\phi_1} \tag{4-89}$$

式中，ϕ_0、ϕ_1 表示两侧气体的氧容积成分。

若用空气作为参比气体，$\phi_1 = 20.8\%$，当 T 一定时，E 只取决于待测气体的氧容积成分 ϕ_0。通过测出 E 的大小，可求出待测气体的氧浓度。

（2）氧化锆氧气分析仪检测器

氧化锆检测器的原理示意图见图 4-52。它由氧化锆固体电解质管、铂电极和引线构成。氧化锆管通常制成一端封闭的圆管，管径一般为 10mm 左右，壁厚一般为 1mm 左右，长度为 150mm 左右。管内外壁用烧结的方法附上铂、铑等多孔性金属电极和引线。管内通以参比气体（通常是空气），管外通过待测气体。

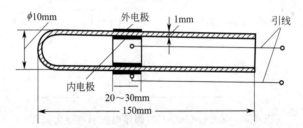

图 4-52　氧化锆检测器原理示意图

实际的检测器一般都要采用恒温措施，还带有必要的辅助结构，如参比气体引入管、测温热电偶、过滤器、加热炉等。图 4-53 是带有恒温加热炉的氧化锆测氧检测器的示意图。

为了正确测量气体的氧浓度，需注意以下几点。

ⅰ.氧化锆传感器要恒温，否则要在计算电路中采取补偿措施。式（4-89）表示，当 ϕ_0 一定时，E 与 T 成正比。要保证 E 与 ϕ_0 的单值对应关系，必须保证测量时传感器的温度不变，否则要进行温度补偿。

ⅱ.氧化锆传感器一定要在高温下工作，以保证有足够的灵敏度。只有在高温环境下，氧化锆才是氧离子的良好导体。而且温度越高，在相同氧浓差下输出电压越大，灵敏度越高。通常要求氧化锆传感器工作温度在 800℃ 左右。

ⅲ.应用式（4-89）时，要保证被测气体与参比气体的总压相等，此时两种气体的氧分压之比才能用两气体的氧容积百分比表示。

ⅳ.两侧的气体应保持一定的流速。氧浓差电池有使两侧气体的氧浓度趋于一致的趋向，

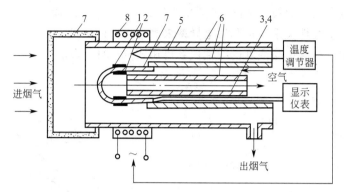

图 4-53 带恒温炉的氧化锆测氧检测器结构示意图

1,2—外、内电极；3,4—内、外电极引线；5—热电偶；

6—Al_2O_3 陶瓷管；7—氧化锆管；8—恒温加热炉

为测量准确，必须使两侧气体按一定的速度流动，以便不断更新。

4.7.3 工业电导仪

工业电导仪是通过测量溶液的电导而间接的得到溶液的浓度，常用来分析酸、碱、盐等电解质的浓度。它也可用来分析气体的浓度，但首先需要用某种电解质溶液吸收气体，然后测量电解质溶液的电导改变量，再间接的得到气体的浓度。

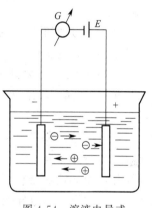

图 4-54 溶液电导或
电阻测量示意图

（1）工作原理

电解质溶液和金属导体一样，也是电的良导体。它的导电特性可用电阻或电导来表示。测量示意图如图 4-54 所示。

溶液的电阻或电导的计算式与金属导体的是一样的，即

$$R = \rho \frac{L}{A} \tag{4-90}$$

$$G = \gamma \frac{A}{L} \tag{4-91}$$

式中　R——溶液的电阻；

ρ——溶液的电阻率；

L——电解质溶液导体的总长度，即两极板间的距离；

A——电解质溶液导体的横截面积，即极板的面积；

G——溶液的电导；

γ——溶液的电导率。

令 $K = L/A$，K 称为电极常数，则

$$R = K\rho \tag{4-92}$$

$$G = \frac{\gamma}{K} \tag{4-93}$$

溶液的电阻随温度的升高而减小，导电能力增强。一般不用电阻 R 或电阻率 ρ 来表示溶液的导电能力，而用电导 G 或电导率 γ 来表示。γ 值越大，溶液的导电能力越强。γ 与溶液电解质的种类、性质、浓度及温度等因素有关。图 4-55 给出了两种常见的水溶液在 20℃

时其电导率与浓度的关系曲线。从图4-55可以看出，溶液的电导率 γ 与浓度 G 只有在低浓度区和高浓度区才呈线性关系，可利用电导率来测量溶液的浓度。

在低浓度区域，电导率与浓度的线性关系可用式（4-94）表示

$$\gamma = mc \tag{4-94}$$

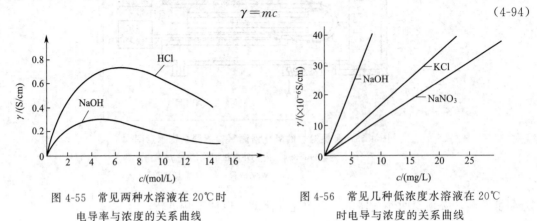

图4-55　常见两种水溶液在20℃时
电导率与浓度的关系曲线

图4-56　常见几种低浓度水溶液在20℃
时电导与浓度的关系曲线

图4-56为几种低浓度的水溶液在20℃时电导率与浓度的关系曲线。式（4-94）中 m 表示直线的斜率，为正值。

但在高浓度区，γ 却随浓度的增大而减小，这是因为溶液中的正负离子存在相互吸引作用，影响了导电能力。浓度越高，相互吸引作用越强，电导越小。此时 γ 与 c 的关系可表示为

$$\gamma = mc + a \tag{4-95}$$

式中，m 表示斜率，为负值；a 表示直线延长线在 γ 轴上的截距。

（2）电导检测器

常用的电导检测器有两种结构，一种是筒状电极，另一种是环状电极。当两极间充满导电液体时，也可称为电导池。电导池的电极常数 K 是已知的，通过测出其电导，可得到溶液的电导率，进而得到溶液的浓度。

图4-57为筒状电极的结构示意图。内电极外半径为 r_1，外电极的内半径为 r_2，电极长度为 l，理论电极常数为

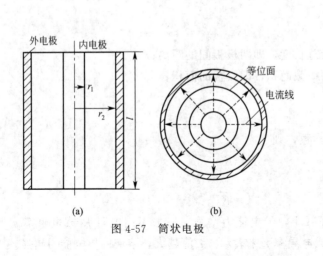

图4-57　筒状电极

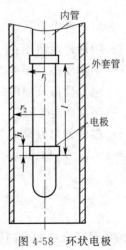

图4-58　环状电极

$$K = \frac{1}{2\pi l} \ln \frac{r_2}{r_1} \tag{4-96}$$

图 4-58 为环状电极的结构示意图。两个环状电极套在内管上，内管一般为玻璃管；环状电极常用金属铂制成，表面镀上铂黑；外套管可用不锈钢制成。环半径为 r_1，环厚度为 h，两电极距离为 l，外套筒内半径为 r_2。当 r_1、r_2 比 l 小得多且 h 也不很大时，其理论电极常数可近似为

$$K = \frac{l}{\pi(r_2^2 - r_1^2)} \tag{4-97}$$

这两个理论公式通常与实际相差较大，只能作估算用。实际的电导检测器的电极常数是用实验方法求得的。在两电极构成的电导池中充满了电导率已知的标准溶液，用精度较高的电导仪或交流电桥测出两电极间的标准溶液的电阻 R 或电导 G，即可用公式(4-93)求出电极常数 K。对一个已知电极常数为 K 的电导检测器，两电极的电导可由公式(4-93)求出。

用来测量低浓度溶液的电导检测器，其电导与溶液浓度的关系为

$$G = \frac{m}{K} c \tag{4-98}$$

用来测量高浓度溶液的电导检测器，其电导与溶液浓度的关系为

$$G = \frac{m}{K} c + \frac{a}{K} \tag{4-99}$$

利用上述两公式，电导检测器就可以将被测溶液的浓度信号转化成电导信号。

（3）溶液电导的测量

① 测量方法　工业上常用接触法来测量溶液的电导，即将两电极插入溶液中再测量两电极的电导。按外接电路的结构不同，可分为分压式和桥路式。

分压式电路图如图 4-59 所示。桥路式分为平衡桥式和不平衡桥式，如图 4-60 和图 4-61 所示。

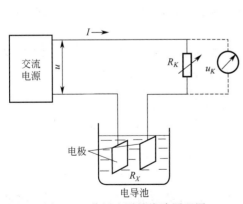

图 4-59　分压法测量线路原理图

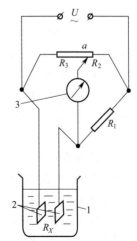

图 4-60　平衡电桥测量原理线路图
1—电导池；2—电极片；3—检流计

以上几种测量方法常用来检测电解质（盐类）的浓度。由于浓酸易腐蚀电极，不能采用接触法测量，若要检测浓酸类溶液的浓度，可采用电磁感应法。

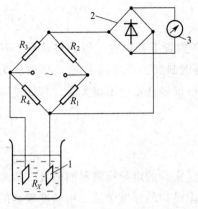

图 4-61 不平衡电桥法测量原理线路图
1—电导池；2—桥式整流器；3—指示仪表

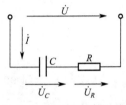

图 4-62 考虑双电层时电
容检测器的等效电路图

② 影响测量的因素　影响因素有以下几点。

ⅰ.电极极化。电导检测器若用直流电源供电，就会出现电解现象。在正、负电极上发生氧化和还原反应，并产生双电层和表面电场；此外，还引起溶液中的传质过程（电离子迁移和扩散等），使局部浓度发生变化。前者称为化学极化，后者称为浓度极化。极化会严重影响测量精度。为了减小极化现象的影响，电导检测器常用交流电源供电。要求电源频率较高，通常为 1kHz，这样由于两极电位交替改变，来不及电解或至少是能大大地减弱电解作用。还可以采用增大电极表面面积来减小电流密度，因为电流密度越大，浓差极化越严重。通常在铂电极上镀一层粗糙的铂黑，以增大电极的有效面积。

ⅱ.电导池电容的影响。当用交流电源供电时，在两电极间会产生电容，此时电导池等效成一阻抗。电导池的电容可等效地认为由两部分组成，一部分是由于电极反应在电极与溶液间形成双电层而产生的电容，它与溶液电阻 R 串联；另一部分是两电极与被测电解质溶液形成的电容，它与 R 并联。当溶液电导率不是很低时，双电层电容的影响是主要的。图 4-62 给出了只考虑双电层电容影响时的等效电路图。

此时，实际阻抗为
$$Z = R - j\frac{1}{\omega C} \tag{4-100}$$

电容的电压为
$$\dot{U}_C = -j\frac{1}{\omega C}\dot{I} \tag{4-101}$$

为了减小 $\dot{U}_C$，应提高电源频率。若测量低浓度范围的溶液，由于溶液电阻比较大，可以不用高频交流电，工业频率（50Hz）即可得到满意结果；对于高浓度小电阻的溶液，则必须采用高频，常用的频率范围为 1~4kHz。

ⅲ.温度影响。前已提过，温度升高时，溶液的电导率会增大。当溶液浓度较低时（0.05mol/L），电导率与温度的关系可用式（4-102）表示
$$\gamma_t = \gamma_0[1 + \beta(t - t_0)] \tag{4-102}$$

式中　t_0——参考基准温度；

γ_t——温度为 t℃时的电导率；

γ_0——温度为 t_0℃时的电导率；

β——电导率的温度系数。

在室温情况下，酸性溶液的 β 值约为 0.016℃$^{-1}$，盐类溶液约为 0.024℃$^{-1}$，碱性溶液约为 0.019℃$^{-1}$。当温度升高时，β 值会减小。

由上式可以看出，溶液的电导率对温度的变化是极敏感的，电导检测器如果不采用温度补偿措施是无法应用的。常用的补偿方法有如下两种。

ⅰ.电阻补偿法。如图 4-63 所示，将温度补偿电阻 R_T 串联在测量线路中，当溶液温度

升高时，溶液的电阻减小，而温度补偿电阻的阻值增大，保证电流不变。此外，由于溶液的温度系数很大，通常采用锰铜电阻 R_1 与溶液电阻并联以降低溶液的温度系数。根据待测溶液的温度系数，适当选择 R_1 和 R_T 的数值，可达到较好的温度补偿效果。

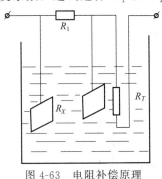

图 4-63　电阻补偿原理

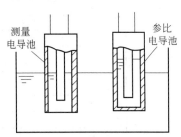

图 4-64　参比电导池补偿原理图

ⅱ.参比电导池补偿法。在待测溶液中除了插入一支测量电导池外，再插入一支参比电导池。如图 4-64 所示，参比电导池中按要求封入一定浓度的标准溶液，其电导率和温度系数与待测溶液十分接近。测量时将参比电导池和测量电导池作为电桥的两个桥臂，即可达到良好的补偿效果。

4.7.4　气相色谱仪

气相色谱仪是一种多组分分析仪器，它利用分离分析的方法，能对被测气样进行全分析。具有分离效率高、分析速度快、灵敏度高、所需试样量少等特点，在石油、化工、冶金等领域中广泛应用，是一种重要的过程分析仪器。

气相色谱仪的基本原理是色谱法。色谱法是一种物理分离方法，最早由俄国植物学家茨维特于 1906 年提出。方法是：混合气体在载气（He，N_2，H_2，CO_2 等气体）的带动下进入色谱柱。柱中装有固体吸附剂或是在表面涂有一层很薄的高沸点有机化合物液膜（固定液）的惰性固体（担体）作为固定相，载气作为流动相，混合气体在两相中进行多次分配，最后使各组分得到分离，凡流动相为气体的统称为气相色谱，流动相为液体的称为液相色谱。按固定相的不同又可分为两种，即以固体吸附剂作为固定相的气相色谱称为气固色谱，以固定液作为固定相的称为气液色谱。其中又以气液色谱应用最广，发展最迅速。

（1）工作原理

现以气液色谱为例来说明其工作原理，工作流程图如图 4-65 所示。混合样气（$A+B$）在载气的带动下在 t_1 时刻进入色谱柱，固定液对流动中的样气的各组分不断进行溶解、析出、再溶解、再析出等。固定液对各组分气体的溶解能力是不同的，溶解度大的组分气体不易挥发析出，在柱中停留的时间较长；反之，溶解度小的气体的停留时间较短。如果固定液对 A 组分的溶解能力比对 B 组分的弱，那么 A 组分就比 B 组分流动得快。随着时间的增加，A、B 组分逐渐被分离。在 t_3 时刻，A 组分先流出色谱柱而进入检测器，随后记录仪记录其相应的色谱峰；而在 t_4 时刻，B 组分气体才开始进入检测器，接着记录仪也记录其相应的色谱峰。这样，A、B 组分气体就得到分离。根据色谱峰的峰高或面积大小，还可定量的求出 A、B 组分的百分含量。

为研究方便，定义

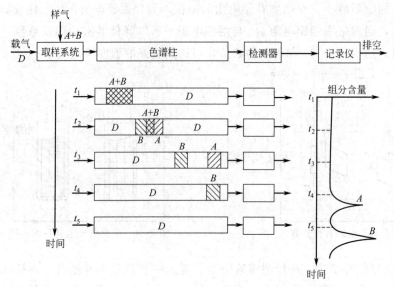

图 4-65　组分 A、B 在色谱柱中分离过程示意图

$$K = \frac{c_1}{c_g}$$

(4-103)

式中　K——组分的分配系数；

c_1——组分气体在液相中浓度，g/ml；

c_g——组分气体在气相中的浓度，g/ml。

显然，K 值越大的组分溶解于液体的能力越强，在色谱柱中停留的时间越长，越晚流出色谱柱；反之，分配系数越小，越早流出色谱柱。这样，只要样气各组分的分配系数有差异，通过色谱柱就可被分离。

(2) 气相色谱检测器

混合样气流出色谱柱后就流入检测器，检测器分析各组分的性质，将其浓度信号转化成电信号。常用的检测器有热导检测器、氢火焰电离检测器等。这里仅对热导检测器作一介绍。

热导检测器有相当长的应用历史，它稳定性好、结构简单，对有机物和无机物都有较高的灵敏度，而且有较宽的线性范围，是应用最广的通用型检测器。热导检测器的结构示意图如图 4-66 所示。

它的主要部件是热导池，即参比热导池和测量热导池。两池内分别插有热敏元件 R_1 和

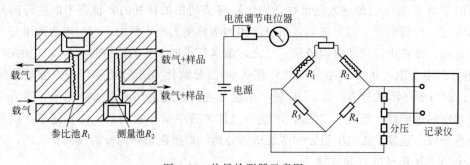

图 4-66　热导检测器示意图

R_2。参比池中只有载气通过，而测量池中有载气和样气通过。热敏元件通以电流，加热至一定温度。当没有样气通过时，两池中只有相同性质的载气通过，气体导热情况相同，热敏元件的散热情况相同，温度一致，则 $R_1 = R_2$，电桥平衡，没有输出。当有样气通过时，测量池中的气体导热情况发生变化，致使测量池中热敏元件的散热情况也发生变化。故两热敏元件的温度不一致，$R_1 \neq R_2$，电桥不平衡，有信号输出。载气中的待测组分浓度越大，输出的信号越大。根据输出信号，记录仪可作出与浓度相关的色谱峰。

　　热敏元件可用金属丝或热敏电阻制成。常用的金属丝有铂丝、钨丝、铼钨丝等，形状可制成直线型或螺线型。金属丝高温性能稳定；热敏电阻灵敏度高，但使用温度低。

　　热敏元件的阻值与热导池的壁温有密切的关系，壁温的波动将严重的影响散热情况。通常池体由大热容量的整块金属制成，还要将其放入恒温箱中进行恒温控制。此外测量电路要稳压或用稳压电源供电，以保证热导检测器输出稳定。为提高热导检测器的灵敏度，可以增大热敏元件的工作电流或选用电阻率和电阻温度系数大的导体作为热敏元件的材料，也可以选择与组分气体的导热系数相差较大的气体作为载气或增加池体与热丝的温差。

（3）色谱图

图 4-67 为检测器响应随时间的变化曲线，称为色谱图。现介绍一下相关的术语。

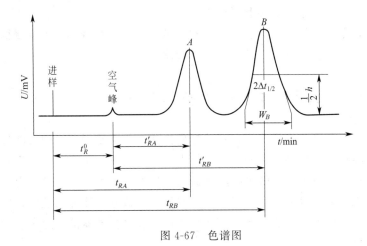

图 4-67　色谱图

　　① 基线　当没有样气进入检测器时，检测器的响应，即记录仪随时间记录出的曲线。在理想情况下是一条与时间轴重合或平行的直线。

　　② 保留时间 t_R　从进样到某个组分的色谱峰达到最大值时经历的那段时间。对一定的色谱柱，在操作条件（温度、压力、载气性质和流速）一定时，各组分的各自保留时间是相同的。

　　③ 死时间 t_R^0　不被固定相吸附或溶解的气体的保留时间。空气的保留时间一般称为死时间。

　　④ 校正保留时间 t_R'　保留时间与死时间之差。$t_R' = t_R - t_R^0$

　　⑤ 基线宽度 W　在色谱峰曲线两侧的拐点处作两条切线，两切线在基线上的割距。

　　⑥ 半峰宽 $2\Delta t_{1/2}$　峰高一半处的色谱峰宽度。

　　⑦ 分辨率 R　相邻两峰的保留时间之差与两峰的平均基线宽度之比，即

$$R = \frac{2(t_{RA} - t_{RB})}{W_A + W_B} \tag{4-104}$$

分辨率反映了组分的分离效果。当 $R=1$ 时，两峰未完全分离；当 $R=1.5$ 时，就可认为两峰完全分离。

（4）定性分析和定量分析

所谓定性分析，是确定每个色谱峰代表何种物质。最常用的方法是利用保留时间定性。在一定的条件下（柱温、载气速度等），对于某特定的色谱柱，每种物质都有一个确定的保留时间。若在标准工作条件下测出各种物质的保留时间，再和已知的标准物质的保留时间作比较，即可确定待测物质的性质。在气体组成大致清楚的情况下，可采用此法，不过要严格控制操作条件。另一种改进的方法是利用相对保留值定性，即选择一个已知的标准物质，计算相对保留值 Ris，公式如下

$$Ris = \frac{t'_{Ri}}{t'_{Rs}} \tag{4-105}$$

式中　Ris——相对保留值；

t'_{Ri}——被测组分的校正保留时间；

t'_{Rs}——标准物质的校正保留时间。

求出 Ris 后与色谱手册数据相对照，即可确定未知物质的性质。相对保留值只与柱温和固定相的性质有关，但操作条件必须和手册中的规定一致。

所谓定量分析，是在定性分析的基础上，利用色谱图上色谱峰的高度或峰面积确定物质的含量。需准确测定峰面积和峰高，计算方法可参阅有关书籍。

4.8　过程检测技术的新进展

随着电子技术和计算机的发展应用，新的过程检测技术不断涌现，旧的测量方式逐渐被取代。这些新的检测技术充分利用微机的计算能力，引进电子技术、信息处理、人工智能等领域的新进展，针对一些原来难以解决的问题提出了新的方法和方案。总体上看，过程检测技术的重大进展主要发生在以下三个相互关联的层面上：传感器物理实现的革新——智能传感器技术；传感器数据处理方法的革新——软测量技术和多传感器信息融合；检测系统体系结构的革新——虚拟仪器。

4.8.1　智能传感器

随着现代科学技术的飞速发展，人们对传感器从精度、品种、功能、体积等方面都提出了更新更高的要求。微电子和微机技术的迅猛发展，促使传感器技术产生一个飞跃。智能传感器技术就是微机与传感器相结合的结果。

智能传感器（intelligent sensor 或 smart sensor）是指带有微处理器（CPU）、具有智能化信息检测和处理功能的传感器。这里所说的"带有 CPU"，可以是将传感器及信号调理电路集成到单个 IC 芯片上，使其输出信号方便与 CPU 接口；或者是将信号调理电路和 CPU 相集成，以简化检测系统设计；更有将传感器、信号调理和 CPU 全部集成到一起，形成一种单片检测系统（MOC，Measure on Chip）。不论采用哪种形式，由智能传感器构成的检测系统可以轻松具备自调零、自校准、自诊断、自动环境补偿等智能化的功能，可执行一定复杂性的数据判断、滤波、变换、存储（记忆）等数据处理运算，大大提高测量结果的精确性和可靠性；有的能够同时采集多种被测参数，有的能够通过通信接口实现互联。

例如，Honeywell 公司生产的 ST3000-900 系列压力/差压智能变送器，可测流体的压力或差压，输出 4~20mA 的标准直流信号，精度优于±0.1％FS。它在 5×5×0.5（mm）的半导体芯片上集成了三种传感器（差压、静压和温度）、ADC、DAC、CPU 以及不同类型的存储器，其内部结构如图 4-68 所示。

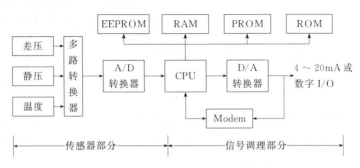

图 4-68　ST3000-900 系列内部结构框图

其中，ROM 存放主程序；PROM 存放 3 个传感器的温度与静压特征参数、温度及压力补偿曲线，以便进行静压校准和温度补偿；同时还存有变送器型号、输入/输出特性、量程设定范围及压力补偿曲线；RAM 存放测量的临时数据及测量结果；EEPROM 对测量结果随时备份以防掉电或 CPU 重启动。传感器的检测值通过 D/A 转换器变换成 4~20mA 标准信号，由模拟接口向外输出。变送器采用数字增强（DE）协议与配套的智能现场通讯器或上位计算机进行数字通信，数字通信与模拟输出共用同一接口，由 Modem（调制解调器）完成通信脉冲叠加与分离。变送器参数如量程、阻尼系数、线性/开方等可通过现场通信器或上位计算机远程设定，变送器的设定参数、测量结果和自诊断结果也可上传以供查询。

由此可见，智能传感器可以大大简化对传感器缺陷（如非线性）、环境因素（如温度漂移）等的补偿，有利于提高仪表性能；内部含有智能运算单元，可形成多参数复合仪表，有利于进行软测量，也使制造成本、调试难度和仪表维护的工作量都大大降低。进入 21 世纪以来，智能传感器在高集成度和微型化、多功能和智能化、低功耗、网络化、高可靠性和高安全性等方面不断发展，在现代检测仪器和检测系统中的地位将越来越重要。

4.8.2　软测量技术

在现代大型生产过程中，一些与产品质量指标相关的重要变量（如塔板效率、产品成分等）目前难以直接测量，但在线分析仪表或传感器操作复杂、测量滞后大，且价格昂贵。因此提出了软测量（Soft-Sensing）的概念，其基本思想是基于过程的各个变量之间的相互关联性，通过一些容易测得的过程变量（称为辅助变量），推算出一些难以测量或目前还无法测量的过程变量（称为主导变量）。推算是借助于辅助变量与主导变量之间的数学模型进行的。因此，辅助变量和数学模型是软测量的两大要素；所选取的辅助变量应能够获得足够的测量精度，采集的数据应进行预处理；所使用的数学模型应有尽可能高的准确性和鲁棒性。建立数学模型的方法有机理建模、经验建模和混合建模。条件允许时还可进行模型在线校正。

根据所采用的数学模型的类型，软测量方法大致分为如下几类。

① 基于工艺机理分析的软测量　即应用化学反应动力学、物料衡算、能量守恒等原理，通过对过程对象的机理分析找出主导变量与辅助变量之间的关系并建立其数学模型，从而实

现对主导变量的软测量。该方法的可用性取决于对被控过程机理了解的程度。

② 基于回归分析的软测量　回归分析是一种经典的建模方法。以最小二乘法为基础的线性回归技术经常用于线性模型的拟合。对于辅助变量少的情况，一般采用逐步回归技术；对于辅助变量较多的情形，一般需要先借助机理分析获得模型中各变量组合的大致框架，然后再实行逐步回归。基于回归分析的软测量需要的数据样本量大，对测量误差较敏感。

③ 基于智能计算的软测量　模糊逻辑用于对模糊概念的定量描述和分析，人工神经网络具有自学习、自适应、联想记忆和非线性逼近的能力，这两种方法都是模仿人脑思维、记忆和运算的特点，日益成为一类处理复杂或不确定系统的有效手段。关于模糊数学和人工神经网络的应用，将在本书最后一章进行简要介绍。

④ 基于统计分析的软测量　以随机过程的统计分析理论为工具，利用两个或多个可测随机信号之间的统计特性实现另一参数的在线测量，如依据管道负压波相关分析的流体输送管道的泄漏和定位技术。

⑤ 基于现代非线性信息处理的软测量　如利用近似熵、小波分析、混沌和分形技术等先进的非线性信息处理技术解决软测量问题。

历经多年发展，软测量技术开始走向成熟，有的已经在科学研究和工程实践中得到广泛应用。例如，过程层析成像即是一类基于软测量思想的多相流测试技术，是医学诊断中计算机层析成像（CT）在过程检测中的应用，它以多相流为主要研究对象，采集传感器空间阵列数据，通过相关分析、非线性信息处理、神经网络等软测量方法进行图像重建，最终获取流动过程参数在二维或三维场上的微观实时分布信息。目前，我国在过程层析成像技术领域的研究处于世界领先水平，在两相管流的流型判别、分相流率的测量、流化床中空隙率检测等方向的发展和应用日新月异。

4.8.3　多传感器信息融合

多传感器信息融合（Information Fusion）技术，是将多个或多种类型的传感器的信息组合起来，利用某种算法和准则进行综合，以最佳方式将来自多个传感器的数据融合到一个协同的信息库中，增加判断和估计的精确性、可靠性。

这里的多传感器信息融合区别于多传感器信息处理。在多传感器信息处理中，多个传感器采集的信号经各自的传感器模型初步处理，得到的是局部的结果，然后送入总的测量系统模型对被测量进行求取或估计。它假定所有的传感器数据都是确定的。而多传感器信息融合进一步考虑到各传感器信息的不同特征：实时的或非实时的，快变的或缓变的，确定的或模糊的，互补的或矛盾的，等等。多传感器信息融合对各种传感器在时间上和空间上的、互补的或冗余的信息，依据其统计特征和置信度，定量的考察每个传感器数据在最终结果中的贡献，从而能够得出对被观测环境的一致性解释和描述。

多传感器信息融合一般分为3个层次：像素级融合、特征级融合和决策级融合。像素级融合直接在原始数据上进行，它用于抽取测量值的统计信息，对传感器数据进行一致性检验或处理。例如，数据滤波即是一种像素级融合，它只向后续的数据融合提供完备的数据，而不负责对数据进行解释，不用来得到观测结果。特征级融合是对像素级融合的结果按具体的测量模型和融合技术进行处理，得到被观测对象的有关具体参数，这就是传统意义上的参数测量和参数估计，采用数据融合技术可以使得这种测量的置信度有明确的定量的描述，从而提高测量和估计的可靠度和精度。决策级融合是根据多个通道的特征级融合结果加以综合，进行态势评估、危险估计，为控制决策提供依据。决策级融合具有很高的灵活性，能有效地融合反映环境或目标各个侧面的不同类型信息，对信息传输带宽要求较低而信息量大，抗干扰能力强，具有很强的容错性。

随着计算机技术和传感器技术的发展，多传感器信息融合技术发展迅猛，将在现代过程检测和监控中发挥越来越重要的作用。

4.8.4 虚拟仪器

测试仪器在经历了模拟仪器、数字化仪器、智能仪器之后，目前已迈入第四代——虚拟仪器的时代。虚拟仪器（Virtue Instrument，VI）是以计算机软硬件资源为基础、由模块化的测试硬件和进行数据分析、过程通信及图形用户界面的测试软件组成的测控系统。计算机系统是虚拟仪器的基础，这里所说的计算机，可以是通用的台式计算机、笔记本电脑，也可以是工业控制计算机、嵌入式计算机乃至服务器、工作站等多种类型。虚拟仪器融合了计算机强大的软硬件资源，计算机所具有的高性能处理器、大容量硬盘、高分辨率显示器、高性能操作系统等，统统纳入虚拟仪器的配置清单，从而大大突破了传统仪器在数据处理、存储、人机界面等方面的限制，大大增强了仪器的功能。更重要的是，虚拟仪器可以从计算机的每一个技术进步中直接受益。建立在计算机平台之上的虚拟仪器测试系统，包括硬件系统和软件系统两个有机组成部分。

（1）虚拟仪器的硬件系统

虚拟仪器测控功能硬件大致可分为四种标准体系结构：GPIB、VXI、PXI 和 DAQ。四种体系结构的共同点是，基于各种标准化的计算机总线接口和规范，实现测控仪器的模块化、系列化和通用化。

① GPIB（General Purpose Interface Bus）　通用接口总线，是计算机和仪器间的标准通信协议，它是最早的仪器总线，已纳入国际标准 IEEE 488。目前多数仪器都配置了遵循 IEEE 488 的 GPIB 接口。典型的 GPIB 测试系统包括一台计算机、一块 GPIB 接口卡和若干台 GPIB 仪器。每台 GPIB 仪器有单独的地址，由计算机控制操作。系统中的仪器可以增加，减少或更换，只需对计算机的控制软件作相应改动。

② VXI（VMEbus eXtension for Instrumentation）　VME 总线在仪器领域的扩展，是一种开放性仪器总线标准。VXI 系统最多可包含 256 个装置，主要由主机箱、控制器、具有多种功能的模块仪器和驱动软件、系统应用软件等组成。系统中各功能模块可随意更换，即插即用组成新系统。

③ PXI（PCI eXtension for Instrumentation）　PCI 在仪器领域的扩展，是一种开放性、模块化仪器总线规范。PXI 兼容 CompactPCI，可保证多厂商产品的互操作性和系统的易集成性。同时，PXI 又是在 PCI 内核技术上增加了成熟的技术规范（如多板同步触发、高速通信局部总线），并增加主动冷却、环境测试（温度、湿度、振动和冲击）等要求而形成的，可满足试验和测量的性能要求。

④ DAQ（Data AcQuisiton）数据采集　指的是基于计算机标准总线（如 ISA/EISA、PC104、RS232、PCI、USB、1394 等）、具备数据采集功能的计算机内置插卡或外接模块。它也充分地利用计算机的资源，大大增加测试系统的灵活性和扩展性。

以上结构中，VXI 适合于尖端和高可靠性领域的测试，但由于价格较高，主要集中在航空、航天等国防军工行业；PXI 和 DAQ 在工业与民用领域应用广泛。随着信号调理技术的迅速发展，虚拟仪器能任意结合数字 I/Q、模拟 I/O、计数器/定时器等通道，在采样速率、精度、通道数等指标上已远远超越了传统仪表。

（2）虚拟仪器的软件系统

虚拟仪器技术最核心的思想，就是利用计算机的硬/软件资源，使本来需要硬件实现的技术软件化（虚拟化），最大限度地降低系统硬件成本，增强系统的功能与灵活性。虚拟仪器的软件框架从低层到顶层可分为系统软件和应用软件两个层次。

系统软件包括标准的 I/O 函数库和仪器驱动程序。I/O 函数库为内存驻留程序，执行仪器总线的特殊功能，处于整个计算机软件系统的底层，是计算机与仪器硬件之间的软桥梁，以实现对仪器的电气控制。仪器驱动程序是完成对某一特定仪器控制与通信的软件程序集，处于操作系统的顶层，为用户应用程序实现仪器控制提供软接口。当今优秀的虚拟仪器测试软件都建立在一个通用驱动程序组成的内核之上，通过该内核，为虚拟仪器开发者提供一个跨平台的应用编程接口，使用户的测试系统能够跨越不同的计算机和仪器硬件实现互操作。

应用软件直接面对操作用户，提供直观友好的测控操作界面、通过对仪器驱动程序的功能调用，并结合丰富的数据分析与处理功能，来完成自动测试任务。虚拟仪器应用软件包括数字信号处理软件和虚拟仪器的开发环境。其中，数字信号处理软件包括用于数字信号处理的各种功能函数，如数字滤波、FFT、逆 FFT、相关分析、卷积、反卷积、功率谱估计、均方根估计、差分、积分和排序等运算；也有的仪器厂商将其封装好，然后以虚拟仪器软件功能模块的形式提供给用户，如示波器、数字万用表、串行数据分析仪、动态信号分析仪、任意波形发生器等。这些功能函数和功能模块为用户进一步扩展虚拟仪器的功能提供了基础。虚拟仪器开发环境大致可分为两类：一是通用的软件开发工具包，如 Visual Basic、Visual C/C++、C++Builder、Delphi、PowerBuilder 等；二是虚拟仪器专用的图形化集成开发环境，如 LabVIEW、LabWindows/CVI、HP-VEE 等。其内部一般都配有 GPIB、VXI、串口和插入式 DAQ 板的库函数，以及全球范围众多仪器厂商提供的驱动程序。图形化集成开发环境可大大简化程序的开发工作，应用比较广泛。其中，基于 LabVIEW 平台的虚拟仪器开发已经成为事实上的"行业标准"。

（3）虚拟仪器的应用与发展

以 DAQ 系统为例，一个虚拟仪器就是用户根据自己的需要在 PC 机上挂接若干 DAQ 硬件功能模块，配合相应的传感器，通过集成开发环境对各种软件功能模块加以选择、组合、控制，或者自主进行二次开发，生成符合用户要求和使用习惯的仪器面板，即构成一台 PC 仪器。用户通过操作鼠标和键盘就可以控制仪器快速简便地完成测试。这样一来，彻底颠覆了以往仪器从功能、性能到操作方法都完全由厂家定制的传统，转变为用户可以参与甚至完全由用户定制的局面。同时，借助于多个面板，一台虚拟仪器可以同时具备多台仪器的功能，或者进行随意组合，那种"一台仪器一种功能"的传统观念受到了挑战和摒弃。正是基于软件在虚拟仪器系统中的重要作用，产业界提出了"软件就是仪器（The software is the instrument）"的口号。可以毫不夸张地说，虚拟仪器的出现是对检测系统整个体系结构的一次革命。虚拟仪器技术目前已经成为测试应用中的主流技术，众多行业的测量测试任务已开始接受和使用虚拟仪器技术，或者倾向于采用虚拟仪器技术。

随着计算机技术、仪器技术和网络通信技术的不断完善，虚拟仪器也不断向前发展。

① 虚拟仪器硬件方面　在基于通用 PC 总线的 DAQ 领域，PCI 总线虚拟仪器是现

在比较流行的虚拟仪器系统；不过其缺点也很明显：在插入 DAQ 卡时需要打开机箱，比较麻烦；测试信号直接进入计算机，各种现场的被测信号对计算机的安全造成很大的威胁；计算机内部的强电磁干扰对被测信号也会造成很大的影响。相对而言，基于高速 USB 总线的外挂式虚拟仪器较好的克服了这些缺点，将成为今后廉价型测试仪器的主流。

PXI 系统由于其高度的可扩展性和良好的兼容性，以及比 VXI 系统更高的性价比，有可能成为未来在科研和工业应用领域大型高精度集成测试系统的主流。

② 虚拟仪器软件方面　由用户自主定义、赋予功能的范围进一步扩大，智能化程度更高，功能更加完善；驱动程序模块和软件开发平台标准化程序进一步提高，对各层内部和相邻层之间的接口都加以规范；Internet 技术使虚拟仪器的网络化成为现实，分散在不同地理位置不同功能的测试设备通过 Internet 实现远程操作和共享，业已被提上国际标准化组织的议事日程。

4.8.5　过程监测系统应用实例

在这里以某钢铁集团菱铁矿回转窑过程在线监测控制系统为例，说明过程检测技术的应用。菱铁矿主要成分是 $FeCO_3$，不能直接进行冶炼，需要在一定的通气条件下通过菱铁矿回转窑的工艺反应，转换为磁铁矿，以方便选矿和冶炼，其闭环控制系统示意图见图 4-69。

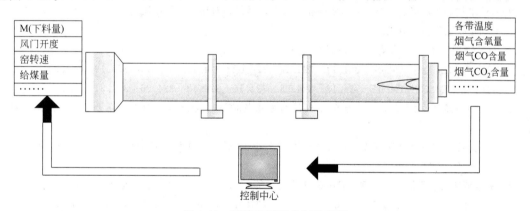

图 4-69　回转窑闭环控制示意图

此控制系统有两个主要的功能，一方面是为了工艺参数监测以便于工艺过程优化控制，另一方面，监测回转窑烟气气体组分分析作为环境监测数据。

闭环系统的输入量主要有：菱铁矿的下料量，尾风风门开度，窑速，喷煤量，一次、二次给风。在线检测的量包括烟气的 O_2、烟气中 CO、烟气中 CO_2 和 SO_2 含量，窑炉燃烧带温度，烟气流速，烟气浓度，窑炉压力。各变量采用的检测控制技术如下。

ⅰ.下料量通过控制传送带电机速度实现，电机采用变频器控制。

ⅱ.变频器的输入由控制中心通过控制策略计算响应的控制信号与之通信输出实现。

ⅲ.风门开度通过 4～20mA 或 0～10V 的控制信号实现，直接通过控制中心数字量输出控制。

ⅳ.窑速由大电机控制，通过 PMW（脉冲宽度调制）控制。

ⅴ.喷煤量通过风门或变频器控制。

ⅵ.回转窑温度燃烧带可以采用热电偶测量，通过机械滑环结构或无线通信方式实现回转体温度无线测量。

ⅶ.回转窑压力只检测窑头和窑尾接口部分，采用电容式压力传感变送器。

ⅷ.烟气流速测量采用基于压力的皮托管检测。

ⅸ.烟气中颗粒排放物浓度采用浊度计，其是基于悬浮颗粒物对光散射的原理设计的。烟气组分分析包括 SO_2、O_2、CO、CO_2 含量分析：①SO_2 检测仪基于紫外差分吸收光谱（DOAS，Differential Optical Absorption Spectroscopy）；②CO 和 CO_2 采用的是非色散红外技术（NDIR，Non-Dispersive Infra-Red），是红外吸收光谱技术的一种；③O_2 由于其强电负性，采用的是顺磁法测量。

思考题与习题

1.简述直接测量法与间接测量法的定义，指出它们的异同及其使用场合。

2.测量仪表的主要性能指标有哪些？传感器的主要特性有哪些？

3.举例说明系统误差、随机误差和粗大误差的含义及减小误差的方法。

4.试述绝对误差、相对误差与引用误差的定义，举例说明各自的用途。

5.检定一只量程为 5A 的电流表，结果如下：

输入量/A	1	2	3	4	5
示值/A	1.10	1.98	3.01	4.08	5.02

（1）试求仪表各示值的绝对误差、实际相对误差、示值相对误差和引用误差。

（2）确定仪表的精度等级。

6.对某物理量经过 20 次测量，得到如下数据：

324.08　324.03　324.02　324.11　324.14　324.07　324.11　324.14　324.19　324.23
324.18　324.03　324.01　324.12　324.08　324.16　324.12　324.06　324.21　324.14

用 3σ 准则判断有无粗差，并求该测量列的算术平均值 $\bar{x}$、标准差 σ 和极限误差 Δ，写出测量结果表达式。

7.用一温度计测量某介质温度，40% 的读数误差小于 0.5℃，用线性插值法估计该温度计的标准差，并计算误差小于 0.75℃ 的概率。

8.在等精度测量条件下对某透平机械的转速进行了 20 次测量，获得如下一列测量值（r/min）：

4753.1　4757.5　4752.7　4752.8　4752.1　4749.2　4750.6　4751.0　4753.9　4751.2
4750.2　4753.3　4752.1　4751.2　4752.3　4748.4　4752.5　4754.7　4750.0　4751.0

试求该透平机转速（设测量结果的置信概率 $P=95\%$）。

9.现有精度等级为 1.5 级、2.0 级和 2.5 级的三块仪表，测量范围分别为 0～100℃、-50～550℃ 和 -100～500℃。现需测量 500℃ 左右的温度，要求测量的相对误差不超过 2.5%，选用哪块表比较合适？

10.检定一台测量范围为 0～6mm 的位移测量仪表，结果如下（单位为 mm）：

位　移	0	0.5	1.0	1.5	2.0	2.5	3.0	3.5	4.0	4.5	5.0	5.5	6.0
上行程示值	0	0.34	0.69	1.06	1.41	1.77	2.04	2.45	2.81	3.20	3.67	4.07	4.37
下行程示值	0	0.40	0.77	1.14	1.52	1.90	2.27	2.65	3.02	3.38	3.72	4.06	4.37

（1）试画出上下行程的输入输出特性曲线；

（2）求该仪表的线性度（以上行曲线为例）；

（3）确定该表的迟滞误差。

11.用 U 形管压力计（封液为水银）测量管道中水的压力。压力计在管道下面 1.5m（至肘管端口）处，压力计通大气一侧肘管内水银面距端口 80mm，两管水银面高度差 $h = 140$mm。求水的表压力（Pa）。

12.液柱式压力计有哪些主要类型？试分析其误差。

13.试述弹簧管压力计弹簧管结构特点与测压原理。

14.已知被测压力在范围 $0.7 \sim 1$MPa 内波动，要求测量的绝对误差不得超过 0.02MPa，试选定压力计的量程和精度等级。可供选用的压力计量程系列为：$0 \sim 0.6$MPa；$0 \sim 1.0$MPa；$0 \sim 1.6$MPa；$0 \sim 2.5$MPa。

15.用 400kPa 标准压力表来检验 250kPa 的 1.5 级压力表，问标准压力表应该选几级精度？

16.比较压电式压力计和压阻式压力计的动态特性，如果需要测量管道内湍流的脉动压力，应该选用哪种压力计？

17.简述压力计选用注意事项。

18.概述膨胀式温度计的工作原理与主要特点。

19.热电偶有哪些特点？各种标准热电偶应如何选用？

20.用普通导线和补偿导线作热电偶的延长线，效果有何不同？试证明补偿导线的补偿作用。

21.一台电子自动测温计，精度等级为 0.5 级，测量范围为 $0 \sim 300$℃，经校验发现最大绝对误差为 4℃，试问该表合格吗，若不合格，应定为几级？

22.用两只分度号为 K 的热电偶测量 A 区与 B 区的温差，连接方法如图 4-70 所示。若

（1）$t_A = 220$℃，$t_B = 20$℃；（2）$t_A = 500$℃，$t_B = 300$℃。

试分别求两种情况下的示值误差，并解释为何与实际温差不同。有没有办法补偿？

23.用分度号为 S 的热电偶与动圈仪表构成的测温系统，冷端补偿器的平衡点温度在 20℃。图 4-71 中，$t = 1300$℃，$t_1 = 80$℃，$t_2 = 25$℃，$t_0 = 30$℃；动圈仪表的机械零位为 0℃。试求：

（1）仪表的温度示值是多少？

（2）如何处理可使示值与实际温度相符？

（3）把补偿导线改为铜线时，示值变为多少？

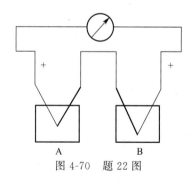

图 4-70　题 22 图

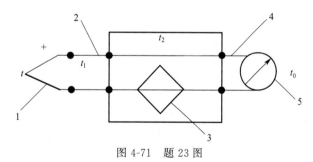

图 4-71　题 23 图

1—热电偶；2—补偿导线；3—冷端补偿器；4—铜线；5—动圈仪表

24.用分度号为 Cu50 的热电阻测得某介质的温度为 84℃，但经检定，该电阻的 $R_0 = 50.4\Omega$，电阻温度系数 $\alpha = 4.28 \times 10^{-3}/$℃。试求介质的实际温度。

25.用热电阻检测温度时，当测点与仪表间的距离较远时，应如何避免引线电阻带来的误差？

26.比较热电偶测温与热电阻测温有什么不同（可以从原理、系统组成和应用场合三方面考虑）。

27.标准节流装置有哪几部分组成，对各部分有哪些要求？

28.试比较节流装置与转子流量计在工作原理与使用特点上的异同点。

29.转子流量计示流量的形式有几种，是如何分度的？

30.从电磁流量计的基本原理分析其结构特点、输出信号方法和使用要求。

31.有一节流式流量计，用于测量水蒸气流量，设计时的水蒸气密度为 $P=8.93\text{kg/m}^3$。但实际使用时被测介质的压力下降，使实际密度减小为 8.12kg/m^3。试求当流量计读数为 8.5kg/m^3 时，实际流量为多小？由于密度变化使流量指示值产生的相对误差为多少？

32.由一个用水标定的转子流量计来测量苯的流量，流量计读数为 $28\text{m}^3/\text{h}$，已知转子为密度 7920kg/m^3 的不锈钢，苯的密度为 0.831kg/L，求苯的实际流量。

33.差压式液位计如何测量液位？当差压变送器高于或低于最低液位时，应如何处理？

34.当工作压力偏离额定压力时，考虑液体的密度变化后，如何由差压计显示的液位值求出真实的液位？

35.参见图 4-29，说明三阀组的作用，并总结应用差压变送器进行差压、液位、流量等的检测时的投运步骤。

36.一台换热器试验系统用来测量换热器的热负荷，采用 1.0MPa 饱和蒸汽将 35kg/s 的 $20℃$ 水加热到 $95℃$，蒸汽加热后变为冷凝水排出系统，试为该系统选择全部测量仪表，以便确定该换热器在此工况下的热负荷。

37.试定性为第 1 章思考与练习题中第 12 题选配测量仪表，以实现对该塔的远程监测与控制。

5 过程控制装置

过程控制装置又称为过程控制仪表，与被控对象构成了过程控制系统的基本要素。测量变送单元（变送器）、控制器和执行器（如控制阀）三个环节构成了过程控制装置的硬件。各种控制方案和算法都必须借助过程控制装置才能实现其功能。由于工业过程的复杂性，在进行过程控制系统设计时，过程控制工程师必须根据过程特性和工艺要求，掌握各种过程控制装置的工作原理和性能特点，才能合理选用过程检测控制装置并组成自动控制系统，并通过控制器PID参数的整定，使系统运行在最佳状态，从而实现对生产过程的最优控制。

近半个多世纪以来，过程控制装置经历了从液动气动仪表、电动仪表、电子式模拟仪表、数字智能仪表，到计算机集散控制系统（DCS）和现场总线等发展阶段，为过程工业的现代化大规模生产提供了技术保障。本章在有限篇幅内集中介绍电动仪表的基本知识。本书第4章对各种传感器检测方法作了系统介绍，但考虑到过程控制装置的完整性，在本章中，对检测变送器仍单列出一节加以简要介绍，同时补充了变送器、控制器和执行器在典型控制系统中的选型方法，以突出应用性的目的。

5.1 变 送 器

变送器是单元组合仪表中不可缺少的基本单元之一。工业生产过程中，在测量元件将压力、温度、流量、液位等参数检测出来后，需要由变送器将测量元件的信号转换为一定的标准信号（如 4～20mA 直流电流，或写为 4～20mA DCA），送往显示仪表或控制仪表进行显示、记录或控制。由于控制器一般放在远离过程的控制室中，变送器是信号产生和传输线驱动这两个功能的复合体。传输线驱动是指变送器能够提供足够的空气（对于气动系统）或者电流（对于电动系统）以克服连接变送器和控制器之间的管道或者电线上的阻力和容积的影响。由于生产过程的参数复杂多样，相应的变送器也有各种形式和类型，如压力变送器、差压变送器、温度变送器、流量变送器、液位变送器等。有的变送器中测量和变送单元做成一体（如压力变送器），甚至包括了智能通信功能，而有的变送器则只有变送功能（如温度变送器）。下面主要分析工业生产过程中最常用的差压变送器和温度（温差）变送器。

按照变送器的驱动能源来分有气动变送器和电动变送器：以压缩空气为驱动能源的是气动变送器；以电力为能源的是电动变送器。气动仪表是本质安全型的，在很多工业应用中继续使用着。但无论是电动模拟仪表还是数字仪表，都提供了更多特性和更多灵活性，且更为精确，因此应用更广泛，也是本章重点介绍的内容。

变送器的理想输入输出特性成线性关系，如图 5-1 所示。图中 x 为变送器输入信号，c 为变送器输出信号。

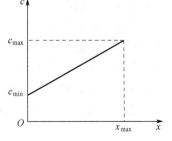

图 5-1 变送器的理想
输入输出特性

例 5-1   一台压力变送器的压力输入范围为 0～1.6MPa，输出为 4～20mA 直流电信号，试确定该变送器输出和输入之间的关系。

解   设变送器输入压力为 p_i，输出为 p_o，则该压力变送器的输入和输出之间有如下对应关系：

输入 p_i/MPa	输出 p_o/mA
0	4
1.6	20

则该变送器输出和输入之间的关系是

$$p_o(\text{mA}) = \left(\frac{20\text{mA} - 4\text{mA}}{1.6\text{MPa} - 0\text{MPa}}\right)(p_i - 0\text{MPa}) + 4\text{mA} = \left(10\,\frac{\text{mA}}{\text{MPa}}\right)p_i(\text{MPa}) + 4\text{mA}$$

所以该测量单元的增益为 10mA/MPa。

5.1.1   差压变送器

差压变送器用来把差压、流量、液位等被测参数转换成为统一标准信号，并将此统一信号输送给指示、记录仪表或控制器等，以实现对上述参数的显示、记录或调节。近三十多年来，变送器有了迅猛的发展，经历了双杠杆式、矢量机构式、微位移式（电容式、扩散硅式、电感式等）、智能式等阶段。下面以力平衡式和电容式差压变送器的结构和工作原理为主进行介绍。压力变送器与差压变送器的原理和结构基本相同，不再作单独介绍。

5.1.1.1   力平衡式电动差压变送器

力平衡式差压变送器的基本构成原理如图 5-2 所示，主要由测量部分（输入转换部分）、放大器和反馈部分组成。

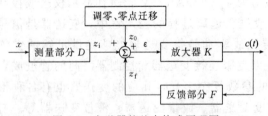

图 5-2   变送器的基本构成原理图

图 5-3 所示为 DDZ-Ⅲ 型电动差压变送器的结构简图。其工作原理为：测量部分的作用是将被测量的差压信号转换成力的形式。输入转换部分的作用，是把被测差压 Δp_i 经波纹管膜片的有效面积转换成为作用于主杠杆下端的输入力 F_i，使杠杆绕支点 4 做顺时针旋转，通过矢量机构转换成作用力 F_1。矢量机构以量程调整螺钉 11 为轴，将水平向右的力 F_1 分解为向上的力 F_2 和矢量角方向的力 F_3（消耗在支点上）。稍一偏转，位于杠杆右端的位移检测元件便有感应，使电子放大器产生一定的输出电流 I_o。它的反馈部分采用电磁反馈装置，电流 I_o 流过反馈线圈和变送器的负载，并与永久磁铁作用产生一定的电磁力，使杠杆受到反馈力 F_f，形成一个使杠杆作顺时针转动的反力矩。放大器采用低频位移检测放大器，杠杆系统采用矢量机构的形式。由于位移检测放大器极其灵敏，杠杆实际上只要产生极微小的位移，放大器便有足够的输出电流形成反力矩与作用力矩平衡。当杠杆处于平衡状态时，输出电流正比于被测压力 Δp_i。

这种闭环力平衡结构的优点首先在于当弹性材料的弹性模数温度系数较大时，可以减小温度的影响。因为这里的平衡状态不是靠弹性元件的弹性反力来建立的，当位移检

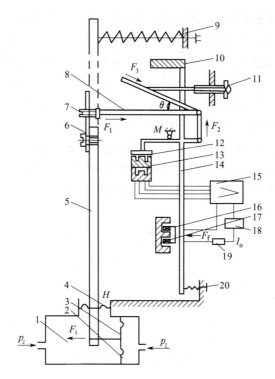

图 5-3 DDZ-Ⅲ型电动差压变送器结构简图

1—低压室；2—高压室；3—测量膜片；4—轴封膜片；5—主杠杆；6—过载保护簧片；

7—静压调整螺钉；8—矢量机构；9—零点迁移弹簧；10—平衡锤；11—量程调整螺钉；

12—位移检测片（衔铁）；13—差动变压器；14—副杠杆；15—低频位移检测放大器；

16—反馈动圈；17—永久磁钢；18—电源；19—负载；20—调零弹簧

测放大器非常灵敏时，杠杆的位移量很小，若整个弹性系统的刚度设计得很小，那么弹性反力在平衡状态的建立中就无足轻重，可以忽略不计。这样，弹性元件的弹性力随温度的漂移就不会影响该类变送器的精度。此外，由于变换过程中位移量很小，弹性元件的受力面积能保持恒定，因而线性度也比较好。由于位移量小，还可以减少弹性迟滞现象，减小仪表变差。

电动差压变送器能将压力信号 Δp_i 成比例地转换成 4～20mA（DDZ-Ⅲ型）直流电流统一标准信号，送往控制器或显示仪表进行指示、记录和调节。它具有反应速度快、便于远距离输送等特点，且有多种型式，下面以 DDZ-Ⅲ型差压变送器为例进行具体分析。

DDZ-Ⅲ型系列差压变送器是两线制安全火花型变送器，主要用于测量液体、气体或蒸气的差压、流量、液位、相对密度等物理量。其主要性能指标如下：

输出信号 4～20mA DCA；供电电压 24V DC±10%；负载电阻 250～350Ω；基本误差±0.5%；变差±0.25%；灵敏度±0.05%；长期稳定性±0.3%。

（1）电动差压变送器工作过程描述

电动差压变送器是按照力矩平衡原理工作的。在图 5-3 中，被测差压信号 p_1、p_2 分别被送入测量膜片 3 两侧的正、负压室，作用于测量膜片上，两者之差即为被测差压 Δp_i，并由测量膜片将其转换成作用于主杠杆 5 下端的输入力 F_i，使主杠杆以轴封膜片 4 为支点而偏转，并以力 F_1 沿水平方向推动矢量机构 8。矢量机构 8 将推力 F_1 分解成 F_2 和 F_3。F_2 使矢量机构的推板向上偏转，并通过连接簧片带动副杠杆 14 以支点 M 逆时针偏转，这使固定在副杠杆上的差动变压器 13 的衔铁 12（位移检测片）靠近差动变压器 13，两点之间距离的变化量再通过低频位移检测放大器 15 转换并放大为 4～20mA 直流电流 I_o，作为变送器的输出信号；同时该电流又流过电磁反馈装置的反馈动圈 16，产生电磁反馈力 F_f，使副杠杆顺时针偏转。当输入力与反馈力对杠杆系统所产生的力矩 M_i、M_f 达到平衡时，变送器便达到一个新的稳定状态。此时低频位移检测放大器的输出电流 I_o 与被测差压 Δp_i 成正比。

上述电磁反馈力 F_f 等于闭环控制中的负反馈信号，起负反馈作用。负反馈作用在差压变送器的构成原理上具有很重要的地位。没有反馈作用就达不到精确的测量。

被测差压 Δp_i 作用在测量膜片 3 上，通过膜片的有效面积 A_d（膜片两侧有效面积相同）转变成集中力 F_i，则

$$F_i = (p_1 - p_2)A_d = \Delta p_i A_d \tag{5-1}$$

当主杠杆平衡时有

$$F_i l_i = F_1 l_2 \tag{5-2}$$

式中　l_i，l_2——F_i，F_1 离支点 4 的距离。

将式（5-1）代入式（5-2）得

$$F_1 = \frac{l_i}{l_2}A_d \Delta p_i = K_1 \Delta p_i \tag{5-3}$$

式中，$K_1 = \dfrac{l_i}{l_2}A_d$ 称为比例系数。

（2）矢量机构

矢量机构由厚金属板及可挠曲的弹性片组成，其传动比用 $\tan\theta$ 表示，原理如图 5-4 所示。U 形矢量板的 A、C 两端经弹性片固定在基座上，其倾斜角度 θ 可以调整（图中未画出调整装置）。在 U 形矢量板中央有 I 形芯板，其一端由弹性片固定在 U 形矢量板上，另一端也用弹性片与水平推板相连。当力 F_1 作用在水平推板上时，B 端对 I 形芯板施加倾斜拉力 F_3，同时出现向上的力 F_2。F_2 与 F_1 之间有如下关系

$$F_2 = F_1 \tan\theta \tag{5-4}$$

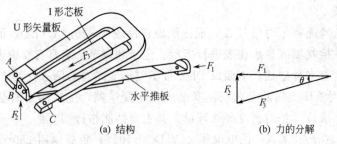

（a）结构　　　　　　　　　　　（b）力的分解

图 5-4　矢量机构的原理

（3）电磁反馈装置

电磁反馈装置的作用是把变送器的输出电流 I_o 转换成电磁反馈力 F_f。该装置由反馈动圈和永久磁钢等组成，如图 5-5 所示。

反馈动圈固定在副杠杆上，并且处于永久磁钢的磁场中，可在其中左右移动。软铁芯、磁钢罩和磁钢底组成磁路。软铁芯使环形气隙中形成均匀的辐射磁场，从而使流过反馈动圈

的电流方向总是与磁场方向垂直。当仪表的输出电流流过反馈动圈时，就会产生一个与输入力 F_i 相平衡的电磁反馈力 F_f。力 F_f 与输出电流 I_o 之间的关系为

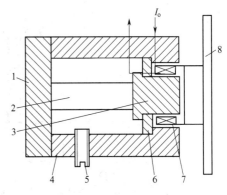

$$F_f = \pi B D_c W I_o \times 10^{-6} = K_f I_o \qquad (5\text{-}5)$$

式中　B——永久磁钢的磁感应强度，T；

　　　D_c——反馈动圈的平均直径，mm；

　　　W——反馈动圈的匝数；

　　　I_o——变送器输出电流，mA；

　　　K_f——电磁反馈装置的转换系数，$K_f = \pi B D_c W \times 10^{-6}$。

图 5-5　电磁反馈装置

1—磁钢底；2—永久磁钢；3—软铁芯；4—磁钢罩；5—磁分路螺钉；6—铜环；7—反馈动圈；8—副杠杆

通过改变反馈动圈的匝数 W，可以改变电磁反馈装置的转换系数 K_f。

再来分析副杠杆的平衡条件。若不考虑调零弹簧 20 在副杠杆上形成的恒定力矩时，电磁反馈力矩应与 F_2 对副杠杆的驱动力矩相平衡，即

$$F_2 l_3 = F_f l_4 \qquad (5\text{-}6)$$

式中　l_3，l_4——F_2 及电磁反馈力 F_f 离支点 M 的距离。

将式（5-5）代入式（5-6），得

$$F_2 = \frac{l_4}{l_3} K_f I_o = K_2 I_o \qquad (5\text{-}7)$$

式中，$K_2 = \dfrac{l_4}{l_3} K_f$。

联立式（5-3）、式（5-4）和式（5-7），得

$$I_o = K \Delta p_i \tan\theta \qquad (5\text{-}8)$$

式中，$K = \dfrac{K_1}{K_2}$ 称为转换比例系数。

当变送器的结构及电磁特性确定后，K 为一常数。式（5-8）表明当矢量机构的角度 θ 确定后，变送器的输出电流 I_o 与输入差压 Δp_i 成对应关系。

思考题　差压变送器的传递函数有什么特点？查阅相关文献，了解差压变送器选择的依据。

（4）低频位移检测放大器

低频位移检测放大器实质上是一个位移/电流转换器。它在整机中的作用是将副杠杆上位移检测片（衔铁）的微小位移 S 转换成 4～20mA 直流电流输出。低频位移检测放大器由差动变压器、低频振荡器、整流滤波电路及功率放大器组成，其原理线路如图 5-6 所示。

差动变压器的作用是将位移检测片（衔铁）的位移 S 转换成相应的电压信号 V_{CD}。它由位移检测片（衔铁）、上、下罐形磁芯和四组线圈构成，其结构如图 5-7（a）所示。

上、下罐形磁芯分别绕有相同的初级绕组和匝数相同的次级绕组。两个初级绕组是正接的，两个次级绕组则是反接的。磁芯的中心柱截面积等于其外环的截面积。下罐形磁芯的中心柱人为地磨成一个 $\delta = 0.76\text{mm}$ 的固定气隙，上罐形磁芯的磁路空气隙长度是随衔铁的位

156

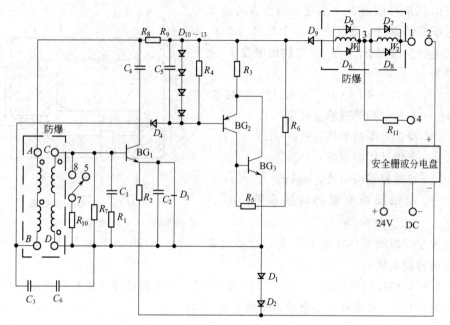

图 5-6 低频位移检测放大器原理线路图

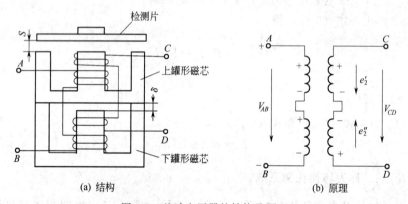

(a) 结构   (b) 原理

图 5-7 差动变压器的结构及原理

移 S 而变化的，即随测量信号而变化。图 5-7（b）为差动变压器的原理图，图中，V_{AB} 为初级绕组的电压，V_{CD} 为两个次级绕组感应电势 e_2' 与 e_2'' 之和，即 $V_{CD}=e_2'+e_2''$。

差动变压器副边感应电势 V_{CD} 随检测片位移 S 变化的情况如图 5-8 所示。

当检测片位移 $S=\delta/2$ 时，差动变压器上、下两部分磁路的磁阻相等，初、次级绕组间的互感 M 也相等，故上、下两部分的感应电势大小相等，但相位相反，所以 $V_{CD}=e_2'+e_2''=0$，这时差动变压器无输出，如图 5-8（a）所示。

当检测片位移 $S<\delta/2$ 时，因差动变压器上半部的磁路磁阻减小，互感 M 增加，感应电势 e_2' 将大于 e_2''，即 $|e_2'|>|e_2''|$，这时 V_{CD} 随着 S 的减小而增大，且 V_{CD} 与 V_{AB} 同相，如图 5-8（b）所示。

当检测片位移 $S>\delta/2$ 时，因差动变压器上半部的磁路磁阻增大，互感 M 减小，感应电势 $|e_2'|<|e_2''|$，这时 V_{CD} 随着 S 的增大而减小，且 V_{CD} 与 V_{AB} 反相，如图 5-8（c）所示。

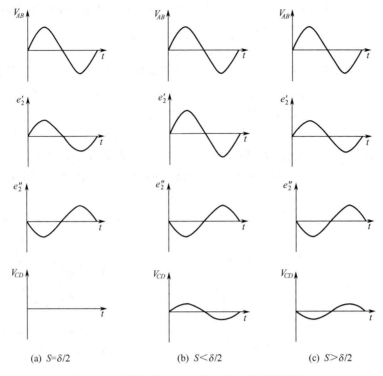

(a) $S=\delta/2$　　　　(b) $S<\delta/2$　　　　(c) $S>\delta/2$

图 5-8　检测片位移 S 变化时差动变压器的输出

由此可见，差动变压器次级绕组的感应电势 V_{CD} 和初级电压 V_{AB} 的相位关系，取决于检测片的位移 S 与 $\delta/2$ 值的相对大小，且 V_{CD} 的大小与 S 的大小有关。

对于低频位移检测放大器，为了满足振荡的相位条件，应该选取 S 小于 $\delta/2$ 的部分作为工作段。

① 低频振荡器　它是一个用变压器耦合的 L-C 振荡器，其线路如图 5-9 所示。图中，由差动变压器的初级绕组 AB，相当于等效电感 L_{AB}，和电容 C_4 组成并联谐振电路，作为晶体管 BG_1 的集电极负载，构成选频放大器。差动变压器的次级绕组 CD，接在 BG_1 的基极和发射极之间，借以耦合反馈信号。电阻 R_6 和二极管 D_1、D_2 构成分压式偏置电路，D_1、D_2 两端电压稳定，

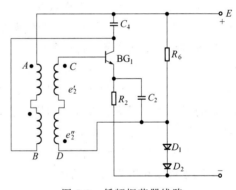

图 5-9　低频振荡器线路

具有温度补偿作用。R_2 为电流负反馈电阻，用来稳定 BG_1 的直流工作点。C_2 为交流旁路电容。

低频振荡器的起振条件分析如下。

振荡的相位条件：振荡器工作时，由 L_{AB}、C_4 构成的谐振回路处于并联谐振状态，其两端的阻抗是纯电阻性的。假设在某一瞬间，振荡器的输入信号 V_{CD} 为正，由于 BG_1 的反相作用，B 点电位相对 A 点为负，即 V_{AB} 为正。V_{AB} 经差动变压器耦合又反馈至振荡器的输入端。显然，要实现正反馈，反馈电压必须与输入电压同相。根据前面的分析可知，低频振荡器只有工作在 $S<\delta/2$ 的范围内，才能满足振荡的相位条件。

由 L_{AB}、C_4 构成的并联谐振回路的固有频率，即为低频振荡器的振荡频率，其值约为

$$f=\frac{1}{2\pi\sqrt{L_{AB}C_4}}\approx 4\mathrm{kHz}$$

至于振荡的振幅条件，即 $KF\geqslant 1$，只要选择合适的电路参数，是容易满足的。在低频振荡器中，正反馈系数 F 就是差动变压器的耦合系数 M（即初、次级绕组间的互感）。F 的大小与检测片的位置大小有关。S 越小，V_{CD} 越大，F 就越大。

② 整流滤波电路　它的电路如图 5-10 所示。从低频振荡器的输出电压 V_{BA} 经二极管 D_4 整流，以及通过由电阻 R_8、R_9 和电容 C_4 组成的 Γ 形滤波器滤波后，再送到功放级。整流滤波电路并联在 L_{AB}、C_4 谐振回路上，因此它的总阻抗不能太小，否则低频振荡器不能起振。

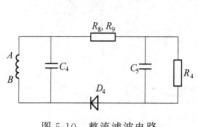

图 5-10　整流滤波电路

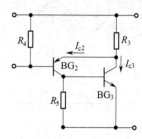

图 5-11　功率放大器

③ 功率放大器　在功率放大器中采用了互补型复合管放大电路，如图 5-11 所示。这里由 BG_2、BG_3 组成复合管的目的是为了提高电流放大系数 β，$\beta=\beta_2\times\beta_3$。它不仅能提高该级的输入阻抗，减轻振荡器的负载影响，同时也能改善输出电流的恒流性能。

图 5-11 中，R_3 为稳定工作点的反馈电阻，同时提高功放级的输入阻抗。R_5 为 BG_2 的集电极与 BG_3 发射极之间的穿透电流提供旁路，以改善放大器的温度性能。

低频位移检测放大器线路（图 5-6）中，R_1 和 C_1 构成的支路，起相位校正作用，用以消除振荡器可能产生的高频寄生振荡。R_7 为负载平衡电阻，在振荡的正、负半周内，使差动变压器次级绕组的负载基本相同。R_{10} 用来调整放大器的灵敏度，主要用于高量程时降低放大器的灵敏度，以保证放大器的稳定性。C_3、C_6 为高频旁路电容，可减少交流分量。D_9 为防止电源反接的保护二极管。

由图 5-6 可见，低频位移检测放大器相等于一个可变电阻，它与负载电阻、电源相串联，使信号传递和供电公用两根导线。因此由它组成的 DDZ-Ⅲ型差压变送器是两线制变送器。

（5）安全火花防爆措施

为了实现安全火花防爆，在 DDZ-Ⅲ型差压变送器中根据以下几条原则采取措施：第一，要尽可能少用储能元件；第二，所用的储能元件的能量要限制在安全限额以内；第三，储能元件应有放电回路以避免产生非安全火花。具体措施如下。

在图 5-6 中，用二极管 $D_{10}\sim D_{13}$ 限制 C_5 电容两端的电压，用 D_3 限制 C_2 两端电压，防止蓄能过多。

反馈线圈 W_1、W_2 中并联了二极管 $D_5\sim D_8$，在突然断电时可释放磁场中的能量，防止火花。

在 D_4 击穿短路时，R_8、R_9 可限制 C_5 的放电电流。

5.1.1.2 量程调整、零点调整和零点迁移

① 量程调整 其目的是使变送器的输出信号的上限值 c_{max} 与测量范围的上限值 x_{max} 相对应。图 5-12 为变送器量程调整前后的输入输出特性。由图可见，量程调整相当于改变输入输出特性曲线的斜率，也就是改变变送器输出信号 c 与输入信号 x 之间的比例系数。

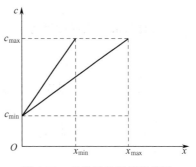

图 5-12 变送器量程调整前后
的输出特性图

量程调整的方法，通常是改变反馈部分的反馈系数 K_f。K_f 越大，量程就越大；K_f 越小，量程就越小。有些变送器还可以用改变测量转换部分的转换系数来调整量程。在图 5-3 中，通过旋动量程调整螺钉 11，可改变矢量机构的夹角 θ，从而能连续改变两杠杆间的传动比，也就能调整变送器的量程。通常，矢量角 θ 可以在 $4°\sim15°$ 之间调整，$\tan\theta$ 的变化约 4 倍，因而相应的量程也可以改变 4 倍。

② 零点迁移机构 在实际应用中，差压的测量范围不一定从零开始，有时有一不为零的起始值。零点调整和零点迁移的目的，就是使变送器输出信号的下限值 c_{min} 与测量信号的下限值 x_{min} 相对应。在实际工程测量中，为了扩大仪表使用范围，提高仪表的测量精度，需进行零点迁移，即把某一量程的起点由零迁移到某一数值。在未加迁移时，测量起始点为零，当测量的起始点由零变为某一正值，称为正迁移；反之，当测量起始点由零变为某一负值，称为负迁移。变送器在无迁移和有迁移时的输入输出关系如图 5-13 所示。由图可见，调零点的迁移不改变仪表的量程。

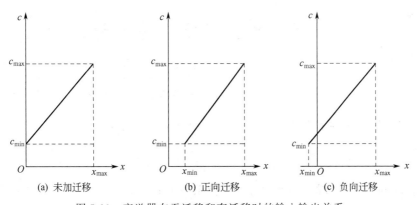

(a) 未加迁移　　　(b) 正向迁移　　　(c) 负向迁移

图 5-13 变送器在无迁移和有迁移时的输入输出关系

变送器中进行零点迁移，同时调整仪表量程，可提高仪表的测量精度和灵敏度。

例 5-2 已知被测参数的最大波动范围为 $4000\sim5000Pa$，按照不进行零点迁移和进行零点迁移分别选择测量变送器，并分析精度为 1.0 级时各自变送器的基本误差值和仪表灵敏度。

解 当不进行零点迁移时，需选择量程为 $0\sim5000Pa$ 的变送器，对应输出为 $4\sim20mA$ DC。

若有迁移，可选用下限为 4000Pa、上限为 5000Pa 的变送器，其量程为 1000Pa，迁移量为 4000Pa。

若变送器精度同为 1.0 级，不加迁移时，仪表的基本误差值为

$$5000\text{Pa}\times1\%=50\text{Pa}$$

不加迁移的仪表灵敏度为

$$\frac{(20-4)\text{mA}}{5000\text{Pa}}=\frac{16\text{mA}}{5000\text{Pa}}$$

使用迁移后，仪表基本误差为

$$1000\text{Pa}\times1\%=10\text{Pa}$$

迁移后的仪表灵敏度为

$$\frac{(20-4)\text{mA}}{1000\text{Pa}}=\frac{16\text{mA}}{1000\text{Pa}}$$

可见，进行零点迁移后，测量精度与灵敏度都提高到原来的 5 倍。

③ 零位调整　变送器的零点调整是通过调零弹簧进行的。在图 5-3 中，通过旋动调零弹簧 20，改变副杠杆位移，即改变了差动变送器调零弹簧到主杠杆的距离，从而改变了仪表的零位。

矢量机构式 DDZ-Ⅲ 型差压变送器的整机方框图如图 5-14 所示。图 5-14 可以进一步化简为图 5-15。其中，a、k 和 K 分别为中间变量、位移检测放大倍数和系统放大倍数。

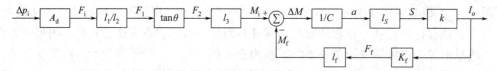

图 5-14　DDZ-Ⅲ型差压变送器的整机方框图

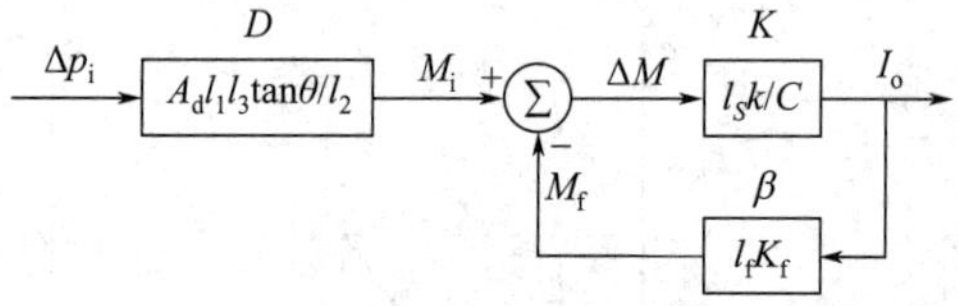

图 5-15　DDZ-Ⅲ型差压变送器的整机简化方框图

由图 5-15 可以求得在满足 $K\beta\gg1$ 条件时输出与输入的关系

$$\frac{I_{\text{o}}}{\Delta p_{\text{i}}}=\frac{A_{\text{d}}l_1l_3\tan\theta}{l_2l_{\text{f}}K_{\text{f}}}=K_{\text{ae}} \tag{5-9}$$

式中　$A_{\text{d}}l_1l_3\tan\theta/l_2$——输入转换部分的转换系数 D；

$\qquad l_{\text{f}}K_{\text{f}}$——反馈部分的反馈系数 β；

$\qquad K_{\text{ae}}$——矢量机构电动差压变送器的转换系数。

式（5-9）说明，在量程一定时，变送器的输出电流与输入信号之间呈线性关系。

DDZ-Ⅲ型差压变送器供电电压为 24V DC，此时其负载电阻为 250Ω，引线电阻最大为 100Ω。

5.1.1.3　电容式差压变送器

基于电容传感原理的压力或差压传感-变送器是同类变送器中性能优越的品种。20 世纪 70 年代初由美国最先投放市场的电容变送器，是一种开环检测仪表，由于没有传动机构，因此具有结构简单、过载能力强、可靠性好，测量精度高、体积小、重量轻、抗振性好、使用方便等一系列优点，加之工艺技术先进，量程调整和零点迁移互不干扰，目前已成为最受欢迎的压力、差压变送器类型之一，已广泛用于流程工业生产的各个领域和部门。其输出信号也是标准的 4～20mA DC 电流信号。

在压力变送器及其变型品种中，1151 差压变送器具有代表性和通用性，下面以 1151 系列电容式差压变送器为例简单介绍其检测原理。

电容式差压（压力）变送器是先将压力的变化转换为电容量的变化，然后进行测量的。1151 差压变送器可以看成是两部分组成，即从差压 Δp 到电气参数——电容量的传感和从电容到标准化输出电流的变换。前者称为差压-电容传感头，具体的结构如图 5-16 所示。图示传感头外观犹如一段圆柱体。两端面处有隔离波纹膜片，是传感头首先感受外部压力的部件。

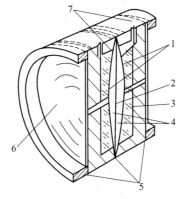

图 5-16　电容差压变送器测量元件结构图

1—固定极板；2—测量膜片；3—玻璃层；
4—硅油；5—焊接密封；6—隔离膜片；7—引出线

图 5-16 是电容式差压变送器的测量元件结构图，将左右对称的不锈钢底座的外侧加工成环状波纹沟槽，并焊上波纹隔离膜片 6。基座内侧有玻璃层 3，基座和玻璃层中央有孔道相通。玻璃层内表面磨成凹球面，球面上镶有金属膜，此金属膜层有导线通往外部，构成电容的左右固定极板 1。在两个固定极板之间是弹性材料制成的测量膜片 2，作为电容的中央动极板。在测量膜片两侧的空腔中充满硅油 4。

当被测压力 p_1、p_2 分别加于左右两侧的隔离膜片时，通过硅油将差压传递到测量膜片上，使其向压力小的一侧弯曲变形，引起中央动极板与两边固定极板间的距离发生变化，两电极的电容量不再相等，而是一个增大、另一个减小。电容的变化量通过引线传至测量电路，通过测量电路的检测和放大，输出一个 4～20mA 的直流电信号。图 5-17 是电容式压差变送器的原理图和线路连接图。

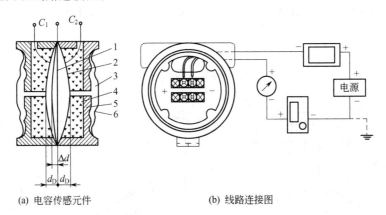

(a) 电容传感元件　　　　(b) 线路连接图

图 5-17　电容式差压变送器的原理图和线路连接图

1—测量膜片；2—电容固定极板；3—灌充硅油；4—刚性绝缘体；
5—金属基体；6—隔离膜片

位于传感器中心的测量膜片是恒弹性元件，介质压力通过隔离膜片和灌充硅油传递给中心测量膜片使之变形、移动，其位移量与两侧压差成正比。位移量由传感器两侧的电容极板检测，经电子电路转换成与被测压力/差压成线性关系的二线制 4～20mA DC 信号输出。

假设测量膜片在压差 Δp_i 的作用下移动距离为 Δd，由于位移量很小（可左右位移约 0.1mm 的距离），可近似认为 Δp_i 与 Δd 成比例变化，即

$$\Delta d = K_1 \Delta p_i = K_1 (p_1 - p_2) \qquad (5\text{-}10)$$

式中　K_1——比例系数。

这样可动极板（测量膜片）与左右固定极板间的距离将由原来的 d_0 分别变为 $d_0 + \Delta d$ 和 $d_0 - \Delta d$，由平行板电容的公式可得

$$C_{10} = C_{20} = \frac{\varepsilon A}{d_0} \qquad (5\text{-}11)$$

式中　ε——介电常数；

　　A——极板面积。

当 $p_1 > p_2$ 时，中间极板向右移动 Δd，此时左边电容 C_1 的极板间距增加 Δd，而右边电容 C_2 的极板间距则减少 Δd，则 C_1、C_2 分别为

$$C_1 = \frac{\varepsilon A}{d_0 + \Delta d} \qquad (5\text{-}12)$$

$$C_2 = \frac{\varepsilon A}{d_0 - \Delta d} \qquad (5\text{-}13)$$

联立解式（5-12）和式（5-13）可得到差压 Δp 与差动电容 C_1、C_2 的关系如下：

$$\frac{C_2 - C_1}{C_2 + C_1} = \frac{\Delta d}{d_0} = \frac{K_1}{d_0} \Delta p_i = K_2 \Delta p_i \qquad (5\text{-}14)$$

式中，$K_2 = \dfrac{K_1}{d_0}$ 为常数。

由式（5-14）可知，电容（$C_2 - C_1$）与 Δp 成正比，电容式差压变送器的任务就是将（$C_2 - C_1$）对（$C_2 + C_1$）的比值转换为电压或电流。

1151 系列电容式变送器转换电路的功能模块结构如图 5-18 所示。其中解调器、振荡器和控制放大器的作用是将电容比 $\dfrac{C_2 - C_1}{C_2 + C_1}$ 的变化按比例转换成测量电流 I_s，于是此线性关系可表示为

$$I_s = K_3 \frac{C_2 - C_1}{C_2 + C_1} \qquad (5\text{-}15)$$

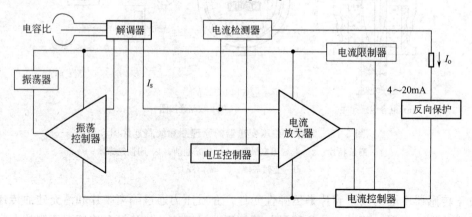

图 5-18　1151 电容变送器功能模块结构图

随后测量电流 I_s 送入电流放大器，经过调零、零点迁移、量程迁移、阻尼调整、输出限流等处理后，最终转换成 4～20mA 输出电流 I_o，即 $I_o = K_4 I_s$。可见电容式变送器的整机输出电流 I_o 与输入压差 Δp_i 之间有良好的线性关系。

电容式差压变送器的结构还可以有效地保护测量膜片，当差压过大并超过允许测量范围时，测量膜片将平滑地贴靠在玻璃凹球面上，因此不易损坏，过载后的恢复特性很好，这样大大提高了过载承受能力。与力矩平衡式相比，电容式没有杠杆传动机构，不存在力平衡式变送器必须把杠杆穿出测压室的问题，因而尺寸紧凑，密封性与抗振性好，测量精度相应提高，可达 0.2 级。

1151 差压变送器原理电路如图 5-19 所示。本书对各组成部分不作详细介绍，读者可以参考相关的文献。图 5-19 中，运算放大器 A_1 作为振荡器的电源供给者，可用来控制振荡器输出电压 E_1 的幅度，通过负反馈，保证 R_4 两端的电压恒定。放大器 A_2 用来将 R_1、R_2 两端的电压相减，并通过电位器 RP_1 引入输出电流的负反馈，控制 RP_1 可改变变送器的量程。显然，这个变送器也是一个两线制变送器。图中右上角的恒流电路保持变送器基本消耗电流恒定，构成输出电流的起始值，流过晶体管 BG_1 的电流则随被测压力的大小作线性变化。

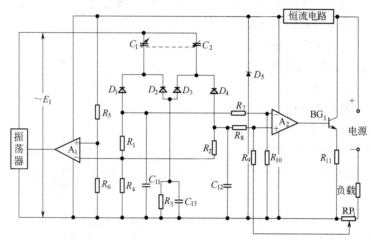

图 5-19　电容式差压变送器原理线路图

5.1.2　防爆安全栅

在石油、化工等工业过程的许多生产场合，存在着易燃、易爆的气体、粉尘或其他易燃易爆材料。安装在这种场合的现场仪表如果产生火花，就容易引起燃烧或爆炸，造成巨大的人员和财产损失。为了实现安全长周期生产运行，在这些场合所安装的一切仪表装置应该具有安全火花防爆性能。

所谓安全火花是指该火花的能量不足以对其周围可燃介质构成点火源。若仪表在正常或事故状态所产生的火花均为安全火花，则称为安全火花型防爆仪表。

气动仪表从本质上说具有防爆性能。但随着工业复杂化、大型化的发展对自动化要求的提高，电动仪表和装置逐渐占据了工业自动化的统治地位。这种发展趋势的关键技术之一就是解决现场仪表及整个系统的防爆问题。下面简要介绍一些防爆基本知识。

（1）危险场所的划分

按照中国1987年公布的《中华人民共和国爆炸危险场所电气安全规程（试行）》的规定，将爆炸危险场所划分为两种场所五个级别。

① 第一种场所 指爆炸性气体或可燃蒸气与空气混合形成爆炸性气体混合物的场所。按照其危险程度的大小分为三个区域等级。

0级区域（0区）：指在正常情况下，爆炸性气体混合物连续地、短时间频繁出现或长时间存在的场所。

1级区域（1区）：指在正常情况下，爆炸性气体混合物有可能出现的场所。

2级区域（2区）：指在正常情况下，爆炸性气体混合物不能出现，而仅在非正常情况下偶尔短时间出现的场所。

② 第二种场所 指爆炸性粉尘或易燃纤维与空气混合形成爆炸性混合物的场所。按照其危险程度的大小分为二个区域等级。

10级区域（10区）：指在正常情况下，爆炸性粉尘或易燃纤维与空气的混合物可能连续地、短时间频繁出现或长时间存在的场所。

11级区域（11区）：指在正常情况下，爆炸性粉尘或易燃纤维与空气的混合物不能出现，仅在不正常情况下偶尔短时间出现的场所。

（2）爆炸性物质的分类、分级与分组

① 分类 通常将爆炸性物质分为以下三类。

Ⅰ类物质——矿井甲烷；

Ⅱ类物质——爆炸性气体、可燃蒸气；

Ⅲ类物质——爆炸性粉尘、易燃纤维。

② 分级与分组 爆炸性气体的分级与分组（Ⅰ、Ⅱ类）。在标准试验条件下，按照其最大试验安全间隙和最小引爆电流比分级，按照其引燃温度值分组。如表5-1给出了部分示例。

表5-1 部分爆炸性气体的分级与分组

类和级	最大试验安全间隙 $MESG$/mm	最小点燃电流比 $MICR$	自燃温度组别/℃					
			T1	T2	T3	T4	T5	T6
			$T>450$	$450≥$ $T>300$	$300≥$ $T>200$	$200≥$ $T>135$	$135≥$ $T>100$	$100≥$ $T>85$
Ⅰ	$MESG=1.14$	$MICR=1$	甲烷					
ⅡA	$0.9<MESG<1.14$	$0.8<MICR<1$	氨、丙酮、苯、一氧化碳、乙烷、丙烷、甲醇	丁烷、乙醇、丙烯、丁醇、乙苯	汽油、环乙烷、硫化氢	乙醚、乙醛		亚硝酸乙酯
ⅡB	$0.5<MESG≤0.9$	$0.45<MICR≤0.8$	二甲醚、民用煤气、环丙烷	环氧乙烷、环氧丙烷、丁二烯	异戊二烯	二乙醚、乙基甲基醚		
ⅡC	$MESG≤0.5$	$MICR≤0.45$	水煤气、氢气	乙炔			二硫化碳	硝酸乙酯

注：最大试验安全间隙与最小点燃电流比在分级上的关系只是近似相等。

爆炸性粉尘和易燃纤维的分级与分组（Ⅲ类）。爆炸性粉尘和易燃纤维按照其物理性质分级、按照其自燃温度分组。共分 T1-1、T1-2、T1-3 三组。示例见表 5-2。

表 5-2　爆炸性粉尘和易燃纤维的分级、分组举例表

组　　别		T1-1	T1-2	T1-3
引燃温度/℃		$T>270$	$270 \geqslant T>200$	$200 \geqslant T>140$
类和级	粉尘物质			
ⅢA	非导电性可燃纤维	木棉纤维、烟草纤维、纸纤维、亚硫酸盐纤维素、人造毛短纤维、亚麻	木质纤维	
ⅢA	非导电性爆炸性粉尘	小麦、玉米、砂糖、橡胶、染料、聚乙烯	可可、米糠	
ⅢB	导电性爆炸性粉尘	镁、铝、铝青铜、锌、钛、焦炭、炭黑	铝(含油)铁、煤	
ⅢB	火炸药粉尘		黑火药	硝化棉、吸收药、黑索金、特屈儿、泰安

（3）防爆仪表的分类、分级和分组

自动化仪表属于低压电气仪表，用于危险场合时，应按照电气设备防爆规程管理。按照规定，防爆电气设备可制成隔爆型、本质安全防爆型等 10 种结构类型。其设备的分类、分级、分组与爆炸性物质的分类、分级、分组方法相同，其等级参数及符号也相同，其中温度等级是按照最高表面温度确定的，对隔爆型是指外壳温度，其余各类型是指可能与爆炸性混合物接触的表面温度。

自动化仪表的防爆结构主要有两种类型：隔爆型，标志为"d"；本质安全型，标志为"i"。下面分别介绍。

① 隔爆型　隔爆型仪表的特点是：仪表的电路和接线端子全部置于隔爆壳体中，表壳的强度足够大，表壳结合面间隙足够深，最大的间隙宽度又足够窄。即使仪表因事故产生火花，也不会引起仪表外部的可燃性物质发生爆炸。

设计隔爆型仪表结构的具体措施有：采用耐压 $(8\sim10)\times10^2$ kPa 以上的表壳，表壳外部的温升不得超过由气体或蒸气的自燃温度所规定的数值，表壳结合面的缝隙宽度和深度应根据它的容积和气体的级别采取规定的数值等。

隔爆型仪表在安装及维护正常时，处于安全状态。但在揭开仪表表壳时，它就失去了防爆性能。因此，不能在通电运行的情况下打开外壳进行检修或调整。对于组别、级别高的易燃易爆性气体如氢气、乙炔、二硫化碳等，不宜采用隔爆型防爆仪表。这是因为一方面对这些气体所要求的隔爆型仪表的表壳在加工上有困难；另一方面，即使能解决加工问题，但经过长期使用后，由于磨损，很难长期保持要求的间隙，会逐渐失去防爆性能。这些都是隔爆型防爆仪表的弱点。

② 本质安全防爆型　是指在正常状态下和故障状态下，由电路及设备产生的火花能量和达到的温度都不能引起易燃易爆性气体或蒸气爆炸的防爆类型。正常状态指在设计规定条件下的工作状态，如设计规定的断开和闭合电路动作所产生的火花。故障状态指因事故而发生短路、断路等情况。

具有本质安全防爆的系统包括两种电路：安装在危险场所中的本质安全电路及安装在非危险场所中的非本质安全电路。为了防止非本质安全电路中过大的能量传入危险场所中的本质安全电路中，在两者之间采用了防爆安全栅，使整个仪表系统具有本质安全防爆性能，如图 5-20 所示。必须注意，本质安全防爆系统是由在危险场所使用的本质安全防爆型仪表通过防爆安全栅电路连接到非危险场所（包括控制室）构成的。只有这样才能保证在事故状况下，在危险场所的现场仪表自身不产生危险火花，从危险场所以外也不会引入危险火花。

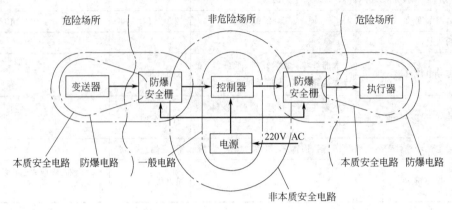

图 5-20　本质安全防爆系统构成简图

本质安全防爆系统的性能主要由以下措施来保证。

ⅰ. 本质安全防爆仪表采用低的工作电压和小的工作电流。如正常工作时电压不大于 24V DC，电流不大于 20mA DC；故障电压不大于 35V DC，电流不大于 35mA DC。限制仪表所用电阻、电容和电感参数的大小，以保证在正常及故障条件时所产生的火花能量不足以点燃爆炸性混合物。

ⅱ. 用防爆安全栅将危险场所和非危险场所的电路隔开。

ⅲ. 在现场仪表到控制室仪表之间的连接导线不得形成过大的分布电感和电容。

本质安全防爆型仪表的防爆性能最好，从理论上讲它适用于一切危险场所和一切易爆气体；其安全性能不随时间而变化；而且维修方便，可在运行状态下进行维修和调整。

本质安全防爆型仪表及与其相关联的电气设备，按照所使用场所的安全程度分为 ia 和 ib 两个级别。ia 级适用于 0 区，ib 级适用于 1 区。ia 级比 ib 级的安全程度高。

防爆仪表都有标明防爆检验合格证号和防爆类型、等级等标志的铭牌。典型的标志铭牌上的防爆标志一般分为四段：ExABC。Ex 表明此仪表为防爆仪表；A 段填入防爆类型，如 d、ia、ib 等；B 段为防爆仪表的类和级，如Ⅰ级、ⅡA 级等；C 段为防爆仪表的表面温度组别，也是其能够适用的危险物质的自燃温度组别，如 T1～T6。例如 ExdiaⅡCT6 表示兼有隔爆和本质安全功能、可在ⅡC 级 T6 组以下级别中使用的防爆仪表。

本质安全型防爆仪表的性能是靠电路设计来实现和保证的。

（4）防爆安全栅

防爆安全栅放在安全场所的入口处，它不会影响仪表的正常工作，只会起到防止危险能量由安全场所进入危险场所的作用。这样，只需对设置在危险场所的本质安全型防爆仪表和防爆安全栅进行防爆鉴定，而对设置在安全场所的仪表则可不受此限制，只要求它们所使用的最高电压低于防爆安全栅的额定电压。

目前用得最多的防爆安全栅有齐纳式安全栅与变压器隔离式安全栅等。下面简要介绍它们的工作原理。

① 齐纳式安全栅　原理如图 5-21 所示。它利用在本质安全电路与非本质安全电路之间

串接的电阻 R 来限制进入本质安全电路的电流，利用齐纳二极管 D_1 及 D_2 来限制进入本质安全电路的电压，并用快速熔断丝 FU 保护齐纳二极管。

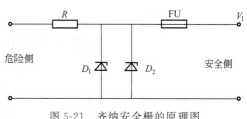

图 5-21 齐纳安全栅的原理图

在正常工作时，安全栅端电压 V_1 小于齐纳二极管的击穿电压 V_0，齐纳二极管不工作，回路电流数值由安装在危险场所侧的变送器决定，安全栅并不影响正常工作电流值。在现场发生事故如危险场所形成短路时，则由 R 限制过大电流进入危险场所。在安全栅端电压 V_1 高于齐纳二极管的击穿电压 V_0 时，齐纳二极管击穿，进入危险场所的电压将被限制在 V_0 值上。同时，安全侧电流急剧增大，使快速熔断丝 FU 很快熔断，立即把可能造成事故的高压与危险场所隔断，也保护了齐纳二极管。

齐纳二极管的优点是结构简单，尺寸小，精度高，价格便宜，可靠性、通用性高，且防爆额定电压可以做得很高。齐纳安全栅对其主要构成元件有很高的要求，如对齐纳二极管的要求为：当反向电压超过其击穿电压 V_0，但不超过其额定功率时，在反向电压除去或降压后应能够恢复其原有特性；快速熔断丝 FU 在超过额定电流时应能迅速熔断，其熔断时间应不超过齐纳二极管过电流断路时间的 $1/1000$。

② 变压器隔离式安全栅 是通过隔离、限压和限流等措施，限制流入危险场所的能量，来保证安全防爆性能的。它是用变压器作为隔离器件，分别将输入、输出和电源电路进行隔离，通过电磁转换方式来传输信号。

变压器隔离式安全栅的线路复杂，体积大，成本高，但它并不要求什么特殊元件，可靠性高，防爆额定电压高，便于生产，可达到交直流 220V，所以目前国产隔离式安全栅选择了变压器隔离的形式。DDZ-Ⅲ型仪表的隔离式安全栅有两种，即与变送器配套使用的检测端安全栅，以及与执行器配套使用的执行端安全栅。检测端安全栅的电路原理如图 5-22 所示。

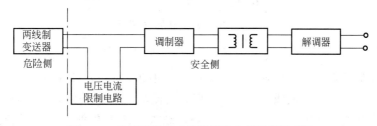

图 5-22 变压器隔离式检测端安全栅原理示意图

5.1.3 温度变送器

温度变送器与各种热电偶或热电阻配合使用，将被测温度线性地转换为 $0 \sim 10mA$ 或 $4 \sim 20mA$ DC 电流信号，以便与显示、记录和调节单元配合工作。下面以 DDZ-Ⅲ 型温度变送器为主要对象进行讨论。按照采用的测温传感器的不同类型，温度变送器分为三种类型：直流毫伏变送器、电阻体温度变送器和热电偶温度变送器。这三种变送器在线路结构上都分为量程单元和放大单元两部分，其中放大单元是通用的，量程单元则随变送器的类型及量程范围不同而异。三种变送器的结构方框图分别如图 5-23 （a）、（b）、（c）所示。图中双线箭头与单线箭头分别表示供电回路和信号回路。

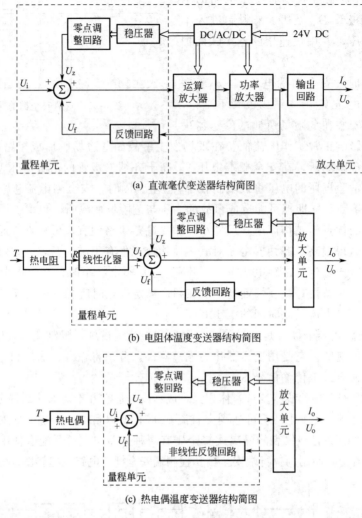

图 5-23　温度变送器的三种结构方框图

　　温度变送器的反馈部分有两种形式：一种是线性电阻网络，即线性反馈，结果保证输入电压 V_i 与输出电流 I_o 之间成线性关系，一般在直流毫伏变送器中采用；另一种是反馈回路具有与测温元件相类似的特性，即非线性反馈，结果使被测温度 T 与 I_o 之间成线性关系，在热电偶和热电阻变送器的反馈电路里就采用这种形式。

　　采用 DDZ-Ⅲ型温度变送器在性能方面有以下主要优点。

　　ⅰ.采用了低漂移、高增益的线性集成电路，提高了仪表的可靠性、稳定性及各项技术性能。

　　ⅱ.在热电偶与热电阻的温度变送器中采用了线性化电路，使变送器输出信号与被测温度信号保持了线性关系。

　　ⅲ.线路中采取了安全火花防爆措施，兼有安全栅的功能，可用于危险场所中的温度或直流毫伏信号测量。

　　下面主要以 DDZ-Ⅲ型热电偶温度变送器为对象进行分析。DDZ-Ⅲ型热电偶温度变送器的整机线路如图 5-24 所示。其主要性能指标如下。

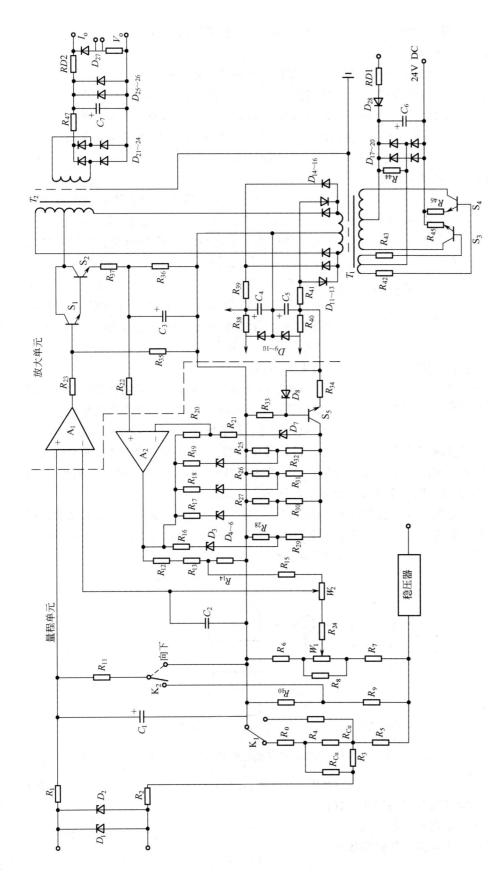

图 5-24 DDZ-Ⅲ型热电偶温度变送器的整机线路图

① 测量范围　最小量程 3mV，最大量程 60mV；零点迁移量 -50～+50mV。

② 基本误差　±0.5%。

③ 温度特性　环境温度每变化 25℃，附加误差不超过千分之五。

④ 恒流性能　当负载电阻在 0～100Ω 范围内变化时，附加误差不超过千分之五。

⑤ 防爆指标　结构为安全火花型；防爆等级为 HⅢe［H 表示安全火花型，Ⅲ 表示电流等级Ⅲ级（≤70mA），e 表示周围气体自燃温度（100～135℃），按照本书前面介绍的表示方法为 ExdiaIICT5］；防爆额定电压为 220V AC/DC。

热电偶温度变送器的工作原理介绍如下。

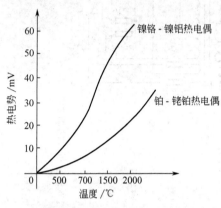

图 5-25　热电偶非线性特性

热电偶温度变送器要求变送器的输出电压信号与相应的变送器输入的温度信号成线性关系。但一般热电偶输出的毫伏值与所代表的温度之间是非线性的，如图 5-25 所示。各种热电偶的非线性也不一样，而且同一种热电偶在不同的测量范围其非线性程度也不相同。例如铂-铑铂热电偶的特性曲线是凹向上的，而镍铬-镍铝热电偶特性曲线开始是凹向上的，温度升高时又变为凹向下呈 S 形。

由于热电偶是非线性的，但温度变送器放大回路是线性的，若将热电偶的热电势直接接到变送器的放大回路，则温度 T 与变送器的输出电压 V_o 之间的关系将是非线性的。因此为了使温度变送器的输入温度 T 与输出电压 V_o 保持线性关系，则变送器的放大回路特性不能是线性的。假设热电偶的特性是凹向上的，若要使 T 与 V_o 的关系呈线性变化，则变送器放大回路的特性曲线必须是凹向下的。

热电偶温度变送器是由热电偶输入回路和放大回路两部分组成。为了得到线性关系，必须使放大回路具有非线性，这一般是采用反馈线路非线性来实现的。图 5-26 为热电偶输入温度变送器方框图。因而有温度变送器的传递函数

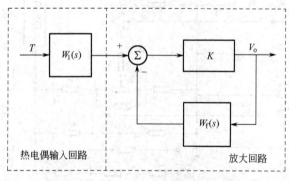

图 5-26　热电偶输入温度变送器方框图

$$W(s) = W_1(s) \cdot W_2(s) \tag{5-16}$$

式中　$W(s)$——温度变送器的传递函数；

$W_1(s)$——热电偶的传递函数；

$W_2(s)$——放大回路的传递函数。

由于变送器放大回路放大器的放大系数 K 很大，故放大回路的传递函数可以认为等于反馈电路的传递函数 $W_f(s)$ 的倒数，即

$$W_2(s) \approx \frac{1}{W_f(s)} \tag{5-17}$$

则热电偶输入温度变送器的传递函数为

$$W(s) \approx \frac{W_1(s)}{W_f(s)} \tag{5-18}$$

式（6-18）说明，欲使热电偶输入的温度变送器保持线性，就要使反馈电路的特性曲线与热电偶的特性曲线相同，即变送器放大回路的反馈电路输入与输出特性要模拟成热电偶的非线性特性关系，如图 5-27 所示。因此，热电偶温度变送器的关键技术是如何使放大回路的反馈电路具有热电偶的非线性特性。

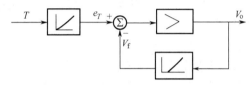

图 5-27 热电偶输入的温度变送器线性化原理图

5.1.4 标准仪表的信号标准以及与电源连接的方式

① 标准仪表的信号标准 在 1960 年之前，过程工业仪表统一使用气压信号进行测量和控制信息的传递，范围是 20～100kPa。但从 1960 年开始，电动仪表得到广泛应用。尽管在某一段时间内曾经应用了 1～5mA，4～20mA，0～5V，±10V DC 等信号，而且新型变送器和控制器经常允许多种信号输出范围，例如 4～20mA 和 1～5V DC，但当前大多数模拟仪表还是遵循了 4～20mA DC 的标准信号范围。

② 模拟仪表与电源连接的方式 随着模拟仪表普遍采用标准信号，电动变送器输出信号与电源的连接方式普遍采用了两线制。如图 5-28 所示，24V DC 电源电压和负载电阻 R_L 串联后接到变送器。这种接线方式中，同变送器连接的导线只有两根，这两根导线同时传送变送器所需的电源电压和 4～20mA DC 输出电流，称为两线制。

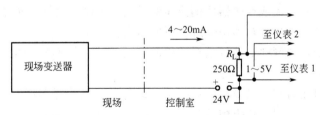

图 5-28 DDZ-Ⅲ型仪表的接线原理图

两线制变送器不仅可使设备减少，成本降低，安全性能提高，而且还可以节省人力，加快安装速度。

一只两线制变送器，必须满足如下三个条件。

ⅰ.变送器的正常工作电流 I 必须等于或小于变送器输出电流的最小值 $I_{o\,min}$，即

$$I \leqslant I_{o\,min}$$

通常，两线制变送器输出电流下限值为 4mA，在此条件下，变送器须能够正常工作。

ⅱ.在下列电压条件下，变送器能保持正常工作。

$$V_{\mathrm{T}} \leqslant E_{\min} - I_{\mathrm{o\,max}}(R_{\mathrm{L\,max}} + r) \tag{5-19}$$

式中　V_{T}——变送器输出端电压；

$E_{\min}$——电源电压的最小值；

$I_{\mathrm{o\,max}}$——输出电流的上限值；

$R_{\mathrm{L\,max}}$——变送器的最大负载电阻值；

r——连接导线的电阻值。

ⅲ.变送器的最小有效功率 P 为

$$P < I_{\mathrm{o\,min}}(E_{\min} - I_{\mathrm{o\,min}}R_{\mathrm{L\,max}}) \tag{5-20}$$

5.1.5　典型系统的变送器选择

选择压力变送器时，需要考虑介质、测量参数和量程范围等关键因素。在使用过程中需注意以下几点：

ⅰ.注意保护变送器的膜片；

ⅱ.在温度低时，保证被测介质处于流动相；

ⅲ.在测量高温介质（蒸汽等）时，温度不应超过变送器的极限温度；特殊情况需要高于极限温度时，需要强制安装散热系统；

ⅳ.当变送器与阀门通过管道连接，使用时应缓慢开启阀门，避免被测介质直接冲击变送器元件。

对于换热器控制系统，为了控制温度，往往需要测量换热流体的流量。冷、热流体测量仪表常选用涡街流量变送器。该涡街流量变送器可看作线性单元，动态滞后可以忽略不计。因此，可用一阶环节来近似表示。

对于典型的涡街流量变送器，其关键参数为 $T_{\mathrm{b}}=2$，$K_{\mathrm{b}}=1$。因此，选择的涡街流量变送器的传递函数为

$$G_{\mathrm{b}}(s) = \frac{K_{\mathrm{b}}}{T_{\mathrm{b}}s+1} = \frac{1}{2s+1} \tag{5-21}$$

为了保证测量的准确性和数据处理的高效性，对测试流量的变送器，还可选用能安装在直管段上的涡轮流量变送器，以方便测量换热器冷、热侧的流体的体积流量。温度变送器可选用铂电阻温度变送器，完成换热器两侧流体的进出口温度的测量。同时，压力变送器可选用压阻式压力变送器，测量换热器两侧进出口的压力。

对于精馏塔系统，温度变送器可选择常用的热电偶。这种变送器的传递函数满足惯性环节和延迟环节。

对于压缩机出口压力有工艺要求的控制系统设计，可以选择典型的感应式压力变送器，一般选择为现场压力变送器，输出信号为 $4\sim20\mathrm{mA}$。它的传递函数为

$$G_{\mathrm{b}}(s) = K \tag{5-22}$$

根据上述原则，选用高精度、高灵敏度的变送器，能够提高对各测量参数变送的精度和时效，保证数据处理的准确性。

5.2　控　制　器

控制器又称为调节器，是构成自动控制系统的核心仪表，其作用是将参数测量值和

规定的参数值（给定值）相比较后，得出被控量的偏差，再根据一定的控制规律产生输出信号，从而推动执行器工作，对生产过程进行自动控制。假如被控参数的测量值增加，控制器的输出信号也增加，则称为正作用控制器；测量值增加时输出信号减小的则称为反作用控制器。

按照仪表所用能源，控制器可以分为以下两类。

① 直接作用控制器（自力式控制器） 这种控制器不用外加能源，利用被控介质本身作为能源工作。例如蒸汽压力控制可以选用自力式压力控制器。这种控制器多用于调压、稳流等要求不很严格的就地控制系统，结构简单，价格低廉。

② 间接作用控制器 这种控制器利用外加能源，按照外加能源的不同，有电动控制器、气动控制器及液动控制器。在石油化工生产中以气动及电动形式应用最多。具有性能稳定、便于远距离传送等特点。

通常按照控制规律来划分控制器。下面主要讨论实现控制规律的一些基本方法。

5.2.1　控制器控制规律的实现方法

在第 2 章中，已经介绍了基本控制规律及其响应特性。从控制规律来讲，PID 控制器是模拟控制器中最完善的控制器。使 PID 控制器的积分时间 $T_\mathrm{I} \to \infty$ 时，即得到了 PD 控制器；使微分时间 $T_\mathrm{D} = 0$ 时，即成为 PI 控制器；同时使 $T_\mathrm{I} \to \infty$ 和 $T_\mathrm{D} = 0$ 时，则成为 P 控制器。可见，PID、PI、PD 和 P 控制器的组成是基本相同的，它们之间只是运算电路部分有所不同。下面进一步讨论 PID 控制规律的实现方法。

PID 控制器实际上是一个运算装置，实现对输入信号的比例、积分、微分等各种运算功能。能够实现这些运算的方法很多，但在电动控制器中，用得最多的是采用运算放大器与阻容（RC）电路相结合的方法。用不同的 RC 电路与运算放大器进行不同的组合，就可以得到各种运算规律的电路。下面分析构成 PID 控制器的基本

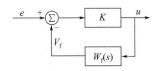

图 5-29　构成各种控制规律的方框图

运算电路的原理及特性，主要是无源 RC 电路及带 RC 反馈的放大电路。由于电路形式很多，主要介绍一些基本类型。

图 5-29 为构成各种控制规律的方框图。用传递函数表示输出与输入的关系如下

$$W(s) = \frac{K}{1 + KW_\mathrm{f}(s)} \tag{5-23}$$

式中　K——放大器增益；

　　$W(s)$——控制器的传递函数；

　　$W_\mathrm{f}(s)$——反馈回路的传递函数。

当 $K \to \infty$ 时

$$W(s) \approx \frac{1}{W_\mathrm{f}(s)} \tag{5-24}$$

即只要使放大器的增益 K 足够大，控制器的传递函数 $W(s)$ 即为反馈回路传递函数 $W_\mathrm{f}(s)$ 的倒数，这就使反馈电路和整个闭环放大器在运算功能上是相反的，即反馈电路衰减多少倍，闭环放大器就放大多少倍；反馈电路是微分电路，则闭环放大电路必然具有积分作用，等等。这就是利用负反馈回路实现各种控制规律的基本原理。由电阻 R、电容 C 组

成的比例、积分、微分、比例微分和比例积分等无源基本电路结构如表 5-3 所示。这些电路与负反馈放大器配合可以组成各种实用的控制器。

表 5-3　无源基本电路结构

	RC 电路	传递函数	阶跃响应	控制规律
a		$\dfrac{R_2}{R_1}$		P
b		$\dfrac{1}{RCs+1}$		I
c		$\dfrac{RCs}{RCs+1}$		D
d		$\dfrac{R_2}{R_1}\cdot\dfrac{\frac{R_1}{R_2}RCs+1}{RCs+1}$		PD
e		$\dfrac{\frac{R_2}{R_1}RCs+1}{RCs+1}$		PI

　　集成运算放大器具有高增益、高输入阻抗、低输出阻抗等特点，因此各种运算规律可直接由连接到线性运算放大器的负反馈回路上来实现，表 5-4 给出了一些基本运算电路及运算规律。图 5-30 给出了由 P、I、D 三个运算电路并联连接，然后通过加法器 A_5 把它们的输出相加所组成的基本 PID 电路。这种组成方式特点为：由于三个运算放大器电路并联连接，避免了级间误差的累积放大，对保证整机精度有利；而且，并联结构可以清除参数 T_I、T_D 变化对整机实际整定参数（K_P'、T_D'、T_I'）的影响。但由于比例电路也与积分、微分电路并联，K_P 的变化将使实际微分时间 T_D/K_P 以及实际积分时间 K_PT_I 发生变化，即 K_P 对 T_D'、T_I' 产生了干扰。

表 5-4　基本运算电路及运算规律

电路名称		电路原理图	运算规律
反相输入电路	比例运算电路		$\dfrac{V_o}{V_i}=-\dfrac{R_F}{R_i}$
	比例运算电路		$\dfrac{V_o}{V_i}=-\dfrac{C_i}{C_F}$
	积分运算电路		$\dfrac{V_o}{V_i}=-\dfrac{1}{R_iC_Fs}$
	比例积分运算电路		$\dfrac{V_o}{V_i}=-\dfrac{C_i}{C_F}\left(1+\dfrac{1}{R_iC_is}\right)$
	微分运算电路		$\dfrac{V_o}{V_i}=-\dfrac{C_DR_Fs}{1+C_DR_Ds}$
同相输入电路	比例微分运算电路		$\dfrac{V_o}{V_i}=\dfrac{1}{n}\dfrac{1+nR_DC_Ds}{1+R_DC_Ds}$

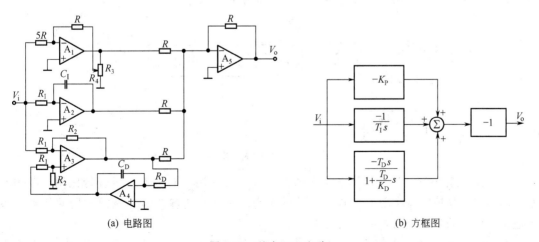

(a) 电路图　　　　　　　　　　　(b) 方框图

图 5-30　基本 PID 电路

5.2.2　PID 控制器的硬件结构

（1）PID 控制器的组成及原理

从整定方式来分，控制器有普通型和电压整定型两种。普通型和电压整定型控制器的基本组成是相同的，区别只是在参数整定电路方面。在普通型控制器中，参数的整定只能就地进行，可以用调整电位器的阻值或用波段开关切换电阻（或）电容来改变整定参数；在电压整定型控制器中，整定参数 P、T_I、T_D 受外给电压控制，因此可以做到远程整定、第三参数整定、自整定等。下面围绕普通型 PID 控制器进行分析讨论。

PID 控制器的组成可以用图 5-31 所示的方框图表示。控制器主要由输入电路、PID 运算电路和输出电路三部分组成。但在有的控制器中，输出电路与运算电路是一个不可分割的整体。此外，还可能附带有指示电路、手动操作电路及输出限幅电路。指示电路分为偏差指示、给定值指示与输入指示的全刻度指示两种。

PID 控制器一般接受来自变送器的电流输出信号，变为电压信号后与给定值进行比较，产生偏差信号 e。该偏差信号经 PID 运算电路处理后，再由输出电路送出控制信号电流 I_o，以使执行器产生相应的动作。

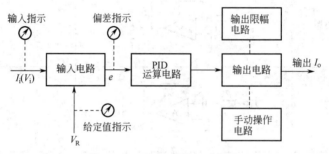

图 5-31　PID 控制器组成框图

指示电路用以监视系统的控制运行情况，手动操作电路可直接由人工操作输出"手动信号"到执行器中去，以代替控制器的"自动信号"，进行遥控。

① 输入电路　一般控制器的输入电路包括偏差检测电路、内给定稳压电源电路、内外给定切换开关、正反作用开关及滤波电路等，如图 5-32 所示。

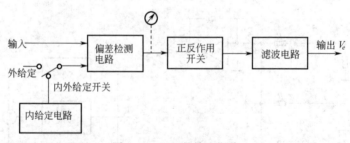

图 5-32　PID 的输入电路

② PID 运算电路　PID 运算电路根据整定好的参数用以对偏差信号进行比例、微分和积分的运算，是控制器实现 PID 控制规律的关键环节。它与输入电路及放大器的信号联系问题将在后面的基型控制器中详细讨论。

③ 输出电路　输出电路将运算电路的输出信号做最后一次放大，或者作为运算电路主回路中放大器的最后一级，提供控制器的输出信号。

④ 手动操作电路　由于系统上或工艺上的需要，有时要进行人工控制。因此，在有的控制器中备有手动操作电路，它能输出一个由操作人员控制的"手动电流"到执行器去，即人工控制。"手动"与"自动"可以借助手动-自动切换开关进行切换。

⑤ 输出限幅电路　在有的控制器中，设有输出限幅电路，用以将控制器的输出限制在一定范围内，从而保证控制阀不处于危险开度。控制器输出的上限值和下限值都可以控制。

（2）电动控制器

目前在中国工业上广泛应用的 DDZ-Ⅲ 型电动控制仪表采用线性集成电路作为线路中的核心组件，采用了二线制接法，采取安全火花型防爆措施，具有先进可靠的防爆结构。

DDZ-Ⅲ 型控制器按照功能不同，可分成基型控制器和特殊控制器两类，而基型控制器有两个品种，一种是全刻度指示控制器，另一种是偏差指示控制器。它们的电路相同，只是指示电路有些差异。下面主要讨论 DTZ-2100 型全刻度指示控制器。

全刻度指示控制器能对被控参数（即控制器输入信号）作 0～100％ 全刻度范围的显示。显示值与给定值指示值之差即为偏差值。偏差指示控制器则没有输入信号的全刻度指示，而是直接指示偏差大小。

DTZ-2100 型全刻度指示控制器是最基本的一种控制器，它除了具有 PID 运算功能外，还具有被控参数的显示、给定值的显示及表示阀门位置的显示功能。基型控制器具有以下主要特点。

ⅰ.采用了高增益、高阻抗线性集成电路组件，提高了仪表的精度、稳定性和可靠性，降低了功耗。

ⅱ.有软、硬两种手动操作方式，软手动与自动之间由于有保持状态而使控制器输出能够长期保持，因而在互相切换时具有双向非平衡无扰动特性，提高了控制器的操作性能。

ⅲ.采用集成电路便于各种功能的扩展。在基型控制器基础上可以增加各种不同的功能组件，如前馈控制器可解决大扰动及大滞后对象的控制，自动选择控制器用于超驰控制系统中可解决积分饱和问题等。

ⅳ.采用标准信号制，接受来自变送器的或转换器输出的 1～5V DC 测量信号，输出 4～20mA DC 信号。由于电气受点不是从零开始的，故容易识别断电、断线等故障。

ⅴ.能与计算机联用，如 SPC 控制器和 DDC 备用控制器等。

全刻度指示控制器的结构框图如图 5-33 所示，线路原理图如图 5-34 所示。控制器由指示单元和控制单元两部分组成。

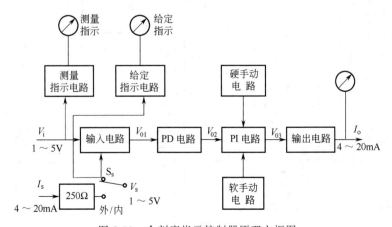

图 5-33　全刻度指示控制器原理方框图

178

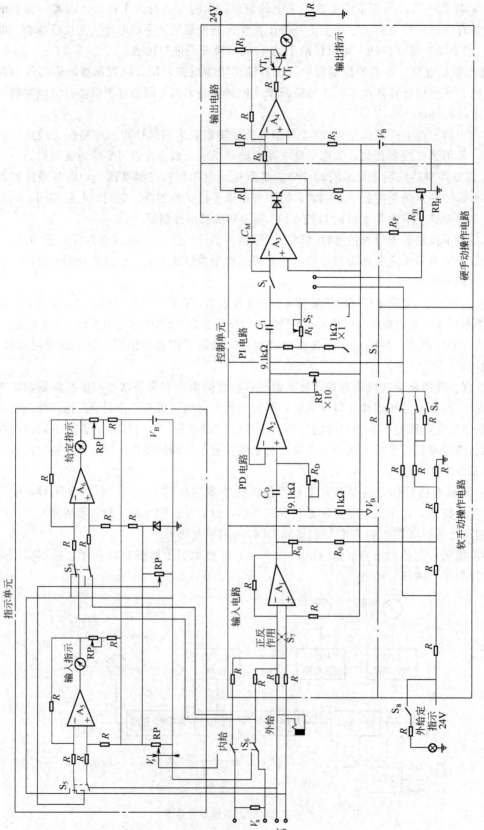

图 5-34 全刻度指示调节器线路原理图

指示单元包括了输入信号测量指示电路和给定信号指示电路，分别与测量指示表、给定指示表一起对测量信号和给定信号进行连续指示。控制单元包括了输入电路、内/外给定电路、比例微分电路、比例积分电路、硬手动操作电路、软手动操作电路和输出电路等部分组成。

输入电路与内给定信号都是以零伏为基准的 $1\sim5V$ DC 电压信号；外给定的 $4\sim20mA$ DC 电流流过输入电路内 250Ω 精密电阻转换成以零伏为基准的 $1\sim5V$ DC 电压信号。内、外给定由开关 S_6 进行选择。

控制器有自动、软手动和硬手动三种主要工作状态，由切换开关 S_1、S_4 进行选择。

ⅰ．"自动"状态——由变送器来的控制器的 $1\sim5V$ DC 输入电压信号与给定值信号相比较后的偏差信号，经过输入回路进行电平移位，然后由"PD 回路"和"PI 回路"组成的 PID 运算回路进行运算，再由输出回路转换成 $4\sim20mA$ DC 信号输出，送到执行器进行自动控制。

ⅱ．软手动操作——软手动操作回路直接改变控制器的输出信号实现手动操作。在进行软手动操作时，输出电流以某种速度进行变化。一停止手操，输出就停止变化。

ⅲ．硬手动操作——硬手动操作回路也可以直接改变控制器的输出信号实现手动操作。在进行硬手动操作时，输出值大小与硬手动操作杆的位置有对应关系。

基型控制器的各组成部分的原理分述如下。

① 输入回路　为偏差差动电平移位电路。它由带有电压负反馈的运算放大器 A_{101} 等组成，如图 5-35 所示。它的主要作用是将输入信号 V_i 与给定信号 V_s 进行比较，取出偏差信号，并进行电平移位。电平移位是指将电源负端为零电平的信号转换成以参考电位 V_b 为基准的信号。

在图 5-35 中，将开关 K_{101} 置于"正作用"位置，$R_{101}=R_{102}=R_{103}=$

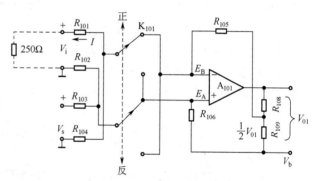

图 5-35　控制器的输入回路

$R_{104}=R_{105}=R_{106}=500k\Omega$，则以零伏（地）为基准的测量信号 V_i 和给定信号 V_s 反相地通过两对并联输入电阻 R 加到运算放大器 A_{101} 的两个输入端，两个反相输入端对应电位分别为 E_A、E_B，输出是以 $V_b=10V$ 为基准的电压信号 V_{01}，它一方面作为下一级比例微分电路的输入，另一方面又取出 $V_{01}/2$ 通过反馈电阻 R_{105} 反馈至 A_{101} 的反相输入端。

设 A_{101} 为理想运算放大器，其输入阻抗为无穷大，则 E_A、E_B 同电位，即 $E_A=E_B$，则有

$$\frac{V_i-E_B}{R_{101}}+\frac{0-E_B}{R_{104}}=\frac{E_B-\left(\frac{1}{2}V_{01}+V_b\right)}{R_{105}} \tag{5-25}$$

$$\frac{0-E_A}{R_{102}}+\frac{V_s-E_A}{R_{103}}=\frac{E_A-V_b}{R_{106}} \tag{5-26}$$

经整理，可得

$$\begin{cases} E_A = \dfrac{1}{3}(V_s + V_b) \\ E_B = \dfrac{1}{3}(V_i + \dfrac{1}{2}V_{01} + V_b) \end{cases} \tag{5-27}$$

式中　V_i——输入信号（以电源负端为基准）；

V_s——给定信号（以电源负端为基准）；

V_b——参考基准电压；

V_{01}——该回路的输出电压（以 V_b 为基准）。

由于 $E_A = E_B$，则

$$\frac{V_{01}}{V_i - V_s} = -2 \tag{5-28}$$

式（5-28）说明，输入回路将输入信号 V_i 与给定信号 V_s 之偏差 $(V_i - V_s)$ 放大了两倍，并将电平移到了以 V_b（=10V）为基准的电平上，而且 V_{01} 的极性与偏差信号的极性也有关。

若将开关 K_{101} 置于"反作用"处，用同样的方法可以得到

$$\frac{V_{01}}{V_i - V_s} = 2 \tag{5-29}$$

由此可见，当开关 K_{101} 置于"正"，输入信号大于给定值（正偏差）时，输入回路输出电压为负值；而当开关 K_{101} 置于"反"时，正偏差对应的输入回路输出电压为正值。控制器就利用它来形成正反两种控制作用。

例 5-3　若某控制器输入回路中输入的电流信号为 5mA，电阻值为 250Ω，给定信号为 1V，试求出该控制器输出的信号值。

解　当处于正作用时

$$V_{01} = -2 \times (V_i - V_s) = -2 \times (I \times R - V_s)$$
$$= -2 \times (5 \times 250 \times 0.001 - 1) = -0.5(\text{V})$$

当处于反作用时　　　　　　　　$V_{01} = 0.5\text{V}$

② 比例微分回路　PD 回路的功能为：回路的输出值大小不仅与输入信号的大小、极性有关，而且与输入信号变化的速度有关，这种功能对于容量大、惯性大、具有滞后的控制对象是很有意义的。

在 PD 电路图 5-36 中，采用了无源 RC 网络与增益可调的比例放大器相串联来满足上述要求，以 $V_b = 10\text{V}$ 电平为基准的偏差信号 V_{01}，通过 $R_D C_D$ 电路进行比例微分运算，再经过比例放大后，其输出信号 V_{02} 送给比例积分器。图中 RP 为比例电位器，R_D 为微分电位器，C_D 为微分电容。控制器的参数一般要求有较宽的调整范围，因此要求控制器具有 2%～500% 的比例带以及 0.04～10min 的微分时间调整范围，通过控制 RP 和 R_D 来实现。设 A_{102} 为理想运算放大器，则可不考虑放大器的影响，电路分析将比较简单。

为此，将无源比例微分电路单独画出如图 5-37（a）所示，各点电压都以电平 V_b 为基准。考虑到分压器上下两段电阻都比电阻 R_D 小得多，故计算时分压器可以只考虑其分压比，而不计其输出阻抗。这样

$$E_A(s) = \frac{V_{01}(s)}{n} + I_d(s) R_D \tag{5-30}$$

式中，I_d 是电容 C_D 的充电电流。

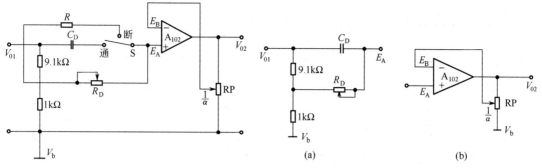

图 5-36 比例微分电路   图 5-37 比例微分电路的组成

$$I_{\mathrm{d}}(s)=\frac{\dfrac{n-1}{n}V_{01}(s)}{R_{\mathrm{D}}+\dfrac{1}{C_{\mathrm{D}}s}}=\frac{n-1}{n}\cdot\frac{C_{\mathrm{D}}s}{1+R_{\mathrm{D}}C_{\mathrm{D}}s}V_{01}(s) \tag{5-31}$$

由式（5-30）和式（5-31）化简得

$$E_{\mathrm{A}}(s)=\frac{1}{n}\cdot\frac{1+nR_{\mathrm{D}}C_{\mathrm{D}}s}{1+R_{\mathrm{D}}C_{\mathrm{D}}s}V_{01}(s) \tag{5-32}$$

而图 5-37（b）所示的放大器的运算关系为

$$E_{\mathrm{B}}(s)=\frac{1}{\alpha}V_{02}(s) \tag{5-33}$$

由于 $E_{\mathrm{A}}(s)=E_{\mathrm{B}}(s)$，则

$$V_{02}(s)=\frac{\alpha}{n}\cdot\frac{1+nR_{\mathrm{D}}C_{\mathrm{D}}s}{1+R_{\mathrm{D}}C_{\mathrm{D}}s}V_{01}(s) \tag{5-34}$$

若令微分增益 $K_{\mathrm{D}}=n$，微分时间 $T_{\mathrm{D}}=nR_{\mathrm{D}}C_{\mathrm{D}}$，则

$$V_{02}(s)=\frac{\alpha}{K_{\mathrm{D}}}\cdot\frac{1+T_{\mathrm{D}}s}{1+\dfrac{T_{\mathrm{D}}}{K_{\mathrm{D}}}s}V_{01}(s) \tag{5-35}$$

则整个比例微分电路的阶跃响应可由式（5-35）求拉氏反变换得

$$V_{02}(t)=\frac{\alpha}{n}\big[1+(K_{\mathrm{D}}-1)\mathrm{e}^{\frac{-K_{\mathrm{D}}}{T_{\mathrm{D}}}t}\big]V_{01}(t) \tag{5-36}$$

相应的 PD 电路的输出时间响应特性如图 5-38 所示。当开关 S 置于"断"位置时（见图 5-36），微分作用将被切除，电路只具有比例作用，这时 C_{D} 并联在 9.1kΩ 电阻的两端，C_{D} 的电压始终跟随 9.1kΩ 电阻的压降。当 S 需要从"断"切换到"通"位置时，在切换瞬间由于电容器两端的电压不能跃变，从而 V_{02} 保持不变，对控制系统不产生扰动。

③ 比例积分回路　其主要作用是为控制器引入积分功能，从而使控制器的输出值与偏差对时间的积分成比例。即只要有偏差存在，控制器的输出将不断发生变化，直到消除偏差以后才停止，以便尽量减小系统的静差。PI 电路如图 5-39 所示。它接收以 10V 为基准的PD 电路的输出信号 V_{02}，进行 PI 运算后，输出仍以 10V 为基准的 1～5V 的电压 V_{03}，送至输出电路。图中"×1"和"×10"表示积分时间刻度值有两档之分，当积分时间倍乘开关S_3 置于"×10"位置时，其输入电压 V_{02} 要经 1/10 分压后接到积分电阻 R_{I} 上，从积分输出速度上看，这等效于把电阻 R_{I} 增加了 10 倍。更一般地讲，若输入电压 V_{02} 经 1/m 分压

182

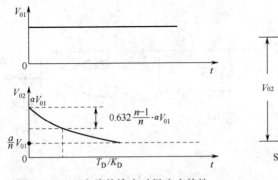

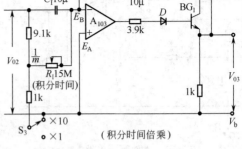

图 5-38 PD 电路的输出时间响应特性　　　　　图 5-39　比例积分电路

后加到积分电阻 R_I 上，那么积分速度就减慢了 m 倍。由于此时比例度并未改变，故积分时间 T_I 将增大 m 倍。图中接在放大器 A_{103} 输出端的由电阻、二极管 D 及晶体三极管 BG_1 构成的射极跟随器，主要为了能与其他附加单元配套，便于加输出限幅器而设的。

在阶跃信号输入的一瞬间，由于电容 C_I 及 C_M 在此瞬间阻抗很小，电阻 R_I 阻值很大，与 C_I 的容抗相比可视作开路，此时回路可看成电容分压的比例环节。因此输出信号 V_{03} 也作阶跃变化，即

$$V_{03} = -V_{02} \frac{C_I}{C_M} \qquad (5-37)$$

若输入信号保持不变，V_{02} 信号电压将通过电阻 R_I 对电容 C_M 充电，从而使 C_M 两端电压不断增加。在运算放大器 A_{103} 的放大倍数很大的情况下，回路输出电压 V_{03} 可以看成等于 C_M 两端之电压值。因此输出电压不断增加，形成积分作用。由此可见，只要有 V_{02} 存在，积分作用就不会终止，直到输出电路发生饱和。电容 C_M 的充电速度与充电电流成比例。因此，R_I 越大，充电电流越小，输出变化越慢。电路正常工作时，电容 C_M 上的电压就等于输出电压 V_{03}，但当放大器饱和后，V_{03} 已被限制，而输入 V_{02} 仍存在，则 V_{02} 将通过 R_I 继续向 C_M 充（放）电，则 C_M 上的电压将继续增加或者减小，这时它已不等于 V_{03}，结果就使 A_{103} 两个输入端电压不等，即 $E_A \neq E_B$，这被称为积分饱和现象。这时若 V_{02} 极性改变，由于 C_M 上电压不能突变，就不能立即恢复到 $E_A = E_B$ 的正常状态，则 V_{03} 就不能及时跟随 V_{02} 的变化，控制动作处于停顿状态，使控制品质变差。因此应该避免积分饱和的形成。

由于射极跟随器的输出信号与 A_{103} 输出信号同相位，为便于分析，可以把射极跟随器包括在其中，于是简化为图 5-40 所示电路。

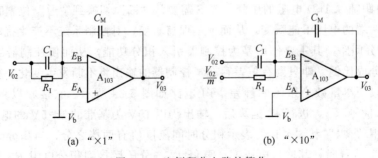

(a) "×1"　　　　　　　　　(b) "×10"

图 5-40　比例积分电路的简化

在图 5-40（b）中，根据基尔霍夫第一定律，输出量与输入量拉氏变换式之间的关系为

$$\frac{V_{02}(s)-E_{B}(s)}{\frac{1}{C_{I}s}}+\frac{V_{02}(s)/m-E_{B}(s)}{R_{I}}+\frac{V_{03}(s)-E_{B}(s)}{\frac{1}{C_{M}s}}=0 \tag{5-38}$$

对于运算放大器，可写出

$$V_{03}(s)=-KE_{B}(s) \tag{5-39}$$

式中，K 为放大器增益。

将式（5-39）代入式（5-38）化简得

$$\frac{V_{03}(s)}{V_{02}(s)}=\frac{-\dfrac{C_{I}}{C_{M}}\Big(1+\dfrac{1}{mR_{I}C_{I}s}\Big)}{1+\dfrac{1}{K}\Big(1+\dfrac{C_{I}}{C_{M}}\Big)+\dfrac{1}{KR_{I}C_{M}s}} \tag{5-40}$$

由于 $K\geqslant10^{5}$，则 $\dfrac{1}{K}\Big(1+\dfrac{C_{I}}{C_{M}}\Big)\ll1$，可以忽略不计，则

$$\frac{V_{03}(s)}{V_{02}(s)}=-\frac{C_{I}}{C_{M}}\frac{1+\dfrac{1}{mR_{I}C_{I}s}}{1+\dfrac{1}{KR_{I}C_{M}s}} \tag{5-41}$$

再设 $K_{I}=\dfrac{K}{m}\dfrac{C_{M}}{C_{I}}$ 为积分增益；$T_{I}=mR_{I}C_{I}$ 为积分时间。

则经过推导可以得到 PI 回路的传递函数为

$$W_{3}(s)=\frac{V_{03}(s)}{V_{02}(s)}=-\frac{C_{I}}{C_{M}}\frac{1+\dfrac{1}{T_{I}s}}{1+\dfrac{1}{K_{I}T_{I}s}} \tag{5-42}$$

当 K_{I} 极大时，$\dfrac{1}{K_{I}T_{I}s}\approx0$，则

$$W_{3}(s)=\frac{V_{03}}{V_{02}}=\frac{-C_{I}}{C_{M}}\Big(1+\frac{1}{T_{I}s}\Big) \tag{5-43}$$

式（5-43）是典型的比例积分环节理想表达式。由于实际上 K_{I} 的数值有限，因而在低频段控制器会出现饱和现象。在 DDZ-Ⅲ型控制器中，$C_{I}=C_{M}=10\mu F$，$R_{I}=62k\Omega\sim15M\Omega$，取 $K=10^{5}$，则当 $m=1$ 时，$T_{I}=0.01\sim2.5min$，$K_{I}=10^{5}$；当 $m=10$ 时，$T_{I}=0.01\sim25min$，$K_{I}=10^{4}$。

求式（5-42）在阶跃输入时的拉氏反变换得

$$V_{03}(t)=-\Big[\frac{C_{I}}{C_{M}}+\Big(K-\frac{C_{I}}{C_{M}}\Big)\Big(1-e^{-\frac{t}{K_{I}T_{I}}}\Big)\Big]V_{02}(t) \tag{5-44}$$

当 $t=0^{+}$ 时，有

$$V_{03}(0^{+})=-\frac{C_{I}}{C_{M}}V_{02} \tag{5-45}$$

当 $t\to\infty$ 时，输出不会无限增长，而是趋于一个确定的极限值

$$V_{03}(\infty)=-KV_{02} \tag{5-46}$$

比例积分回路的阶跃响应曲线如图 5-41 所示。

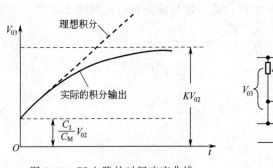

图 5-41 PI 电路的时间响应曲线

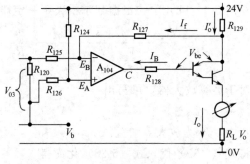

图 5-42 输出回路

④ 输出回路 实际上是一个电压-电流转换器,其作用是将 PI 回路输出的以 $V_b = 10V$ 为基准的 $V_{03} = 1\sim5V$ DC 电压信号转换成以电源负端为基准的 $4\sim20mA$ DC 信号,作为控制器的输出信号,如图 5-42 所示,它实际上是一个比例运算器。

输出回路由运算放大器 A_{104} 与复合晶体管 BG_2、BG_3 组成。采用复合管的目的是为了提高输出的电流放大倍数,减轻放大器 A_{104} 的发热,这样就可以认为流过反馈电阻 R_{129} 的射极电流等于输出电流 I_o。为了提高转换精度及恒流性能,将输出电流在电阻 R_{129} 上的压降反馈到运算放大器的输入端。

取 $R_{124} = R_{127} = 10k\Omega$,$R_{125} = R_{126} = 4R_{124}$,则用理想放大器的分析方法得

$$E_A = \frac{R_{124}}{R_{124}+R_{126}}V_b + \frac{R_{126}}{R_{124}+R_{126}} \times 24 = \frac{1}{5}V_b + \frac{4}{5} \times 24 \qquad (5\text{-}47)$$

$$\frac{V_f - E_B}{R_{127}} = \frac{E_B - V_{03} - V_b}{R_{125}} \qquad (5\text{-}48)$$

即

$$E_B = \frac{4}{5}V_f + \frac{1}{5}(V_b + V_{03}) \qquad (5\text{-}49)$$

由 $E_A \approx E_B$,将式(5-47)和式(5-49)联立整理得

$$V_f = 24 - \frac{1}{4V_{03}} \qquad (5\text{-}50)$$

又从图 5-42 可知

$$V_f = 24 - I_o' R_{129} \qquad (5\text{-}51)$$

对比式(5-50)和式(5-51)可得

$$I_o' R_{129} = \frac{1}{4}V_{03}$$

即

$$I_o' = \frac{V_{03}}{4R_{129}} \qquad (5\text{-}52)$$

若忽略反馈支路中的电流 I_f 和晶体管 BG_2 的基极电流 I_B,则有

$$I_o = I_o' - I_f - I_B \approx I_o'$$

所以

$$I_o = \frac{V_{03}}{4R_{129}} \qquad (5\text{-}53)$$

若取 $R_{129} = 62.5\Omega$,则当 $V_{03} = 1\sim5V$ 时,输出电流 $I_o = 4\sim20mA$。

在实际电路中,忽略基极电流 I_B 带来的误差不大,但一般不能忽略反馈支路电流 I_f。经分析可证明,当 $R_{125} = 4(R_{124} + R_{129}) = 40.25k\Omega$ 时,能精确获得式(5-53)。

可以推导出输出回路的传递函数为

$$W_4(s) = \frac{I_o}{V_{03}} = \frac{1}{4R_{129}} = \frac{1}{250} \tag{5-54}$$

⑤ 手动操作回路 DDZ-Ⅲ型控制器的手动操作回路是在比例积分电路中附加手动操作电路来实现的。"手动-自动"切换在Ⅲ型控制器中是一种双向非平衡无扰动切换。因为在"自动"与"手动"之间增加了一种过渡状态——保持状态。其原理如图 5-43 所示。S_1、S_2为自动、软手动、硬手动双联三档切换开关，可以实现自动、软手动、硬手动的无扰动切换。手动操作分为软手动和硬手动两种。所谓软手动操作是指控制器的输出电流与手动输入电压信号成积分关系；而硬手动操作是指控制器的输出电流与手动输入电压信号成比例关系。图中软手操按键开关 $S_{4-1} \sim S_{4-4}$ 是在软手动状态为改变控制器输出而设的。

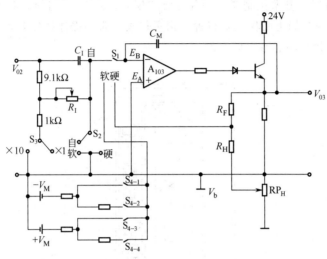

图 5-43 手动操作回路

⑥ 指示回路 控制器的输入信号、给定信号指示回路与输入回路相似。下面以给定指示回路为例进行说明。给定指示回路示意如图 5-44 所示。

图 5-44 中 $R_{201} \sim R_{204}$ 均相等，当开关 K_{303} 置于"测量"位置时，用叠加原理可导出其输入输出信号的关系

$$E_B = \frac{1}{2}(V_o + V_b) \tag{5-55}$$

$$E_A = \frac{1}{2}(V_i + V_b) \tag{5-56}$$

因为 $E_A = E_B$，所以 $V_i = V_o$。而 $V_o = I_o \cdot R_o$，$R_o = 1\text{k}\Omega$，则当 $V_i = 1 \sim 5\text{V}$ 时，$I_o = 1 \sim 5\text{mA}$。

可见，利用 $0 \sim 5\text{mA}$ 的电流表即可

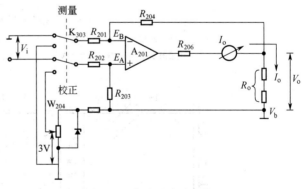

图 5-44 指示回路示意图

作为输入信号或给定值的信号指示表，或者采用数码数字信号指示。

当开关 K_{303} 置于"校正"位置时，上述分析中的回路输入信号 V_i 即为由 W_{204} 取出的3V 电压，指示表应指示 50%。指示回路以此来检查是否正常工作。

与全刻度指示控制器相对应的偏差指示控制器，两者区别仅是输入指示回路换成图 5-45 所示的偏差指示回路。这是与控制器输入回路相似的偏差差动电平移位电路。

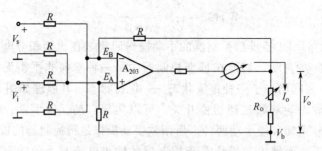

图 5-45　偏差指示回路

　　⑦ 仪表面板布置　基型控制器是一种盘装式仪表。图 5-46 与图 5-47 给出了表体主要布置结构示意图。控制器的正面板主要布置了指示仪表、常用操作按钮和状态切换键。侧面板主要布置了 PID 参数和功能参数设定键。

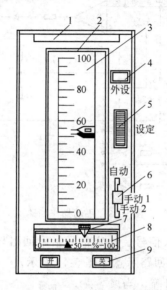

图 5-46　基型控制器盘面布置图

1—流程牌；2—双针指示表；3—标尺；4—外给定指示灯；5—内给定拨盘；6—"手动-自动"
切换开关；7—"硬手动"拨杆；8—输出指示表；9—"软手动"按钮

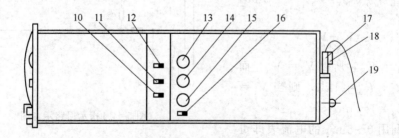

图 5-47　控制器表体侧面示意图

10—积分时间选择开关；11—"测量-校正"开关；12—"内给定-外给定"切换开关；
13—"微分时间"参数整定旋钮；14—"比例带"参数整定旋钮；15—"积分时间"参数整定旋钮；
16—"正-反"作用切换开关；17—48 芯插件；18—插孔盒；19—熔断丝

5.2.3 典型系统的控制器选择

(1) 基本控制系统类型

① 比例控制 纯比例控制器是一种最简单的控制器，它对控制作用和扰动作用的响应都很迅速。由于比例控制只有一个参数，所以整定简便。这种控制器的主要缺点是存在余差。对一些对象控制通道滞后小、负荷变化不显著，且工艺要求不高的系统，可以选用比例控制器。例如，一般的液面控制和压力控制系统均可采用比例控制器。

② 积分控制 积分控制的特点是没有余差，但是，它的动态误差大，而且控制时间也长，只能用于有自衡特性的简单对象，不能用于有积分特性而无自衡对象、有纯滞后多容对象，故很少单独使用。

③ 比例积分控制 这是最常用的控制器，它既能消除稳态误差，又能产生较积分控制快得多的动态响应。对于一些控制通道容量滞后较小，负荷变化不很大的控制系统，例如流量控制系统，压力控制系统，可以得到很好的效果。对于滞后较大的控制系统，比例积分控制效果不好。

④ 比例微分控制 由于有微分作用后，增加了控制系统的稳定程度，使系统比例系数增大而加快控制过程，减小动态偏差和余差。但微分作用不能太大，若 T_D 太大，则控制器本身的幅频特性在临界频率附近很大，以致为了保证系统的稳定而不得不降低控制器放大系数，反而削弱了微分作用的效果。此外，系统输出夹杂有高频干扰，T_D 太大时，系统对高频干扰特别敏感，影响正常工作。所以控制过程中高频干扰作用频繁的系统，以及存在周期性干扰时，应避免使用微分控制。

⑤ 比例积分微分控制 PID 控制器是常规控制中相对最好的一种控制器。它综合了各类控制器的优点，所以有更高的控制质量，不管对象滞后、负荷变化、反应速度如何，基本上均能适应。但是，对于对象滞后很大、负荷变化很大的控制系统，这种控制器也无法满足要求，只好采用更复杂的控制系统。

总之，控制规律的选择可遵循以下原则。

ⅰ.在一般的连续控制系统中，比例控制是必不可少的。如果控制通道滞后较小，负荷变化较小，而工艺要求又不高，可选用单纯的比例控制规律。

ⅱ.如果控制系统需要消除余差，就要选用积分控制规律，即选择比例积分控制规律或比例积分微分控制规律。

ⅲ.如果控制系统需要克服容量滞后或较大的惯性，就要选用微分控制规律，即选择比例微分控制规律或比例积分微分控制规律。

值得指出的是，目前生产的模拟式控制器一般都同时具有比例、积分、微分三种作用。只要将其中的微分时间 T_D 置于 0，就成了比例积分控制器；如果同时将积分时间 T_I 置于无穷大，便成了比例控制器。

(2) 控制系统选型实例

针对换热器控制系统的控制器，常规 PID 控制即能达到良好的控制效果，因此应用非常广泛。典型的 PID 控制器一般具有实际微分环节的 PID 控制，其输入输出关系如下所示

$$U(s) = K_P \left[1 + \frac{1}{T_I s} + \frac{k_D T_D s}{T_D s + 1} \right] E(s) \tag{5-57}$$

式中，k_D 为控制器的微分增益。对于精馏塔系统，对控制器提出了较高的要求。发展较好的为预测 PI 控制器，它的输入输出关系为

$$U(s) = K_P \left(1 + \frac{1}{\lambda T_I s}\right) E(s) - \frac{1}{\lambda T_I s} [U(s) - U(s-1)] \tag{5-58}$$

其中，λ 为 0 到 1 之间的可调参数，用于调整系统的闭环响应速度。λ 越大，闭环响应速度越慢，反之，闭环响应速度越快。

精馏塔的被控对象可以用惯性环节和延迟环节来表示，其中的关键参数选择范围可以根据具体对象来选取，延迟时间一般取 3～7s。

该控制器响应速度快，无超调时抗干扰能力也很强。更为重要的是，该控制器在模型失配的情况下，仍具有较好控制性能，受模型失配的影响较小，系统的鲁棒性很好。

对于压缩机防喘振控制系统的控制器而言，一般防喘振控制算法都使用单一的 PI 算法，控制回路单一，并且由于自身的局限性，往往难以有效的预防和抑制喘振的发生，例如，不能及时的响应工作点快速向喘振线移动的情况，并且以往的防喘振控制都采用固定极限流量法，能量浪费严重。随着技术的发展，防喘振控制除了常规的 PI 控制之外，还出现了附加非线性等控制，保证了防喘振的控制品质。最近发展的入口压力控制和出口压力控制，在保证压缩机性能的基础上，对压缩机的稳定运行又起到了进一步的保护，与防喘振控制形成了对压缩机的多重保护。通过控制转速来使压力保持恒定，与传统的阀放空控制相比，节能效果明显（如图 5-48 所示）。

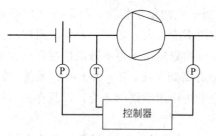

图 5-48　压缩机防喘振控制器设计

上述换热器和精馏塔系统，以及压缩机系统的控制器在实际过程中都可通过 PLC 内部专用 PID 指令进行运算，得到输出信号。

5.3　执　行　器

在现代化生产过程控制中，执行器起着十分重要的作用，是自动控制系统中不可缺少的组成部分。执行器的作用是接受控制器送来的控制信号，自动地改变操纵量（如介质流量、热量等），达到对被调参数（如压力、温度、液位等）进行控制的目的。因此是自动控制系统的终端部件，而控制阀则是执行器中最广泛使用的形式。执行器的好坏直接影响到控制系统的正常工作。

执行器按照工作能源可分为三大类：液动、气动和电动执行器。液动执行器使用较少，故下面仅讨论气动执行器、电动执行器以及电-气转换器。

5.3.1　气动执行器

气动执行器是以压缩空气为能源的执行器（习惯上指气动控制阀），它的主要特点是：结构简单、动作可靠、性能稳定、故障率低、价格便宜、维修方便、本质防爆、容易做成大功率等。它不仅能与气动单元组合仪表配套使用，而且还能通过电-气转换器或电-气阀门定位器，与电动控制仪表或控制计算机配套使用。与电动执行器相比，性能优越得多，故广泛应用于石油、化工、冶金、电力、纺织、造纸、食品等过程工业部门中。

气动执行器由气动执行机构和控制机构（阀体）两部分组成。执行机构是执行器的推动装置，它按控制器输出气压信号（20～100kPa）的大小产生相应的推力，使执行机构推杆产生相应位移，推动控制机构动作，因此是将信号压力大小转换为阀杆位移的装置。控制机

构是执行器的控制部分，其内腔直接与被调介质接触，控制流体的流量，是将阀杆位移转换
为流过阀的流量的装置。

气动执行器根据需要还可以配上阀门定位器和手轮机构等辅助装置。阀门定位器与气动
执行器配套使用，利用阀位负反馈原理来改善执行器的性能，使执行器能按控制器的控制信
号，实现准确的定位。当控制系统停电、气源中断、控制器无输出或执行机构失灵时，可用
手轮机构直接操作控制阀，维持生产正常进行。常用的气动薄膜控制阀外形如图 5-49 所示。

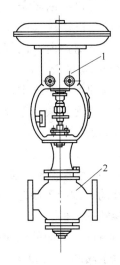

图 5-49 气动薄膜控制阀外形图
1—气动执行机构；2—阀体

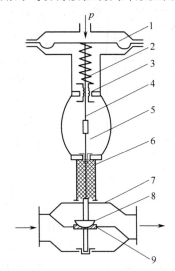

图 5-50 正作用式气动薄膜执行机构的结构简图
1—薄膜；2—弹簧；3—调节螺丝；4—推杆；5—阀杆；
6—填料；7—阀体；8—阀芯；9—阀座

气动执行器的结构如下。

（1）执行机构

气动执行机构有多种结构形式，主要分为薄膜执行机构、活塞执行机构、长行程执行机
构和滚动膜片执行机构。实际应用中广泛采用的是薄膜执行机构和活塞执行机构。

① 气动薄膜执行机构　这是最常用的一种气动执行机构，使用弹性膜片将输入气压转
变为推力，结构简单，价格便宜。按动作方式可分为正作用式和反作用式。控制信号压力增
大，阀杆向下移动的，称为正作用式；反之向上移动称为反作用式。图 5-50 给出了正作用
式的结构简图。正反作用式的结构基本相同，其信号压力通入波纹膜片上方的薄膜气室，而
反作用式的信号压力通入波纹膜片下方的薄膜气室。

动作原理：控制信号压力 p 通入薄膜气室作用于薄膜波纹膜片 1 上，产生向下的推力
使推杆 4 向下移动，将弹簧 2 压缩，直到弹簧反作用力与信号压力在波纹膜片上的推力相平
衡，使推杆稳定在一个新位置为止。因此执行机构的输出就是推杆的位移，它与信号压力成
比例关系，属于比例式。信号压力越大，推杆的位移量也越大。推杆的位移就是执行机构的
直线输出位移，也称为行程。

气动薄膜执行机构的行程规格有 10mm、16mm、25mm、40mm、60mm、100mm 等。
薄膜的有效面积有 $200cm^2$、$280cm^2$、$400cm^2$、$630cm^2$、$1000cm^2$、$1600cm^2$ 六种规格。弹
簧和膜片是影响执行机构线性特性的关键零件。控制件用以调整压缩弹簧的预紧量，以改变
行程的零位。

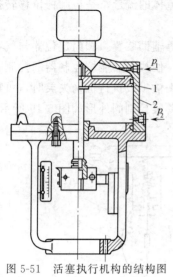

图 5-51　活塞执行机构的结构图
1—活塞；2—汽缸

气动薄膜执行机构由于波纹膜片承受的压力一般为 20～100kPa，为了得到较大推力就要求使用较大的薄膜面积，使膜片盒显得很庞大，对中小口径的阀就不相称。

② 活塞执行机构　如图 5-51 所示，活塞执行机构属于强力气动执行机构。由于汽缸允许操作压力高达 0.5MPa，且无弹簧抵消推力，因此具有很大的输出推力，特别适用于高静压、高压差、大口径的场合。它的输出特性有两位式和比例式。两位式是根据输入活塞两侧的操作压力的大小而动作，活塞由高压侧推向低压侧，使推杆由一个极端位置移动到另一个极端位置。活塞行程一般为 25～100mm，适用于双位控制的控制系统中。比例式是指推杆的行程与输入压力信号成比例关系。它带有阀门定位器，特别适用于控制质量要求较高的控制系统。

（2）控制机构（调节阀）

控制机构习惯上称为调节阀或控制阀，是执行器的控制部分，是一个可变阻力的节流元件。通过阀芯在阀体内的移动，改变了阀芯与阀座之间的流通面积，从而改变了被调介质的流量，达到自动控制工艺参数的目的。

控制阀有正作用和反作用两种。当阀芯向下位移时，阀芯与阀座之间的流通截面积减少时，称为正作用式或正装；反之，则称为反作用式或反装。对于阀芯直径 $DN < 25$mm 的结构为单导向，只能是正装。

① 工作原理　通过阀的流体遵循流体流动的质量守恒和能量守恒定律。对不可压缩流体而言，它流过控制阀时的情况和流过节流元件如孔板时的情况相似。流体流经控制阀时的局部阻力损失为

$$\Delta p_v = \xi \frac{v^2}{2g} = \frac{p_1 - p_2}{\rho g} \tag{5-59}$$

式中　ξ——控制阀的阻力系数，与阀门结构形式、流体性质、阀门前后压差及开度等因素有关；

v——流过阀的流体平均流速；

g——重力加速度；

ρ——流体密度；

p_1——阀前压力；

p_2——阀后压力。

流体体积流量 q_V，接管截面积为 A，则

$$v = \frac{q_V}{A} \tag{5-60}$$

$$q_V = vA = \frac{A}{\sqrt{\xi}} \sqrt{\frac{2(p_1 - p_2)}{\rho}} \tag{5-61}$$

式（5-61）称为控制阀的流量方程。由该式可见，在控制阀口径一定、$\Delta p/\rho$ 也不变的情况下，流量 q_V 仅随着阻力系数 ξ 的变化而改变。当移动阀芯使开度改变时，阻力系数 ξ 随之变化，从而改变了流量 q_V 的大小，达到了控制流量的目的。

对于可压缩流体，流过控制阀的流量方程变得很复杂，但控制流量的基本原理是相同的。

② 分类概述　控制阀根据阀芯的动作形式，可分为直行程式和转角式两大类。直行程式阀主要包括直通双座阀、直通单座阀、角形阀、三通阀、高压阀、超高压阀、隔膜阀、阀体分离阀等；转角式阀有碟阀、凸轮挠曲阀、球阀等。图 5-52 给出了控制阀的结构形式示意图。下面介绍常用的几种。

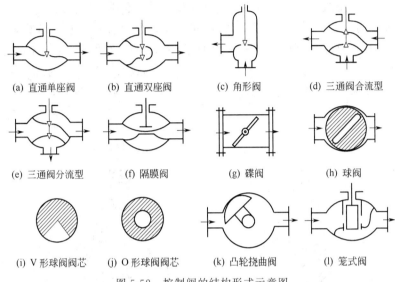

(a) 直通单座阀　　(b) 直通双座阀　　(c) 角形阀　　(d) 三通阀合流型

(e) 三通阀分流型　　(f) 隔膜阀　　(g) 碟阀　　(h) 球阀

(i) V 形球阀阀芯　　(j) O 形球阀阀芯　　(k) 凸轮挠曲阀　　(l) 笼式阀

图 5-52　控制阀的结构形式示意图

ⅰ.直通单座阀。其阀体内只有一个阀芯和阀座，如图 5-53 所示。它具有泄漏量小、易于关断、不平衡力大的特点，适用于泄漏量要求高、压差和口径较小的场合。分为控制型和切断型，主要区别在于阀芯形状不同，控制型为柱塞型，而切断型为平板型。

单座阀的阀芯 $DN \geqslant 25$mm 时采用双向，而 $DN < 25$mm 的阀芯采用单导向。

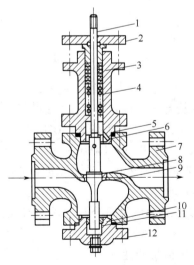

图 5-53　直通单座阀的结构图
1—阀杆；2—压板；3—填料；4—上阀盖；
5，11—斜孔；6，10—衬套；7—阀体；
8—阀芯；9—阀座；12—下阀盖

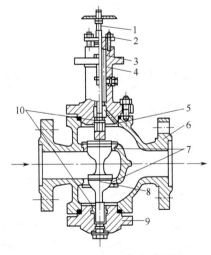

图 5-54　直通双座阀的结构图
1—阀杆；2—压板；3—填料；4—上阀盖；
5—圆柱销钉；6—阀体；7—上下阀座；
8—阀芯；9—下阀盖；10—上下衬套

ⅱ.直通双座阀。它是最常用的一种阀，其结构如图 5-54 所示。阀芯与阀杆之间用螺纹或销钉连接，阀杆带动阀芯作上下移动，阀杆与执行机构相连。

直通双座阀阀体内有两个阀芯和阀座。流体从左侧进入，通过阀座阀芯后，由右侧流出，为双导向结构。只要把阀芯反装，就可变正装为反装。流体作用在上下阀芯上的推力，方向相反而大小接近相等，所以其不平衡力很小。但由于上下阀芯不易保证同时严密关闭，故泄漏量较大。阀体流路复杂，不适用于高黏度和含纤维介质的场合。

ⅲ.三通阀。阀体有三个出、入口与管道相连接，分为合流型和分流型，如图 5-55 所示。当阀芯移动时，通过改变阀芯与阀座之间所形成的窗口流通面积而使流量变化，不论是合流型或分流型，若使一路流量增加，另一路流量必然减少。三通阀一般常用于热交换器的旁通控制，一般要求两股流体温差<150℃。可以用来代替两个直通阀，适用于配比调节和旁路调节。

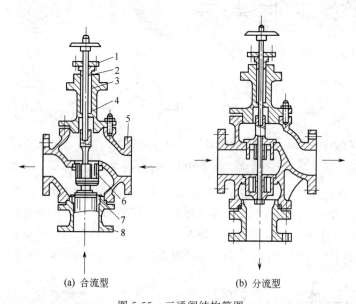

(a) 合流型　　　　　(b) 分流型

图 5-55　三通阀结构简图

1—压板；2—阀杆；3—填料；4—上阀盖；5—阀体；6—阀芯；7—阀座；8—接管口

ⅳ.碟阀。其结构如图 5-56 所示，具有流阻小、流量系数大、结构简单、成本低等特点，但泄漏量大，适用于大口径、大流量、低压差的场合，也可以用于含少量纤维或悬浮颗粒介质的流量控制。在转角小于 70°时流量特性与等百分比特性相似。碟阀有常温碟阀（−20～450℃）、高温碟阀（450～600℃和 600～850℃）、低温碟阀（−200～−40℃）和高压碟阀（$PN \leqslant 3200\text{kPa}$）四种。

选择控制阀时应考虑被调介质工艺条件及流体特性进行选取。

（3）控制阀的流量特性

控制阀的流量特性是指被调介质流过阀门的相对流量与阀门的相对开度（相对位移）之间的关系，表示为

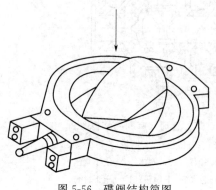

图 5-56　碟阀结构简图

$$\frac{q_V}{q_{V\max}} = f\left(\frac{l}{L}\right) \qquad (5\text{-}62)$$

式中　$q_V/q_{V\max}$——相对流量；

　　　　q_V——阀在某一开度时的流量；

　　　　$q_{V\max}$——阀在全开时的流量；

　　　　l——阀在某一开度时阀芯的行程；

　　　　L——阀全开时阀芯的行程。

一般来说，改变控制阀阀芯与阀座间的流通截面积，便可控制流量。但实际上由于阀总是串联在管道系统中的，当流通面积变化时，阀两端压差也发生变化，这又导致流量的改变。因此为了分析问题方便，先假定阀前后压差不变，来讨论阀本身的特性，即理想特性，然后再研究阀在实际管路中的特性。

在讨论控制阀流量特性之前，首先引入一个反映流量特性的参数——可调比。所谓控制阀的可调比就是控制阀能够控制的最大流量 $q_{V\max}$ 与最小流量 $q_{V\min}$ 之比，也称为可调范围，以 R 表示，即

$$R=q_{V\max}/q_{V\min} \tag{5-63}$$

应该注意到，$q_{V\min}$ 不等于阀的泄漏量。$q_{V\min}$ 指阀能够控制的流量下限，一般为（2%～4%）$q_{V\max}$，而阀的泄漏量是指阀处于关闭状态下的泄漏量，一般小于 0.1%C（C 为流量系数）。在从泄漏量到 $q_{V\min}$ 的流量范围内，控制阀不能按照一定的特性进行控制。

在控制阀前后压差保持不变时的可调比称为理想可调比。国产阀的理想可调比 $R=30$。而控制阀在实际工作时因为系统阻力的影响，控制阀上压差产生变化，使可调比相应变化，这时的可调比称为实际可调比。

① 控制阀的理想流量特性　在控制阀前后压差一定情况下的流量特性称为控制阀理想流量特性。根据阀芯形状不同，主要有直线、等百分比（对数）、抛物线及快开四种理想流量特性。其特性曲线如图 5-57 所示。

ⅰ. 直线流量特性。当控制阀的相对流量与相对开度成直线关系，即阀杆单位行程变化所引起的流量变化为常数时，称阀具有直线流量特性。表示为

$$\frac{\mathrm{d}(q_V/q_{V\max})}{\mathrm{d}(l/L)}=K \tag{5-64}$$

式中，K 为常数，即控制阀的放大系数。

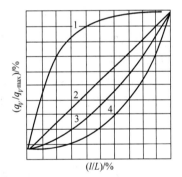

图 5-57　控制阀理想流量特性
1—快开；2—直线；3—抛物线；4—等百分比

具有直线流量特性的控制阀，单位行程变化所引起的流量变化是相等的。如以原来阀位在 10%、50%、80% 三点为例来看，当行程变化 10% 时所引起的流量变化近似相等（分别是 9.7、9.6、9.8），但引起的流量变化的相对值不同。

在 10% 阀位点，流量相对值变化为 $\dfrac{22.7-13.0}{13.0}\times100\%=74.6\%$

在 50% 阀位点，流量相对值变化为 $\dfrac{61.3-51.7}{51.7}\times100\%=18.5\%$

在 80% 阀位点，流量相对值变化为 $\dfrac{90.4-80.6}{80.6}\times100\%=12.1\%$

由此可见，虽然相同的阀杆行程引起的流量变化绝对值相同，但引起的流量变化的相对

值是不同的。在流量小时，流量变化的相对值大；而流量大时，流量变化的相对值小。即当阀门开度小时控制作用太强，易使系统产生振荡；而当阀门开度大时控制作用又太弱，控制不灵敏、不及时。因此具有直线流量特性的控制阀不宜用于负荷变化较大的场合。

ⅱ. 对数流量特性。当控制阀单位相对行程变化所引起的相对流量变化与此点的相对流量成正比时，称阀具有对数流量特性，也称为等百分比流量特性。即控制阀的放大系数随相对流量的增加而增大，表示为

$$\frac{d(q_V/q_{V\max})}{d(l/L)} = K \frac{q_V}{q_{V\max}} \tag{5-65}$$

积分推导得

$$\frac{q_V}{q_{V\max}} = R^{\left(\frac{l}{L}-1\right)} \tag{5-66}$$

式中，$R = q_{V\max}/q_{V\min}$，即为控制阀的可调比。

因此，阀的相对流量与相对开度成对数关系。在图 5-57 中曲线的斜率即放大系数。仍然以阀位的 10%、50%、80% 三点为例，当行程变化 10% 时，所引起的相对流量变化分别为 1.91、7.3、20.4。即行程小时，流量变化小；行程大时，流量变化大。只要阀杆行程变化相同，所引起的流量变化的相对值总是相等的。因此使控制过程平稳缓和，有利于控制系统的正常运行。所以，具有对数流量特性的控制阀，适应能力强，在工业过程控制中应用广泛。

ⅲ. 快开流量特性。当控制阀在较小开度时，流量就达到很大。随着行程增加，很快达到最大流量。这种特性称为快开流量特性。表示为

$$\frac{d(q_V/q_{V\max})}{d(l/L)} = K(q_V/q_{V\max})^{-1} \tag{5-67}$$

具有快开特性的阀芯形式是平板型的，其有效位移很小。主要用于迅速启闭的切断阀或双位控制系统。

ⅳ. 抛物线流量特性。当单位行程的相对流量变化所引起的相对流量变化与此点的相对流量的平方根成正比时，称阀具有抛物线流量特性。表示为

$$\frac{d(q_V/q_{V\max})}{d(l/L)} = K(q_V/q_{V\max})^{1/2} \tag{5-68}$$

抛物线流量特性介于直线流量特性与等百分比流量特性之间。

值得注意的是，在上述积分推导阀流量特性时，需要特别注意阀开度和流量之间的边界条件，否则无法获得积分。这个边界条件为：阀开度为最大时，对应最大流量；阀开度为零时，对应最小流量。

例 5-4 已知某阀的最大流量为 $100\text{m}^3/\text{h}$，可调比为 30。请计算在理想情况下（直线和等百分比）阀的相对行程为 0.1 时流过阀的流量。

解 若阀为直线流量特性，由式（5-64）可知，此时相对流量和相对行程满足如下关系

$$\frac{q_V}{q_{V\max}} = \frac{1}{R}\left[1 + (R-1)\frac{l}{L}\right]$$

所以，代入最大流量和可调比，可得相对行程为 $l/L = 0.1$ 时阀的流量为 $13\text{m}^3/\text{h}$。

同理，可得等百分比流量特性时，相应流量为 $4.68\text{m}^3/\text{h}$。

思考题 查阅文献，分析化工过程中常用活塞压缩机入口和出口阀门满足什么流量特性较为合适？

② 控制阀的工作流量特性　在实际使用控制阀时，由于控制阀串联在管路中或与旁路阀并联，因此阀前后的压差总在变化，这时的流量特性称为控制阀的工作流量特性。

ⅰ.串联管道工作流量特性：当控制阀串联在管路中时，如图 5-58 所示。系统的总压差 Δp 等于管路系统的压差 Δp_1 与控制阀的压差 Δp_V 之和，即

$$\Delta p = \Delta p_1 + \Delta p_V \tag{5-69}$$

串联管道系统的压差 Δp_1 与通过的流量的平方成正比。若系统的总压差 Δp 不变，控制阀一旦动作，Δp_1 将随着流量的增大而增加，控制阀两端的压差 Δp_V 则相应减少，其压差变化情况如图 5-59 所示。若以 s 表示控制阀全开时阀上的压差 Δp_V 与系统总压差 Δp 之比，以 $q_{V\max}$ 表示管道阻力等于零时控制阀的理想流量特性下的全开流量，则

$$s = \frac{\Delta p_V}{\Delta p} \tag{5-70}$$

因此可以得到串联管道以 $q_{V\max}$ 作为参比值的控制阀工作流量特性，如图 5-60 所示。

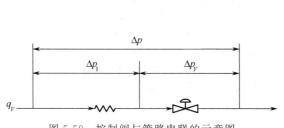

图 5-58　控制阀与管路串联的示意图

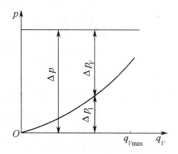

图 5-59　串联管道时控制阀压差变化情况

由图 5-60 可见，$s=1$ 时，管道阻力损失为零，系统总压降全落在阀上，工作特性与理想特性一致。随着 s 值的减小，管道阻力损失增加，控制阀流量特性发生畸变，实际可调比减小，控制阀由直线特性趋向于快开特性，等百分比特性渐渐趋向于直线特性。这就使小开度时放大系数变大，控制不稳定；大开度时放大系数变小、控制迟钝。若 s 选取过大，在流量相同情况下，阀上压降很大，能量消耗过多。因此，在实际使用中，s 选得过大或过小都是不合适的。通常希望 s 值不低于 $0.3\sim0.5$。

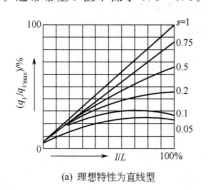

(a) 理想特性为直线型

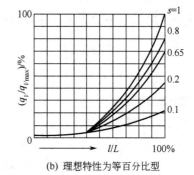

(b) 理想特性为等百分比型

图 5-60　管道串联时控制阀的工作特性

ⅱ.并联管道的工作流量特性：控制阀一般都装有旁路，以便于手动操作和备用。当生产量提高而阀选得过小时，需要打开一些旁路阀，这就是并联管道的情况。此时，控制阀的

196

理想特性就畸变为工作特性。这时管道总流量随阀开度的变化规律称为并联管道时的工作流量特性。

设 x 为并联管道时阀全开流量与总管最大流量 $q_{V\max}$ 之比，可以得到在 Δp 一定而 x 为不同值时的工作流量特性，如图 5-61 所示。当 $x=1$ 时，表示旁路阀全关，控制阀特性为理想流量特性。随着 x 值的减小，即旁路阀的逐渐开大，控制阀的可调比大大降低。而且在实际使用中总有串联管道阻力的影响，控制阀上的压差还会随着流量的增加而降低，使可调范围进一步减小。因此，要尽量避免开通旁路阀的控制方式，以保证控制阀有足够的可调比。若要打开旁路阀，旁路流量 $q_{V旁}$ 最多只能为总流量 $q_{V\max}$ 的百分之十几，即 $x\geqslant 0.8$。

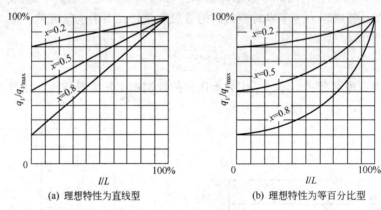

(a) 理想特性为直线型　　　　(b) 理想特性为等百分比型

图 5-61　并联管道时的工作流量特性

（4）控制阀的流量系数和口径计算

通过控制阀的流量与阀芯阀座的结构、阀前后的压差、流体的性质等因素有关。通常用流量系数表示通过控制阀的流体流通能力。为了使各类控制阀在比较时有一个共同的基础，中国规定的流量系数定义为：在给定行程下、阀两端的压差为 0.1MPa、流体密度为 1000kg/m³ 时每小时流经控制阀的流量数（m³/h），以 C 表示。当控制阀全开时的流量系数称为额定流量系数，以 C_{100} 表示。C_{100} 反映了控制阀容量大小，是确定控制阀口径大小的主要依据，由阀门制造厂提供给用户。工程计算中都通过计算流量系数来确定控制阀的公称通径。

从流体力学观点看，控制阀是一种按一定规律改变局部阻力大小的阻力元件。对于不可压缩流体，从流体能量守恒原理知，流体流过控制阀的局部阻力损失为

$$H=\xi\frac{v^2}{2g} \tag{5-71}$$

式中　ξ——控制阀的阻力系数，与阀门结构形式和开度有关；

　　　v——流体平均流速；

　　　g——重力加速度。

而　　　　　　　　$H=\frac{p_1-p_2}{\rho g}, \ v=\frac{q_V}{A}$

式中　q_V——控制阀体积流量；

　　　A——控制阀流通截面积；

　　　ρ——流体密度，kg/m³；

　　　p_1——控制阀阀前压力，kPa；

p_2——控制阀阀后压力，kPa。

$$\Delta p = p_1 - p_2$$

所以有

$$q_V = \frac{\alpha A}{\sqrt{\xi}}\sqrt{\frac{\Delta p}{\rho}} \tag{5-72}$$

式中，α 为与单位制有关的常数。

式（5-72）表明，当 $(p_1 - p_2)/\rho$ 不变时，ξ 减小，流量 q_V 就增大；反之，ξ 增大，q_V 则减小。控制阀就是按照输入信号通过改变阀芯行程来改变阻力系数，从而达到控制流量的目的。

由控制阀流量系数 C 的定义，在式（5-72）中令 $p_1 - p_2 = 1$，$\rho = 1$ 可得

$$C = \frac{\alpha A}{\sqrt{\xi}} \tag{5-73}$$

因此，对于其他的阀前后的压降和介质密度，有

$$C = \frac{q_V}{\sqrt{(p_1 - p_2)/\rho}} \tag{5-74}$$

由式（5-73）可知，C 值取决于控制阀的流通面积 A（或阀的公称直径）和阻力系数 ξ。在一定的条件下，ξ 是一个常数，因此根据流量系数 C 值可以确定控制阀的公称直径 DN。

同类结构的控制阀在相同的开度下具有相近的阻力系数，因此口径越大流量系数也随之增大；而口径相同类型不同的控制阀，由于阻力系数不同，因而流量系数也不相同。

对于流量系数的计算是选定控制阀的最主要的理论依据，但其计算方法目前国内外尚未统一。表 5-5 列举了液体、气体和蒸气等常用流体 C 值的计算公式。对于两相混合流体，可以采用美国仪表学会推荐的有效比容法计算 C 值，这里就不详细介绍。

表 5-5 所列出的公式适用于牛顿型不可压缩流体（如低黏度液体）、可压缩流体（气体、蒸气）以及这两种流体的均匀混合流体。所谓牛顿型流体是指其切向速度正比于切应力的流体。

表 5-5 流量系数 C 值的计算公式

流体类型	阻塞流判别式	计算公式（国际单位制）	公式中各量的物理意义
液体	$\Delta p < F_L^2(p_1 - F_F p_V)$	$C = 10 q_{VL}\sqrt{\rho_L/(p_1 - p_2)}$	q_{VL}——液体体积流量，m^3/h； p_1, p_2——阀前后的绝对压力，kPa； p_V——阀入口温度下液体饱和蒸气压，kPa；
	$\Delta p \geqslant F_L^2(p_1 - F_F p_V)$	$C = 10 q_{VL}\sqrt{\rho_L/F_L^2(p_1 - F_F p_V)}$	ρ_L——液体密度，g/cm^3； F_L——压力恢复系数（查表 5-6）；
气体	$x < F_K x_T$	$C = \dfrac{q_{Vg}}{5.19 p_1 Y}\sqrt{\dfrac{T_1 \rho_H Z}{x}}$	F_F——液体临界压力比系数，$F_F = 0.96 - 0.28\sqrt{p_V/p_c}$； p_c——热力学临界压力（绝压），kPa； q_{Vg}——标准气体体积流量，m^3/h；
	$x \geqslant F_K x_T$	$C = \dfrac{q_{Vg}}{2.9 p_1}\sqrt{\dfrac{T_1 \rho_H Z}{k x_T}}$	ρ_H——气体密度（标准状态 273K，0.1MPa），kg/m^3； T_1——阀入口处流体温度，K； x——压差比，$(p_1 - p_2)/p_1$； x_T——临界压差比； Y——膨胀系数；
蒸气	$x < F_K x_T$	$C = \dfrac{q_{ms}}{3.16 Y}\sqrt{\dfrac{1}{x p_1 \rho_s}}$	Z——气体压缩系数； k——气体绝热指数（等熵指数）； F_K——比热容比系数；
	$x \geqslant F_K x_T$	$C = \dfrac{q_{ms}}{1.78}\sqrt{\dfrac{1}{k x_T p_1 \rho_s}}$	q_{ms}——蒸气质量流量，kg/h； ρ_s——阀入口压力、温度条件下蒸气密度，kg/m^3

表 5-5 计算中引入了阻塞流的概念。所谓阻塞流是指当阀入口压力 p_1 保持恒定，并逐步降低出口压力 p_2 时，流过阀的流量会增加到一个最大值；这时若继续降低出口压力，流量不再增加，此极限流量称为阻塞流。在阻塞流的条件下，流经阀的流量不随阀后压力的降低而增加。此时，控制阀的流量与阀前后的压降 $\Delta p = p_1 - p_2$ 的关系已不再遵循式（5-72）的规律。因此，在计算 C 值时，首先要确定控制阀是否处于阻塞流状态。为此，对于气体、蒸气等可压缩流体，引入了一个系数 x 称为压差比，表示为 $x = \Delta p / p_1$。大量实验表明，若以空气为实验流体，对于一个给定的控制阀，产生阻塞流时其压差比为一个固定常数，称为临界压差比 x_T。对于空气以外的其他可压缩流体，产生阻塞流的临界条件是 x_T 乘以比热比系数 F_K。F_K 的定义为可压缩流体绝热指数 k 与空气绝热指数（$k_{air} = 1.4$）之比。x_T 值则只取决于控制阀的结构，即流路形式。表 5-6 列出了各种控制阀的系数值 F_L 和 x_T。

表 5-6 各种控制阀的系数值

控制阀形式	阀内组件形式	流向[①]	F_L	x_T
单座阀	柱塞形	流开形	0.9	0.72
	柱塞形	流闭形	0.8	0.55
双座阀	柱塞形	任意	0.85	0.70
偏心旋转阀		流开形	0.85	0.61
角形阀	柱塞形	流开形	0.90	0.72
	柱塞形	流闭形	0.80	0.65
球阀	标准 0 形	任意	0.55	0.15
碟阀	90°全开	任意	0.55	0.20
	60°全开	任意	0.68	0.38

① 凡流体流动使阀芯打开的为"流开形"。若流体流向是从下向上流过阀芯与阀座间的间隙，阀杆便受到向上的压力而阀芯趋向于离开阀座，此即为流开形。反之，若流体流向是从上向下流过，阀杆受到向下的力而阀芯趋向于靠近阀座，此即为流闭形。

控制阀的选型主要包括阀的口径选择、形式选择、阀的固有流量特性的选择以及阀的材质选择等，可参见有关控制阀的产品说明书。

除了阀的口径需要根据应用场合计算确定外，控制阀的结构型式的选择也是十分重要的。有不少场合，由于阀的结构型式选择不当导致控制系统不能正常运行或运行失败。由于套筒阀、偏心旋转阀、球阀和碟阀的性能优良，故应用越来越广泛。

控制阀的固有流量特性有直线、等百分比、快开及抛物线等几种。由于快开特性的控制阀基本上作为两位式控制用，抛物线特性的控制阀用于作为三通阀。因此，控制阀的固有流量特性的选择主要是选用直线特性或者选用等百分比特性。一般情况下，由于等百分比特性的控制阀能适应负荷变化范围较大的场合，因此在工程上常常优先考虑选用。

控制阀的材质选择，主要考虑工艺介质的腐蚀性、温度、压力、气蚀和冲刷等因素。控制阀的使用温度范围及压力等级一般在铭牌和产品技术性能指标中有明确标注。对汽蚀、冲刷等因素可采用选择特殊合金或特殊结构型式来解决。控制阀的阀体、阀芯的耐腐蚀材料常选用普通不锈钢（1Cr18Ni9Ti），耐蚀要求较高时可选用钼二钛不锈钢（Cr18Ni12Mo2Ti），此外也可选用能适用于大多数腐蚀介质的全钛材质。

例 5-5 液体介质为甲胺、氨、二氧化碳混合物，温度为 $170℃$，$p_1 = 13.729\text{MPa}$，

$p_2=0.196\text{MPa}$, $q_{VL}=122.3\text{m}^3/\text{h}$, $\rho_L=1040\text{kg/m}^3$, $p_V=6.58\text{MPa}$, $p_c=8.20\text{MPa}$。若选用高压角形阀,流开流向工作,$F_L=0.9$,试计算流量系数 C。

解 首先判定工作情况,由表 5-5 中公式可得

$$F_F=0.96-0.28\sqrt{p_V/p_c}=0.96-0.28\sqrt{6.58/8.20}=0.71$$

由于液体产生阻塞流时的临界压差为 $\Delta p_T=F_L^2(p_1-F_F p_V)$,查表 5-6,$F_L=0.90$,则

$$\Delta p_T=0.90^2(13.729-0.71\times6.58)=7.335(\text{MPa})$$

而阀进出口压差 $\Delta p=p_1-p_2=13.729-0.196=13.533(\text{MPa})$

由于 $\Delta p>\Delta p_T$,所以属于阻塞流情况,流量系数应该按下式计算

即 $C=10q_{VL}\sqrt{1040/F_L^2(p_1-F_F p_V)}=10\times122.3\sqrt{1040\times10^{-3}/(7.335\times10^3)}=14.6$

5.3.2 电动执行器

电动执行器由电动执行机构和控制机构两部分组成。电动执行机构可将来自控制器的电信号转换成为位移输出信号,去操纵阀门、挡板等控制机构,以实现自动控制。依据电动执行机构的位移信号,完成控制任务的装置称为控制机构。

按照输入位移的不同,电动执行机构可分为角行程(DKJ 型)和直行程(DKZ 型)两种,电气原理和电路完全相同,只是输出机械传动部分有所区别。

按照特性不同,电动执行机构可分为比例式和积分式。比例式电动执行机构的位移输出信号与输入电信号成比例关系。积分式电动执行机构接受断续输入信号,其输出位移信号与输入信号成积分关系。

对电动执行器的基本要求是输出转角或直线位移必须与输入电流信号成正比,而且有足够的转矩或力,动作要灵活可靠。下面主要介绍 DKZ 型直行程比例式电动执行机构。

DKZ 系列直行程电动执行器是由 DKZ 直行程电动执行器与直通单座控制阀或直通双座控制阀组装而成的。由于控制阀与气动执行器的控制阀是通用的,故只分析直行程电动执行器。直行程电动执行器具有推力大、定位精度高、反应速度快、滞后时间少、能源消耗低、安装方便、供电简便、在电源突然断电时能自动保持控制阀原来的位置等特点。与 DFD 电动操作器配用,可在控制室进行自动手动切换。手动操作时直接操纵执行机构的执行电机。阀位通过位置发送器转换成 4~20mA 信号,在控制室直接指示出来。

DKZ 型直行程电动执行器是一个以二相低速同步电机为执行电机的交流位置伺服系统,由伺服放大器和执行机构两部分组成。其原理方框图如图 5-62 所示。

当伺服放大器输入端输入为 4mA 直流电流信号时,放大器没有输出,电机停转,执行机构的输出轴稳定在预选好的零位。当输入端加入某一数值的输入信号时,此输入信号与来自执行机构的位置反馈信号在伺服放大器的前置级磁放大器中进行磁势的综合和比较。由于这两个信号的极性相反,两者不相等,就会有偏差磁势出现,伺服放大器就有相应的输出,触发可控硅驱动电机。执行机构的输出轴就朝着减小这个偏差磁势的方向运转,直到位置反馈信号和输入信号相等为止,此时输出轴就稳定在与输入信号相对应的位置上。图 5-62 中的电动操作器是利用手动开关直接控制电机,使之正、反转动,从而实现对阀门手动操作的装置。

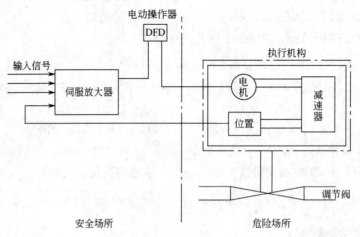

图 5-62　电动执行器原理方框图

伺服放大器的原理如图 5-63 所示，伺服放大器接收 4～20mA 直流电流信号，由前置级磁放大器 FC-01、触发器 FC-02、交流可控硅开关 FC-03、校正回路 FC-04 和电流等部分组成。为满足组成复杂控制系统的要求，伺服放大器有三个输入信号通道和一个位置反馈通道，可以同时输入三个输入信号和一个位置反馈信号。在简单控制系统中，只用一个输入通道和一个反馈通道。当有信号输入时，在磁放大器内进行综合、比较、放大，然后输出具有"正"或"负"极性的电压信号。两个触发器是将前置级输出的不同极性的电压变成触发脉冲，分别触发 SCR_1 和 SCR_2。主回路采用一个可控硅整流元件和四个整流二极管组成的交流无触点开关，共有两组，可使电机正反运转。执行器由伺服电动机、减速器和位置发送器三部分组成。伺服电动机是执行机构的动力装置，它将电能转换成机械能以对控制机构做功。由于伺服电动机转速高且输出力矩小，既不能满足低控制速度的要求，又不能带动控制机构，故须经减速器将高转速、小力矩转化为低转速、大力矩输出。伺服电动机为永磁同步电动机，由定子绕组、鼠笼式转子和前后端盖组成，如图 5-64 所示。减速器采用一组行星齿轮，减速带动梯形丝杆转动，使螺母做往返直线运动，螺母即为输出轴。其结构简图如图 5-65 所示。

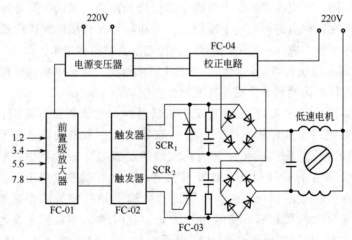

图 5-63　电动执行器伺服放大器原理图

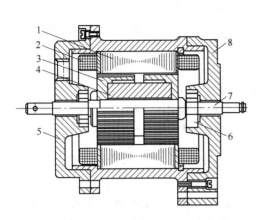

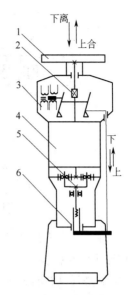

图 5-64　永磁式低速同步电动机结构图

1—定子冲片；2—定子绕组；3—钝铁转子；

4—永久磁钢；5—后端盖；6—前端盖；

7—非异磁转轴；8—轴承

图 5-65　电动执行器机械

减速器示意图

1—手轮；2—离合器；3—差动线圈；

4—电机；5—行星减速器；6—输出轴

位置发送器直接把阀位移动的位置成比例地转换成 4～20mA 直流电流信号。检测元件采用差动变压器。产生的电流信号负反馈输入伺服放大器，使执行器构成一个闭环稳定系统。同时通过电流表指示阀位数值。位置发送器是一个反馈元件，其线性度、稳定性直接影响位置反馈系统的精度，故对其线性度、稳定性都有严格的要求。

5.3.3　电-气转换器及电-气阀门定位器

在过程控制系统中，由于控制执行单元品种繁多，电、气信号常常混合使用，因而需要进行电-气或气-电信号之间的转换。电-气转换器可以把从电动变送器来的电信号（0～10mA 或 4～20mA）变成气信号（0.02～0.1MPa），送到气动控制器或气动显示仪表；也可把电动控制器输出信号变成气信号去驱动气动控制阀，此时常用电-气阀门定位器。它具有电-气转换器和气动阀门定位器两种作用。

（1）电-气转换器

电-气转换器的结构原理如图 5-66 所示。它按力矩平衡原理工作。当 0～10mA 直流电流信号输入置于恒定磁场里的测量线圈中时，所产生的磁通与磁钢在空气隙中的磁通相互作用而产生一个向下的电磁力（即测量力）。由于线圈固定在杠杆上，使杠杆绕支点 O 偏转，于是喷嘴挡板机构的挡板靠近喷嘴，使其背压升高，经过放大器功率放大后，一方面产生输出压力 p，一方面作用到波纹管，对杠杆产生向上的反馈力，构成闭环系统。根据力平衡式仪表的工作原理，只要位移检测放大器足够灵敏，平衡时杠杆的位移必然很小，不平衡力矩可忽略不计，则输入电流 I 必能精确按比例转换成气压信号 p（0.02～0.1MPa）。

调零弹簧用来控制输出气压的初始值。如果输出气压的变化范围不对，可控制永久磁钢的分磁螺钉。重锤用来平衡杠杆的重量，使其在各种安装装置都能准确工作。一般这种转换器的精度为 0.5 级。

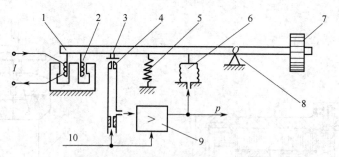

图 5-66　电-气转换器的结构原理图

1—杠杆；2—线圈；3—挡板；4—喷嘴；5—弹簧；6—波纹管；

7—重锤；8—支撑；9—气动功率放大器；10—气源

思考题　除了书上介绍的相关知识，利用电-气转换器还可以实现什么控制功能？

（2）电-气阀门定位器

阀门定位器是气动执行器的辅助装置，与气动执行机构配套使用，安装在控制阀的支架上。它直接接受气动控制器的输出或电动控制器的输出经过转换后的气压信号。产生与控制器输出成比例的气压信号，去控制气动执行器。

电动阀门定位器具有以下主要功能。

①　用来改善控制阀的定位精度　能以较大功率克服阀杆的摩擦和消除介质不平衡力等影响，使控制阀能按控制器的输出正确定位，因而有比较可靠的定位作用。

②　改善阀门的动态特性　减小控制信号的传送滞后，加快执行机构的执行速度，尽快克服干扰或负荷的变化，减小超调量。

③　改变阀门动作方向　可以方便地将气开式阀门改为气关式阀门。

④　用于分程控制　可以利用两个阀门定位器实现用一个控制器控制两个或两个以上的控制阀，使每个控制阀在控制器输出信号的不同范围内作全行程移动。这样就组成了分程控制。

电气阀门定位器及其与气动控制阀的结合示意如图 5-67 所示。它是按力矩平衡原理工作的。从控制器来的直流电流信号经过力矩马达的线圈，使线圈内的主杠杆磁化，而主杠杆又处于永久磁钢的磁场中，因此将使主杠杆绕其支点逆时针方向转动。于是其下端的挡板更

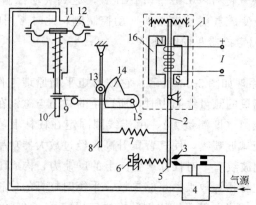

图 5-67　电气阀门定位器原理图

1—力矩马达；2—主杠杆；3—喷嘴；4—气动放大器；5—挡板；6—调零螺钉；7—反馈弹簧；8—副杠杆；

9—正弦机构；10—阀杆；11—气动控制阀；12—薄膜；13—滚子；14—凸轮；15—凸轮轴；16—永久磁钢

加靠近喷嘴，使喷嘴内的空气压力上升，经过气动放大器之后，送入薄膜控制阀上部的空气压力增大，推动阀杆向下运动。

在阀杆上装有板状部件，它和末端呈球状的杆组成正弦机构，将阀杆的直线位移变为凸轮轴的转角。随着阀杆的下移，凸轮轴反时针方向转动。这时凸轮推动副杠杆上的滚子，使副杠杆向左摆，则反馈弹簧被拉伸。当反馈弹簧对主杠杆的拉力所形成的力矩与前述力矩马达所产生的力矩平衡时，主杠杆就静止在新的位置上。因此，阀杆的位移与输入的电流之间有一一对应的关系，而阀杆位移量与开度之间的关系是确定的。所以电流信号就能使阀位确定下来，这就是电-气阀门定位器的工作原理。

5.3.4　典型系统执行器的选择

针对换热器控制系统，一般选择控制阀作为执行器。控制阀的流量特性一般选为直线或者等百分比。

对于直线流量特性，其关键参数常选为 $K_L=1$，即 $G(s)=1$。

对于等百分比流量特性，其关键参数常选为 $K_d=1$，$T_d=0.5$，即等百分比流量特性的控制阀的传递函数为

$$G_b(s)=\frac{K_d}{T_d s+1}=\frac{1}{0.5s+1} \tag{5-75}$$

值得注意的是，变频器在一定程度上也可实现执行器的功能，特别是对于电机带动的压缩机出口压力控制系统：控制器输出的信号作为变频器的输入频率信号，自动控制电机的转速，从而控制压缩机出口达到所需的管网入口压力。

在控制系统中，不仅是控制器，被控对象、测量元件及变送器和执行器都有各自的作用方向。如果它们组合不当，使总的作用方向构成正反馈的话，则控制系统不但不能起控制作用，反而破坏了生产过程的稳定。因此，在系统投运前必须注意检查各环节的作用方向，其目的是通过改变控制器的正、反作用，以保证整个控制系统是一个具有负反馈的闭环系统。

对于测量元件及变送器，其作用方向一般都是正的，因为当被控变量增加时，其输出量一般也是增加的。所以在考虑整个控制系统的作用方向时，可不考虑测量元件及变送器的作用方向，只考虑控制器、执行器和被控对象三个环节的作用方向，它们组合后能起到负反馈的作用。

对于执行器，它的作用方向取决于是气开阀还是气关阀。当执行器的输入信号（即控制器输出信号）增加时，气开阀的开度增加，因而流过阀的流体流量也增加，故气开阀是正方向。反之，当气关阀接收的信号增加时，其开度减小，流过阀的流体流量减少，所以是反方向。执行器的气开或气关型式主要应从工艺安全角度来确定。

对于被控对象的作用方向，则随具体对象的不同而各不相同。操纵变量增加时，被控变量也增加的对象属于正作用。反之，被控变量随操纵变量的增加而降低的对象属于反作用。

由于控制器的输出决定于被控变量的测量值与给定值之差，所以被控变量的测量值与给定值变化时，对输出的作用方向是相反的。对于控制器的作用方向是这样规定的：当给定值不变，被控变量测量值增加时，控制器的输出也增加，称为正作用方向。或者当测量值不变，给定值减小时，控制器的输出增加的称为正作用方向。反之，如果测量值增加，或给定值减小时，控制器的输出减小的称为反作用方向。

在一个安装好的控制系统中，对象的作用方向由工艺机理可以确定，执行器的作用方向

由工艺安全条件可以选定。而控制器的作用方向要根据对象及执行器的作用方向来确定，以使整个控制系统构成负反馈的闭环系统。

例 5-6 聚合反应釜内常为放热反应，反应釜温度过高会发生事故，因此常用夹套水进行冷却。由于反应釜温度控制要求较高，且冷却水压力、温度波动较大，故设置串级控制系统。试确定控制阀的气开、气关形式与控制器的正反作用。

解 为了在气源中断时保证冷却水继续供给，以防止反应釜温度过高，故控制阀应采用气关型。当冷却水流量增加时，反应釜和夹套的温度都降低，按照单回路系统的确定原则，副控制器（针对夹套温度）应为反作用。

由于夹套温度和反应釜温度增加时，都要求冷却水的控制阀开大，所以主控制器（针对反应釜温度）应为反作用。

该系统中测量变送器为正作用。

思考题与习题

1. DDZ-Ⅲ型电动差压变送器是按什么原理工作的？它是由哪几部分组成的？试简述其工作过程。

2. DDZ-Ⅲ型温度变送器为什么要采用线性化措施？热电偶温度变送器是怎样实现线性化的？

3. 试分析电动差压变送器如何实现量程迁移（零点迁移）的？

4. 试分析四线制变送器和两线制变送器与电源的连接方式，并画出示意图。

5. 本质安全防爆型系统是由哪些要素构成的？需要采取哪些措施才能确保整个系统达到防爆要求？

6. 试分析气动控制仪表与电动控制仪表各自具有什么特点？

7. PID 控制器是由哪些基本部分组成的？试分析各部分所完成的功能。

8. 何为基型控制器？它具有哪些主要特点？

9. 试说明基型控制器产生积分饱和现象的原因。

10. 试分析 DTZ-2100 型全刻度指示控制器的工作原理。它是由哪些部分组成的？各部分的主要功能是什么？

11. DDZ-Ⅲ型控制器的输入电路为什么要进行电平移动？

12. 有一电动比例控制器，其输入电流范围为 4～20mA，输出电压范围为 1～5V，试计算当比例度规定在 40% 时，输入电流变化 4mA 所引起的输出电压变化量为多少？

13. 全刻度指示控制器与偏差指示控制器有哪些主要区别？

14. 在 DDZ-Ⅲ型控制器中，什么是软手操状态？什么是硬手操状态？如何实现控制器无扰动切换？

15. 气动执行器主要由哪些部分组成的？各部分的作用是什么？

16. 试分析说明控制阀的流量特性、理想流量特性及工作流量特性。

17. 何为阻塞流？它有什么意义？

18. 流量系数的定义是什么？试写出不可压缩流体的流量系数计算的基本公式。

19. 试分析电-气转换器的工作原理。

20. 试简述电-气阀门定位器的工作原理。

21. 试分析 DKZ 型直行程电动执行器的组成特点。它的基本组成有哪些部分？各部分的功能是什么？

22. 气动控制阀的执行机构的正、反作用形式是如何定义的？在结构上有何不同？

23. 试为一个压力控制系统选择合适的控制阀口径。已知管内介质为丙烷与丁烷的混合物，最大流量条件下的计算数据为：$q_{VG}=250\text{m}^3/\text{h}$，$p_1=0.2\text{MPa}$，$p_2=0.12\text{MPa}$，$t_1=50℃$，$F_L=0.98$，$\rho_H=2.4\text{kg/m}^3$，$Z\approx1$。控制阀为 V 形单座阀。

24. 试为某水厂选择一台气动双座控制阀，已知流体为水，正常流量条件下的数据为：

$p_1=1.5\text{MPa}$，$\Delta p=0.05\text{MPa}$，$t_1=170℃$，$p_V=0.808\text{MPa}$，$\rho_L=897.3\text{kg/m}^3$，$q_{VL}=100\text{m}^3/\text{h}$，$\nu=1.81\times10^{-7}\text{m}^2/\text{s}$，$s_n=0.65$，$n=1.25$，接管直径 $D_1=D_2=100\text{mm}$，n 为计算最大流量与正常流量之比。

25. 已知流体介质为氟里昂，在最大流量条件下的计算数据为：$q_{ms} = 9000 \text{kg/h}$，$\rho_s = 43.5 \text{kg/m}^3$，$k = 1.14$，$p_1 = 0.8 \text{MPa}$，$p_2 = 0.38 \text{MPa}$，接管直径 $D_1 = D_2 = 50 \text{mm}$，试选择所需的控制阀。

26. 某炼油厂重油管道需要安装一台气动单座控制阀，已知最大计算流量条件下的计算数据为：$p_1 = 5.2 \text{MPa}$，$\Delta p = 0.07 \text{MPa}$，$t_1 = 150 ℃$，$\rho_L = 850 \text{kg/m}^3$，$q_{VL} = 6.8 \text{m}^3/\text{h}$，$\nu = 1.80 \times 10^{-4} \text{m}^2/\text{s}$，接管直径 $D_1 = D_2 = 50 \text{mm}$，流体为非阻塞流，试确定该控制阀（流开形）的口径。

27. 试设计典型换热器控制系统，画出方框图，给出各环节传递函数，获得阶跃响应曲线。

28. 查阅文献，设计选型活塞压缩机流量控制系统的典型控制装置。

29. 已知某阀在某一开度时的流量为 q_v，对应的行程为 l。阀全开时的流量为 $q_{V\max}$，对应的行程为 L。试推导流过该阀的对数流量特性（已知可调比为 R）。

30. I. M. Appelpolscher 多年来获得了关于气动控制阀门的丰富知识，他指出了快开阀门的流量特性如下

$$f = \sqrt{l}$$

这也是它们被称为平方根阀门的原因之一。Appelpolscher 分析，如果有必要用一个快开阀门，则一定还需要一个慢开阀门。他推测该阀门应该具有如下流量特性

$$f = l^2$$

并决定构造和测试这样一个阀门。

① 试使用与图 5-57 中同样的方法画出与平方根阀门对应的 f 与 l 关系曲线。该图能否说明阀门的其他特性？试给出解释。

② 当 $l = 0$，$l = 0.5$，$l = 1$ 时，试定量比较 Appelpolscher 阀门的增益（即 f 的变化量与行程变化量之比）与线性阀门、等百分比阀门和快开阀门之间的关系。这些结果与预期的是否一致？试给出解释。

6 计算机控制系统

现代过程工业向着大型化和连续化方向发展，生产过程也日趋复杂，对生态环境的影响也日益突出，这些都对过程控制提出了越来越高的要求。不仅如此，生产的安全性和可靠性、生产企业的经济效益都成为衡量当今自动控制水平的重要指标。因此，仅用常规的模拟控制仪表已无法满足现代化企业的控制要求，由此出现了计算机控制系统在过程工业中的应用。由于计算机具有运算速度快、精度高、存储量大、编程灵活以及有很强的通信能力等特点，故在过程控制的各个领域里都得到了广泛的应用。下面针对计算机控制系统的组成、特点、所采用的控制算法、可靠性、可编程序控制器等方面进行分析。

6.1 概　　述

自从电子计算机问世以来，在结构、性能、价格、可靠性等方面不断改进，其应用范围逐渐从科学计算拓展到过程控制。特别是 20 世纪 70 年代微型计算机的问世，使计算机过程控制逐步进入实用和普及阶段。1975 年，美国 Honeywell 公司推出具有里程碑意义的 TDC-2000，标志着计算机过程控制进入集散控制系统时代，计算机在现代工业生产过程控制中的应用越来越广泛，已基本取代了由模拟控制器构成的控制系统。

在计算机控制系统中，计算机包括嵌入式的单片机（MCU 或 DSP）构成的数字控制器、工业控制计算机（IPC）、可编程序控制器（PLC）以及集散控制系统（DCS）等形态。与商用个人计算机（PC）相比，用于过程控制的计算机具有下列显著特点：一是可靠性高，平均无故障时间长达几千小时甚至几万小时以上；二是集成度高，在保持很小的体积的同时具有丰富的输入输出接口和设备；三是实时性好，这依赖其完善的中断系统；四是指令系统丰富，能够适应各种控制任务，对 IPC 和 DCS，还可运行完善的软件系统。由于上述特点，计算机在过程控制中越来越扮演着不可替代的角色。

图 6-1 表示了一个计算机直接数字控制系统的方框图，它与前面几章所述的有关控制系统的基本概念、有关控制原理和控制过程相同，都是基于"检测偏差、纠正偏差"的控制原理。与模拟控制系统不同之处是：在计算机控制系统中，控制器对控制对象的参数、状态信息的检测和控制结果的输出在时间上是离散的，对检测信号的分析计算是数字化的，而在模拟控制系统中则是连续的。在系统的对象、执行元件、检测元件等环节内部的运动规律与模拟控制系统是相同的。

在计算机控制系统中，使用数字控制器代替了模拟控制器，以及为了数字控制器与其他

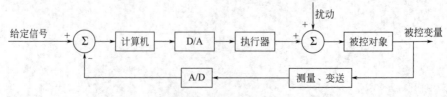

图 6-1　计算机直接数字控制系统的方框图

模拟量环节的衔接增加了模数转换元件（A/D）和数模转换元件（D/A）。它的给定值也是以数字量形式输入计算机，而不再是由一个给定线路产生一个连续电信号，再通过硬件连接到比较电路。对于能接受数字量的执行元件，图6-1中的数模转换元件是可以省去的。同样，采用数字测量元件时，模数转换元件也可省去。

计算机控制系统的控制过程分为下列三个步骤。

ⅰ.实时数据采样，测量被控量的当前值，为离散的数字化信号。

ⅱ.实时判断，判断被控量当前值与给定值的偏差。

ⅲ.实时控制，根据偏差，作出控制决策。即按照预定的算法对偏差进行运算，以及适时适量地向执行机构发出控制信号。在这里控制信号的含义是广泛的，它可能是个数字量（控制量）输出，去定量定向地控制执行元件的操作，也可能是个控制电平或者脉冲，去完成诸如显示、报警、限位、延时等特定操作，而且作为控制器也能同时发出多种用途的控制信号。

与模拟控制系统相比，计算机控制系统具有很多优点。

ⅰ.由于数据的采样处理，控制都是离散的。因此一个控制器可以实现分时对多个对象、多个回路的控制。

ⅱ.对于计算机而言，实时数据采样、实时判断、实时控制实际上只是执行了算术、逻辑运算和输入输出的操作，所有这些操作都是由编制相应的计算机程序完成的，故对系统功能的扩充修改极为方便，只要修改程序即可，一般不必或很少做硬件连接的改动。

ⅲ.在模拟控制系统中很多由硬件难以完成的功能，如大时间常数的滤波、元件的非线性补偿、系统的误差补偿等因素，在计算机控制系统中均可以方便地由软件完成，既简化了硬件线路又提高了可靠性。

6.2　计算机控制系统的组成及分类

6.2.1　计算机控制系统的组成

计算机控制系统是由工业对象和工业控制计算机两大部分组成。工业控制计算机主要由硬件和软件两部分组成。硬件部分主要包括计算机主机、外部设备、外围设备、工业自动化仪表和操作控制台等。软件是指计算机系统的程序系统。图6-2给出了计算机控制系统基本组成的结构图。

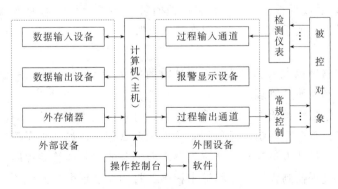

图6-2　计算机控制系统基本组成

（1）硬件部分

① 主机　计算机主机是整个系统的核心装置，它由微处理器、内存储器和系统总线等部分构成。主机根据过程输入通道发送来的反映生产过程工况的各种信息和已确定的控制规律，作出相应的控制决策，并通过过程输出通道发出控制命令，达到预定的控制目的。

主机所产生的控制是按照人们预先安排好的程序进行的。能实现过程输入、控制和输出等功能的程序预先已放入内存，系统启动后，CPU逐条取出来并执行，从而产生预期的控制效果。

② 过程输入输出通道　它是在微机和生产过程之间起信息传递和变换作用的装置。它包括：模拟量输入通道（AI）、开关量输入通道（DI）、模拟量输出通道（AO）和开关量输出通道（DO）。

③ 操作设备　系统的操作设备是操作员与系统之间的信息交换工具。操作设备一般由CRT显示器（或其他显示器）、键盘、开关和指示灯等构成。操作员通过操作设备可以操作控制系统和了解系统的运行状态。

④ 常规外部设备　它是指键盘终端、打印机、绘图仪、磁盘等计算机输入输出设备。

⑤ 通信设备　规模较大的工业生产过程，其控制和管理常常非常复杂，需要几台或几十台微型计算机才能分级完成控制与管理任务。这样，系统中的微机之间就需要通信。因此，需要由通信设备与数据线将系统中的微机互联起来，构成控制与管理网络。

⑥ 系统支持功能　计算机控制系统的系统支持功能主要包含以下几个部分。

ⅰ.监控定时器，俗称看门狗（Watchdog），主要作用是在系统因干扰或其他原因出现异常时，如"飞程序"或程序进入死循环，使系统自动恢复正常工作运行，从而提高系统的可靠性。

ⅱ.电源掉电检测，如果系统在运行过程中出现电源掉电故障，应能及时发现并保护当时的重要数据和CPU寄存器的内容，以保证复电后系统能从断点处继续运行。电源掉电检测电路能检测电源是否掉电，并能在掉电时产生非屏蔽中断请求。

ⅲ.保护重要数据的后备存储体，监控定时器和掉电保护功能均要有能保存重要数据的存储体的支持。后备存储体容量不大，在系统掉电时数据不会丢失，故常采用NVRAM、EEPROM或带有后备电池的SRAM。为了保证可靠、安全，系统存储器工作期间，后备存储体应处于上锁状态。

ⅳ.实时日历钟，使系统具有时间驱动功能，如在指定时刻产生某种控制或自动记录某个事件发生的时间等。实时日历钟在电源掉电时应仍能正常工作。

ⅴ.总线匹配，总线母板上的信号线在高速时钟频率下运行时均为传输长线，很可能产生反射和干扰信号，一般采用RC滤波网络予以克服。

（2）软件部分

计算机系统的软件包含系统软件和应用软件两部分。软件的优劣关系到硬件功能的发挥和对生产过程的控制品质和管理水平。

系统软件一般包括汇编语言，高级算法语言、过程控制语言以及它们的汇编、解释、编译程序，操作系统，数据库系统，通信网络软件，调试程序，诊断程序等。

应用软件是系统设计人员针对生产过程要求而编制的控制和管理程序。应用软件一般包括过程输入程序、过程控制程序、过程输出程序、打印显示程序、人机接口程序等。其中过程控制程序是应用软件的核心，是控制方案和控制规律的具体实现。

人机界面（Human Machine Interface，HMI）和组态软件是目前实现应用软件各项功能的主要技术。人机界面平台能够实现提供人与机器之间的互动，这一技术能够提供一个用户界面，使得任务执行简单、高效，同时视觉美观。组态软件又称组态监控软件系统软件，它们处在自动控制系统监控层一级的软件平台和开发环境，使用灵活的组态方式，为用户提供快速构建工业自动控制系统监控功能的、通用层次的软件工具。

6.2.2　计算机控制系统的分类

计算机在过程控制中的应用目前已经发展到多种应用形式，一般将其分为下面几种类型：数据采集和数据处理系统、直接数字控制系统 DDC、监督控制系统 SCC、分级计算机控制系统以及集散型控制系统等。

（1）数据采集和数据处理系统

数据采集和数据处理系统的工作主要是对大量的过程状态参数实现巡回检测、数据存储记录、数据处理（计算、统计、整理）、进行实时数据分析以及数据越限报警等功能。严格讲，它不属于计算机控制，因为在这种应用方式中，计算机不直接参与过程控制，对生产过程不产生直接影响，但对指导生产过程操作具有积极作用。它属于计算机应用于过程控制的低级阶段。

所谓数据采集就是由传感器把温度、压力、流量、位移等物理量转换来的模拟电信号经过处理并转换成计算机能识别的数字量，输入计算机中。计算机将采集来的数字量根据需要进行不同的判识、运算，得出所需要的结果，这就是数据处理。数据采集与数据处理系统的典型结构如图 6-3 所示。

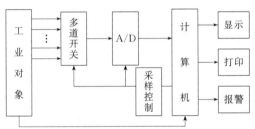

图 6-3　数据采集与数据处理系统的典型结构

（2）直接数字控制系统（DDC）

直接数字控制系统 DDC（Direct Digital Control）分时地对被控对象的状态参数进行测试，并根据测试的结果与给定值的差值，按照预先制定的控制算法进行数字分析、运算后，控制量输出直接作用在控制阀等执行机构上，使各个被控参数保持在给定值上，实现对被控对象的闭环自动控制。DDC 的构成方框图如图 6-4 所示。

DDC系统的优点是：计算机不但完全代替了模拟控制器，实现了几个甚至更多的回路

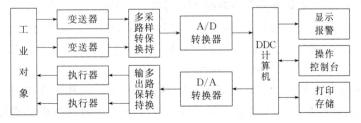

图 6-4　DDC 的构成方框图

PID 控制（一般大于 50 个回路时，比较经济）；而且还能比较容易地实现其他复杂或新型控制规律的控制，如串级控制、前馈控制、自动选择性控制、具有大纯滞后对象的控制等。它把显示、记录、报警和给定值设定等功能都集中在操作控制台上，给操作人员带来了很大方便。只要改变程序即可实现上述各种形式的控制规律。其缺点是：要求工业控制计算机的可靠性很高，否则会直接影响生产的正常运行。

（3）监督控制系统 SCC

监督控制系统 SCC（Supervisory Process Computer Control）由若干台 DDC（或模拟控制仪表）实现对生产过程的直接控制，再增设一台档次较高的微型计算机 SCC。SCC 和 DDC 计算机之间是通过信息进行联系的，可简单地进行数据传送。SCC 计算机根据原始工艺信息和工业过程现行状态参数，按照生产过程的数学模型进行最优化的分析计算，并将其算出的最优化操作条件去重新设定 DDC 计算机的给定值；然后由 DDC 计算机去进行过程控制。由于 DDC 计算机的给定值能及时不断得到修正，从而可以使生产过程始终处于或接近最优化操作条件。当 DDC 计算机出现故障时，可由 SCC 计算机代替其功能，从而确保了生产的安全性，SCC＋DDC 的控制系统如图 6-5 所示。

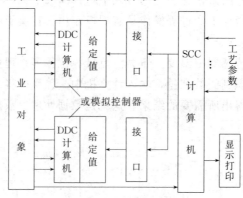

图 6-5　SCC＋DDC 的控制系统

（4）分级计算机控制系统

在生产过程中既存在控制问题，也存在大量的管理问题。过去，由于计算机价格高，对复杂的生产过程控制往往采取集中控制方式，以便充分利用计算机。这种控制方式，由于任务过于集中，一旦计算机出现故障，将影响全局。价廉而功能完善的微型计算机的出现，则可以用若干台微处理器或微机分别承担部分任务，这种分级计算机系统有代替集中控制的趋势。它是以一个"主"计算机和两个或两个以上的"从"计算机为基础构成的。其中最高级的计算机具有经营管理功能。分级系统一般是混合式，除了计算机直接控制外，还有仪表控制和直接连接现场的执行机构。

分级控制一般分为三级，即生产管理级 MIS、监督控制级 SCC 以及直接数字控制级 DDC。生产管理级 MIS 又可以分为企业级 MIS 和厂级 MIS。该系统的特点是将控制功能分散，用多台计算机分别执行不同的控制功能，既能进行控制，又能实现管理。由于计算机控制和管理范围的缩小，使其灵活方便，可靠性高，且通信简单。图 6-6 所示的分级计算机控制系统是一个四级系统，各级计算机的功能如下。

① 装置控制级（DDC）　它为直接数字控制级，对生产过程或单机进行直接数字控制或者巡回检测，使所控制的生产过程在最优工况下工作。一般选用微处理器或智能化控制装置。

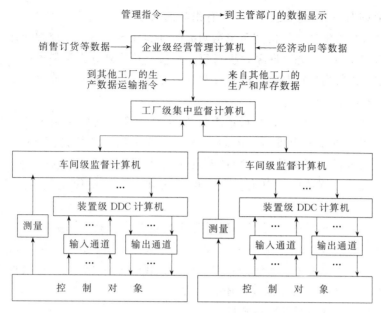

图 6-6　分级计算机控制系统

② 车间监督级（SCC）　它根据厂级下达的命令和通过装置控制级获得的生产过程信息，实现最优控制的计算，给下一级的 DDC 级确定给定值，以及给操作人员发出指示、报警等。它还担负着车间内各工段的工作协调控制任务。

③ 工厂集中控制级　它根据企业下达的任务和本厂的情况，制定生产计划、安排本厂的工作、进行人员调配及各车间的协调，并及时将 SCC 级和 DDC 级的运行情况向上级反映。

④ 企业管理级　用来制定长期发展规划、生产计划、销售计划，发命令至各工厂，并接受各工厂、各部门发回来的信息，实现全企业的总调度。这一级一般要求计算机数据处理和计算功能要强，内存及外存储容量要大。

（5）集散型控制系统

随着生产的发展、生产规模越来越大、信息来源越来越多，对控制的及时性要求越来越高。因而在大型计算机控制系统中出现了一个重要的发展方向——集散型控制系统 TDCS（Total Distributed Control System），也称为分布式计算机控制系统，其组成原理框图如图 6-7 所示。它是以数台乃至数百台的微型计算机分散地分布在各个生产现场，作为现场控制站或者基本控制器实现对生产过程的检测与控制，代替了大量的常规模拟仪表。因此既能克服模拟仪表的功能单一性和局限性，又能避免计算机集中控制的危险性。这些控制站通过高速数据通道与监督计算机 SCC 通信，通过 CRT 操作站实现对系统的监视和干预。这种结构比分级分层结构更灵活，扩充也更方便。而且由于硬件的冗余度大，

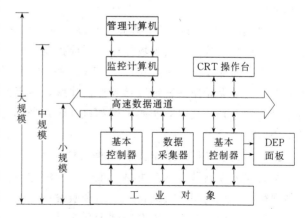

图 6-7　集散型控制系统

某个回路出现故障时可以相互支援，因此有很高的可靠性。

集散型控制系统将生产过程按其系统结构纵向分成现场控制级、控制管理级、生产和经营管理级。级间相互独立又相互联系，再对每一级按其功能划分为若干子块，采取既分散又集中的设计原则，进行集散控制系统的硬件和软件设计。与一般的计算机控制系统相比，集散型控制系统具有以下主要特点。

① 硬件组装积木化　集散型控制系统一般分为二级、三级或四级的组装积木结构，系统配置灵活，可以方便地构成多级控制系统。并可按照需要增加或者拆掉一些单元以扩展或缩小系统的规模，系统的基本特性与功能并不受到影响。这种组装方式有利于工厂分期分批投资，逐渐形成由简单到复杂、由低级到高级的现代化生产过程控制与经营管理系统。

② 软件模块化　不同的生产过程，其工艺和产品虽然千差万别，但从过程控制的要求分析仍具有共性，给集散型控制系统的软件设计带来方便。系统具有功能丰富的软件，用户可按需求选用，大大简化了用户的软件开发工作量。其中功能软件包括控制软件包、操作显示软件包、报警与报表打印软件包等；还有几种过程控制语言如 BASIC、FORTRAN 或 C 语言，以供用户自己开发高级的应用软件。

③ 组态控制系统　集散型控制系统提供了一种面向问题的语言 POL（problem oriented language），用户从所提供的数十种常用运算和控制模块中，按照系统的控制模式选择合适的模块以填表方式在操作站上或基本控制器上对控制系统进行组态。也可按需要修改某一控制回路甚至改变整个控制系统，只需输入功能模块表即可完成，与硬件配置没有关系。不但使用方便，设计效率也高。

④ 应用先进的通信网络　通信网络将分散配置的多台计算机有机联系起来，使之互相协调，资源共享和集中管理。经过高速数据通道，将现场控制单元或基本控制器、局部操作站、控制管理计算机、生产管理计算机和经营管理计算机灵活有效地联系起来，构成规模不同的集散型控制系统，实现整体的最优控制和最有效管理。因此人们认为通信网络是集散型控制系统的神经中枢。

⑤ 具有开放性　由于采用国际标准通信协议，使得不同厂商生产的集散型控制系统产品与网络之间可以实现最大限度地互连运行，有利于工厂分期优选不同厂家的产品，由小到大逐步发展到完善的集散型控制系统。这样不但在技术上得到更新，而且原有的设备也可能充分利用。

⑥ 可靠性高　集散型控制系统的每个单元均采用高性能的元器件，分别完成一部分功能。如一台基本控制器或现场操作单元能控制 8～16 个回路，即使它发生故障也只影响少数控制回路。局部操作站一般管理 8～16 台基本控制器，如操作站发生故障，基本控制器仍能独立工作。中央操作站管理数台局部操作站，后者能脱离前者独立工作，大大提高了系统的可靠性。加上冗余技术的普遍采用和机（仪）器都具有自诊断功能，为系统的可靠性提供了切实的保证。

因此，集散型控制系统既有计算机控制系统控制算法先进、精度高、响应速度快的优点，又有仪表控制系统安全可靠、维护方便的优点。而且，集散型控制系统容易实现复杂的控制规律，系统是积木式结构。电缆和敷设成本低，施工周期短。随着计算机网络技术的进一步发展，这种控制结构正在得到大量应用。

6.3 A/D 与 D/A 转换器

要建立以微型计算机为中心的自动测试与控制系统，仅有传感器是不行的。一般的数据采集装置及检测系统只能接收数字量，传感器和微型计算机之间要通过模/数转换器（A/D）来连接，它的功能是把输入的模拟量转化为数字量。要对工业现场进行控制，一般控制器件采用模拟量参数，在计算机与控制器件之间要通过数/模转换器（D/A）进行连接。为了将离散的数字量转化为时间连续的模拟量，在 D/A 转化过程中每个采样周期时刻之间需要通过零阶保持器（ZOH）维持前一变化的信号直至下一采样时刻开始。A/D、D/A 及 ZOH 的操作原理如图 6-8 所示。

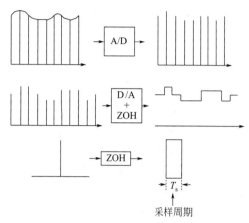

图 6-8　A/D、D/A 和零阶保持器基本原理

6.3.1　A/D 转换器

微机测控系统中模拟量检测技术最主要的电路是 A/D 转换器，它的作用是将模拟量转换为数字量，以便传输给微机接口。它的作用有两个：一是模拟信号采样，通过在同一时间域内用一系列离散信号代替连续信号，这些离散数值与连续信号幅值相对应；二是量化，模拟信号的幅值通过具有不同数值大小的离散集来表示，通常以二进制代码序列形式表示。A/D 数字量输出＝A/D 精度×分辨率得到。其中 A/D 转换器的转换精度与其输出位数相关，A/D 的模拟量范围为模拟量输入的最大和最小值区间。A/D 分辨率是输入变化的最小值，其意义为使数字量输出改变 1 需要的模拟量输入。每一个模拟量值都对应一个二进制数字量的表达。

例 6-1　分析 12 位 A/D 将 0～3.3V 电压信号转化为 0～4 095 数字信号的输出曲线、转换精度以及分辨率。

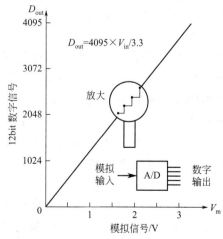

图 6-9　12 位 A/D 将 0～3.3V 电压信号转化为 0～4095 数字信号的实例

解　如图 6-9 所示，输入信号为电压信号，输出为二进制码，其可以用公式：数字量输出＝A/D 精度×分辨率得到。其中 A/D 转换器的转换精度对于 12 位 A/D 芯片，精度为 $2^{12}=4096$，A/D 的模拟量范围为模拟量输入的最大和最小值区间为 0～3.3V。所以 A/D 分辨率是 3.3V/4096，约为 0.81mV。

A/D 转换器是数据采集系统中的重要器件。由于实现的电子手段极多，因而派生出各种不同类型的 A/D 转换器。目前，A/D 转换器都是以集成芯片的形式出现。由于 A/D 转换器的电路比较常见，这里不作详细介绍。如有兴趣，可查阅有关参考资料。

（1）双积分式 A/D

双积分式 A/D 的原理是将输入的模拟量变换成与其平均值成正比的时间间隔，然后由脉冲发生器和计数器来测量时间间隔以获得数字量。这种转换器的特点是对电路元件参数要求不苛刻，抗干扰性能强。但转换速度慢，因而不宜用于快速测量采样系统，适用于缓慢信号检测或低速采样系统。例如数字万用表以及便携式甲烷报警仪均采用双积分式 A/D 集成芯片。典型芯片有 ICL7104-14（14 位）、MC144333 $\left(3\frac{1}{2}位\right)$，AD7555 $\left(4\frac{1}{2}位\right)$等。

（2）计数器式 A/D

这种电路的特点是电路比较简单，价格便宜，它的缺点是转换速度较慢，因此目前较少应用。

（3）逐次逼近式 A/D

逐次逼近式 A/D 转换器的转换速度较快，转换精度从高到低，因此，是应用最普遍的形式。特别适用于与微型计算机的接口电路相连，因此在微机测试系统中用得较广。典型芯片有 ADC0809（8 位）、AD571（10 位）、AD574（12 位）、ADC149-14B（14 位）、MN5290（16 位）等。

（4）快速 A/D

随着微机检测系统测点数增多，被测信号的频率加快，对 A/D 转换速度要求越来越高，一般逐次逼近式 A/D 转换器的转换速度也难以满足要求。要进一步提高转换速度，可采用快速 A/D，其转换时间可达到 ns 级。快速 A/D 有三种，即三次积分式快速 A/D、全并行比较 A/D、串并行比较 A/D 等。

6.3.2 A/D 选择原则

（1）采样频率

采样频率是等间隔采样间隔时间 T 的倒数。如 100Hz、200Hz、500Hz、1000Hz、2000Hz 等。图 6-10 是在不同的采样频率 f_s 下对正弦信号的采样结果，信号频率为 f_0。可以看出，如果 $f_s=8f_0$，采样信号能够保留模拟信号的连续特性。当 $f_s=2f_0$ 时，如果采样时刻是在 $2\pi f_0 t = n\pi/2(n$ 为奇数$)$ 的时候，采样信号依然是周期性变化的。但是当采样时刻 $2\pi f_0 t = n\pi/2(n$ 为偶数$)$ 的时候，采样序列都为 0。在 $f_s=2f_0$ 的情况下，即使能够得到一个周期性的采样信号，其频率与原始模拟信号也有所差别，变为 f_s-f_0。因此为了保证采样信号能够重构模拟信号特性，采样频率需满足以下要求：$f_s>2f_{max}$，即采样频率必须大于信号最高频率的两倍，此定理称之为香农（Shannon）采样定理或奈奎斯特（Nyquist）采样定理。

在实际信号采集时，采样频率的选择要根据信号的特点、分析的要求、所用的设备等诸方面的条件来确定，采样频率一般选择大于 $2f_{max}$。显然，采样频率越大（周期 T 越小），

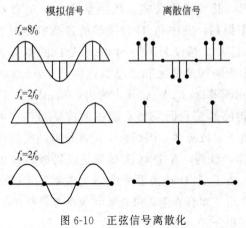

图 6-10　正弦信号离散化

越接近连续系统，采样精度越高。但这时将加重计算机的负担，而且采样周期也不能小于执行程序所需要的时间。因此合理选择采样周期显得非常重要。一般情况下，测试的对象如果是动态参数，则采样频率选择尽可能地高；测试的对象如果是静态参数，则采样频率选择可以低一点。在实际使用时，要具体问题具体分析。常见过程对象的参考采样周期如表 6-1 所示。

表 6-1　典型变量数字信号采样周期选择

变量类型(或系统)	采样周期/s	变量类型(或系统)	采样周期/s
流速	1～3	精馏装置	10～180
液位	5～10	伺服机构	0.001～0.05
压力	1～5	催化反应器	10～45
成分	15～20	水泥厂	20～45
温度	10～180	干燥机	20～45

（2）分辨率

分辨串是 A/D 转换器的重要参数，它的高低直接关系到 A/D 转换器的转换精度乃至整个测试系统的精度。

（3）采样点数

进行时域分析时，采样点数尽可能多一些，采样点数越多信号越容易复原。进行频域分析时，为了快速傅里叶变换（FFT）计算的方便，采样点数一般取 2 的幂数，如：32、64、128、256、512、1024 等。有许多信号处理设备固定取为 1024 点。

（4）触发方式选择

触发信号是启动 A/D 开始采样的信号。触发方式选择即选择不同形式的触发信号。

（5）性能价格比的要求

选择 A/D 转换器必须考虑到性能价格比。一定要根据使用的场合、使用的环境等条件，只要能满足技术要求即可，而不要仅片面追求性能的高指标。

6.3.3　D/A 转换器

（1）D/A 转换器原理

D/A 转换器是一种把数字量转换为模拟量的器件，它作为计算机控制模拟过程的一种手段，得到了广泛的应用。一个 n 位的二进制数，具有 2^n 个二进制数的组合。因此，D/A 就要具有 2^n 个分立的模拟电压或电流，以与不同的数字一一对应。这 2^n 个模拟量，常用一个基准电压 U_r 通过网络来产生。这个网络的电路结构和数字量对其控制操作方式的不同，便产生了各种各样的 D/A 转换类型。这里仅介绍一种倒 R-2R 型 D/A 转换器。

由于倒 R-2R 电阻网络 D/A 有极快的转换速度，转换精度较高，并且基准电压的负载不随数字输入变化而变，基准源电路的设计变得简单等优点，因此得到了广泛的应用。图 6-11 给出了其电路结构原理图，图中 $a_1 \sim a_n$ 是数字输入，U_o 是模拟输出电压。

由于运算放大器（运放）求和点是虚地，故当开关掷向运放求和点时（$a_i = 1$），电流流

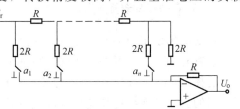

图 6-11　倒 R-2R 电阻网络 D/A 结构

过反馈电阻 R；当开关掷向地时（$a_i=0$），支路电流不流过反馈电阻 R。此时

$$I_1=U_r/(2R)，I_2=\left(U_r-\frac{U_r}{2R}R\right)/(2R)=U_r/(4R)，\cdots，I_i=U_r/(2^iR)，\cdots，I_n=U_r/(2^nR)$$

这样输出电压 U_o 为

$$
\begin{aligned}
U_o&=-(a_1I_1+a_2I_2+\cdots+a_nI_n)R\\
&=-\left(a_1\frac{U_r}{2R}+a_2\frac{U_r}{2^2R}+\cdots+a_n\frac{U_r}{2^nR}\right)R\\
&=-U_r(a_12^{-1}+a_22^{-2}+\cdots+a_n2^{-n})
\end{aligned}
\tag{6-1}
$$

这就是倒 R-2R 型 D/A 转换器的传输函数，其输出模拟电压与输入数码成正比。

仔细观察图 6-11 可以得到以下结论：首先无论开关掷向运放求和点还是地，流过电阻 $2R$ 的电流不变，因此电阻的分布电容没有充放电的问题，转换速度较快；其次，这种电路结构的电阻只有两种，因此易于集成并保证电阻的公差和温度跟踪，这样可以得到较高的转换精度。最后从参考电压端向电阻网络看，等效电阻不随开关位置的变化而变化，始终为 R，这对参考电压的负载能力要求可大大降低。正是这些优点，使得这种 D/A 得到了广泛的应用。

（2）D/A 转换器集成芯片

目前在应用系统中均采用集成芯片形式的 D/A 转换器。随着集成电路技术的发展，D/A 转换器的结构性能都有了很大的变化。为了提高 D/A 转换器转换性能及简化相应接口电路，应尽可能选择结构性能/价格比较高的集成芯片。下面按结构特征简要介绍一下在应用中常使用的 D/A 转换器芯片。

早期使用的 D/A 集成芯片的主要结构特征是：只具有从数字量到模拟电流输出量转换的功能。在有些计算机应用系统中使用这类芯片时必须在外电路中加数字输入锁存器、参考电压源以及输出电压转换电路。如果不外加锁存器时只能借用微处理器的 I/O 或扩展 I/O 口。典型芯片有：DAC0800 系列、DAC1020 系列、DAC1220 系列等。

中期使用的 D/A 集成芯片为适应计算机应用系统结构的要求，在 D/A 转换芯片内增加了一些与计算机接口相关的电路及引脚，其结构特点是：具有数字输入锁存功能电路，能和 CPU 数据总线直接相连。因带有数据寄存器及 D/A 转换控制端口，CPU 可直接控制数字量的输入和转换，且与 CPU 同用单一＋5V 电源供电。典型芯片有：DAC0330 系列、DAC1208 系列、DAC1230 系列等。

近期使用的 D/A 集成芯片为简化 D/A 转换接口，提高接口的稳定性和可靠性，推出的 D/A 集成芯片不断地将一些 D/A 转换外围器件集成到芯片内部。主要结构特征是：内部带有参考电压源；大多数芯片有输出放大器，可实现模拟电压的单极性或双极性输出；由于带有参考电压源输出放大器，芯片的工作电源大多使用双极性电源。典型芯片有：AD558、DAC82、DAC811、DAC708 等。

6.3.4 D/A 选择原则

目前应用系统中 D/A 转换接口电路的设计主要是根据使用的微处理机选择 D/A 集成芯片、配置外围电路及器件，实现数字量至模拟量的线性转换。

选择 D/A 芯片时，主要考虑芯片的性能、结构及应用特性。在性能上必须满足 D/A 转换技术的要求，在结构和应用特性上应满足接口方便、外围电路简单、价格低廉等要求。

（1）D/A 芯片主要性能指标的考虑

D/A 芯片的主要性能指标有：在给定工作条件下的静态指标，包括各项精度指标、动态指标、环境指标等。这些性能指标在器件手册上通常会给出。实际上，用户在选择时主要考虑的是以位数表现的转换精度和转换时间。

（2）D/A 芯片主要结构特性与应用特性的选择

D/A 芯片这些特性虽然主要表现为芯片内部结构的配置状况，但这些配置状态对 D/A 转换接口电路的设计带来很大的影响。主要考虑的问题如下。

① 数字输入特性　数字输入特性包括数据码制、数据格式及逻辑电平等。

目前的 D/A 芯片一般都只能接收自然二进制数字代码，因此，当输入数字代码为别的码制（如 2 的补码）时，应外接适当电路进行变换。

输入格式一般为并行码，对于芯片内配置有移位寄存器的 D/A 芯片、可以接收串行码输入。对于不同的 D/A 芯片输入逻辑电平要求不同，要按手册规定，通过外围电路给予这一端以合适的电平。

② 数字输出特性　目前多数 D/A 芯片均属电流输出器件。

③ 锁存特性及转换控制　如果 D/A 芯片无输入锁存器，在通过 CPU 数据总线传送数字量时，必须外加锁存器，否则只能通过具有输出锁存功能的 I/O 口给 D/A 芯片送入数字量。

6.3.5　A/D、D/A 接口板介绍

随着测控技术的不断发展和广泛应用，生产厂家将 A/D、D/A、多路模拟开关等功能芯片装配在一起，形成了功能齐全的可以直接与计算机相连的接口电路。

（1）概述

介绍一种可以直接与微机总线兼容的 A/D、D/A 接口板，它直接插入到与总线兼容的微型计算机内的任一总线扩展槽中，构成微机数据采集控制基本部件。以具有 32 路单端模拟输入通道，可将 ±5V 范围内的模拟电压信号转换成 12bit 的数字量（A/D），且采用 12 位分辨率的 AD574 为主芯片的接口板为例。A/D 转换精度可达 +0.03%，同时还具有模拟输出通道，用于将数字量转换成模拟电压输出（D/A），输出电压范围可以是 ±5V 或 0～+5V。

A/D 转换触发工作方式采用软件触发方式，转换结果的传输方式有两种：一是查询 A/D 完成位然后再读取数据；二是 A/D 转换完成后发中断申请然后由中断服务程序读取数据。

（2）工作原理

基本原理框图如图 6-12 所示。

接口板的 32 路模拟电压信号通过输入输出插座分别接到 32 选一的模拟输入多路开关上，在软件控制下，选通某一输入通道，将该通道模拟输入信号送至采样保持器，然后再通过单稳电路启动 A/D 转换开始。当 A/D 转换完成时，板的转换完成位寄存器被置为"1"。用软件查询方式查询 D7 位，当查询到这个状态位为"1"时，即可将 12bit 数据读入到计算机内存中。若使用中断方式，则在 A/D 转换完成后自动向计算机发出中断请求信号。在中断服务程序控制下，将 12bit 数据读入计算机内存。

该接口板的通过率是在综合考虑了软件操作时间、采样保持时间、A/D 转换时间等的时序配合后计算出的。

对于 D/A 电路的应用，是通过编程，向接口板的 D/A 电路分别写入低八位和高四位数据后，输出与之相对应的模拟电压信号。当开机或复位计算机时，D/A 电路自动清零。

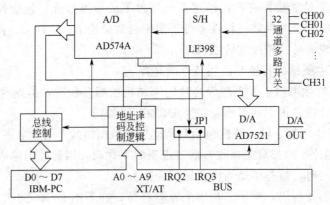

图 6-12　基本原理框图

6.4　计算机测试系统

6.4.1　计算机在测试技术中的作用

随着计算机技术的迅猛发展，以计算机为核心的测试系统已经强烈地冲击着传统的测试方法，并大有取而代之之势。它不仅能够实现复杂的测试和控制功能，而且也能够适应环境的变化来自动调整测试与控制方式，使得测试技术发生了巨大的变革。更重要的是它变革了检测的原理和方法，实现了模拟量和数字量之间的转换，从而提高了测试精度、速度，增强了系统的可靠性。

微机问世后，不久就被用到测试技术领域中。微机价格的不断下降、功能的不断改善以及对许多传统测试技术无法解决的难题的解决，使其成为测试技术中不可缺少的部分。因此，微处理器与传感器、微处理器与测量仪表相结合的技术也越来越引起人们的广泛关注。近年来出现带微处理器的传感器和带微处理器的测量仪表，分别被称为智能传感器和智能仪表。

微机的应用，从几个方面革新了测试的功能。

ⅰ.扩展了测量参数的数目，提高了测量的准确度。

ⅱ.革新了检测方法，使过去不能进行的某些测量，现在能够进行了。

ⅲ.简化了仪表与仪表或其他设备间的接口，也简化了仪表的操作，实现了集中控制。

ⅳ.具有各种数据处理功能，并能进行各种算术逻辑运算，把使用者从繁重的数据处理工作中解放出来，甚至还增加了专家推断、分析与决策的功能。

6.4.2　计算机测试系统的基本结构

（1）计算机测试系统的结构形式

计算机测试系统可以应用于智能仪表、工业过程测试和智能测试，从而构成不同的计算机测试系统。

① 智能仪表　是指以微处理器为核心而设计的新一代测量仪表，它是最简单的计算机测试系统。智能仪表的特点是：ⅰ仪表功能较多，配有通用接口，具有完善的远程信息传输能力，便于接入自动测试系统；ⅱ仪表本身具有初级"智能"，即具有自动量程转换、自调零、自校准、自检查、自诊断等功能；ⅲ仪表采用的"智能"元件，即微处理器。

② 过程测试系统　以参数测量为目标，用来对被测过程中的一些物理量进行测量，获得相应精确的测量值。在石油、化工、工业自动化等领域中，对过程进行检测与分析，或作为过程装备控制系统的一部分。过程测试系统在组成方式上可分为集中式和分布式两大类。

③人工智能测试系统　人工智能作为现代信息领域的一次革命性成果，其在计算机测试系统中的应用将大大提高系统性能。具有以机器学习算法为核心的人工智能测试系统能够局部代替人去完成那些以前依靠人的智能才能完成的任务。例如，过程目标的识别、对象状态的诊断、设备运行状态的预测等。

（2）计算机测试系统的组成

以上所述各种系统，尽管具有不同的形式，但是其基本组成是相同的，如图 6-13 所示。

图 6-13　计算机测试系统的组成

测试系统硬件主要包括传感器、A/D 转换器、输入/输出接口电路、计算机等。测试系统的工作过程可归纳为：数据采集是将被测量相对应的信号转换为计算机能够识别的信号并输入给计算机；数据处理是由计算机执行以测试为目的的算法程序后，得到与被测参数对应的测量值（过程测试），或者形成相应的决策与判断（智能测试），或者作出决定性的预测预报（专家智能型测试）；数据输出是将处理结果送给输出设备，显示、打印或绘制成图形。

一个具体的计算机测试系统的构成，根据所测信号的特性而定。力求能做到既能满足系统的性能要求又能在性能价格比上达到最优。根据这个要求，测试系统可分为以下几种结构。

① 单通道数据采集　被采集的模拟信号只有一个，如图 6-14 所示。

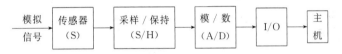

图 6-14　单通道数据采集框图

② 多通道数据采集　被采集的模拟信号有两个或两个以上。

对多路模拟输入信号的采集有以下几种结构形式。

ⅰ.多路 A/D 转换方式。这种结构由多个 A/D 转换芯片构成。对每路输入信号都有独立的采样保持电路 S/H、A/D 转换电路及 I/O 接口电路，每一路占有一个通道。结构框图如图 6-15 所示。这种方式通常用于高速数据采集和需要同时采集多路数据的系统。其优点是通道数增加时，最高采样频率不会受到影响，并可同时采集多路信号，保持了各信号之间的同步关系。缺点是成本较高，体积较大。

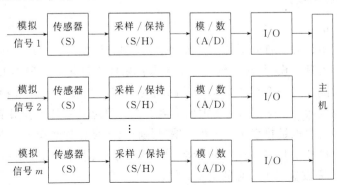

图 6-15　多路 A/D 转换方式框图

ⅱ.多路共享 A/D 转换方式。输入信号进入各路采样保持电路，然后由多路开关可选择地将各路信号送入 A/D 转换器进行转换。结构框图如图 6-16 所示。这种方式的转换速度较上一种方式慢，并且得到的各通道信号是断续的。在通道数增加时，采样频率受到影响。当采样保持电路用同一个信号控制时，既可保证统一时刻采集到各通道参数，又可保证信号间的同步关系。这种方式主要用于对采集频率要求不高的多路信号采集系统。

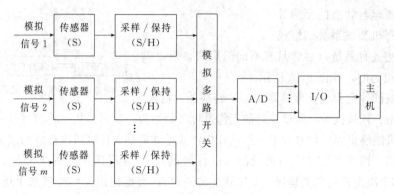

图 6-16　多路共享 A/D 转换方式框图

ⅲ.多路开关方式。这种方式的转换速度比以上两种方式都慢，但是节省硬件。结构框图如图 6-17 所示。它常用于采集多路变化缓慢的信号，如温度变化信号、应变信号等。用这种方式采集多通道信号时，不能同时采得同一时刻的各种参数。

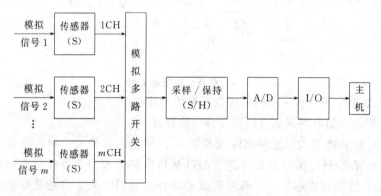

图 6-17　多路开关方式框图

6.4.3　数据采集

（1）模拟信号的采集

对采集到的模拟信号，首先要转换为数字信号，即模/数（A/D）转换，然后送入计算机或专用设备进行处理。模/数转换包括三个步骤：采样，量化，编码。采样是对已知的模拟信号按一定的间隔抽出一个样本数据。若间隔为一定时间 T，则称这种采样为等时间间隔采样。没有特别说明，一般都采用等时间间隔采样。量化是一种用有限字长的数字量逼近模拟量的过程，即为模拟量数字化的过程。编码是将已经量化的数变为二进制数码，以便计算机接受并处理。模拟信号经过这三步转换后，变成了时间上离散、幅值上量化的数字信号。A/D 转换器是完成这三个步骤的主要器件。

另外，由于 A/D 转换器的转换过程需要一定的时间，因而在 A/D 转换器转换过程中必须保持参数值不变，否则将影响转换精度。尤其是当参数的变化速度比较快时，更是如此。能够完成上述功能的电路叫作采样/保持（Sample/Hold）电路。

在 A/D 转换模拟信号之前，首先应使采样/保持电路处于采样模式，输出跟踪输入；然后使其处于保持模式，输出保持在采样模式转换至保持模式间隙的输出不变，接下来才对这个输出信号进行转换。为了有良好的转换精度，保持的时间越长越好。最简单的采样/保持电路是由电容及开关组成的。此电容一般选用泄漏量比较低的电容（如聚乙烯或聚四氟乙烯电容）。为了提高采样/保持器的精度，目前使用的采样/保持电路一般均采用具有高输入阻抗的场效应管作为输入运算放大器。典型的电路如图 6-18 所示。

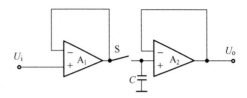

图 6-18　典型的采样/保持电路

图 6-18 中采样/保持电路由输入输出缓冲运算放大器 A_1、A_2 及逻辑输入控制的开关电路组成。在采样期间，开关 S 是闭合的。输入信号 U_i 经高增益的放大器 A_1 输出，向电容 C 充电。在保持期间，开关 S 断开，由于 A_2 运算放大器输入阻抗很高，所以，在理想情况下，电容 C 上的电压将保持充电时的最终值。采样/保持器大都集成在一个芯片上，但不包括电容，充电电容由用户根据需要选择。由上述分析可知，电容 C 对采样/保持的精度影响很大，若电容值过大，则其时间常数大，当信号变化频率高时将会影响输出信号对输入信号的跟随特性。当处于保持状态时，若电容的漏电流太大、负载的电阻太小，都会引起保持信号电平的变化。

在计算机测试系统中，A/D 转换器与计算机联合使用完成模/数转换。用计算机的时钟或用软件产生等间隔采样脉冲控制 A/D 转换器采样。A/D 转换器通过内部电路进行量化与编码，输出有限长的二进制代码。通常由以 A/D 转换器为核心的接口电路及控制软件，进行信号采集控制。

信号采集接口除由 A/D 转换器作为核心电路之外，还需要译码电路、控制电路等部分。采集系统模拟信号由计算机直接控制 A/D 转换器进行模/数转换，并将转换好的数据直接送入计算机进行处理。

（2）脉冲信号的采集

在计算机测试系统中，常常要对脉冲信号进行采集。比如，在活塞压缩机中，需对压缩机的转数进行测试；在自动数控机床以及自动化生产流水线上，需对光电编码器发出的脉冲进行计数以确定工件的位置等。总之，脉冲信号检测包括对脉冲个数的检测以及对脉冲频率与周期或脉宽的检测。脉冲个数的检测一般由数字计数器完成。

采用数字计数器测量脉冲频率的原理如图 6-19 所示。被测信号为正弦波（a），经脉冲形成电路后转换成一系列脉冲（b）加在闸门的输入端，闸门启闭由门控信号控制。脉冲信号只有在闸门打开的时间内通过闸门进入计数器内计数。门控信号由时基信号发生器控制，门控时间非常准确。

设在闸门打开的时间 T 内，通过的脉冲数目为 N，则信号频率 f_x 为

$$f_x = \frac{N}{T} \tag{6-2}$$

这种测量方法称为测频法。

采用数字计数器测量脉冲宽度的原理如图 6-20 所示。由图可知，测量脉冲宽度与测量

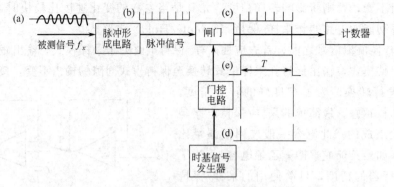

图 6-19　脉冲频率测量原理图

频率使用的电路相类似，只需将被测信号和标准信号位置互换即可。

图 6-20 用被测信号的宽度去控制闸门的启闭，振荡器的标准信号经闸门进入计数器计数，这种测量方法称为测周法。

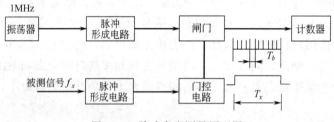

图 6-20　脉冲宽度测量原理图

测频法和测周法，都有各自的优缺点。因此，在选择何种测试方法时，要根据测试场合的具体情况而定。在工业测试现场中，脉冲的检测由微机根据以上原理来实现。

6.4.4　计算机测试系统的设计

计算机测试系统的设计需要根据给定的任务和系统性能指标的要求，全面论证系统的硬件结构和软件功能，不仅要做到原理正确，更重要的应做到设计合理、经济可靠。工程上常用"性能价格比"的指标来评价系统的优劣，因此一个成功的计算机测试系统的设计，既要掌握本章以上各节所述原理，还要具有实际工程知识和实践经验。这里简单介绍计算机测试系统的设计原则和分析方法，以供参考。

（1）设计任务

按照测试系统的要求，测试的参数有哪些，有哪些技术指标。根据上述设计任务通常按照微机检测系统的三个基本组成部分来论证总体结构和电路。

① 主机选型　对于以测试（或控制）为主要任务的工程设计，一般选择现有合适的微机产品。目前市场上出售的可供选择的类型有单片机、单板机、微型机和小型机等，每种类型中又有各种规格和型号，通常可按字长、主频和内存容量三项主要指标来分类和初选。

一般情况下，选择能够满足性能要求的即可。但为了将来功能上的扩展，可以留有一定的余量。

② 输入通道结构　按照测试参数的多少、采样频率的高低等来选择输入通道的数量。为了减少元件的数量和成本，简化电路结构，提高可靠性，一定要注意通道的结构。

③ 输出通道结构　根据测试系统的功能要求，确定是否需要打印机打印数据，是否需要绘图仪绘制动态参数图形，是否需要各种形式的超限报警设备等。

（2）输入通道电路的设计分析

① 传感器选型　在计算机测试系统中，传感器是影响系统性能的主要因素之一。根据任务要求，测试的参数是压力、温度或其他，选择对应的温度、压力传感器。对于间接测量，首先要找出直接测量的那些参数，然后再根据参数选择合适的传感器。

② A/D 转换器的选择　按照对被测参数的精度要求的高低，来计算 A/D 转换器的分辨率。假如分配到 A/D 转换器的允许的相对误差为 0.1%，若以此作为量化误差，则 A/D 的数字量位数应满足关系式

$$\frac{1}{2^n} \leqslant 0.1\% \tag{6-3}$$

由此，取 $n = 10$ 时，则有 $1LSB = \frac{1}{2^{10}} = 0.098\% < 0.1\%$。

A/D 转换器的工作电压若按单极性设计，一般选为 $0 \sim 10$ V；若按双极性设计，一般选为 $-5 \sim +5$ V。但并不绝对是这样。

③ 放大电路的设计　按照 A/D 转换器的工作电压来设计放大电路的放大倍数（或称增益）。根据放大倍数，可以确定放大电路中各元件的参数。具体设计过程，可参阅电工学有关知识。

这里特别要提醒的是在电路设计中，一定要注意各种干扰引起的误差。因此，根据不同的场合，应用各种不同的抗干扰措施。

④ 其他电路设计　除以上几个重要部分的设计之外，还有采样/保持器设计、多路转换开关选择等。一般情况下，它们都和 A/D 转换电路集成在一起。

（3）软件程序设计

软件设计在计算机测试系统中占有重要地位。计算机测试系统的软件应具有两项基本功能，即对输入/输出通道的控制管理功能和测试数据的处理功能。除此以外，还应具有系统本身自检测和自诊断功能、软件开发和调试修改用的系统监控操作功能等。其中前两项属于最基本的功能，而且与被测对象的物理过程和参数特性密切相关，还与硬件系统的电路原理有关。因此，测试系统的设计者必须全面综合规划和统筹设计。主要内容包括以下几方面。

ⅰ. 数据采集控制方式的设计；

ⅱ. 采样工作模式的设计；

ⅲ. 采样周期的确定；

ⅳ. 此外，还有其他程序的设计，如人机界面、信号采集、分析计算和结果处理等。

6.5　直接数字控制系统

由于 DDC 是最基本的计算机控制系统，下面就围绕 DDC 系统来进一步分析。

6.5.1　DDC 系统概述

在前面已经介绍了什么叫 DDC 系统。在 DDC 系统中，微型计算机直接参与了闭环控制过程。它的操作功能包括：实时数据采集、实时数据处理决策以及实时控制输出。

在系统构成以后，控制规律是反映计算机控制系统性能的核心。在 DDC 系统中，微型计算机最主要的任务就是执行控制算法，以实现控制规律。在 DDC 系统中，可以直接对几

十以至几百个控制回路进行自动巡回检测和数字控制。

图 6-21 表示了一个 DDC 系统构成的方框图，图中只表示出了模拟量输入输出通道。由生产过程（被控对象）的各物理量的变化情况，通过一次仪表进行测量放大后变成统一的电信号，作为 DDC 的输入信号。为了避免现场输入线路带来的电、磁干扰，用滤波器对各种信号分别进行了滤波。采样器顺序地按周期把各信号传送给数据放大器，被放大后的信号经 A/D 转换器变成一定规律的数字代码输入计算机。计算机按预先存放在存储器中的程序，对输入被测各量进行一系列检测并按 PID 等控制规律进行运算。运算的结果以二进制代码形式由计算机输出，送到步进控制器。步进控制器将接收到的二进制代码转换成一定频率的脉冲数，经输出扫描（与采样器同步而不同回路）送至步进单元，这里的步进单元实际上是一个电机式的 D/A 转换器，将数字信号转换为 4～20mA 的电流信号或 0～5V 的电压信号，将该模拟信号送至生产现场，输入电动执行器或经电-气转换器转换为气压信号带动控制阀等执行机构进行控制，达到稳定生产的目的。此外，在 DDC 系统中，时间控制器为各单元提供同步的时间周期作为触发信号，一方面避免了各单元之间过多的信息交换，降低系统出错率和时耗，另一方面在同步时间下各单元并行独立工作，实现了整个系统的协调同步，从而保证了控制器的运行可靠性和实时性。

由此可见，DDC 是利用计算机的分时处理能力对多个回路完成多种控制的一种计算机

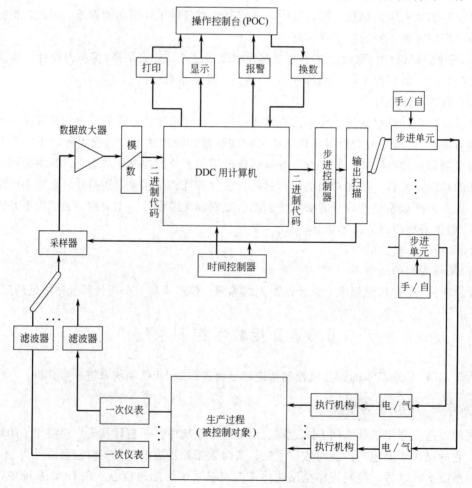

图 6-21　DDC 系统的组成方框图

控制方式。它的控制过程与模拟控制是有差别的，两者的比较如表 6-2 所示。

表 6-2　DDC 系统与模拟控制系统的比较

类别	常规仪表的连续自动控制系统	DDC 系统
系统图	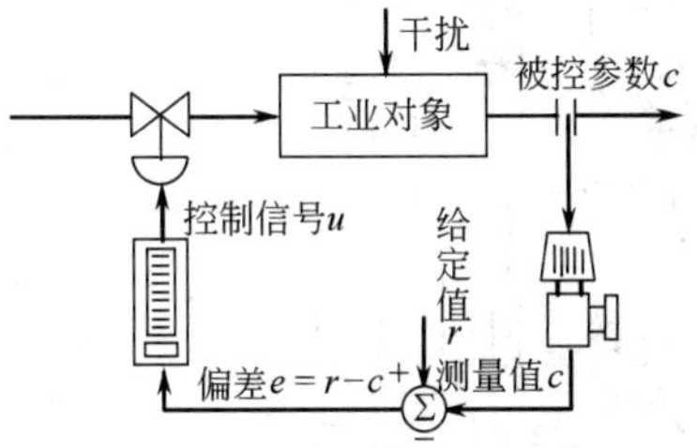 (见图 (a))	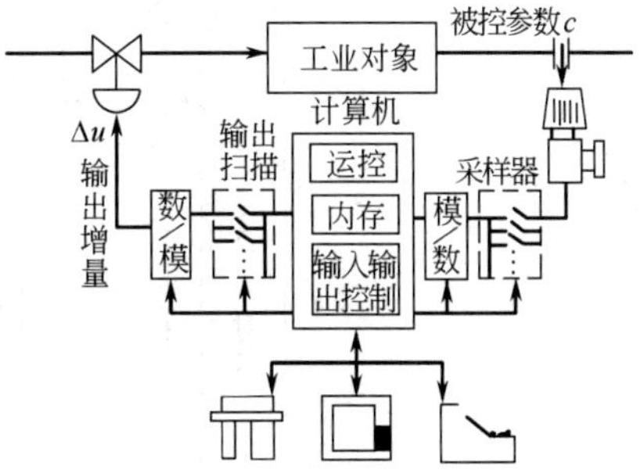 (见图 (b))
原理	① 系统的内部、外部干扰使被控参数发生变化，其变化经变送器送至控制器 ② 人工给定与测量信号在控制器里进行比较，根据偏差值控制器按 PID、PI、P 等进行运算 ③ 运算结果，输出值 u 去控制阀门，使被控的参数控制在给定值上	① 是一种采样控制系统，一台计算机代替多台控制器控制多个控制回路 ② 通过人们预先编好的程序，按人们要求的规律自行自动控制（包括 PID、PI、P、前馈、自适应、顺序等） ③ 根据直控算式，计算机定时输出增量 Δu 去控制阀门，使参数测量值和给定值达到平衡
控制信号的比较	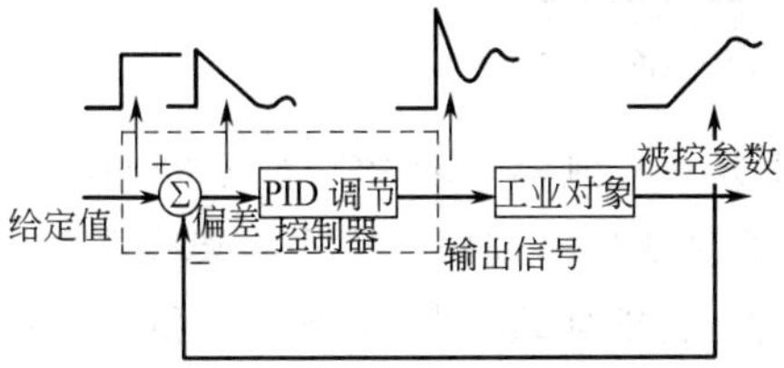 (见图 (c))	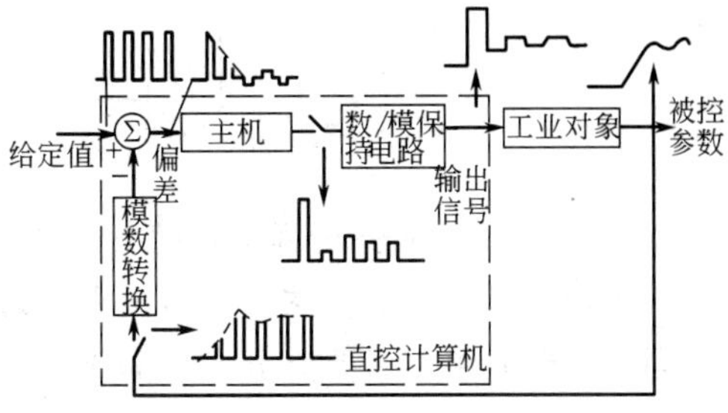 (见图 (d))
在阶跃信号作用下的比较	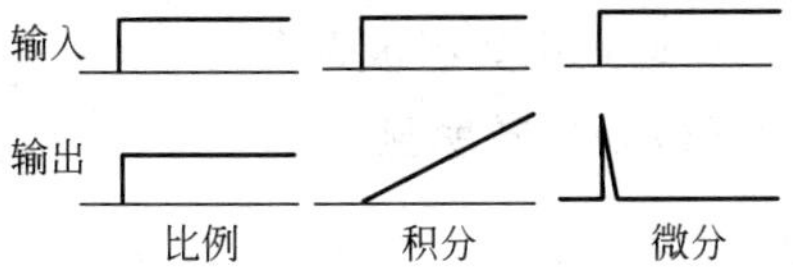 (见图 (e))	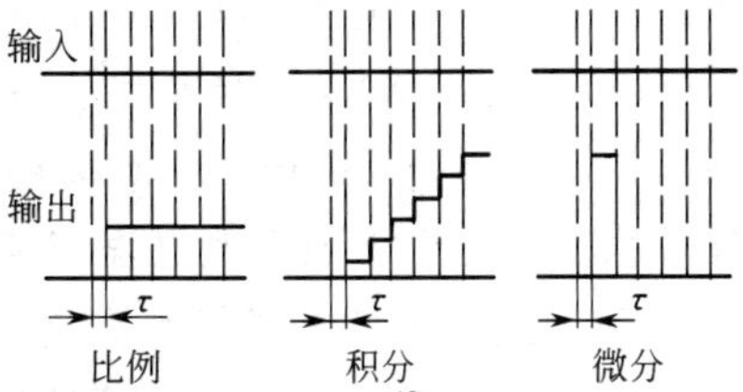 (见图 (f))

DDC 系统必须具备的功能，如图 6-22 所示。它的功能最后可以归结到各种各样的控制程序所组成的应用软件里，如直接控制程序、数据处理程序、控制模型程序、报警程序、操作指导程序、数据记录程序、人机联系程序等。这些程序平时存储于数据库中，使用时才从库中调出，最后从各种外部设备的输出结果来加以验证。运行人员可以随时监视或要求改变计算机的运行状态。

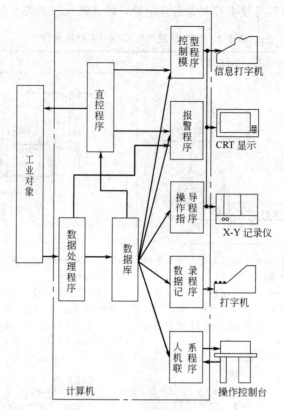

图 6-22　DDC 系统具备的功能

　　DDC 系统功能的齐全程度，随其完成的任务和控制器本身的功能不同而异。它的特点是易于实现任意的控制算法，只需按人们的要求改变程序或修改算式的某些系数，就可以得到不同的控制效果。只要充分发挥 DDC 的功能，就能实现不同控制方式和算法，以满足各种应用场合的需要。

　　DDC 系统要求计算机系统要有很高的可靠性，并且在计算机万一发生故障时能安全地切换到人工控制或其他备用控制系统，故障解除后应能无扰动地切换回到计算机控制来。

　　当 DDC 控制器通过数据总线联网时，可以利用开放协议通信实现不同 DDC 控制系统间的信息交流，建立 DDC 整合平台。在通常情况下，HMI（human machine interface）或SCADA（supervisory control and data acquisition）是其主要组成部分。

　　DDC 系统应用于下列工业过程控制场合时，其效果比较明显。

　　ⅰ.过程回路很多的大规模生产过程；

　　ⅱ.被控参数需要进行一些计算的生产过程；

　　ⅲ.各参数间相互关联的生产过程；

　　ⅳ.原料、产品和产量经常变更的生产过程；

　　ⅴ.具有较大滞后时间的工业对象。

6.5.2　DDC 的基本算法

　　DDC 的基本算法是指计算机对生产过程进行 PID 控制时的几种控制方程。PID 控制器在模拟控制系统中应用最为广泛、技术最成熟，参数选择与调整都在长期的应用中积累了丰富的经验，且这些经验和方法为广大工程技术人员所熟悉。随着计算机在过程控制中的广泛应用，人们首先想到的是把 PID 控制规律移植到数字控制系统中，即用数字 PID 控制器取代模拟控制器。要完成此任务需要做的主要工作是：把 PID 控制规律数字化，用数字运算来实现它，以及编制 PID 算法的程序。在这里关键是 PID 控制规律的数字化，即本节所讲的基本算法。实践证明，数字化 PID 能取得近似于 PID 模拟控制器的控制效果，而且在很多方面具有突出的优势，主要表现在以下几个方面。

ⅰ.可用一台微型计算机控制几十个回路，大量节省设备和费用，提高了系统的可靠性。

ⅱ.不仅用软件代替了物理的 PID 控制器，而且由于编程灵活，可以很方便地对 PID 规律进行各种改进，衍生多种形式的 PID 算法，如带死区的 PID、带自动比率的 PID 等。PID 参数的调整也只要改变程序的数据，十分方便。

因此，在 DDC 系统中，用数字运算实现 PID 的控制规律被广泛应用。PID 基本算法分为两种：理想 PID 和实际 PID。这两种形式的 PID 算法的比例积分运算相同，区别主要是微分项不同。

（1）DDC 的理想 PID 算法

DDC 的理想 PID 算法的表达式有三种，即位置式、增量式和速度式。

① 位置式 PID 算法　在对连续量的控制中，模拟 PID 控制器的理想 PID 算法为

$$u(t) = K_P \left[e(t) + \frac{1}{T_I} \int_0^t e(t) \mathrm{d}t + T_D \frac{\mathrm{d}e(t)}{\mathrm{d}t} \right] \tag{6-4}$$

式中　$u(t)$——控制器的输出；

$e(t)$——控制系统的偏差输入；

K_P——控制器的放大系数（增益或放大倍数）；

T_I——积分时间常数；

T_D——微分时间常数。

式（6-4）表示成传递函数形式为

$$W(s) = \frac{U(s)}{E(s)} = K_P \left[1 + \frac{1}{T_I s} + T_D s \right] \tag{6-5}$$

上式的方框图如图 6-23 所示。

在计算机控制系统中，因为是采样控制，它根据采样时刻的偏差值计算控制量，因此式（6-4）中的积分和微分项是不能直接准确计算出的，只能用数值计算的方法逼近。用数字形式的差分方程来代替连续系统的微分方程，此时积分项和微分项可用求和及增量式来表示，即采用下列变换

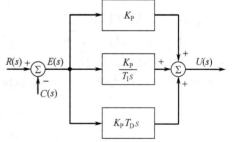

图 6-23　理想 PID 算法的方框图

$$\int_0^t e(t)\mathrm{d}t = \sum_{i=0}^k e(i)\Delta t = T \sum_{i=0}^k e(i) \tag{6-6}$$

$$\frac{\mathrm{d}e(t)}{\mathrm{d}t} \approx \frac{e(k) - e(k-1)}{\Delta t} = \frac{e(k) - e(k-1)}{T} \tag{6-7}$$

式中　T——采样周期，$T = \Delta t$；

$e(k)$——第 k 次采样时刻的控制偏差量；

$e(k-1)$——第 $k-1$ 次采样时刻的控制偏差量；

k——采样时刻序号，$k=0,1,2,\cdots$。

将式（6-6）、式（6-7）代入式（6-4），可得离散的 PID 表达式为

$$u(k)=K_P\left\{e(k)+\frac{T}{T_I}\sum_{i=0}^{k}e(i)+\frac{T_D}{T}[e(k)-e(k-1)]\right\} \tag{6-8}$$

式中 $u(k)$——第 k 次采样时刻控制器的输出数字量。

可见式（6-8）是式（6-4）的数值近似计算式。如果采样周期 T 取得足够小，其计算结果与式（6-4）的结果十分接近，控制过程与连续控制过程也十分接近。这种情况常称为"准连续过程"。式（6-8）称为位置式 PID 控制算法或算式，因为若用式（6-8）来控制阀门的开度，其输出值恰与阀门开度的位置一一对应。

② 增量式 PID 算法 DDC 计算机经 PID 运算，其输出为控制阀开度（位置）的增量（改变量）时，这种 PID 算法称为增量式 PID 算法。有很多控制系统的执行元件，都要求接受的是前一次控制量输出的增量，如步进电机、多圈电位器等。因此需要此种算法。

计算机 PID 运算的输出增量，为前后两次采样所计算的位置值之差，即

$$\Delta u(k)=u(k)-u(k-1) \tag{6-9}$$

根据式（6-8）可知

$$u(k-1)=K_P\left\{e(k-1)+\frac{T}{T_I}\sum_{i=0}^{k-1}e(i)+\frac{T_D}{T}[e(k-1)-e(k-2)]\right\} \tag{6-10}$$

所以有

$$\Delta u(k)=K_P\left\{[e(k)-e(k-1)]+\frac{T}{T_I}e(k)+\frac{T_D}{T}[e(k)-2e(k-1)+e(k-2)]\right\} \tag{6-11}$$

或

$$\Delta u(k)=K_P[e(k)-e(k-1)]+K_I e(k)+K_D[e(k)-2e(k-1)+e(k-2)] \tag{6-12}$$

式中 $K_I=K_P T/T_I$——积分系数；

$K_D=K_P T_D/T$——微分系数。

式（6-11）或式（6-12）就是理想的 PID 增量式算法，其输出 $\Delta u(k)$ 表示阀位在第 $k-1$ 次采样时刻输出基础上的增量。

③ 速度式 PID 算法 DDC 计算机经 PID 运算，其输出是指直流伺服电机的转动速度，则此种算法称为速度式 PID 算法。

将式（6-11）两边除以 T，即得速度式表达式为

$$v(k)=\frac{\Delta u(k)}{T}$$

$$=K_P\left\{\frac{1}{T}[e(k)-e(k-1)]+\frac{1}{T_I}e(k)+\frac{T_D}{T^2}[e(k)-2e(k-1)+e(k-2)]\right\} \tag{6-13}$$

由于 T 为常数，故式（6-13）与式（6-11）并无本质区别。

在实际应用中，增量式 PID 算法应用较多。与位置式相比，增量式 PID 的优点如下。

ⅰ. 位置式 PID 算法中的积分项包含了过去误差的累积值 $\sum_{i=0}^{k}e(i)$，容易产生累积误差。当该项累积值很大时，使输出控制量难以减小，调节缓慢，发生积分饱和，对控制调节不

利。由于计算机字长的限制，当该项值超过字长时，又引起积分丢失现象。增量式 PID 则没有这种缺点。

ⅱ. 系统进行手动和自动切换时，增量式 PID 由于执行元件保存了过去的位置，因此冲击较小。即使发生故障时，也由于执行元件的寄存作用，仍可保存原位，对被控过程的影响较小。

在实际应用时，以上各理想 PID 算法形式的选用要结合执行器的形式、被控对象特性以及客观条件而定。

（2）DDC 的实际 PID 算法

上面讨论的理想 PID 算法，在有些工业过程中难以得到满意的控制效果，主要有两个方面的原因。一是由于理想 PID 算法本身存在不足，如位置式 PID 积分饱和现象严重；增量式 PID 算法在给定值发生跃变时，可能出现比例和微分的饱和，且动态过程慢等。另一个原因是具体工业过程控制的特殊性，理想 PID 算法无法满足，如有的过程希望控制动作不要过于频繁；有的过程对象具有很大的纯滞后特性；有的过程运行环境恶劣，希望 PID 算法有较强的干扰抑制能力等，而理想 PID 算法难于胜任。这些原因都促使人们对理想 PID 算法进行改进。

由于实际 DDC 的采样回路都可能存在高频干扰，因此几乎在所有数字控制回路都设置了一阶低通滤波器（一阶滞后环节）来限制高频干扰的影响。在这里不作详细推导，仅给出实际 PID 算法的一些表达式。

图 6-24　实际 PID 算法的方框图

① 实际 PID 的位置式　参照图 6-24，实际 PID 的差分算法可先分别推得图中每个方框的表达式，然后按图叠加而得，其表达式为

$$u(k) = u_2(k-1) +$$

$$K_1\left(1 + \frac{T}{T_1}\right)\left[\frac{\gamma T_2}{\gamma T_2 + T}D(k-1) + \left(\frac{T_2 + T}{\gamma T_2 + T}\right)e(k) - \frac{T_2}{\gamma T_2 + T}e(k-1)\right] \quad (6\text{-}14)$$

式中　K_1——放大倍数；

T_1——实际积分时间；

T_2——实际微分时间；

γ——微分放大倍数，$\gamma = T_F/T_2$，T_F 为低通滤波器的时间常数。

实际 PID 的阶跃响应比较平滑，保留微分作用持续时间更长，因此能得到更好的控制效果。

② 实际 PID 的增量式　其算法表达式如下

$$\Delta u(k) = \Delta u_2(k-1) +$$

$$K_1\left(1 + \frac{T}{T_1}\right)\left[\frac{\gamma T_2}{\gamma T_2 + T}\Delta D(k-1) + \left(\frac{T_2 + T}{\gamma T_2 + T}\right)\Delta e(k) - \frac{T_2}{\gamma T_2 - T}\Delta e(k-1)\right] \quad (6\text{-}15)$$

式中，$\Delta u_2(k-1) = u_2(k-1) - u_2(k-2)$

$\Delta D(k-1) = D(k-1) - D(k-2)$

$\Delta e(k) = e(k) - e(k-1)$

$\Delta e(k-1) = e(k-1) - e(k-2)$

6.5.3 改进的 PID 算法

由于生产实际的需要，在 DDC 系统中需要采用一些改进的 PID 算法。如带死区的 PID 算法、遇限削弱积分或积分分离 PID 算法、不完全微分 PID 算法、带史密斯（Smith）预测器补偿纯滞后的 PID 算法等。这些算法具有一个共同特征，就是在理想 PID 算法中，P、I、D 三个组成部分的比例在整个控制过程中都是不变的，而在改进的 PID 算法中，往往在控制过程的某个阶段，有意识地加强或削弱其中某个成分的比例，即 P、I、D 三个部分的比例在整个控制过程中是变化的。下面讨论一些常见的改进算法。

（1）带有死区的 PID 控制

在某些控制系统中，由于系统不希望过于频繁的执行控制操作，以免引起振荡，或者造成执行机构的过快磨损，因此要求当控制偏差在某个阈值以内时，系统不进行调节。当超过这个阈值时，系统按照 PID 进行调节。如图 6-25 所示，表示为

$$p(k) = \begin{cases} p(k), \text{当} |e(k)| > B \text{ 时,PID 控制动作} \\ 0, \text{当} |e(k)| \leqslant B \text{ 时,无控制输出值} \end{cases} \tag{6-16}$$

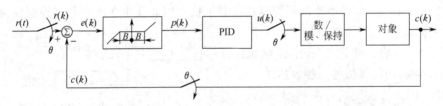

图 6-25　带有死区的 PID 控制

式中，B 为阈值。$0 \sim B$ 的区间称为死区，算式没有输出，无控制作用产生；当偏差的绝对值超过阈值 B 时，$p(k)$ 则以 PID 运算结果输出。这种方式称为带死区的 PID 算法。B 的大小可根据系统实验确定。这种控制方式适用于要求控制作用尽可能少变动的场合，例如在中间容器的液面控制时等。

（2）饱和作用的抑制

在实际过程控制中，控制量因受到执行元件机械和物理性能的约束而限制在有限范围以内，即

$$u_{min} \leqslant u \leqslant u_{max} \tag{6-17}$$

式中　u_{min}——系统允许的最小控制作用；

　　　u_{max}——系统允许的最大控制作用。

控制量的变化率也局限在一定范围内，即

$$|\Delta u| \leqslant \Delta u_{max} \tag{6-18}$$

式中　Δu_{max}——连续两次控制作用之差的绝对值的最大值。

若计算机按照规定的控制算法计算出的控制量 u 及变化率都在上述范围以内，那么控制可以按预期结果进行。一旦超出上述范围，例如超出最大的阀门开度（阀门开度只能在最大开度与最小开度之间与 u 值一一对应）或进入执行元件的饱和区，那么控制器实际执行的控制量就不再是计算值，由此将引起非期望的控制效应。这类效应常称为饱和效应，在给定值发生突变时特别容易发生，所以有时也称为起动效应。下面来分析这类效应在 PID 控

制算法中带来的不利影响，并介绍克服的方法。

① PID 位置算法的积分饱和作用及其抑制　若给定值 r 从 0 突变到 r，由于这时偏差 e 较大，根据位置式 PID 控制算法式（6-8）算出的控制量 u 就可能超出限制范围，例如 $u > u_{max}$，那么执行器实际执行的控制量只能取上限值（图 6-26 中的曲线 b），而不是计算值（图 6-26 中的曲线 a）。此时系统输出量 c 虽然在不断上升，但由于控制量受到执行器的限制，其增长要比控制量不受限制时慢，所以偏差 e 将比正常情况下在更长的时间内保持在正值，从而积分的累加值很大。当输出量 c 超出给定值 r 后，开始出现负偏差，但由于以前积分的累加值很大，还要经过相当长的一段时间之后，控制量 u 才能脱离饱和区，这样就使系统输出 c 出现了明显的超调，甚至振荡不止。

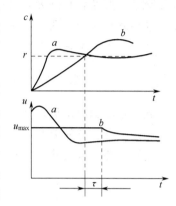

图 6-26　PID 位置算法
的积分饱和现象

显然，在位置式 PID 控制算法中，"饱和作用"主要是由积分累加引起的，故称为"积分饱和"。当系统进入稳态值附近调节时，偏差值已经小得多，而且有正有负。这时就不会出现积分累加的饱和效应。饱和现象对于变化缓慢的对象，例如温度、液位控制系统等，影响更为严重。

在连续控制系统中也同样存在饱和作用。而在数字控制系统中，由于计算机字长的限制，当积分累积到超出计算机字长容量时，反而会走向反面，造成积分累加值丢失的现象。

为了克服积分饱和作用带来的不利影响，下面介绍两种修正算法。

ⅰ. 遇限削弱积分法，这一修正算法的基本思想是：一旦控制量进入饱和区，将只执行削弱积分项的运算，而停止进行增大积分项的计算。具体讲，就是在计算 $u(k)$ 时，将判断上一时刻的控制量 $u(k-1)$ 是否已超出限制范围。如果已超限，那么将根据偏差的符号，判断系统输出是否在超调区域，由此决定是否将相应偏差计入积分累加项，如图 6-27 所示。图 6-28 给出了遇限削弱积分法的算法框图。

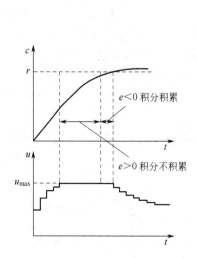

图 6-27　遇限削弱积分法

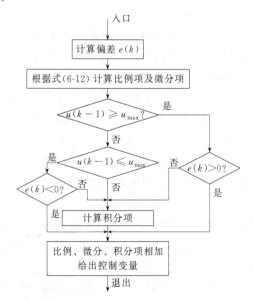

图 6-28　遇限削弱积分法的算法框图

ⅱ.积分分离法，减小积分饱和的关键在于不能使积分累加项过大。积分分离 PID 的基本思想是设定一个偏差 e 的阈值，当 e 大于这个阈值时，消去积分项的作用；当 e 小于或等于这个阈值时，引入积分项的作用。在实际过程控制中，一般当起动、给定值突变时消去积分项的作用；当进入稳定值附近调节时，引入积分项的作用，可以消除静差。这样一方面防止了调节一开始就有过大的控制量；另一方面即使进入饱和，因积分累加小，也能较快的退出，从而减小超调。图 6-29 示出了带与不带积分分离的 PID 控制的过渡过程曲线。

积分分离法可表示为

$$当 e(k) = |R - c(k)| \begin{cases} > A \text{ 时,消去积分项,采用 PD 控制} \\ \leqslant A \text{ 时,引入积分项,采用 PID 控制} \end{cases} \qquad (6-19)$$

式中，R 为给定值；$c(k)$ 为测量值。

使用积分分离的 PID 控制算法，可以显著降低被控变量的超调量和过渡过程时间，使调节过程性能得以改善。图 6-30 给出了积分分离 PID 算法的程序框图。

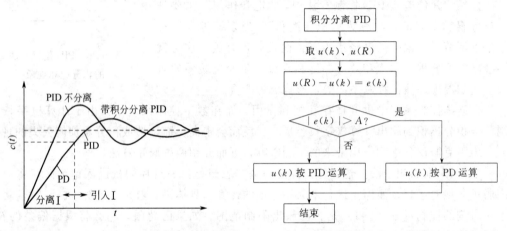

图 6-29　带与不带积分分离的 PID 控制的过渡过程曲线　　图 6-30　积分分离 PID 算法的程序框图

② PID 增量算法的饱和作用及其抑制　　在增量式 PID 算法中，由于不出现积分累加项，所以不会产生位置式 PID 算法中那样的累加效应，但却有可能出现比例及微分饱和现象。

在增量式 PID 算法中，特别在给定值发生阶跃变化时，由算法的比例部分和微分部分计算出的控制量增量可能比较大。如果该值超出了执行器所允许的最大变化限度，那么实际上实现的控制增量将是受到限制的值，计算出的控制量中未被执行的超出部分就被遗失了。这部分遗失的信息只能通过积分部分来补偿。因此，与没有限制时相比较，系统的动态特性将变化，如图 6-31 所示。显然，比例和微分饱和对系统的影响的表现形式与积分饱和是不同的，它不是增大超调，而是减慢了动态过程。

克服比例和微分饱和的办法之一是采用所谓的"积累补偿法"。其基本思想是将那些因

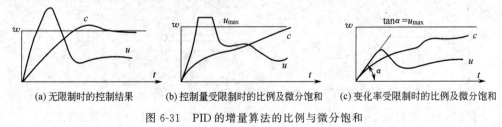

(a) 无限制时的控制结果　　(b) 控制量受限制时的比例及微分饱和　　(c) 变化率受限制时的比例及微分饱和

图 6-31　PID 的增量算法的比例与微分饱和

饱和而未能执行的增量信息累积起来。一旦有可能，再补充执行。这样，信息就没有遗失，动态过程也得到了加速。

③ 干扰的抑制　抗干扰设计是贯穿于过程控制系统设计全过程的重要任务之一。在这里仅讨论在控制算法设计中，如何考虑抗干扰问题。

在 PID 控制算法中，微分部分对数据误差和外来干扰信号特别敏感。一旦出现干扰，由微分部分而得的计算结果有可能出现不期望的大的控制量。因此，在数字 PID 算法中，干扰通过微分项对控制质量的影响是主要的。由于微分部分对某些对象是必要的，不能简单地因其对干扰反应敏感而弃之。所以应该研究实现对干扰不过于敏感的微分项的近似算法。下面简单介绍常用的可以抑制干扰的四点中心差分法。

在这种修改算法中，一方面将 T_D/T 选择得比理想情况下稍小一点，另一方面在组成差分时，不是直接应用现时的偏差，而是将从过去至现在时刻的连续四个采样点上的偏差的平均值作为基准，即

$$\overline{e}(k)=[e(k)+e(k-1)+e(k-2)+e(k-3)]/4 \tag{6-20}$$

式中，$\overline{e}(k)$ 为采样时刻 k 的四个采样点的偏差的平均值。

然后再通过加权求和近似微分项，即

$$\frac{T_D}{T}\Delta\overline{e}(k)=\frac{T_D}{4}\left[\frac{e(k)-\overline{e}(k)}{1.5T}+\frac{e(k-1)-\overline{e}(k)}{0.5T}+\frac{e(k-2)-\overline{e}(k)}{0.5T}+\frac{e(k-3)-\overline{e}(k)}{1.5T}\right]$$
$$\tag{6-21}$$

整理后得

$$\frac{T_D}{T}\Delta\overline{e}(k)=\frac{T_D}{6T}[e(k)+3e(k-1)-3e(k-2)-e(k-3)] \tag{6-22}$$

代入式（6-8）就可得到修改后的位置式 PID 控制算法，即

$$u(k)=K_P\left\{e(k)+\frac{T}{T_I}\sum_{i=0}^{k}e(i)+\frac{T_D}{6T}[e(k)+3e(k-1)-3e(k-2)-e(k-3)]\right\}$$
$$\tag{6-23}$$

同理，可导得修改后的增量式 PID 算法，即

$$\Delta u(k)=K_P\left\{\frac{1}{6}[e(k)+3e(k-1)-3e(k-2)-e(k-3)]+\frac{T}{T_I}e(k)\right\}+$$
$$\frac{K_P T_D}{6T}[e(k)+2e(k-1)-6e(k-2)+2e(k-3)+e(k-4)] \tag{6-24}$$

由于 PID 控制规律已广泛地应用于计算机控制系统中，人们在实践中提出了许多修改算法，以适应实际控制工程的需要。上面只介绍了常用的几种改进算法。在实际应用中，可以根据被控对象的性质和控制要求参考选用。

例 6-2　图 6-32 为一种 400MW 发电机组励磁系统中的改进 PID 控制算法框图，通过在控制算法中串接一阶惯性环节来改善数字 PID 抗干扰的能力，试写出其离散位置式和增量式数学表达。

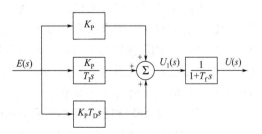

图 6-32　某 400MW 发电机组励磁系统改进 PID 算法框图

234

解 图中 $U(s)$ 是在增加一阶惯性环节后的改进 PID 控制方框图，由图可知：

$$U_1(t) = K_P \left[e(t) + \frac{1}{T_I} \int_0^t e(t)\mathrm{d}t + T_D \frac{\mathrm{d}e(t)}{\mathrm{d}t} \right] \tag{6-25}$$

根据 $U(s)$ 和 $U_1(s)$ 之间的传递关系及拉普拉斯变化规律，可以得到

$$T_f \frac{\mathrm{d}u(t)}{\mathrm{d}t} + u(t) = U_1(t) \tag{6-26}$$

所以综合式（6-25）和式（6-26）可以得到

$$T_f \frac{\mathrm{d}u(t)}{\mathrm{d}t} + u(t) = K_P \left[e(t) + \frac{1}{T_I} \int_0^t e(t)\mathrm{d}t + T_D \frac{\mathrm{d}e(t)}{\mathrm{d}t} \right] \tag{6-27}$$

对式（6-27）进行离散化就可以得到离散差分方程

$$u(k) = au(k-1) + (1-a)K_P \left\{ e(k) + \frac{T}{T_I} \sum_{i=0}^k e(i) + \frac{T_D}{T} [e(k) - e(k-1)] \right\} \tag{6-28}$$

式中，$a = \dfrac{T_f}{T_f + T}$，该方程为其位置式表达式。其增量式表达

$$\Delta u(k) = u(k) - u(k-1) \tag{6-29}$$

由式（6-28）可得

$$u(k-1) = au(k-2) + (1-a)K_P \left\{ e(k-1) + \frac{T}{T_I} \sum_{i=0}^{k-1} e(i) + \frac{T_D}{T} [e(k-1) - e(k-2)] \right\} \tag{6-30}$$

式（6-28）的增量式表达式为

$$\Delta u(k) = au(k-1) +$$
$$(1-a)K_P \left\{ [e(k) - e(k-1)] + \frac{T}{T_I} e(k) + \frac{T_D}{T} [e(k) - 2e(k-1) + e(k-2)] \right\}$$

6.5.4 DDC 的 PID 算法中参数的整定

在 DDC 中关于 PID 控制器的 K_P、T_I、T_D 的工程整定有各种方法。由于连续过程的控制回路一般都有较大的时间常数，而在大多数使用情况下，采样周期与其时间常数相比又往往要小得多，所以 DDC 的 PID 基本参数的整定完全可以按照前面有关模拟控制器中使用的各种整定方法加以分析和综合，并在实践中加以验证，以求得到一组比较合适的参数。在这里就不再详细介绍，只介绍一些关于变参数 PID 控制的整定要求。

由于工业生产过程中不可预测的干扰很多，若只有一组固定 PID 参数，要满足各种负荷或干扰下的控制质量要求是有困难的，因而必须设定多组 PID 基本参数。当工况发生变化时，及时改变 PID 参数与之适应，使过程控制质量保持最佳。为此可利用计算机的判断、运算功能，根据对象的要求对 K_P、T_I、T_D 参数加以适当的改变，以提高控制质量。比如，采用下面几种形式就能实现此要求。

ⅰ. 对某些控制回路根据负荷不同采用几组不同的 K_P、T_I、T_D 参数，以改善控制质量。

ⅱ. 时序控制，按照一定的时间顺序采用不同的给定值和 K_P、T_I、T_D 参数。

ⅲ. 人工模型，模拟现场操作工人的方法，把操作经验编成程序，然后由机器来自动改变给定值或 K_P、T_I、T_D 参数。

除此之外，一些先进的控制策略，如自适应 PID 等，在许多场合都可以达到理想的控制效果。在此就不再介绍。

选择控制器参数，必须根据工程问题的具体要求来考虑。在工业过程控制中，除要求被控过程必须稳定之外，一般还要求被控量对给定值的变化能迅速跟踪，超调量小，在不同干扰作用下系统输出应尽可能保持在给定值，控制量不宜过大，在系统环境参数发生变化时系统仍应能稳定工作等。

6.5.5　采样周期的选择

上面所讨论的 DDC 的 PID 算法实际上是计算机对连续 PID 控制规律进行数字模拟的控制器。在推导数字 PID 控制算法时，要求采样周期 T 充分小。采样周期越小，数字模拟越精确，控制效果就越接近连续控制。但采样周期的选择是受到多方面因素影响的。下面简要讨论一下应该怎样选择合适的采样周期。

从对控制质量的要求来看，应将采样周期取得小一些。这样在按连续系统 PID 控制选择整定参数时，可得到较好的控制效果。但实际上，控制质量对采样周期的要求有充分的余度，即当采样周期小到某一值时，再减小采样周期对提高控制质量已没有多大意义，所以采样周期也不要过小。

从被控对象的动态特性来看，如果对象的反应速度快，要选用较短的采样周期；如果对象的反应速度慢，则可以选用较长的采样周期。当对象中纯滞后占主导地位时，采样周期应按纯滞后大小选取，并尽可能使纯滞后时间等于或接近采样周期的整数倍。

在工业过程控制中，大量被控对象都具有低通特性。如果对象的阶跃响应近似于图 6-33（a）所示的曲线，常取采样周期 $T \leqslant 0.1T_g$；如果对象是一个振荡环节，阶跃响应近似于图 6-33（b）所示的曲线，可取 $T \leqslant 0.1T_e$；对于阶跃响应如图 6-33（c）所示的有较大纯滞后的自平衡对象，可取 $T \leqslant 0.25\tau$。

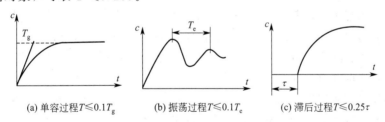

(a) 单容过程 $T \leqslant 0.1T_g$　　(b) 振荡过程 $T \leqslant 0.1T_e$　　(c) 滞后过程 $T \leqslant 0.25\tau$

图 6-33　采样周期的经验选择

从执行机构的要求来看，有时需要计算机输出的控制信号保持一定的时间宽度。例如，当通过模数转换器带动步进电机时，输出信号通过保持器达到所要求的控制幅度需要一定的时间。在这段时间内，要求计算机的输出值不应变化，因此采样周期必须大于这一时间，否则上一输出值还来不及实现，马上又转换为新的输出值，执行机构就不能按预期的控制规律动作。

从抗干扰的要求来看，希望采样周期短些。对于变化速度不太快的干扰，采用短的采样周期可以使控制器尽快作出反应，使之迅速得到校正并使其产生的动态偏差较小；对于变化较快的干扰，如果采样周期选大了，干扰就有可能得不到及时的控制和抑制。

从计算机的工作量和每个控制回路的成本来看，一般要求采样周期尽可能大些。特别是当计算机用于多回路控制时，必须使每个回路都有足够的时间完成数据采集、控制量的计算、组织输出等工作。在用计算机对动态特性不同的多个回路进行控制时，可以充分利用计算机的灵活性，对各个回路分别选用相应的采样周期，而不必强求统一的最小采样周期。

6.6 可编程序控制器及其应用 *

6.6.1 概述

可编程控制器是一种可以由用户编制程序，构成各种控制方式的数字化仪表。它以微处理器为运算控制的核心，是单元组合式仪表向微机化发展和计算机控制向分散化发展两者相结合的产物。它既有逻辑控制、计时、计数、分支以及子程序等顺序控制功能，又有数字运算、数据处理、模拟量调节、操作显示以及联网通信等多种功能，因而广泛应用于各种工业控制领域。目前，可编程序控制器已广泛应用于石油、化工、冶金、电力、纺织、机械制造、采矿等工业部门中，成为各种工业电子自控设备中使用最广泛的装置。

可编程序控制器（programmable controller）简称 PC，诞生于 20 世纪 60 年代后期。1969 年美国数字设备公司（DEC）研制的可编程序控制器在美国通用汽车公司首先应用获得成功。当时称其为可编程序逻辑控制器 PLC（programmable logic controller），只用来取代继电器。1970 年以后，人们将微机技术应用到 PLC，使它更多地具有了计算机的功能，成为一种独特的工业控制设备。1976 年美国电气制造商协会正式将它命名为可编程序控制器，缩写为 PC，为与"个人计算机"相区别，仍沿用 PLC 的写法。

1985 年国际电工委员会（IEC）对可编程序控制器作了如下定义："可编程序控制器是一种数字运算的电子系统，专为在工业环境下应用而设计。它采用可编程序的存储器，用来在内部存储执行逻辑运算、顺序控制、定时、计数和算术运算等操作的指令，并通过数字式、模拟式的输入和输出，控制各种类型的机械或生产过程。可编程序控制器及其有关设备，都应按照易于与工业控制器系统联成一个整体、易于扩充功能的原则设计。"目前在工业领域应用较多的 PLC 型号有西门子的 S 系列（S7-200，S7-300，S7-400）、美国通用电气公司 GE 系列、日本松下公司 FP 系列、三菱 F 系列等。每一型号的 PLC 接口功能、数目有所差别，选择时根据需要选取。

自从可编程序控制器问世以来，其发展极为迅速。国际上生产可编程控制器的厂家很多，但其核心控制技术都大同小异，概括有如下几个特点。

（1）编制程序简单

PLC 是面向用户的设备。PLC 的设计者充分考虑到现场工程技术人员的技能和习惯，在 PLC 程序的编制时，采用梯形图或面向工业控制的简单指令形式。梯形图与继电器原理图相类似，这种编程语言形象直观，容易掌握，不需要专门的计算机知识和语言，只要具有一定的电工和工艺知识的人员都可在短时间内学会。

（2）控制系统简单，通用性强

PLC 品种多，可由各种组件灵活组合成各种大小和要求不同的控制系统。在 PLC 构成的控制系统中，只需在 PLC 的端子上接入相应的输入输出信号线即可，不需要诸如继电器之类的固体电子器件和大量繁杂的硬接线线路。当控制要求改变，需要变更控制系统的功能时，可以用编程器在线或离线修改程序；同一 PLC 装置用于不同的被控对象，只是输入输出组件和应用软件的不同。PLC 的输入输出可直接与交流 220V、直流 24V 等强电相连，并具有较强的带负载能力。

（3）抗干扰能力强，可靠性高

微机虽然具有很强的功能，但抗干扰能力差。工业现场的电磁干扰、电源波动、机械振动、温度和湿度的变化等因素都可能使通用微机不能正常工作。而 PLC 是专为工业控制设计的，在设计和制造过程中采取了多层次的抗干扰和精选元器件的措施，可在恶劣的环境下工作。PLC 的平均故障间隔时间通常在 2 万小时以上，这是一般微机无法比拟的。

继电接触器控制虽有较好的抗干扰能力，但使用了大量的机械触点，连线复杂，触点在开闭时易受电弧的损害，寿命短。而 PLC 采用微电子技术，大量的开关动作由无触点的电子电路来完成，大部分继电器和繁杂的连线被软件程序所取代，故寿命长，可靠性大大提高。

（4）体积小、维护方便

PLC 体积小，重量轻，便于安装。PLC 具有自诊断功能，能检查出自身的故障，并随时显示给操作人员，使操作人员检查、判断故障迅速方便，且接线少，维修时只需更换插入式模块，维护方便。

（5）缩短了设计、施工、投产调试周期

用继电接触器控制完成一项控制工程，必须首先按工艺要求画出电气原理图，然后画出继电器屏（柜）的布置和接线图等图纸提供订货。而采用 PLC 控制，由于其硬、软件齐全，为模块化积木式结构，且已商品化，故仅须按所需的性能、容量（输入输出点数、内存大小）等选用组装，而大量的具体程序编制工作也可以在到货前进行，因而缩短了设计周期，使设计和施工可同时进行。由于用软件编程取代了继电器硬接线实现控制功能，大大减轻了繁重的安装接线工作，缩短了施工周期。因为 PLC 是通过程序完成控制的，采用了方便用户的工业编程语言，且都具有强制和仿真的功能，故程序的设计、修改和投产调试都很方便、安全，可大大缩短设计和投运周期。

当前，PLC 正向着小型化、专用化、低成本、大容量、高速度、多功能、网络化、紧凑性、高可靠性和保密性等方向发展，具有广阔的应用前景。需要特别指出的是，PLC 在机械行业的应用具有十分重要的意义。PLC 是实现机电一体化的重要手段。PLC 既能改造传统的机械产品成为机电一体化新一代产品，又适用于生产过程控制，应用 PLC 体现了用微电子技术改造机械工业这个根本方向。

6.6.2 可编程序控制器的基本组成与工作原理

（1）可编程序控制器的组成

PLC 是以微处理器为核心的电子系统，它与计算机所用的电路相类似，其结构框图如图 6-34 所示。

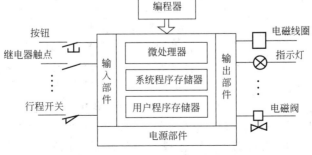

图 6-34 PLC 的结构框图

① 输入、输出部件　它是 PLC 与被控设备连接起来的部件。输入部件接收现场设备的控制信号，如限位开关、操作按钮、传感器信号等，并将这些信号转换成中央处理机能够接收和处理的数字信号。输出部件则相反，它是接收经过中央处理机处理过的数字信号，并把它转换成控制设备或显示设备所能接收的电压或电流信号，以驱动电磁阀、接触器等被控设备。

② 中央处理机　是 PLC 的"大脑"，包括微处理器、系统程序存储器和用户程序存储器。

微处理器主要用途是处理和运行用户程序，监控中央处理机和输入输出部件的状态，并作出逻辑判断，按需要将各种不同状态变化输出给有关部分，指示 PLC 的现行工作状况或做必要的应急处理。

系统程序存储器主要存放系统管理和监控程序及对用户程序做编译处理的程序。系统程序根据各种 PLC 的功能而不同，制造厂家在出厂前已固化，用户不能改变。

用户程序存储器主要存放用户根据生产过程和工艺要求编制的程序，可通过编程器改变。

③ 电源部件　是将交流电源转换成供 PLC 的微处理器、存储器等电子电路工作所需要的直流电源，使 PLC 能正常工作。

④ 编程器　是 PLC 最重要的外围设备。PLC 需要编程器输入、检查、修改、调试用户程序，也可用它在线监视 PLC 的工作情况。

(2) 可编程序控制器的基本工作原理

可编程序控制器是按照扫描原理工作的，在一个扫描周期内要完成输入采样、程序执行、输出刷新三部分的工作。

① 输入采样　即读状态信息，是把按钮、行程开关等各个输入信号状态经过输入通道的光电耦合器、滤波电路转换成 0V 或 5V 信号，送到输入选择器。输入选择器接受 CPU 来的地址码信号，在该信号控制下将输入信号读入到内部存储器。读入的信号一直能保持到下一次扫描输入时。

② 程序执行　通过 CPU 中的运算器对读入的输入信号进行逻辑运算，即按程序对数据进行逻辑、算术运算，并将正确结果送到输出状态寄存器。

③ 输出刷新　当所有的指令执行完毕时，集中把输出状态寄存器的状态，通过输出部件转换成被控设备所能接收的电压或电流信号，以驱动被控设备，使之完成预定的任务。

PLC 经过上述三个阶段的工作，称为一个扫描周期。然后，PLC 又重新执行上述过程，周而复始地进行。扫描从最低地址开始直到高地址，然后再返回低地址。扫描时间由程序的长短决定，一般为毫秒级，如 10～50ms。扫描过程如图 6-35 所示。

图 6-35　PLC 扫描时间示意图

PLC 与继电接触器控制的主要区别之一是工作方式不同。继电器控制是按"并行"方式工作的，或者说是同时执行的。只要形成电流通路，可能同时有多个继电器动作。而 PLC 是以扫描方式工作的。它是循环地、连续地顺序逐条执行程序指令，任一时刻它只能执行一条指令，即以"串行"方式工作。PLC 的这种串行工作方式可以避免继电器控制的触点竞争和时序失配问题。

　　PLC 虽然采用了计算机技术，但在应用时只需将它看成由普通的继电器、定时器、计数器等组成的装置。图 6-36 给出了 PLC 的等效电路。它分为输入部分、内部控制电路和输出部分三个部分。输入部分的作用是收集被控设备的信息或操作命令。内部控制电路用来运算、处理由输入部分所获得的信息，并判断哪些功能需要输出。输出部分的作用就是驱动外部负载。

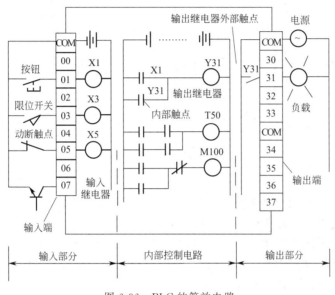

图 6-36　PLC 的等效电路

6.6.3　可编程序控制器的编程指令

　　由于可编程序控制器的品种繁多，各种型号可编程序控制器的指令系统各不相同。但各种型号的程序表达方式常采用下列四种方法，即梯形图、指令、逻辑功能图和高级语言。其编程需要对应的配套软件实现，比如西门子 S 系列 PLC 可以通过其配套 step7 进行编程和离线在线调试。下面对常用的四种方法作一些简要说明。

　　(1) 梯形图

　　梯形图是一种图形语言。它沿用了继电器的触点、线圈、串并联等术语和图形符号，并增加了一些继电器控制所没有的符号。梯形图比较形象、直观，对于熟悉继电器的表达方式的人而言，易被接受，而不需学习更深的计算机知识，因而在 PLC 中用得最多。现在世界上各生产厂家的 PLC 都把梯形图作为第一编程语言使用。

　　(2) 指令 (语句表)

　　指令就是用助记功能缩写符号来表达 PLC 的各种功能。通常每一条指令由指令语和作用器件编号两部分组成，类似于计算机的汇编语言，但比一般的汇编语言简单得多。这种程序表达方式，编程设备简单，逻辑紧凑、系统化，连接范围不受限制，但比较抽象。目前各种 PLC 都有指令的编程功能。

　　(3) 逻辑功能图

　　逻辑功能图基本上是沿用了半导体逻辑电路的逻辑方框图来表达。对每一种功能都使用一个运算方框,其运算功能由方框内的符号确定。常用"与"、"或"、"非"三种逻辑功能表达控制逻辑。和功能方框有关的输入画在方框的左边,输出画在方框的右边。对于熟悉逻辑电路和具有逻辑代数基础的人来说,用这种方法编程比较方便。图 6-37 给出了用 PLC 实现三相异步电动机启动/停止控制的上述三种编程语言的表达方法。

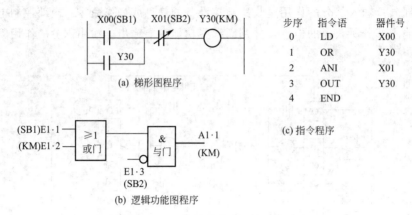

图 6-37　PLC 的三种编程表达方式

（4）高级语言

在大型 PLC 中为了完成具有数据处理、PID 控制等较为复杂的控制时,也采用 BASIC、PASCAL 等计算机语言,使其具有更强的功能。

目前生产的各类 PLC 基本上同时具备两种或两种以上的编程语言,且以同时使用梯形图和指令的占大多数。下面以 F 系列 PLC 为例,介绍其指令形式。

① 输入类　包括以下几个指令。

LD、LDI:用于母线或分支开头的指令。LD 用于常开触点,LDI 用于常闭触点。

AND、ANI:用于与前一触点串联的指令,串联触点数不受限制。AND 用于常开触点、ANI 用于常闭触点。

OR、ORI:用于与前一触点并联的指令,并联触点数不受限制。OR 用于常开触点,ORI 用于常闭触点。

ANB:用于串联两个或两个以上电路块的指令,每个电路块单独编程。

ORB:用于并联两个或两个以上电路块的指令。

② 输出类　包括以下几个指令。

OUT:输出指令,用于输出继电器、辅助继电器、定时器、计数器。

RST:用于计数器和移位寄存器内容的复位。

PLS:用于在辅助继电器产生一个正脉冲。

SFT:用于移位寄存器移位。

③ 控制指令　包括以下几个指令。

S（置位）:操作保持指令,用于保持辅助继电器线圈。

R（复位）:操作保持复位指令,用于复位辅助继电器线圈。

MC（主控）:用于对某一段程序进行控制的指令。当满足主控指令 MC 条件时,执行指令 MC 与 MCR 之间的程序,否则不执行。

MCR（主控复位）:用于将 MC 指令复位。

CJP（条件跳步）:用于对某一段程序进行制约,当跳步条件成立时,跳过条件跳步指令与跳步结束指令之间的程序，否则程序顺序执行。

EJP：跳步结束指令。

④ 特殊指令　包括以下几个指令。

NOP：空操作指令。

END：程序结束指令。

6.6.4　可编程序控制器的应用举例

应用可编程序控制器时的一般设计过程如图 6-38 所示。下面介绍一个 PLC 在醋酸生产装置中的应用实例。

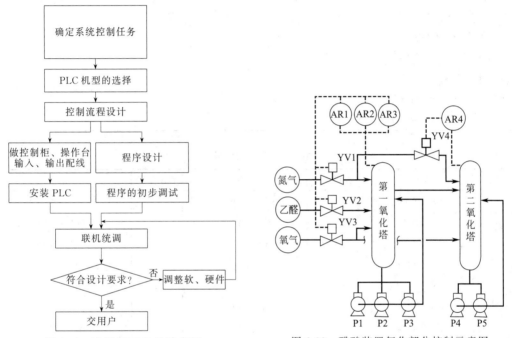

图 6-38　应用 PLC 的设计步骤　　　　图 6-39　醋酸装置氧化部分控制示意图

在醋酸生产装置中利用原料乙醛氧化生成醋酸。为了保证生产正常进行，乙醛和氧气的流量设有比值控制。但一旦塔中氧气含量过高则有可能发生爆炸，因而工艺条件要求第一氧化塔、第二氧化塔塔顶氧含量超过 5％时分别打开氮气切断阀，向塔内通入氮气。当第一氧化塔氧含量超过 10％时要求切断乙醛和氧气的进料阀。为了保证连锁系统工作可靠，对第一氧化塔设置了三套氧分析仪器 AR1、AR2、AR3。当其中任意一台达到 5％时都可使电磁阀 YV1 动作；而当其中任意二台达到 10％时都可使电磁阀 YV2、YV3 动作。此外为了保证塔底的氧化液得到足够的冷却，当第一氧化塔塔底循环泵 P1、P2、P3 都停运时需打开氮气阀。装置控制示意图如图 6-39 所示。

从控制要求可知，输入/输出在 20 点以上，故选用 F-40M 可编程序控制器，输入/输出的安排见表 6-3。控制指令如表 6-4 所示。

表 6-3　输入/输出安排表

输入	输出
X401：AR1 氧含量达 5％输入信号	Y431：AR1 氧含量达 10％报警指示灯 HL1
X402：AR2 氧含量达 5％输入信号	Y432：AR2 氧含量达 10％报警指示灯 HL2

输入	输出
X403：AR3 氧含量达 5％输入信号	Y433：AR3 氧含量达 10％报警指示灯 HL3
X404：手动开关	Y434：第一氧化塔氮气阀 YV1
X405：AR1 氧含量达 10％输入信号	Y435：乙醛阀 YV2
X406：AR2 氧含量达 10％输入信号	Y436：氧气阀 YV3
X407：AR3 氧含量达 10％输入信号	Y437：第二氧化塔氮气阀 YV4
X410：手动开关	Y535：报警指示灯 HL4
X411：AR4 氧含量达 5％输入信号	Y536：报警指示灯 HL5
X412：手动开关	Y537：报警指示灯 HL6
X500：泵 P1 接触器动断触点	
X501：泵 P2 接触器动断触点	
X502：泵 P3 接触器动断触点	
X503：泵 P4 接触器动断触点	
X504：泵 P5 接触器动断触点	

表 6-4　控制指令表

程序步序	指令	程序步序	指令	程序步序	指令
0	LD　X500	13	LD　X407	26	ORB
1	AND X501	14	OUT Y433	27	OR　X410
2	AND X502	15	LD　X405	28	OUT Y435
3	OR　X401	16	AND X406	29	OUT Y436
4	OR　X402	17	LD　X406	30	OUT Y536
5	OR　X403	18	AND X407	31	LD　X503
6	OR　X404	19	ORB	32	AND X504
7	OUT Y434	20	LD X405	33	OR　X411
8	OUT Y535	21	AND X407	34	OR　X412
9	LD　X405	22	ORB	35	OUT Y437
10	OUT Y431	23	LD　X500	36	OUT Y537
11	LD　X406	24	AND X501	37	END
12	OUT Y432	25	AND X502		

图 6-40 为根据要求设计的梯形图，在图的右侧对其工作过程作了说明。当氧气分析仪器 AR1、AR2、AR3 中有一台含量达到 5％时，X401、X402、X403 中有输入，Y434 线圈接通，第一氧化塔氮气阀 YV1 打开，同时 Y535 也接通，报警指示灯 HL4 亮。或者当泵 P1、P2、P3 均停止运行时，其接触器动断触点闭合，X500、X501、X502 有输入，Y434、Y535 接通，打开氮气阀并报警。当 AR1、AR2、AR3 中有两台氧含量达到 10％时，X405、X406、X407 组合电路中有两个有输入，Y435、Y436、Y536 接通，切断乙醛及氧气阀 YV2、YV3、HL5 报警指示灯亮。还设有手动开关（X404、X410、X412），需要时可人工操作，打开相应的阀门。

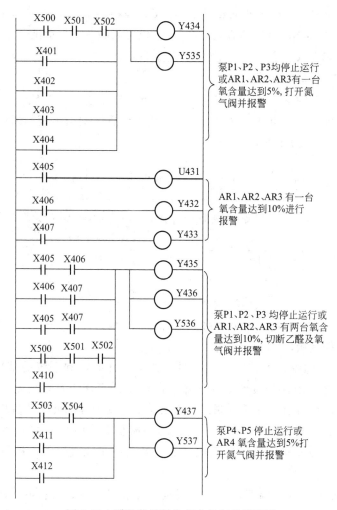

图 6-40 醋酸装置氧化部分控制的梯形图

6.7 集散控制系统与现场总线控制系统

6.7.1 集散控制系统

随着生产规模日益扩大，工艺愈加复杂，对可靠性的要求越来越高，功能需求也不断增加；同时，经济全球化的趋势越来越明显，对生产过程寻求全局优化的要求使得原来孤立的控制单元逐渐连成一体，并与企业级的信息网络相连通，最终导致了集散控制系统（DCS，distributed control system）的诞生。

DCS 是一种以微处理器为基础的、综合 3C（计算机、控制、通信）技术的、应用于过程控制工程的分布式计算机控制系统。从美国 Honeywell 公司于 1975 年推出世界上第一套 DCS 至今，DCS 已经历了 4 代的不断发展和完善。DCS 采用分散控制、集中操作、综合管理的设计原则，已发展成为生产过程自动化与生产管理信息化相结合的管控一体化综合集成系统，提供了更佳的安全可靠性、通用灵活性、最有控制性能和综合管理能力，在工业生产的各个部门中都已经成为大型自动控制装置的主流。目前国内外各种产品不少于 60 种，国外主要的有 Honeywell、Westinghouse、ABB、Yokogawa 等。进入 21 世纪，国内已开发出适合中国企业应用的 DCS，典型的有北京和利时（Hollysys）、北京昆仑通态（MCGS）、浙大中控（Supcon）和浙大中自（SunnyTDS）等。

6.7.1.1 DCS 的基本组成

在第四代产品中，DCS 的体系结构通常为三级：分散过程控制级，集中操作监控级和综合信息管理级。各级之间由通信网络连接，级内各装置之间由本级的通信网络进行通信联系。典型的 DCS 体系结构如图 6-41 所示。

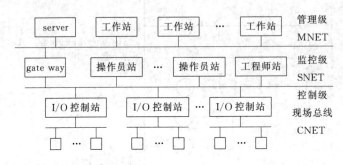

图 6-41　DCS 的体系结构

（1）分散过程控制级

如图 6-41 所示，此级是直接面向生产过程的，是分散控制系统的基础。在这一级上，过程控制单元直接与现场各类装置如变送器、执行器、记录仪表等相连，完成过程数据采集、直接数字控制、设备监测和系统测试与诊断、实施安全性和冗余化方面的措施等。构成这一级的主要装置有：现场 I/O 控制站、可编程序控制器（PLC）、智能控制器以及其他测控装置。现场 I/O 控制站是完成对过程现场 I/O 处理并实现直接数字控制的网络节点，主要功能如下。

ⅰ.将现场各种过程量（温度、压力、流量、物位以及各种开关状态等）进行数字化，并将数字化后的量存在存储器中，形成一个与现场过程量一致的并按实际运行情况实时改变和更新的现场过程量的实时映像。

ⅱ.将本站采集到的实时数据通过网络送到操作员站、工程师站及其他现场 I/O 控制站，以便实现全系统范围内的监督和控制，同时现场 I/O 控制站还可接收由上一级操作员站、工程师站下发的信息，以实现对现场的控制或对本站的参数设定。

ⅲ.在本站实现局部自动控制、回路的计算及闭环控制、顺序控制等。

（2）集中操作监控级

这一级以操作监视为主要任务，兼有部分管理功能。它是面向操作员和控制系统工程师的，因而这一级配备有技术手段齐备、功能强的计算机系统及各类外部装置，特别是 CRT 显示器和键盘，以及需要较大存储容量的硬盘或软盘支持，另外还需要功能强的软件支持，确保工程师和操作员对系统进行组态、监视和操作，对生产过程实行高级控制策略、故障诊断、质量评估。其具体组成包括工程师站和操作员站。

① 操作员站　DCS 的操作员站是处理一切与运行操作有关的操作界面 OI（operator interface）或人机界面 HMI（human machine interface）功能的网络节点，主要是为系统的运行操作人员提供人机交互，使操作员可以通过操作员站及时了解现场运行状态、各种运行参数的当前值、是否有异常情况发生等。同时通过输入设备对工艺过程进行控制和调节，以保

证生产过程的安全、可靠、高效、高质。

除了人机界面外，操作员站还应具有历史数据的处理功能，这主要是为了形成运行报表和历史趋势曲线。一般的运行报表可分为时报、班报、日报、周报、月报和年报若干种，这些报表均要调用历史数据库，并按用户要求进行排版并打印输出。历史趋势曲线主要是能了解过去某时间段内某个或某几个参数或变量的变化情况，有时还要求与当前的变化情况相对照，以得到一些指导性的结论，使操作员在进行控制和调节时更具有目标性。

② 工程师站　工程师站是对 DCS 进行离线配置或组态工作和在线系统监督、控制、维护的网络节点。其主要功能是提供对 DCS 进行组态、配置工作的工具软件（即组态软件），并当 DCS 在线运行时实时地监视 DCS 网络上各个节点的运行情况，使系统工程师可以通过工程师站及时调整系统配置及一些系统参数的设定，使 DCS 随时处在最佳的工作状态中。

ⅰ.工程师站的组态功能。工程师站的最主要功能是对 DCS 进行离线配置和组态工作。在 DCS 进行配置和组态之前，只是一个硬件、软件的集合体，它对于实际应用来说是毫无意义的，只有在经过对应用过程进行了详细透彻的分析、设计并按设计要求正确地完成了组态工作之后，DCS 才成为一个真正适于某个生产过程使用的应用控制系统。在 DCS 工程师站中，一般要提供硬件配置、数据库、操作员站显示画面等组态功能。

ⅱ.工程师站的监控功能。与操作员站不同，工程师站必须对 DCS 本身的运行状态进行监视，包括各个现场 I/O 控制站的运行状态、各操作员站的运行情况、网络通信情况等。一旦发现异常，系统工程师必须及时采取措施，进行维修或调整以使 DCS 能保证长时间连续运行，不会因对生产过程的失控造成损失。另外还有对组态的在线修改功能，如上下限设定值的改变、控制参数的调整，对某个检测点或若干个检测点，甚至对某个现场 I/O 站的离线直接操作等。

在一个 DCS 中，系统工程师站可能只有一台，而操作员站要根据功能配置数台，它们都应选用可靠性高的微型计算机或工作站。

（3）综合信息管理级

这一级是用来实现整个工厂或企业的综合信息管理，主要执行生产计划、销售业务、成本会计、库存备品、采购物流等的信息汇总、综合、协调等管理功能，提供关于生产流程和工艺参数、生产进度和原材料库存、生产统计和市场预测等经济信息分析、报表，为生产管理者和经营者提供决策依据，确保最佳的经济效益。所以，这一级本质上是一个以计算机为主要工具、以信息处理为核心业务的综合性管理信息系统，即企业 MIS 和 DSS。

（4）通信网络系统

DCS 各级之间的信息传输主要依靠通信网络系统来支持。通信网络是 DCS 的神经中枢，它将物理上分散配置的多台计算机有机地连接起来，实现相互协调、资源共享的集中管理。针对各级的不同要求，通信网也分为低速、中速和高速：低速网络面向分散过程控制级，中速网络面向集中操作监控级，高速网络面向管理级。

DCS 一般采用同轴电缆或光纤作为通信介质，也有的采用双绞线。通信距离可从十几米到十几公里，通信速率为 $1\sim10\text{Mbit/s}$，光纤可达 100Mbit/s。DCS 的通信网络可满足大型企业的各种类型数据通信、实现实时控制和管理的需要。

6.7.1.2　DCS 的特点

DCS 采用标准化、模块化和系统化设计，其特点可以概括如下。

（1）独立性

DCS 上各工作站是通过网络接口连接起来的，各工作站独立自主地完成分配给自己的任务。它的控制功能齐全，控制算法丰富，不但可以完成连续控制、顺序控制和批量控制，还可实现串级、前馈、预测、解耦和自适应等先进控制策略。其控制功能分散、危险分散的特点提高了系统的可靠性。

（2）协调性

DCS 各工作站间能够通过通信网络传送各种信息并协调工作，以完成控制系统的总体功能和优化处理。采用实时、安全可靠的工业控制局部网络，提高了信息的畅通性，使整个系统信息共享。采用标准通信网络协议，可将 DCS 与上层的信息管理系统连接起来进行信息的交互。通过高速数据通信线，将现场控制站、局部操作站、监控计算机、中央操作站、管理计算机连接起来，构成多级控制系统。

（3）系统灵活性

DCS 硬件和软件采用开放式、标准化和模块化设计，系统为积木式结构，具有灵活的配置，可适应不同用户的需要。当工厂根据生产需要改变生产工艺或流程时，可改变系统的某些配置和控制方案，通过组态软件，进行一些填写表格式的操作即可实现。

DCS 操作方便、显示直观，提供了装置运行下的可监视性。其简洁的人机会话系统、CRT 彩色高分辨率交互图形显示、复合窗口技术，使画面日趋丰富，菜单功能更具实时性，提供的总貌、控制、调整、趋势、流程、回路一览、报警一览、批量控制、计量报表、操作指导等画面具有实用性。而平面密封式薄膜操作键盘、触摸式屏幕、鼠标器、跟踪球操作器等更便于操作，语音输入/输出使操作员与系统对话更加方便。

DCS 提供的组态软件包括系统组态、过程控制组态、画面组态，是集散控制系统的关键部分，使用组态软件可以生成相应的实用系统，易于用户设计新的控制系统，便于灵活扩充。

（4）实时性

通过人机接口和 I/O 接口，DCS 对过程对象的数据进行实时采集、处理、记录、监视、操作控制，并包括对系统结构和组态回路的在线修改、局部故障的在线维护等，提高了系统的可用性。

（5）可靠性

高可靠性、高效率和高可用性是 DCS 能够长期存在的原因。制造厂商在确定系统结构的同时，就采用了可靠性保证技术进行可靠性设计，其高可靠性体现在：系统结构采用容错设计、系统所有硬件采用冗余设计、软件容错设计、"电磁兼容性"设计、结构、组装工艺的可靠性设计和在线快速排除故障的设计。

6.7.1.3 典型 DCS 系统实例——Honeywell TPS 系统

美国 Honeywell 公司自 1975 年推出第一套 DCS 系统 TDC-2000（通信系统为"高速数据公路"）后，相继推出第二代 TDC-3000 系统（通信系统为"就地控制网"）、第三代 TDC-3000^X 系统（以万能控制网为通信系统、以 UNIX 为开放式平台）、第四代 TPS 系统（以 Windows NT 为开放式平台）。遵循"渐进发展"的原则，这几代产品可以共存于同一系统。TPS 系统结构如图 6-42 所示。

（1）通信系统

TSP 系统的通信网络包括工厂信息网（PIN）、就地控制网（LCN）、万能控制网 UCN、数据高速公路（DH）和现场总线。

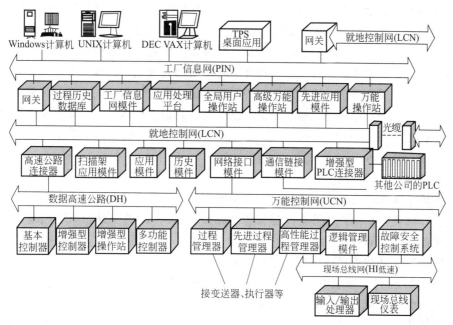

图 6-42　TPS 系统构成图

DH 是 Honeywell 公司的专利网络，总线型结构，传输速率 250Kbps。LCN 和 UCN 是符合 IEEE 802.2 和 IEEE 82.4 的通信网络，采用曼彻斯特编码，链路存取为令牌总线方式，传输速率 5Mbps。

（2）分散过程控制装置

Honeywell 公司的分散过程控制装置有很多种类。早期的产品有基本控制器、增强型控制器、多功能控制器（这些早期产品目前已经很少采用），后来推出的高级多功能控制器、过程管理器（PM）和逻辑管理器（LM），它们在结构上和功能上都有了较大的改进。

PM 系列分散过程管理器包括过程管理器（PM）、先进过程管理器（APM）和高性能过程管理器（HPM）。

PM 是高柔性的数据采集和控制设备。它由过程管理器模件（PMM）和 I/O 子系统组成。PMM 由通信处理器及调制解调器、I/O 链路接口处理器和控制处理器三部分组成。I/O 子系统由双重冗余的 I/O 链路和最多 40 个可选的智能 I/O 处理器组成。过程管理器可以对 5 种类型的控制点进行处理，它们是：

ⅰ.数字复合（指数字量输入/输出）；

ⅱ.逻辑；

ⅲ.过程模块（为常规、批量或混合控制应用而设置）；

ⅳ.常规 PV（为实现过程变量 PV 的计算和补偿功能提供一种易于使用的可组态方法）；

ⅴ.常规控制（用于进行标准的控制算法）。

先进过程管理器 APM 具有与 PM 相似的结构形式，但在功能上有较大的改善。它增加了设备控制点和数组点，并将离散控制集成在控制策略中，同时也增加了串行 I/O 处理器。在所采用的控制语言中，增加了顺序语句数量、时间和字符串变量、标志和数值点数量。

高性能过程管理器 HPM 是性能价格比最佳的过程管理器，同时其功能也有增加。例如，其常规控制点增加了乘法器/除法器、PID 和常规控制求和器，使控制功能得到增强。

逻辑管理器 LM 由逻辑管理模件、控制处理器、I/O 链路处理器及 I/O 模件等组成，主要用于逻辑控制，它具有可编程控制器的优点。由于它直接挂在 UCN 网上，因此它与网络上挂接的其他模件，如 PM、APM 或 HPM，都可以方便地进行数据通信。

故障安全控制管理器是一种采用独特高级自诊断的先进生产过程保护系统。它是以微处理器为基础的容错安全停车系统，用于保护操作人员的安全，保护生产设备和装置，保持最佳的生产状态，保护操作环境。故障安全控制管理器是根据德国 DIN/VDE 安全标准专门研制的系统，已经得到 TUK 的 AK1～AK6 的应用认证，并得到美国制定的 UL-1998 安全标准的认证。

(3) 集中操作和管理站

早期的集中操作和管理站有操作站、基本操作站、增强型操作站、在 TDC-3000 后，常采用万能操作站及全局用户站等，并提供各种挂接在 LCN 网的模件，如应用模件（为用户提供高级控制和计算算法）、历史模件（为 TPS 系统提供大容量存储器）和重建归档模件（将集成到 LCN 上的数据进行重建、采集和对数据进行分析）等。

万能操作站是 TPS 系统中的主要人-机界面，它为操作员、过程组态工程师、维修工程师提供不同的画面。用于操作员的画面有：TPS 系统显示、系统功能显示、连续过程操作显示、顺序操作显示、趋势显示、报警显示及请求提示显示等。用于过程组态工程师的画面有：组态显示、数据建立显示、图形建立显示、CL 编程显示、记录和报表格式化显示、文件编辑显示、使用程序显示及系统功能显示等。用于维修工程师的画面有：维修建议显示、系统维修记录及维修援助显示等。从安全的角度出发，万能操作站对不同级别的使用者提供硬件密钥、对错误的操作提供声音和文字警告。

全局用户站是采用 Windows NT 操作系统的 TPS 的结点之一。它继承了万能操作站的全部显示、操作、工作组态等功能。同时提供了先进的视窗式人-机接口技术。

TPS 系统是集控制和管理于一体的集散控制系统，它采用商业应用软件（包括企业管理、操作管理、质量管理和环境管理软件）为用户提供了综合的操作管理，帮助用户做出决策、制定计划、查明问题并得到有效的解决方法。

6.7.2　现场总线控制系统

进入 20 世纪 80 年代以来，用微处理器技术实现过程控制以及智能传感器的发展，导致需要用数字信号取代 4～20mA DC 模拟信号，这就形成了现场总线（fieldbus）。现场总线是连接工业过程现场仪表和控制系统之间的全数字化、双向、多站点的串行通信网络，与控制系统和现场仪表联用组成现场总线控制系统。现场总线不单单是一种通信技术，也不仅仅是用数字仪表代替模拟仪表，它是用新一代的现场总线控制系统 FCS 代替传统的分散型控制系统 DCS，实现现场总线通信网络与控制系统的集成。

6.7.2.1　现场总线及其体系结构

现场总线是用于过程自动化和制造自动化等领域中最底层的通信网络，以实现微机化的现场测量控制仪表或设备之间的双向串行多节点数字通信。作为网络系统，它具有开放统一的通信协议；以现场总线为纽带构成的现场总线控制系统 FCS 是一种新型的自动化系统和底层控制网络，承担着生产运行测量和控制的特殊任务。现场总线还可与因特网（Internet）、企业内部网（Intranet）相连，使自动化控制系统与现场设备成为企业信息系统和综合自动化系统中的一个组成部分。现场总线的体系结构由以下六方面构成。

（1）现场通信网络

现场总线把通信一直延伸到生产现场或生产设备，用于过程自动化和制造自动化的现场设备或现场仪表互连的现场通信网络。

（2）现场设备互连

现场设备或现场仪表是指变送器、执行器、服务器、网桥、辅助设备、监控设备等。这些设备通过一对传输线互连，传输线可以是双绞线、同轴电缆、光纤甚至是电源线，可根据需要，因地制宜地选择确定传输介质。

（3）互操作性

现场设备或现场仪表种类繁多，没有任何一家制造商可以提供一个工厂所需的全部现场设备，所以，不同厂商产品的交互操作与互换是不可避免的。用户不希望为选用不同的产品而在硬件或软件上花很大力气，而希望选用各厂商性能价格比最优的产品集成在一起，实现"即接即用"，用户希望对不同品牌的现场设备统一组态，构成所需要的控制回路，这就是现场总线设备互操作性的含义。现场设备互连是基本要求，只有实现互操作性，用户才能自由地集成 FCS。

（4）分散功能块

FCS 废弃了 DCS 的输入/输出单元和控制站，把 DCS 控制站的功能块分散地分配给现场仪表，从而构成虚拟控制站。由于功能分散在多台现场仪表中，并可统一组态，供用户灵活选用各种功能块，构成控制系统实现彻底的分散控制。

（5）现场总线供电

现场总线除了传输信息之外，还可以完成为现场设备供电的功能。总线供电不仅简化了系统的安装布线，而且还可以通过配套安全栅实现本质安全系统，为现场总线控制系统在易燃易爆环境中的应用奠定了基础。

（6）开放式互联网络

现场总线为开放式互联网络，既可与同层网络互联，也可与不同层网络互联。开放式互联网络还体现在网络数据库共享，通过网络对现场设备和功能块统一组态，使不同厂商的网络及设备融为一体，构成统一的 FCS。

6.7.2.2　FCS 对 DCS 的变革

现场总线控制系统打破了传统的模拟仪表控制系统、传统的计算机控制系统（DDC、DCS）的结构形式，具有独特和优点。如图 6-43 所示，新一代 FCS 已将传统 DCS 的控制站化整为零，分散分布到各台现场总线仪表中，在现场总线上构成分散的控制回路，实现了彻底的分散控制。

现场总线用一对通信线连接多台数字仪表代替一对信号线连接一台仪表；用多变量、双向、数字通信方式代替单变量、单向、模拟传输方式；用多功能的现场数字仪表代替单功能的现场模拟仪表；用分散式的虚拟控制站代替集中式的控制站；变革传统的信号标准、通信标准和系统标准；变革传统的自动化系统体系结构、设计方法和安装调试方法。

FCS 对 DCS 的变革主要包括以下几点。

ⅰ.FCS 的通信传输实现了全数字化，从最底层的传感器和执行器就采用现场总线网络。逐层向上直至最高层均为通信网络互连。

ⅱ.FCS 的系统结构是全分散式，它废弃了传统 DCS 的输入/输出单元和控制站，由现场设备或现场仪表取而代之。

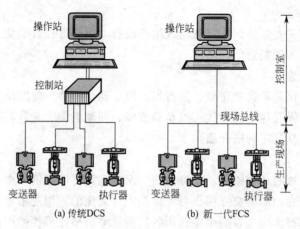

图 6-43　传统 DCS 和新一代 FCS 的结构对比

ⅲ.FCS 的现场设备具有互操作性，满足同一 FCS 标准的不同厂商的现场设备既可互连也可互换，并可以统一组态，彻底改变传统 DCS 控制层的封闭性和专用性。

ⅳ.FCS 的通信网络为开放式互连网络，既可同层网络互连，也可与不同层网络互连，用户可极方便地共享网络数据库。

6.7.2.3　FCS 的优点

采用现场总线技术构成的控制系统，其控制功能更加分散，系统的构成将更加灵活。可靠性将更高。现场总线控制系统（FCS）主要有以下优点。

（1）现场设备的智能化与功能自治性

现场总线控制系统将传感测量、补偿计算、过程处理与控制等功能分散到现场设备中完成，仅靠现场设备即可完成自动控制的基本功能，并可随时诊断设备的运行状态，可实现设备状态、故障、参数信息传送及远程参数化工作。

（2）开放式、互操作性、互换性、可集成性

不同厂家产品只要使用同一总线标准，就具有互操作性、互换性，因此设备具有很好的可集成性。系统为开放式，允许其他厂商将自己专长的控制技术，如控制算法、工艺流程、配方等集成到通用系统中去。

（3）系统可靠性高、可维护性好

基于现场总线的自动化监控系统采用总线连接方式替代一对一的 I/O 连线，对于大规模 I/O 系统来说，减少了由接线点造成的不可靠因素。同时，系统具有现场级设备的在线故障诊断、报警、记录功能，可完成现场设备的远程参数设定、修改等参数化工作，也增强了系统的可维护性。

（4）对现场环境的适应性

工作在生产现场前端，作为工厂网络底层的现场总线，是专为现场环境而设计的，可支持双绞线、同轴电缆、光缆、射频、红外线、电力线等，具有较强的抗干扰能力，能采用两线制实现供电和通信，并可满足本质安全防爆要求等。

6.7.2.4　几种常见的 FCS 标准简介

（1）PROFIBUS 技术

PROFIBUS 是 process fieldbus 的缩写，已成为德国国家标准和欧洲标准。PROFIBUS 由 PROFIBUS-FMS、PROFIBUS-PA 和 PROFIBUS-DP 三部分组成。其中 PROFIBUS-DP

是一种高速（数据传输速率 9.6Kbps～12Mbps）设备级网络，主要用于现场控制器与分散 I/O 之间的通信，定义了第一、二层和用户接口。第三到七层未加描述。用户接口规定了用户和系统以及不同设备可调用的应用功能，并详细说明了各种不同 PROFIBUS-DP 设备的设备行为，可满足交直流调速系统快速响应的时间要求。

PROFIBUS-PA 的数据传输采用扩展的 PROFIBUS-DP 协议。PA 的传输技术可确保其本质安全性，而且可通过总线给现场设备供电。使用连接器可在 DP 上扩展 PA 网络，传输速率为 31.25Kbps。

PROFIBUS-FMS 定义了 OSI 模型中的第一、二、七层，应用层包括现场总线信息规范（fieldbus message specification，FMS）和低层接口 LLI（lower layer interface）。FMS 包括了应用协议并向用户提供了可广泛选用的强有力的通信服务。LLI 协调不同的通信关系并提供不依赖设备的第二层访问接口，主要解决车间级通信问题，完成中等传输速度的循环或非循环数据交换任务。

（2）CAN 总线

CAN 是 control area network 的简称，最早由德国 BOSCH 公司提出，用于汽车内部测量与执行部件之间的数据通信。其总线规范现已被 ISO 制定为国际标准，被广泛应用于离散控制领域。

CAN 协议采用了 OSI 模型中第一、第二层。物理层又分为物理信号 PLS（physical signaling）、物理介质附件（physical medium attachment，PMA）与媒体接口（medium dependent interface，MDI）三部分，完成电气连接，实现驱动器/接收器的定时、同步、位编码解码功能。数据链路层分为逻辑链路控制 LLC 与介质访问控制 MAC 两部分，分别完成接收滤波、超载通知、恢复管理，以及应答、帧编码、数据封拆装、介质访问管理和出错检测等。

CAN 的信号传输采用短帧结构，每帧的有效字节数为 8 个，因而传输时间短，受干扰的概率低。当节点严重错误时，具有自动关闭的功能，以切断该节点与总线的联系，使总线上的其他节点及其通信不受影响，具有较强的抗干扰能力。

CAN 信号的传输介质为双绞线，其通信速率最高可达 1Mbps/40m，直接传输距离最远可达 10km/5kbps，挂接设备数最多可达 110 个。

（3）FF

FF 是基金会现场总线（foundation fieldbus）的缩写。现场总线基金会是国际公认的、唯一不附属于某企业的、非商业化的国际标准化组织。其宗旨是制定单一的国际现场总线标准。FF 协议的前身是以美国 Fisher-Rosemount 公司为首，联合 Foxboro、YOKOGAWA、ABB、SIEMENS 等 80 家公司制定的 ISP 协议，和以 Honeywell 公司为首、联合欧洲等地的 150 家公司制定的 World FIP 协议。1994 年 9 月，各方协商成立了现场总线基金会。FF 以 ISO/OSI 参考模型为基础，取其物理层、数据链路层和应用层为 FF 通信模型的相应层次，并在此基础上增加了用户层。

基金会现场总线分为低速现场总线和高速现场总线两种通信速率。低速现场总线 H1 的传输速率为 31.25Kbps，高速现场总线 HSE 的传输速率为 100Mbps。H1 支持总线供电和本质安全特性，最大通信距离为 1900m（如果加中继器可延长至 9500m），最多可直接连接 32 个非总线供电结点、13 个总线供电结点、6 个本质安全要求结点。如果加中继器最多可连接 240 个结点。通信介质为双绞线、光缆或无线电。

FF 采用可变长帧结构，每帧的有效字节数为 0～251 个。目前已经有 SMAR、FUJI、SIEMENAS、YOKOGAWA 等 12 家公司可以提供 FF 的通信芯片。

（4）HART

HART 是可寻址远程传感器数据通路（highway addressable remote transducer）的简写。最早由 Rosemount 公司开发，并于 1993 年成立了 HART 通信基金会。HART 协议参考了 ISO/OSI 参考模型的物理层、数据链路层和应用层。其主要特点是采用基于 Bell202 通信标准的频移键控（FSK）技术。在现有的 4～20mA 模拟信号上叠加 FSK 数字信号，以 1200Hz 的信号表示逻辑 1，以 2200Hz 的信号表示逻辑 0，通信速率为 1200bps，单台设备的最大通信距离为 3000m，多台设备互连的最大通信距离为 1500m，通信介质为双绞线，最大结点数为 15 个。

HART 采用可变长帧结构，每帧最长为 25 个字节，寻址范围为 0～15。当地址为 0 时，处于 4～20mA 与数字通信兼容状态。而当地址为 1～15 时，则处于全数字状态。

6.7.3　工业系统计算机控制新技术

随着信息技术和网络技术的发展，工业系统近年来涌现出一些新的系统网络控制技术。

6.7.3.1　工业以太网技术

工业以太网是应用于工业控制领域的以太网（Ethernet）技术，在技术上与商用以太网（即 IEEE 802.3 标带）兼容。产品设计时，在材质的选用、产品的强度、适用性以及实时性、可操作性、可靠性、抗干扰性、本质安全性等方面能满足工业现场的需要。

Ethernet 过去被认为是一种"非确定性"的网络，作为信息技术的基础，是为 IT 领域应用而开发的，在工业控制领域只能得到有限应用。但是随着互联网技术的发展与普及推广，Ethernet 传输速率的提高和 Ethernet 交换技术的发展，在工业控制应用中遇到的传统问题正在迅速得到解决。

Ethernet 应用于工业现场的关键技术主要依赖于以下几个方面：

ⅰ.通信确定性与实时性；

ⅱ.稳定性与可靠性；

ⅲ.安全性；

ⅳ.总线供电问题；

当以太网用于信息技术时，应用层包括 HTIP、FTP、SNMP 等常用协议，但当它用于工业控制时，体现在应用层的是实时通信、用于系统组态的对象以及工程模型的应用协议。目前还没有统一的应用层协议，但受到广泛支持并已经开发出相应产品的有以下几种主要协议。

① Modbus TCP/IP　该协议由施耐德公司推出，以一种非常简单的方式将 Modbus 帧嵌入到 TCP 帧中，使 Modbus 与以太网和 TCP/IP 结合，成为 Modbus TCP/IP。

② PROFINET　针对工业应用需求，德国西门子于 2001 年发布了该协议，它是将原有的 PROFIBUS 与互联网技术结合，形成了 PROFINET 的网络方案。

③ HSE　FF 于 2000 年发布 Ethernet 规范，称为 HSE（high speed ethernet）。HSE 是以太网协议 IEEE 802.3、TCP/IP 协议与 FF H1 的结合体。FF 明确将 HSE 定位于实现控制网络与 Internet 的集成。

④ Ethernet/IP　是适合工业环境应用的协议体系，它是 ODVA（Open DeviceNet

Vendors Association）和 ControlNet International 两大工业组织推出的最新体系。与 DeviceNet 和 ControlNet 一样，它们都是基于 CIP（control and information protocol）的网络。

工业以太网的优势主要体现在以下几个方面。

ⅰ.应用广泛：以太网是应用最广泛的计算机网络技术，几乎所有编程语言如 Visual C++、Java、Visual Basic 都支持以太网的应用开发。

ⅱ.通信速率高：目前 10Mbps、100Mbps 的快速以太网已开始广泛应用，1Gbps 以太网技术也逐渐成熟，而传统的现场总线最高速率只有 12Mbps（如西门子 PROFIBUS-DP）。

ⅲ.成本低廉：以太网网卡的价格较之现场总线网卡要便宜得多（约为 1/10）；另外，以太网已经应用多年，人们对以太网的设计、应用等方面有很多经验，具有相当成熟的技术。

ⅳ.资源共享能力强：随着 Internet/Intranet 的发展，以太网已渗透到各个角落，网络上的用户解除了资源地理位置上的束缚，在连入互联网的任何一台计算机上就能浏览工业控制现场的数据，实现"控管一体化"，这是其他任何一种现场总线都无法比拟的。

ⅴ.可持续发展潜力大：以太网的引入将为控制系统的后续发展提供可能性，用户在技术升级方面无须独自的研究投入，对于这一点，任何现有的现场总线技术都无法比拟。同时，机器人技术、人工智能技术的发展都要求通信网络有更高的带宽和性能，通信协议有更高的灵活性。

6.7.3.2 无线现场仪表与网络

随着无线通信技术的成熟，越来越多的测控系统选择了无线通信，不仅解决了有线系统线路维护困难等问题，更重要的是拓宽了测控系统的适用范围，使许多工业生产活动更加高效安全。

无线传感器网络（wireless sensor network，WSN）是由部署在监测区域内大量的廉价微型传感器结点组成，通过无线通信方式形成的一个自组织的网络系统，其目的是协作地感知、采集和处理网络覆盖区域中被感知对象的信息，并发送给观察者。传感器、感知对象和观察者构成了无线传感器网络的三个要素。无线传感器网络的发展最初起源于战场监测等军事应用，现今已被应用于民用领域，如环境与生态监测、健康监护、家庭自动动化以及交通控制等。基于无线传感器网络的物联网（Internet of things）技术更是掀起了工业领域的一场革命。

无线传感器网络是一种由大量小型传感器所组成的网络。这些小型传感器一般称为 sensor node（传感器结点）或者 mote（灰尘）。此种网络中一般有一个或几个基站（称为 sink）用来集中从传感器节点收集的数据。

单个传感器结点的尺寸大到一个鞋盒，小到一粒尘埃。传感器节点的成本也是不定的，这取决于传感器网络的规模以及单个传感器结点所需的复杂度。传感器结点尺寸与复杂度的限制决定了能量、存储、计算速度与带宽的受限。

传感器网络主要包括三个方面：感应、通信、计算（硬件、软件和算法）。其中的关键技术主要有无线数据库技术，例如使用在无线传感器网络的查询，和用于其他传感器通信的网络技术，特别是多次跳跃路由协议，例如 IEEE 802.15.4/ZigBee、WirelessHART、ISA100.11a 等。

在密集性的传感器网络中，相邻结点间的距离非常短。低功耗的多跳通信模式节省功耗，同时增加了通信的隐蔽性，也避免了长距离的无线通信受外界噪声干扰的影响。这些独特的要求和制约因素为传感器网络的研究提出了新的技术问题。

6.8 计算机控制系统的设计与实现

计算机控制系统的设计是一项技术性和实践性都很强的工作。它涉及计算机硬件、软件、自动控制、检测技术及仪表、强电路与弱电路、被控对象的工艺知识等多个专业领域的知识。计算机控制系统的设计过程常常需要多个专业协同工作。一个控制系统设计的最终目的是要使控制系统能达到良好的控制效果、稳定运行，因此不仅要考虑电气线路的设计，而且要考虑其他实际因素的影响，如抗干扰、防尘、降温等措施，否则可能达不到预期的控制效果。

6.8.1 计算机控制系统的设计原则

对于不同的被控对象，计算机控制系统设计的具体要求是不同的。但设计的一些基本要求是大体相同的。下面作一些简要介绍。

① 系统操作性能好　主要包含两个方面的含义，即使用方便和维修方便。在计算机控制系统的硬件和软件设计时都必须重视这个问题。在配置软件时，要考虑配置什么样的软件才能降低对操作人员的专业知识要求，便于他们学习和掌握；在配置硬件时，应该考虑使系统的控制开关不能太多、太复杂，且要使操作顺序尽可能简单。

系统一旦发生故障时，应该易于排除，维修工作量尽量少。从软件角度来说，最好要配置故障检测与诊断程序，以便在故障发生时用程序来查找故障部位，从而缩短排除故障时间。在硬件方面，零部件的配置应便于操作人员维修更换。

② 可靠性高　是系统设计最重要的一个要求。这是因为，一旦系统出现故障，将可能造成整个生产过程的混乱，引起严重的后果。特别是对 CPU 的可靠性要求更高。

因此，在系统设计时，应选用高性能的工控机，以保证在恶劣环境下仍能正常工作；控制方案、软件设计要可靠；并设计各种安全保护措施，如各种报警、事故预测与处理对策等。

为了防止计算机故障带来的危害，一般配备常规控制装置作为后备装置。一旦计算机控制系统出现故障，后备装置就投入运行，以维持生产过程的正常运行。对于一般系统也可采用手动操作器作为后备。对于较大型的系统，则应注意功能分散。

③ 通用性好，便于扩充　一台以微型计算机为核心的控制装置，一般可以控制多个设备和不同的过程参数。但各个设备和被控对象的要求是不同的，而且设备还要更新，被控对象可能增减。在系统设计时应考虑在一定范围内适应各种不同设备和各种不同被控对象，使控制装置不必大改动就很快能适应新情况。这就要求系统的通用性要尽可能好，能灵活地进行功能扩充。

要达到这样的高要求，必须使系统设计标准化，并尽可能采用通用的系统总线结构（如工控机的 STD 总线等），以便在需要扩充时，只要增加插件板就能实现。

在系统设计时，各设计指标要留有一定的余量，这是扩充功能的一个条件。如工控机的处理速度、内存容量、输入输出通道数以及电源功率等均应留有余量。

④ 实时性强　表现在时间驱动和事件驱动能力上。要能对生产过程进行实时的检测与控制。因此，需配备实时操作系统、过程中断系统等。

⑤ 设计周期短、价格便宜　由于计算机技术日新月异，各种新技术新产品不断涌现。

在满足精度、速度和其他性能要求的前提下，应该缩短设计周期和尽量采用价格低的元器件，以降低整个控制系统的投资，提高产出投入比。

6.8.2 计算机控制系统设计的一般步骤

在进行计算机控制系统设计之前，设计人员应首先估计引入计算机控制的必要性。应在成本、可靠性、可维护性、对系统性能的改善程度以及应用计算机控制前后的经济效益比较等方面综合考虑的基础上作出决定。

计算机控制系统的设计，尽管随被控对象、设备种类、控制方式等的变化而不同，但系统设计的基本步骤大体类似，一般包括系统设计分析、确定控制算法、系统总体设计、硬件设计、软件设计以及系统调试等。下面分别作一些介绍。

(1) 确定系统整体控制方案

设计一个性能优良的控制系统，首先要对被控对象作深入调查。通过对被控对象的深入分析以及工作过程、环境的熟悉，才能确定系统的控制任务和要求，构思出切实可行的控制系统整体控制方案。系统总体设计方案主要包含以下一些内容。

① 确定控制方案　根据系统要求，考虑采用开环控制还是闭环控制。当采用闭环控制时，还需要进一步确定是单环还是多环，系统是采用 DDC 或 SCC，还是 DCS 等。

② 确定系统的构成方式　对于小型系统，系统的构成方式应优先选用工控机来构成系统的方式。工控机具有系列化、模块化、标准化和开放式系统结构，有利于系统设计者在设计时根据需要任意选择，像搭积木一样地组建系统。这种方式可提高系统研制和开发的速度，提高系统的技术水平和性能，增加可靠性。若要求低时，可选用单回路控制器、低档 PLC 或总线式工控机（单机）来构成。

对于系统规模较大、自动化要求水平高，甚至集控制与管理为一体的系统，可选用 DCS、高档 PLC 或其他工控网络构成。

③ 现场设备选择　主要是选用传感器、变送器和执行器的型号及类型。传感器的选择一定要满足系统检测和控制精度的要求。执行器则应根据具体情况择优选定。

此外，应考虑系统的特殊控制要求并采取措施满足之。

通过整体方案的考虑，画出系统组成的粗框图，并用控制流程框图描述控制过程和控制任务。通过对方案的合理性、经济性、可靠性和可行性的论证，最后写出系统设计任务书，作为整个控制系统设计的依据。

(2) 确定控制算法

控制算法的好坏直接影响控制系统的品质，甚至决定整个系统的成败。而控制算法的选择与系统的数学模型有关。在确定系统的数学模型后，便可以确定相应的控制算法。由于控制对象的多样性，相应的控制模型也各异，所以控制算法也多种多样。在选择控制算法时，应注意以下几点。

ⅰ.所选择的控制算法是否能满足对系统的动态过程、稳态精度和稳定性的要求。

ⅱ.各种控制算法提供了一套通用的计算公式，但具体到一个控制对象时，必须有分析地选用，甚至需要进行修改和补充。如对一个控制对象选用了 PID 控制算法，但由于受执行器件物理性能的限制，在某些情况下按这一算法计算出的控制作用得不到充分执行，从而出现了积分饱和，使动态品质变差。这时就需要采取适当的改进措施，以达到满足系统性能要求的目的。

ⅲ.当控制系统比较复杂时，其控制算法一般也比较复杂，使整个控制系统的实现比较困难。为了设计、调试方便，可将控制算法先作某些合理的简化，先忽略某些因素的影响（如非线性、小延迟、小惯性等），在取得初步结果后，再逐步将控制算法完善，直到获得满意的控制效果。

对一个控制对象，往往可以采用不同的控制算法达到预期的控制效果。可以通过数字仿真或实验进行分析对比，选择最佳的控制算法。

（3）系统硬、软件的设计

在计算机控制系统中，一些控制功能既能用硬件实现，也能用软件实现。因此在系统设计时，硬、软件的功能划分应综合考虑。硬件速度快、可减轻主机的负担，但要增加成本；软件可以增加控制的灵活性，减少成本，但要占用更多的主机时间。在具体选用时，应综合考虑实时性和系统的性能价格比作出合理决定。在划分了硬件和软件的功能后，就可以分别进行设计。

① 硬件设计　主要包括输入、输出接口电路的设计，输入、输出通道设计和操作控制台的设计。系统的硬件设计阶段要设计出硬件原理图，并根据原理图选购元件或模板，还要设计出印刷电路板、机架施工图等。用工控机来组建系统的方法能使系统硬件设计的工作量减到最小。

② 软件设计　在计算机控制系统设计中，软件设计具有重要地位。对同一个硬件系统而言，设计不同的软件，可以得到不同的系统功能。在硬件选定以后，系统功能主要依赖于软件的功能。在软件设计中，要绘制程序总体流程图和各功能模块流程图，编制程序清单，编写程序说明。

（4）系统调试

系统调试包括系统硬件、软件分调与联调，系统模拟调试和现场投运。调试过程往往是先分调、再联调，有问题再回到分调，加以修改后再联调，反复进行，直到达到设计要求为止。

所谓模拟调试，就是在实验室模拟被控对象和运行现场，进行长时间的运行试验和特殊条件（如高/低温、振动、干扰等）试验。其目的在于全面检查系统的硬软件功能、系统的环境适应能力和可靠性等。控制对象可以用物理装置或电子装置来模拟。

模拟调试通过后，便可以进行现场投运调试。

6.8.3　计算机控制系统设计实例

应用实例1：工业锅炉计算机控制系统设计

常见的锅炉设备的主要工艺流程如图 6-44 所示。

燃料和热空气按一定比例送入燃烧室燃烧，生成的热量传递给蒸汽发生系统，产生饱和蒸汽 D_s，然后经过热器，形成一定温度的过热蒸汽 D，汇集至蒸汽母管。压力为 p_M 的过热蒸汽，经负荷设备控制供给负荷设备使用。与此同时，燃烧过程中产生的烟气，除将饱和蒸汽变为过热蒸汽外，还经省煤器预热锅炉给水和空气预热器预热空气，最后经引风机送往脱硫脱氮氧化物装置，最后经烟囱排往大气。

锅炉设备是一个复杂的控制对象，主要的输入变量是负荷、锅炉给水、燃料量、减温水和引风等。主要输出变量是汽包水位、蒸汽压力、过热蒸汽温度、炉膛负压、过剩空气（烟气含氧量）等。目前，锅炉控制系统大致可分为三个控制子系统：锅炉燃烧控制系统、锅炉给水控制系统和过热蒸汽温度控制系统。

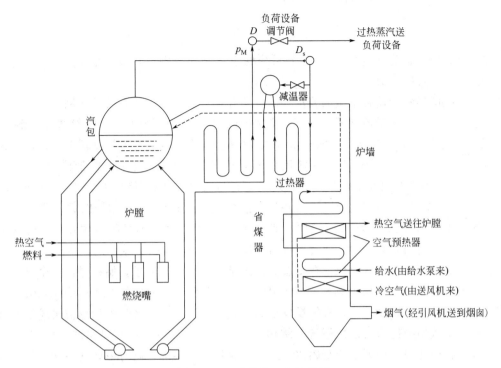

图 6-44　工业锅炉工艺流程图

锅炉的燃烧控制子系统的控制目的是使燃料燃烧所产生的热量适应蒸汽负荷的需要；使燃料与空气量之间保持一定的比值，以保证最佳经济效益的燃烧（常以烟气成分为被控变量），提高锅炉的燃烧效率；使引风量与送风量相适应，以保持炉膛负压在一定的范围内。因此，燃烧控制子系统可分为三个单变量控制系统：燃料量-气压子系统、送风量-过量空气系数子系统以及引风量-炉膛负压子系统。为了满足最佳空燃比，在燃料量控制和送风量控制系统基础上建立交叉限制协调控制系统，如图 6-45 所示。

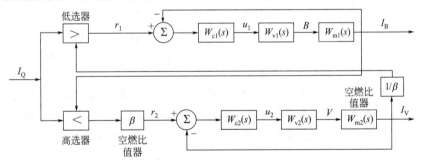

图 6-45　带交叉限制的最佳空燃比控制系统

其中，$W_{m1}(s)$ 和 $W_{m2}(s)$ 是燃料量和送风量测量变送器的传递函数，假设它们都是比例环节，则 $W_{m1}(s)=K_1$，$W_{m2}(s)=K_2$。由此可得到最佳空燃比 α 与空气量、燃料量测量信号 I_V、I_B 之间的关系。

$$\alpha=\frac{V}{B}=\frac{I_V/K_2}{I_B/K_1}=\frac{I_VK_1}{I_BK_2}$$

设

$$\beta=\alpha\frac{K_2}{K_1}，\text{则}$$

$$\frac{I_V}{I_B}=\beta$$

假设机组所需负荷的信号为 I_Q，当系统处于稳态时，则有：设定值 $r_1=I_Q=I_V/\beta=I_B$，设定值 $r_2=\beta I_Q=\beta I_B=I_V$，即 $I_Q=I_B$，$I_V=\beta I_B$。

表明系统的燃料量适合系统的要求，而且达到最佳空燃比。当系统处于动态时，假如负荷突然增加，对于送风量控制系统而言，高选器的两个输入信号中，I_Q 突然增大，则 $I_Q > I_B$，所以，增大的 I_Q 信号通过高选器，在乘以 β 后作为设定值送入控制器 W_{c2}，显然该控制器将使 u_2 增加，空气阀门开大，送风量增大，即 I_V 增加。对于燃料量控制系统来说，尽管 I_Q 增大，但在此瞬间 I_V 还来不及改变，所以低选器的输入信号 $I_Q>I_V$，低选器输出不变，$r_1=I_V/\beta$ 不变，此时燃料量 B 维持不变。只有在送风量开始增加以后，即 I_V 变大，低选器的输出才随着 I_V 的增大而增加，即 r_1 随之加大，这时燃料阀门才开大，燃料量增加。反之，在负荷信号减少时，通过低选器先减少燃料量，待 I_B 减少后，空气量才开始随高选器输出减小而减小，从而保证在动态时，满足最佳空燃比要求，始终保持完全燃烧。送风控制系统的基本任务是保证燃料在炉膛中的充分燃烧，锅炉的总风量主要由二次风来控制，常将送风控制系统设计为带有氧量校正的空燃比控制系统，经过燃料量与送风量回路的交叉限制，组成串级比值的送风系统。结构上是一个带前馈的串级控制系统，如图 6-46 所示。它首先在内环快速保证最佳空燃比，至于给煤量测量不准，则可由烟气中含氧量作串级校正。当烟气中含氧量高于设定值时，氧量校正控制器发出校正信号，修正送风量控制器设定，使送风控制器减少送风量，最终保证烟气中含氧量等于设定值。炉膛负压控制系统的任务在于调节烟道引风机导叶开度，以改变引风量；保持炉膛负压为设定值，以稳定燃烧，减少污染，保证安全。

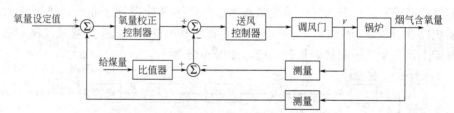

图 6-46 带氧量串级校正的送风控制系统

锅炉给水控制系统的任务是考虑汽包内部的物料平衡，使给水量适应蒸发量，维持汽包水位在规定的范围内，实现给水全程控制，给水控制也称为汽包水位控制，被控变量是汽包水位，操纵变量是给水量。在现场通常采用串级三冲量给水控制，如图 6-47 所示。

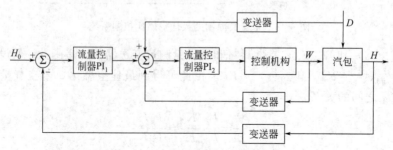

图 6-47 串级三冲量给水控制系统

该系统由主副两个 PI 控制器和三个冲量构成两个控制器串联工作，分工明确。PI_1 为水位控制器，它根据水位偏差产生给水流量设定值；PI_2 为给水流量控制器，它根据给水流量偏差控制给水流量并接受前馈信号。蒸汽流量信号作为前馈信号，用来维持负荷变动时的物质平衡，由此构成的是一个前馈-串级控制系统。该系统结构较复杂，但各控制器的任务比较单纯，系统参数整定相对单级三冲量系统要容易些，不要求稳态时给水流量、蒸汽流量测量信号严格相等，即可保证稳态时汽包水位无静态偏差，其控制质量较高。

蒸汽温度控制系统任务是维持过热器出口温度在允许范围内，并保证管壁温度不超过允许的工作温度。被控变量一般是过热器出口温度，操纵变量是减温器的喷水量。过热蒸汽温度控制系统以过热蒸汽为主参数，选择二段过热器前的蒸汽温度为辅助信号，组成串级控制系统或双冲量气温控制系统。

综上分析，工业锅炉计算机控制系统结构框图如图 6-48 所示。

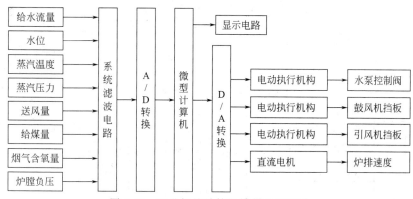

图 6-48　工业锅炉计算机控制系统框图

一次仪表测得的模拟信号经采样电路、滤波电路进入 A/D 转换电路，A/D 转换后的数字信号送入计算机，计算机对数据进行处理之后，便于控制和显示。D/A 转换将计算机输出的数字量转换成模拟量，并放大到 4～20mA，转换电路用模拟量分别控制水泵控制阀、鼓风机挡板、引风机挡板和炉排直流电动机。

应用实例 2：离心压缩机控制系统设计

下面简单介绍一个离心压缩机计算机控制系统设计实例。离心压缩机控制回路如图 6-49 所示：控制系统选择上位工控机和下位机 PLC 结合组成控制系统。

从图 6-49 中可知，离心式压缩机的控制系统主要由电机主回路控制系统、润滑油控制系统、压力控制系统、各种保护系统、冷却水控制系统、防喘振控制系统和工控机监测系统共七个控制部分构成。其中前六部分的功能主要是由 PLC 实现控制。工控机的监测和控制系统对各个参数（如温度、压力、振动等）进行动态监测，可以有效地保证整个系统安全可靠的运行。以 PLC 为核心的控制系统方案如图 6-50 所示。

入口导叶开度用来调节离心式压缩机进出口压力比和空气流量，保证空压机能工作在稳定的工作区内。防喘振功能块通过计算得到防喘振阀开度，直接驱动执行器动作，保证了压缩机在安全区域内运行。PLC 模拟量输入信号较多，主要包括电机电流、轴承温度、振动信号、压力及差压信号。PLC 的数字量信号一部分用来驱动报警光标，一部分用于机组的泵和部分阀门启停的状态信号。在控制系统中，比较重要的控制回路都分别设定了手/自动两种控制模式。

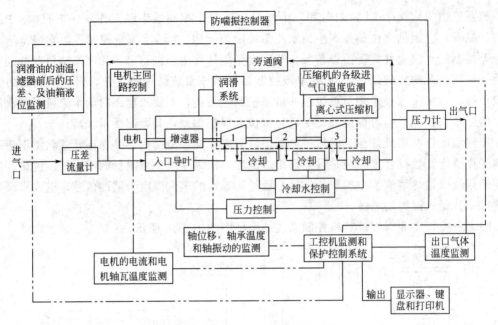

图 6-49 离线压缩机控制回路框图

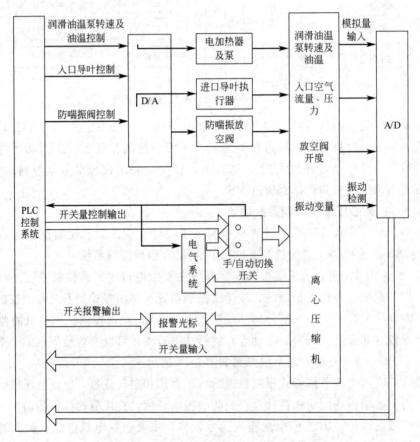

图 6-50 离心压缩机 PLC 控制系统方案

6.9 提高计算机控制系统可靠性的措施

随着计算机控制系统应用的日益广泛，对系统的可靠性提出了很高的要求。可靠性的概念有两个含义：一是系统的无故障运行时间尽可能长；二是系统发生故障时能迅速检修和排除。

一个计算机控制系统，影响其可靠性的主要因素有：元器件，物理设备的可靠性；系统结构的合理性及制作工艺水平；电源系统与接地技术的质量；系统抑制和承受外界干扰的能力。

因此，为了提高计算机控制系统的可靠性和可维护性，常采用提高元器件的可靠性、设计系统的冗余技术、采取抗干扰措施、采用故障诊断和系统恢复技术以及软件可靠性技术等。

6.9.1 提高元器件的可靠性

这主要是计算机控制系统及元器件生产厂家的责任，属于"先天性"问题。产品在出厂前已经决定了质量的优劣。对于控制系统设计人员来说，所能做的只能是一些事后的补救措施，包括认真选型、老化、筛选、考核等。对元件采取筛选、老化的简便方法是高温贮存和功率电老炼。高温贮存是在高温（如半导体的最高结温）下贮存 24～168h；功率电老炼是在额定功率或略高于额定功率的条件下老炼一定时间（最长可达 168h）。

6.9.2 冗余技术

所谓冗余，是指在系统中增设额外的附加成分，来保证整个控制系统的可靠性。常用的冗余系统，按其结构形式可分为并联系统、备用系统和表决系统三种。

（1）并联系统

在并联系统中，冗余的方法是使若干同样装置并联运行。只要其中一个装置正常工作，系统就能维持正常运行。只有当并联装置的每个单元都失效时，系统才不能工作。其结构如图 6-51 所示。

（2）备用系统

其逻辑结构图如图 6-52 所示。图中 A_1 和 A_2 是工作单元，B 为备用单元，S_1、S_2 为转换器。一旦检测到工作单元出现故障，即通过转换器 S_1 和 S_2 把备用单元投入运行。

（3）表决系统

其逻辑结构图如图 6-53 所示。图中 A_1，A_2，…，A_n 为 n 个工作单元，M 为表决器。每个单元的信息输入表决器中，与其余信号比较。只有当有效单元数超过失效单元数时，才能作出输入为正确的判断。

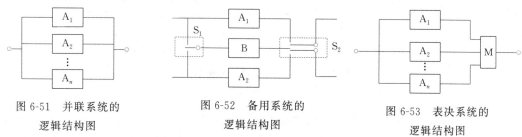

图 6-51　并联系统的逻辑结构图　　图 6-52　备用系统的逻辑结构图　　图 6-53　表决系统的逻辑结构图

一般而言，并联系统和备用系统的可靠程度高于单个设备。备用系统的可靠程度高于并联系统。表决系统仅在一定时间范围内，可靠程度优于单个设备。选择冗余结构时，除了考虑可靠程度以外，还要考虑性能价格比、可维护性、应用场合、扩展性能以及冗余结构本身的控制性能等综合因素作出决定。

无论采用何种冗余结构，当系统发生故障时，必须采取措施，如更换或切离故障装置、重新组合系统等。实施这种故障排除措施，称为冗余结构控制。

结构控制有逻辑结构控制与物理结构控制两种。所谓逻辑结构控制就是当二重化路径的一路出现故障时，由另一路取代。这种结构控制并不变更系统的物理连接关系；而物理结构控制则是变更系统物理结构连接关系，如变更输入输出设备的连接关系等。冗余结构控制有手动控制和自动控制两种方式。

6.9.3　采取抗干扰措施

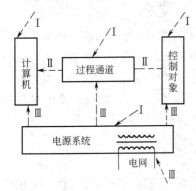

图 6-54　外界干扰进入系统的途径

在影响系统可靠性的诸多因素中，除了系统自身的内在因素外，另一类因素则来自外界对系统的干扰，包括空间电磁效应干扰、电网冲击波从电源系统空间感应进入控制系统带来的干扰等。对这一类因素的干扰必须采取措施抑制。外界干扰进入系统的途径示意如图 6-54 所示。图中 I 类干扰是空间感应干扰，它以电磁感应形式进入系统的任何部件和线路。II 类干扰是通过对通道的感应、传输耦合、地线联系进入通道部分的干扰。III 类干扰是电网的冲击波通过变压器耦合系统进入电源系统而传到各个部分的。针对不同的干扰有多种不同的抑制干扰措施，主要有屏蔽、滤波、隔离和吸收等。

（1）电磁干扰的屏蔽

主要是利用金属网、板、盒等物体把电磁场限制在一定空间内，或阻止电磁场进入一定空间。屏蔽的效果主要取决于屏蔽体结构的接缝和接触电阻。接缝和接触电阻会导致磁场或电场的泄漏。屏蔽可以直接利用设备的机壳实现。机壳可采用铝材料制成。

（2）隔离技术

常用的有隔离变压器和光电耦合器，如图 6-55 所示。光电耦合器是利用光传递信息的，它由输入端的发光元件与输出端的受光元件组成。由于输入与输出在电气上是完全隔离的，避免了地环路的形成。因而在计算机控制系统中得到了广泛的应用。

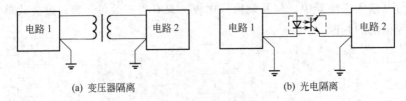

(a) 变压器隔离　　　　　　　　　　　(b) 光电隔离

图 6-55　信号隔离技术

（3）共模输入法

在计算机控制系统中，由于对象、通道装置比较分散，通道与被测信号之间往往要长线连接，由此造成了被测信号地线和主机地线之间存在一定的电位差，它作为干扰，同时施加在通道的两个输入端上，称为共模干扰。共模干扰的影响如图 6-56 所示。

共模干扰的抑制措施，常用的方法是：采用高共模抑制比的差动放大器、采用浮地输入双层屏蔽放大器、光电隔离、使用隔离放大器等。

例如，将输入信号的屏蔽层和芯线分别接到差动放大器的两个输入端，构成共模输入。这时因地线间的干扰电压不能进入差动输入端，因而有效地抑制了干扰。图 6-57 是其等效电路图，其中 V_S 是信号源，V_g 是干扰源。

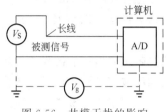

图 6-56　共模干扰的影响

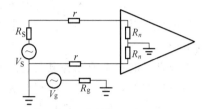

图 6-57　共模输入法等效电路

（4）电源系统的干扰抑制

由电源引入的干扰是计算机控制系统的一个主要干扰源。干扰有从交流侧来的，也有从直流侧来的。例如，由交流电网的负荷变化引入的 50Hz 正弦波的畸变；由交流输入电线接收的空间高频信号；交流电网的电压波动；直流稳压电源的母线上收到的干扰；电源滤波性能差、纹波大引起的干扰；由于数字电路的脉冲信号通过电源传输引起的交叉干扰等。对于不同的干扰需要采取相应的措施抑制。

① 交流侧干扰的抑制　对于交流侧的干扰主要采取以下一些方法抑制之。

ⅰ.滤波交流电源用的滤波器是一低通滤波器，一般采用集中参数的 π 型滤波器。滤波器的电容耐压应两倍于电源电压的峰值。有时也将数个具有不同截止频率的低通滤波器串联，以获得好的效果。对于这类滤波器，必须加装屏蔽盒，且滤波器的输入和输出端要严格隔离，防止耦合。

ⅱ.屏蔽变压器绕组加屏蔽后，初次级间的耦合电容可以大大减少。变压器屏蔽层要接地，初级绕组的屏蔽层接地是与交流"地"相接。而次级绕组的屏蔽层和中间隔离层都与直流侧的工作"地"相连，如图 6-58 所示。

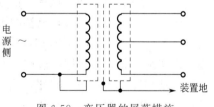

图 6-58　变压器的屏蔽措施

ⅲ.稳压对于交流电压的波动，可采用交流稳压器。对于大多数计算机控制系统而言都应有交流稳压器。另外，为了吸收高频的短暂过电压，可用压变电阻并接在交流进线处。

② 直流侧干扰的抑制　抑制直流侧的电源干扰，除了选择稳压性能好、纹波系数小的电源外，还要克服因脉冲电路运行引起的交叉干扰。主要使用去耦法，即在各主要的集成电路芯片的电源输入端，或在印刷电路板电源布线的一些关键点与地之间接入一个 $1\sim10\mu F$ 的电容。同时为了滤除高频干扰，可再并联一个 $0.01\mu F$ 左右的小电容。

（5）布线的防干扰原则

在控制设备的布线中要注意以下几点基本原则。

ⅰ.强、弱信号线要分开；交流、直流线要分开；输入、输出线要分开。

ⅱ.电路间的连线要短，弱电的信号线不宜平行，应为辫子线或双绞线。

ⅲ.信号线应尽量贴地敷设。对于集成电路的印刷板布线应注意，地线要尽可能粗、尽可能覆盖印刷板。在双面印刷板上，正反面的走线要垂直，走线应短，尽量少设对穿孔。对容易串扰的两条线要尽量不使它们相邻和平行敷设。

（6）接地设计

接地问题在计算机实时控制系统抗干扰中占有重要地位。可以说，如果把接地与屏蔽问题处理得好，就可以解决实时计算机控制系统中大部分干扰问题。当接地不当时，将引入干扰。

接地的含义可以理解为一个等电位点或等电位面。它是电路或系统的基准电位，但不一定为大地电位。保护地线必须在大地电位上；信号地线依据设计可以是大地电位，也可以不是大地电位。

接地设计目的在于消除各电路电流流经一个公共地线阻抗时所产生的噪声电压；避免受磁场和地电位差的影响，即不使其形成地环路；使屏蔽和滤波有环路；确保系统安全。

不同的地线有不同的处理技术。下面介绍一些实时控制系统中应该遵循的接地处理原则与技术，供实际应用时参考。

① 消除地环路　在低频电子线路（小于 1MHz）中，为了避免地线造成地环路，应采用一点接地原则，如图 6-59 所示。将信号源的地和接收设备的地接在一点，消除两个地之间的电位差及其所引起的地环路。

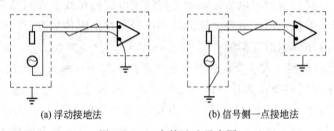

(a) 浮动接地法　　　　(b) 信号侧一点接地法

图 6-59　一点接地法示意图

在一点接地法中，共地点选在信号侧还是接收侧，要依实际情况而定。

对于高频电子线路来说，电感的影响将显得突出，因而增加了地线的阻抗并导致各电线间的电感耦合。因此在高于 10MHz 时应采用多点接地。当频率处于 1～10MHz 之间时，若采用一点接地，其地线长度不应超出波长的 1/20，否则应考虑多点接地。

对于使用屏蔽线的输入回路，当信号频率低于 1MHz 时，屏蔽层也应一点接地。屏蔽层的接地点与电路的接地点一致。

② 避免交流地与信号地公用　由于在电源地线的两点间可形成毫伏量级，甚至数伏的电压，这对于小信号电路而言，是一个很严重的干扰。因此，必须把交流地与信号地隔离开来，绝不能混用。

③ 浮动接地与真正接地的比较　浮动接地是指系统的各个接地端与大地不相连接，这种接地方法简单。但是对于与地的绝缘电阻要求较高，一般要求大于 50MΩ，否则由于绝缘的下降，会导致干扰。此外，浮动容易引起静电干扰。目前多数微型计算机系统采用浮动接地方式。

真正接地是指系统的接地端与大地直接相连。只要接地良好，这种方式的抗干扰能力就比较强，但接地工艺比较复杂。而且，一旦接地不良，反而会引起不必要的干扰。

④ 数字地　即逻辑地，主要是指 TTL 或 CMOS 印刷电路板的地端，作为数字逻辑的零位。在印刷电路板中，地线应呈网状，布线要避免形成环路，以减少干扰。此外，地线也

应考虑具有一定宽度，一般不要小于 3mm。

⑤ 模拟地　作为 A/D 转换、前置放大器、比较器等模拟信号传递电路的零电位。当模拟测量信号在毫伏级（0～50mV）时，模拟地的接法是相当重要的。主要考虑抗共模干扰的能力。

⑥ 功率地　作为大电流网络部件的零电位，如打印机电磁铁驱动电流、存储器的驱动电流等。功率地因流经电流较大，故线径比较粗。功率地应该与小信号地线分开，且与直流地相接。

⑦ 信号地　即传感器的低电位端。一般应以小于 5Ω 的接地电阻一点接地，是不浮动的地。

⑧ 小信号地　即小信号放大器（如前置放大器、功放线路等）的地端。由于输入信号一般是毫伏级甚至是微伏量级，所以接地应仔细。放大器本身的地端应采用一点入地方式，否则由于地线中的电位差，会引起干扰出现。

⑨ 屏蔽地（机壳地）　它是为防止静电感应和磁感应而设置的，也起安全保护作用。

对于电场屏蔽而言，主要解决分布电容的问题，通常接大地。对于高频发射电台所产生的电磁场干扰，应采用低阻金属材料制成屏蔽层，屏蔽层最好接大地。如果主要是对磁场进行屏蔽，则应采用高导磁材料使磁路闭合，且应以接大地为好。

当系统中有一个不接地的信号源和一个接地（不管是否真正接大地）放大器相连时，输入端的屏蔽应接到放大器的公共端。反之，当接地的信号源与不接地的放大器相连时，应把放大器的输入端接到信号源的公共端。一个系统的正确接地，也就是要处理好上述几种地线的连线，以及相互的关系。

（7）软件的抗干扰措施

在前面讨论的在控制算法中如何抗干扰的方法就是软件抗干扰的一种方法。软件设计的抗干扰措施包括数字滤波、软件固化、选择性控制、指令复执、自诊断、建立 RAM 数据保护区等。下面分别作一些说明。

① 数字滤波　就是利用程序对采样数据进行加工处理，去除或削弱干扰的影响，提高信号的真实度。数字滤波是最常见的抗干扰措施，对提高信号的可信度和精确性很有效果。

数字滤波有很多方法，如中值滤波、平均性滤波、一阶滞后滤波、判断性滤波等。这些方法针对不同的干扰可以收到明显的抗干扰效果。需要的时候，可以查阅有关文献。

② 软件固化　即把控制系统的软件，一次写入 EPROM 固化。这样，即使受到干扰冲乱程序时，配合重启动措施仍可恢复程序正常运行。而且，固化程序本身的内部也不怕受外界因素的破坏。

③ 选择性控制　在一个控制程序中研制两种不同的控制方法，一种用于正常运行的控制，另一种用于应付异常事故的处理，由此可以保证系统的安全运行。

④ 指令复执　当计算机发现错误后，把当前执行的指令重复执行若干次，称为指令复执。如果故障是瞬时性的，在指令复执几次后，便不会再出现故障，程序仍可以继续正常运行。指令复执的思想可以扩展到程序段的复执，效果较好。

⑤ 自诊断功能　有"在线"自诊断和"离线"自诊断两种方式。"离线"自诊断可以使用专门的诊断程序，对系统的各种功能进行全面的检查。"在线"自诊断，不能占用太多的计算机时间，诊断程序也不能占用太多的内存。因此"在线"自诊断可以是简易的、特征性的检查。

思考题与习题

1.计算机控制系统是由哪几部分组成的？各部分有什么作用？

2.计算机控制系统与常规的模拟控制系统相比，有哪些相同与不同点？

3.计算机控制系统按照控制目的不同一般分为哪些类型？各有什么特点？

4.试自拟一个对象，画出计算机数据采集处理系统的方框图，并注明各部件的名称。

5.某被控对象有 5 个模拟量控制回路和 3 个模拟量检测监视回路，试为该对象设计一个监督计算机控制系统，并画出方框图。

6.如何选择 A/D、D/A 转换器的位数及转换速度？

7.采样定理的内容是什么？

8.什么是计算机直接数字控制系统？它有什么特点？

9.DDC 的基本算法有哪些？各有什么优缺点？

10.什么叫位置式 PID 算法的饱和作用？如何加以抑制？

11.试列出一些改进的 PID 算法，并分析其改进特点及适用场合。

12.在计算机控制系统中，采样周期是如何确定的？为什么执行器响应速度较慢时采样周期可适当选大一些？

13.已知模拟控制器的传递函数 $G(s) = \dfrac{1+0.17s}{0.085s}$。现在要用数字 PID 算法来实现，试分别写出相应的位置式和增量式 PID 算法表达式。设采样周期为 $T_0 = 0.2\text{s}$。

14.如何进行数字 PID 控制器的参数整定？

15.可编程序控制器与普通模拟仪表相比有哪些异同及优点？

16.可编程序控制器由哪些部分组成的？各部分的主要作用是什么？

17.试简述可编程序调节器的基本工作过程。

18.DCS 的层次结构一般分为几层？各层的功能及相互联系是怎样的？相对于分层控制系统，DCS 有哪些主要特点？

19.概述 FCS 的含义、层次结构，分别叙述不同 FCS 标准的特点。

20.总结一下工业以太网和无线传感器网络控制的优点，并分析其难点。

21.计算机控制系统的设计有哪些基本原则？其设计步骤是怎样的？

22.如何提高计算机控制系统的可靠性？有哪些方法途径？

23.过程控制系统所处的干扰环境是极其恶劣的，试阐明它所受的干扰有哪些？

24.共模干扰与串模干扰各有何特点，它们是如何进入系统造成干扰的？

25.长线传输干扰为什么不可避免，如何加以抑制？

26.模拟地与数字地为何必须严格分开？

27.用于过程控制的计算机与通常的 PC 相比有哪些特点？

28.在计算机控制系统中，常用的抗干扰措施是什么？试分析合理接地的重要性。

29.试分析第 1 章习题 12 所示的蒸馏塔的工作原理，并为其设计计算机控制系统，并分析采用计算机控制系统的优点。

7 典型过程控制系统应用方案

7.1 热交换器温度反馈——静态前馈控制系统

7.1.1 生产过程对系统设计的要求

在氮肥生产过程中有一个变换工段，把煤气发生炉来的一氧化碳同水蒸气的混合物转换生成合成氨的原料气，在转换过程中释放出大量的热量，使变换气体温度升高，变换气体在送至洗涤塔之前需要降温，而进变换炉的混合物需要升温，因此通常利用变换气体来加热一氧化碳与水蒸气的混合气体，这种冷、热介质的热量交换是通过热交换器来完成的。在许多工业生产过程中都用到热交换器设备，对热交换器设备的控制就显得非常重要。

热交换器主要的被控制量是冷却介质出热交换器的温度。图 7-1 表示一个进、出热交换器的典型参数。其中加热介质是工厂生产过程中产生的废热热源（成品、半成品或废气、废液），为了节省能量，这部分热量要求最大限度地加以利用。所以通常不希望对其流量进行调节，而被加热介质的温度一般是通过调节被加热介质的流量来实现的。

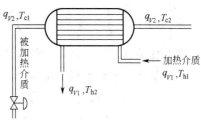

图 7-1 热交换器及其有关工艺参数

7.1.2 系统组成

根据稳态时的热平衡关系，若不考虑散热损失，则加热介质释放的热量应该等于被加热介质吸收的热量，即

$$q_{V1} c_1 (T_{h1} - T_{h2}) = q_{V2} c_2 (T_{c2} - T_{c1}) \tag{7-1}$$

式中　q_{V1}，q_{V2}——分别为加热介质与被加热介质的体积（或质量）流量，m^3/s（或 kg/s）；

c_1，c_2——分别为加热介质与被加热介质的平均比热容，$kJ/(kg \cdot K)$；

T_{h1}，T_{h2}——分别为加热介质进、出热交换器的温度，℃ 或 K；

T_{c1}，T_{c2}——分别为被加热介质进、出热交换器的温度，℃ 或 K。

由式（7-1）可以得到各个有关变量的静态前馈函数计算关系式

$$q_{V2} = \frac{c_1}{c_2} \cdot \frac{T_{h1} - T_{h2}}{T_{c2} - T_{c1}} q_{V1} = K \frac{\Delta T_h}{\Delta T_c} q_{V1} \tag{7-2}$$

式中，$K = \dfrac{c_1}{c_2}$。静态前馈函数的实施线路如图 7-2 的虚线框中所示。当 T_{h1}、T_{h2}、T_{c1} 或 q_{V1} 中的任意一个变量变化时，其变化都可以通过前馈函数部分及时调整流量 q_{V2}，使这些变量的变化对被控制变量 T_{c2} 的影响得到补偿。

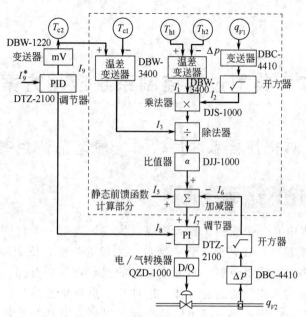

图 7-2　热交换器温度反馈-前馈控制系统的组成

本系统设计的关键是正确设置比值器的系数 α 与加减器的偏置信号 I_5，下面通过具体数据来说明这些系数的设置情况。

有两股气体在热交换器中进行热量交换。已知 $K=c_1/c_2=1.20$，在正常情况下 $T_{h1}=380℃$，$T_{h2}=300℃$，$T_{c1}=150℃$，$T_{c2}=260℃$，$q_{V1}=0.125\text{m}^3/\text{s}$，$q_{V2}=0.109\text{m}^3/\text{s}$。选择电动单元组合仪表 DDZ-Ⅲ 型组成控制系统，线路中的乘法器与除法器可以用一台型号为 DJS-1000 的乘除器代替，比值器与加减器可以用一台 DJJ-1000 的通用加减器代替。电动单元组合仪表 DDZ-Ⅲ 型的仪表信号范围为 4～20mA（或 1～5V DC）。若取 T_{c2} 温度变送器的量程为 100℃，仪表零位为 210℃，则可以得到 T_{c2} 温度变送器的仪表转换系数为

$$K_{T_{c2}}=\frac{(20-4)\text{mA}}{100℃}=0.16\text{mA}/℃$$

温差变送器 $\Delta T_c=T_{c2}-T_{c1}$ 与 $\Delta T_h=T_{h1}-T_{h2}$ 的量程取为 150℃，仪表零位为 0℃，则可得温差变送器的仪表转换系数为

$$K_{\Delta T_c}=K_{\Delta T_h}=\frac{(20-4)\text{mA}}{150℃}=0.1067\text{mA}/℃$$

流量变送器 q_{V1} 与 q_{V2} 的量程均为 $0.178\text{m}^3/\text{s}$，则可知其仪表转换系数分别为

$$K_{q_{V1}}=K_{q_{V2}}=\frac{(20-4)\text{mA}}{0.178\text{m}^3/\text{s}}=89.888\text{mA}/(\text{m}^3/\text{s})$$

由此可以求得在正常工况下各个变送器的输出信号值分别为

$$I_1=K_{\Delta T_h}\times(380-300)+4=12.54\text{mA}$$
$$I_3=K_{\Delta T_c}\times(260-150)+4=15.74\text{mA}$$
$$I_2=K_{q_{V1}}\times0.125+4=15.24\text{mA}$$
$$I_6=K_{q_{V2}}\times0.109+4=13.81\text{mA}$$

$$I_9 = K_{T_{c2}} \times (260 - 210) + 4 = 12\text{mA}$$

求出正常工况下 DJS-1000 乘除器的输出信号为

$$I_4 = n\frac{(I_1 - 4)(I_2 - 4)}{I_3 - 4}$$

取 $n = 1.2$，则 $I_4 = 9.81\text{mA}$。

假设生产过程的各个变量都保持在正常工况下的数值，则前馈函数的输出信号应该等于 I_6，即

$$\alpha I_4 = I_6$$

故知比值器的系数为

$$\alpha = \frac{I_6}{I_4} = \frac{13.81}{9.81} = 1.408$$

PI 控制器的输入信号为

$$I_人 = I_7 - I_8 = I_5 + \alpha I_4 - I_6 - I_8$$

因为 PI 控制器是一种无静差的控制器，因此在稳态时，$I_人 = 0$，若取 $I_6 = \alpha I_4$，则有

$$I_5 = I_8$$

I_8 为 T_{c2} 控制器的控制点，一般设置为仪表信号的中间值，即 $I_8 = 12\text{mA}$，因此 I_5 取 12mA。

T_{c2} 温度变送器、PID 控制器、PI 控制器、q_{V2} 流量变送器、电/气转换器与 q_{V2} 控制阀门组成一个串级控制系统，T_{c2} 为主被控变量，q_{V2} 为副被控变量。这个串级控制系统与静态前馈函数计算回路组成一个复合控制系统。这种控制系统对于来自 q_{V2}、T_{c1}、T_{h1}、T_{h2} 或 q_{V1} 的扰动，都具有很高的适应能力。

7.2　单回路控制系统的应用

在现代工业生产装置自动化过程中，即使在计算机控制获得迅速发展的今天，单回路控制系统仍在非常广泛地应用。据统计，在一个年产 30 万吨合成氨的现代化大型装置中，约有 85% 的控制系统是单回路控制系统。所以，掌握单回路控制系统的设计原则应用对于实现过程装置的自动化具有十分重要的意义。

单回路控制系统结构简单，投资少，易于调整、投运，又能满足一般生产过程的工艺要求。单回路控制系统一般由被控过程 $W_o(s)$、测量变送器 $W_m(s)$、控制器 $W_c(s)$ 和控制阀 $W_v(s)$ 等环节组成，如图 7-3 所示为用拉氏变换表示的单回路控制系统的基本结构框图。下面通过一个工程设计实例说明单回路控制系统的应用，来达到举一反三之目的。

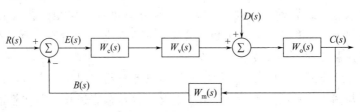

图 7-3　单回路控制系统基本结构框图

7.2.1 生产工艺简况

图 7-4 所示为牛奶类乳化物干燥过程中的喷雾式干燥工艺设备。由于乳化物属于胶体物质，激烈搅拌易固化，不能用泵输送。故采用高位槽的办法，即浓缩的乳液由高位槽流经过滤器 A 或 B（两个交换使用，保证连续操作），除去凝结块等杂物，再通过干燥器顶部从喷嘴喷出。空气由鼓风机送至换热器（用蒸汽间接加热），热空气与鼓风机直接来的空气混合后，经过风管进入干燥器，从而蒸发出乳液中的水分，成为奶粉，并随湿空气一起输出，再进行分离。生产工艺对干燥后的产品质量要求很高，水分含量不能波动太大，因而对干燥的温度要求严格控制。试验证明，若温度波动小于 ±2℃，则产品符合质量要求。

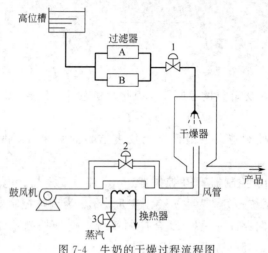

图 7-4　牛奶的干燥过程流程图

7.2.2 系统设计

（1）被控变量与控制变量的选择

① 被控变量选择　根据上述生产工艺情况，产品质量（水分含量）与干燥温度密切相关。若测量水分的仪表精度不够高，可采用对间接参数温度的测量，因为水分与温度一一对应。因此必须控制温度在一定值上，故选用干燥器的温度为被控变量。

② 控制变量选择　若知道被控过程的数学模型，则可以选取可控性良好的参量作为控制变量。在未掌握过程的数学模型情况下，仅以图 7-4 所示装置进行分析。影响干燥器温度的因素有乳液流量 $f_1(t)$、旁路空气流量 $f_2(t)$、加热蒸汽量 $f_3(t)$。选取其中任一变量作为控制变量，均可构成温度控制系统。图中用控制阀位置代表三种控制方案，其框图分别如图 7-5、图 7-6、图 7-7 所示。

按照图 7-5 分析可知，乳液直接进入干燥器，滞后最小，对于干燥温度的校正作用最灵敏，而且干扰进入位置最靠近控制阀 1，似乎控制方案最佳。但是，乳液流量即为生产负荷，一般要求能保证产量稳定。若作为控制变量，则在工艺上不合理。所以不宜选乳液流量为控制变量，该控制方案不能成立。

再对图 7-6 进行分析，可以发现，控制旁路空气流量与热风量混合后，再经过较长的风管进入干燥器。与图 7-5 所示方案相比，由于混合空气传输管道长，存在管道传输滞后，故控制通道时间滞后较大，对于干燥温度校正作用的灵敏度要差一些。

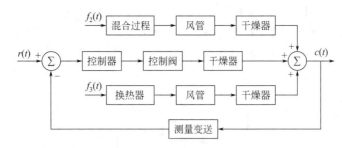

图 7-5　乳液流量为控制参数时的系统框图

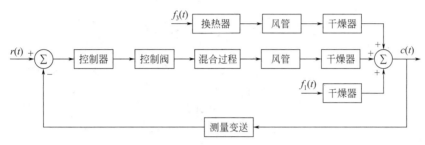

图 7-6　风量作为控制参数时的系统框图

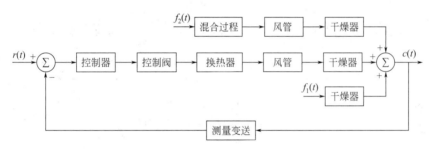

图 7-7　蒸汽流量作为控制参数时的系统框图

若按照图 7-7 所示控制换热器的蒸汽流量，以改变空气的温度，则由于换热器通常为一双容过程，时间常数较大，控制通道的滞后最大，对干燥温度的校正作用灵敏度最差。显然，选择旁路空气量作为控制变量的方案相对最佳。

（2）过程检测控制仪表的选用

根据生产工艺和用户的要求，选用电动单元组合仪表（DDZ-Ⅲ型）。

① 测温元件及变送器　被控温度在 500℃以下，选用铂热电阻温度计。为了提高检测精度，应用三线制接法，并配用 DDZ-Ⅲ 型热电阻温度变送器。

② 控制阀　根据生产工艺安全原则及被控介质特点，选用气关形式的控制阀；根据过程特性与控制要求，选用对数流量特性的控制阀；根据被控介质流量，选择控制阀公称直径和阀芯直径的具体尺寸。

③ 控制器　根据过程特性与工艺要求，可选用 PI 或 PID 控制规律；根据构成系统负反馈的原则，确定控制器正、反作用方向。

由于本例中选用控制阀为气关式，则控制阀的放大系数 K_v 为负。对于过程放大系数 K_o，当过程输入空气量增加时，其输出（水分散发）亦增加，故 K_o 为正。一般测量变送器的放大系数 K_m 为正。为了使系统中各环节静态放大系数极性乘积为正，则控制器的放

大系数 K_c 取负,即选用正作用控制器。

(3) 画出温度控制流程图及其控制系统方框图

温度控制流程图及其控制系统方框图如图 7-8 所示。

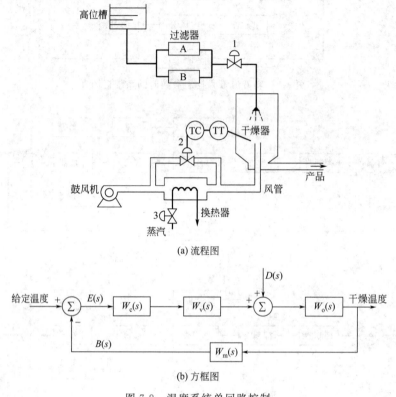

(a) 流程图

(b) 方框图

图 7-8　温度系统单回路控制

(4) 控制器参数整定

为了使温度控制系统能运行在最佳状态,可以按照控制器工程整定方法中的任一种进行控制器参数的整定。

7.3　流体输送设备的控制

7.3.1　概述

一个生产流程中的各个生产设备,均由管道中的物料流和能量将它们连接在一起,以进行各种各样的化学反应、分离、吸收等过程,从而生产出人们所期望的产品。物料流和能量流都称为流体,流体有液体和气体之分,通常固体物料也转化成流态化的形式在管道中输送。为了强化生产,流体常常连续传送,以便进行连续生产。用于输送流体和提高流体压力的机械设备,统称为流体输送设备。其中输送液体并提高其压力的机械称为泵,而输送气体并提高其压力的机械称为风机和压缩机。

流体输送设备的任务是输送流体。在连续的生产过程中,除了在特殊情况下开停机、泵的程序控制和信号连锁动作外,所谓对流体输送设备的控制,其实质是为了实现物料平衡的流量、压力控制,以及诸如离心式压缩机的防喘振控制这样一类为了保护输送设备安全的控制方案。所以，在本章中将着重讨论流体输送的流量、压力的基本控制方案和离心式压缩机的防喘振控制。

流体输送设备控制系统具有如下几个特点。

ⅰ.控制通道的对象时间常数小，一般需要考虑控制阀和测量元件的惯性滞后。这是由于在流量控制系统中，受控变量和操纵变量常常是同一物料的流量，只是检测点和控制点处于同一管路的不同位置。因此对象时间常数一般很小，故广义对象特性必须考虑测量元件和控制阀的惯性滞后，而且对象、测量元件和控制阀的时间常数在数量级上相同，显然系统可靠性较差，频率较高。为此，控制器的比例度需要放得大些，积分时间在 0.1min 到数分钟的数量级。控制阀一般不装阀门定位器，以避免定位器引入的串级内环造成系统振荡加剧，可控性差。

ⅱ.测量信号伴有高频噪声。目前，流量测量的一次元件常采用节流装置。由于流体通过节流装置时喘动加大，使受控变量的测量信号常常具有脉动性质，混有高频噪声，这种噪声会影响控制品质，故应考虑测量信号的滤波。此外，控制器不应加微分作用，因为微分对高频信号很敏感，会放大噪声，影响控制的平稳度。为此，工程上往往在控制器与变送器之间，引入反微分环节，以改善系统的品质。

ⅲ.静态非线性。流量广义对象的静态特性往往是非线性的，特别是在采用节流装置测量流量时更为严重。为此常可适当选用控制阀的流量特性来加以补偿，使广义对象达到的静态特性近似线性，以便克服负荷变化对控制品质的影响。

ⅳ.流量控制系统的测量仪表精确度要求无须很高，在物料平衡控制中，常常将流量控制作为一个复杂回路中的副环，它的设定值是浮动的。所以，对流量控制回路的测量仪表，在精度上并没有过高的要求，而保持变差小、性能稳定则是需要的。只有当流量信号同时要作为经济核算所用，或是其他需要测准的场合，才需满足相应的精度要求。

7.3.2　泵及压缩机的典型控制方案

（1）防止喘振的泵输出压力控制方案

① 泵的工作特性与防止喘振的措施　泵可分为离心泵和容积泵两大类，而容积泵又可分为往复泵、旋转泵。由于工业生产中以离心泵的使用更为普遍，所以下面将仔细地介绍离心泵的特性及控制方案。在大型生产过程中，由于强化生产，时常引起泵的喘振。离心泵的工作特性如图 7-9 所示。在正常情况下，泵送出多少流体至管网，用户就从管网取走多少流体，泵处于稳定工作状态。但是如果用户需要的流体突然减少，泵输出的流体会在管网里堆积起来，使其压力

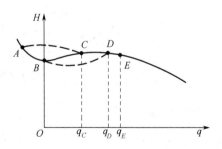

图 7-9　离心泵的工作特性曲线

上升，泵的工作点就沿着图 7-9 中的 *CDE* 曲线移动到 *C* 点，因泵输出的压力受机器限制不能再继续升高，此时管网压力就会大于泵的最大输出压力，导致流体倒流。倒流开始后管网压力下降，工作点由 *C* 移到 *A* 点并继续移到 *B* 点，泵产生空转，使工作点滑行至 *D* 点。如此过程重复进行，就产生一种破坏力极大的喘振现象。

由图 7-9 可以看出，如果输出流量不低于 q_C，泵就不会产生喘振。因此可以利用高值选择器，把压力与流量控制系统统一起来，组成如图 7-10 所示的压力与流量选择性控制系

统。为了安全起见，流量控制系统的给定值取为：$q_{给定} = q_C$。

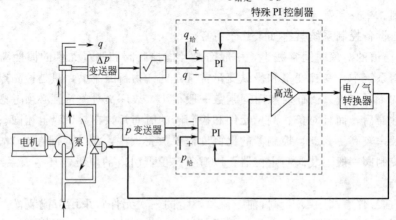

图 7-10 防止泵喘振的流量与压力控制系统的组成

② 一种防止喘振的特殊控制器 本例介绍一种专门的特殊控制器，由两个积分外反馈型的 PI 控制器与一个高值选择器构成，其控制器线路如图 7-11 所示。图中 A_1 与 A_4 分别组成一个比例运算器，A_3 与 A_6 分别组成一个积分运算器，A_2 与 A_5 分别组成一个 1：1 的加法器，A_7 与 A_8 及 D_1 与 D_2 组成一个高值选择器。

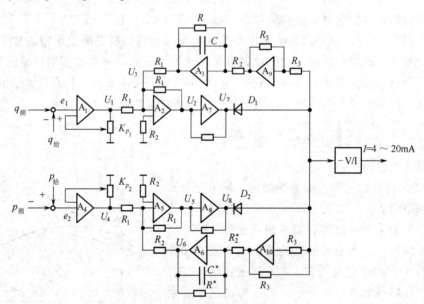

图 7-11 特殊控制器的组成线路原理图

③ 系统切换条件的分析 下面分析 q 回路处于工作状态、p 回路处于等待状态时，线路中信号之间的关系。此时，A_7 的输出呈现低电平状态，因而 U_2 能通过 A_7 与 D_1 输出；由图 7-11 可知，当 $q_{给} > q_{测}$ 时，U_2 为高电平，经反相后变成低电平，低电平信号能通过二极管 D_1 输出。由图还可以得出如下关系式

比例器的运算关系式

$$\frac{U_1(s)}{E_1(s)} = -K_{p_1} \tag{7-3}$$

式中，K_{p_1} 为 U_1 的分压系数。

惯性环节的运算关系式
$$\frac{U_3(s)}{U_7(s)}=\frac{1}{T_{i_1}s+1}\tag{7-4}$$

式中，$T_{i_1}=RC$。

加法器的运算关系式为
$$U_2(s)=-U_1(s)-U_3(s)\tag{7-5}$$

且
$$U_7(s)=-U_2(s)\tag{7-6}$$

将上述各式联立后得到

$$U_2(s)=K_{p_1}E_1(s)+\frac{1}{T_{i_1}}+1U_2(s)$$

或者写成
$$U_2(s)=K_{p_1}\left(1+\frac{1}{T_{i_1}s}\right)E_1(s)\tag{7-7}$$

由于 p 回路处于等待状态，运算放大器 A_8 处于高电平，受到二极管 D_2 的阻断，因此运算放大器 A_{10} 的输入信号仍然是 U_7。同样可得

比例运算关系式
$$\frac{U_4(s)}{E_2(s)}=-K_{p_2}\tag{7-8}$$

惯性环节的运算关系式
$$\frac{U_6(s)}{U_2(s)}=\frac{-1}{T_{i_2}s+1}\tag{7-9}$$

式中，$T_{i_2}=R^*C^*$。

U_5 的输出信号为
$$U_5(s)=K_{p_2}E_2(s)+\frac{1}{T_{i_2}s+1}U_2(s)\tag{7-10}$$

式（7-10）表明，等待回路的输出信号受工作回路的输出信号影响。当 U_2 稳定时，U_5 也稳定下来，避免通常等待回路由于输出切断，而输入没有切断所产生的积分饱和现象。当 q 回路工作、p 回路等待时，由式（7-7）与式（7-10）可得

$$U_2(t)=K_{p_1}e_1(t)+\frac{K_{p_1}}{T_{i_1}}\int e_1(t)\mathrm{d}t\tag{7-11a}$$

$$U_5(t)=K_{p_2}e_2(t)+(1-e^{-\frac{t}{T_{i_2}}})U_2(t)\tag{7-11b}$$

U_2 稳定后，经过一段时间以后，$e^{-\frac{t}{T_{i_2}}}\approx0$，故有
$$U_5(t)=K_{p_2}e_2(t)+U_2(t)\tag{7-12}$$

从 q 回路切换到 p 回路时，$U_5\approx U_2$，可见，从 q 回路切换至 p 回路的切换条件是
$$e_2(t)\approx0\tag{7-13}$$

同理可知，从 p 回路切换至 q 回路的条件是 $e_1(t)\approx0$。由于任一回路被切断都处于该回路是控制偏差为零的状态，所以切换时被切换的控制器不会产生输出的突变，保证了切换过程平滑地进行。

（2）压缩机输出压力控制系统

为了防止压缩机喘振，常常限制其吸入流量，不使它低于某一界限值，并且通过控制回流量来控制吸入流量。这种控制方式，在压缩机入口压力变化较大的场合下，会有许多能量消耗在压缩机自身的回流上。因此，在此介绍一种既防喘振又比较节能的压缩机输出压力控制系统的设计方法。压缩机喘振时，其吸入流量同输出压力 p_2 与输入压力 p_1 之比有关，

图 7-12 表示临界喘振时 p_2/p_1 与吸入流量 $q_入$ 的关系曲线。一般的控制方法是维持 $q_入 > q_k$（q_k 为临界流量），由于 $q_入$ 要求较大，当从外界输入的流量较小的场合，就要求从压缩机输出的流量 q 中分出一部分来打回流。q_k 越大，回流量就越大。如果将压缩机吸入流量的给定值按照下列关系式随动设置，即可以大大减少流量的空循环。

$$q_{吸入给定} = q_0 + K \frac{p_2}{p_1} \tag{7-14}$$

式（7-14）可以用图 7-13 所示的气动单元组合仪表来实施线路。

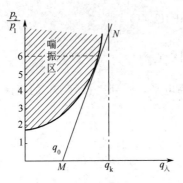

图 7-12　压缩机喘振曲线

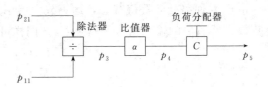

图 7-13　式(7-14) 函数的实施线路

应用气动除法器时，需要注意不要使被除数信号大于除数信号，否则除法器的输出信号会超过工作信号的范围，控制系统就无法正常工作（这种现象与计算机溢出停机同样道理）。尽管压缩机的输出压力 p_2 大于吸入压力 p_1，但可以通过选择变送器的量程，使 p_2 变送器的输出信号 p_{21} 任何时候都小于 p_1 变送器的输出信号 p_{11}。本例中的工艺条件是压比为 5，在正常工况下，$p_1 = 0.5\text{MPa}$，$p_2 = 2.5\text{MPa}$，因此选择 p_1 变送器的量程为 $0 \sim 0.6\text{MPa}$，p_2 变送器的量程为 $0 \sim 4.0\text{MPa}$。由于气动变送器的标准信号为 $20 \sim 100\ \text{kPa}$，则在正常工况下，p_1 变送器的输出信号为

$$p_{11} = (0.1 - 0.02) \times \frac{0.5}{0.6} + 0.02 = 0.0866 (\text{MPa}) \tag{7-15a}$$

p_2 变送器的输出信号为

$$p_{21} = (0.1 - 0.02) \times \frac{2.5}{4.0} + 0.02 = 0.070 (\text{MPa}) \tag{7-15b}$$

则除法器的输出信号为

$$p_3 = (0.1 - 0.02) \frac{p_{21} - 0.2}{p_{11} - 0.2} + 0.02 = 0.0801 (\text{MPa}) \tag{7-15c}$$

由于 $p_{21} < p_{11}$，保证了从两个压力变送器至除法器这一段的线路能正常工作。

比值器系数与负荷分配器常数设置需要根据式（7-14）与流量变送器量程来确定。

已知 $q_0 = 120\text{m}^3/\text{h}$，$K = 60\text{m}^3/\text{h}$，当最大压缩比 $(p_2/p_1)_{\max} = 6$ 时，$q_{\max} = 480\text{m}^3/\text{h}$，因此选择 q 变送器的量程为 $480\text{m}^3/\text{h}$。流量变送器由差压变送器与开方器组成，因而开方器的输出信号 p_6 同测量流量 q 之间有如下关系

$$p_6 = (0.1 - 0.02) \frac{q}{q_{\max}} + 0.02 (\text{MPa}) \tag{7-16a}$$

q 的正常流量值为

$$q = 120 + 60 \times \frac{p_2}{p_1} = 120 + 60 \times 5 = 420 (\text{m}^3/\text{h})$$

故　　　　　　$$p_6 = (0.1 - 0.02) \times \frac{420}{480} + 0.02 = 0.09 (\text{MPa}) \qquad (7\text{-}16\text{b})$$

负荷分配器的运算式为

$$p_5 = p_4 + C \qquad (7\text{-}17)$$

式中，C 为一个可调系数，C 可以在 -0.1MPa 至 $+0.1\text{MPa}$ 之间连续可调。C 值等于 q_0 值对应的仪表信号，即

$$C = (0.1 - 0.02) \times \frac{120}{480} = 0.02 (\text{MPa}) \qquad (7\text{-}18)$$

比值器的系数 α 满足下式条件

$$(p_3 - 0.02)\alpha + 0.02 + C = p_6 \qquad (7\text{-}19)$$

因此　　　　　　$$\alpha = \frac{p_6 - C - 0.02}{p_3 - 0.02} = \frac{0.09 - 0.02 - 0.02}{0.0801 - 0.02} \approx 0.832 \qquad (7\text{-}20)$$

由此组成的控制系统如图 7-14 所示。这里主要讨论了压缩机吸入流量的给定值计算线路，其他部分的分析可详见参考文献 [56]。

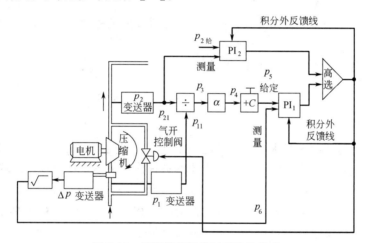

图 7-14　压缩机节能控制系统的组成

7.4　反应器的控制 *

化学反应器是化工生产中的重要设备。反应器的操作往往是整个生产的关键，它直接影响到生产产量、质量指标以及能源消耗。化学反应器的种类繁多，反应过程复杂，要控制的指标既相互关联，又难以直接测量。所以，对反应器进行自动控制不仅非常必要，而且有一定的难度。下面从化学反应的特点和规律、化学反应器的控制要求以及控制方案等几方面逐步探讨化学反应器的控制。

7.4.1　化学反应的特点与基本规律

（1）化学反应的特点

化学反应的本质是物质的原子、离子的重新组合，使一种或几种物质变成另一种或几种

物质。一般可用下列化学反应方程表示

$$aA + bB + \cdots \Leftrightarrow cC + dD + \cdots + Q \tag{7-21}$$

例如，氨合成反应可写成

$$3H_2 + N_2 \Leftrightarrow 2NH_3 + Q \tag{7-22}$$

式中，A、B 等称为反应物；C、D 等称为生成物；a、b、c、d 等则表示相应物质在反应中消耗或生成的摩尔比例数；Q 为反应的热效应。Q 值可以从手册中或用测量的方法获得。它与热熵的变化值 ΔH 在数值上相等，符号相反，即 $\Delta H = -Q$。例如，对于放热反应，Q 为正，而随着热量的放出，系统本身的热熵下降，ΔH 为负值。

化学反应过程具有下列一些特点。

ⅰ.化学反应遵循物质守恒和能量守恒定律，因此，反应前后物料平衡，总的热量也平衡。

ⅱ.反应严格地按反应方程式所示的摩尔比例进行。

ⅲ.化学反应过程中，除发生化学变化外，还发生相应的物理等变化，其中比较重要的有热量和体积的变化。

ⅳ.许多化学反应需要在一定的温度、压力和催化剂存在等条件下才能进行。

（2）化学反应的基本规律

要设计好化学反应器的控制方案，必须掌握化学反应的基本规律。现介绍几个反应工程中常用的概念。

① 化学反应速度　单位时间单位容积内某一组分 A 生成或反应掉的摩尔数，称为化学反应速度，即

$$r_A = \pm \frac{1}{V} \frac{dn_A}{dt} \tag{7-23}$$

影响化学反应速度的因素很多，有反应物浓度、反应温度、压力、催化剂等。

理论和实验表明，反应物的浓度与反应速度有这样的关系：反应物浓度越高，反应速度越快。而反应温度对反应速度的影响极为复杂，大体可归结为图 7-15 所示的几种情况。在固相和液相反应中，压力不影响反应速度；但对于气相反应或有气体存在的反应，压力增加时，浓度增加，所以反应速度也增加。催化剂对反应速度的影响是通过改变活化能达到的，由于活化能的改变对反应速度影响很大，所以催化剂对反应速度的影响也很大。

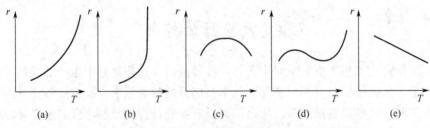

图 7-15　温度与反应速度的关系

② 化学平衡　对于可逆反应，在一定温度下，当达到某一反应深度时，正逆反应速度相等，总的反应速度等于零，此时就称反应达到了化学平衡。化学平衡是一种动态平衡，也是一种极限状态。越接近平衡，总反应速度越小，所以建立平衡要相当长的时间。

影响化学平衡的主要因素有：浓度、压力和温度。实验表明，增加反应物浓度或降低生

成物浓度，平衡向增加生成物方向，即沿正反应方向移动；反之，增加生成物浓度或降低反应物浓度，平衡向增加反应物方向，即沿逆反应方向移动。这一结论的实际意义是：① 在生产过程中为了充分利用原料，提高产量，可以使产物不断离开反应区，即降低生成物浓度，使平衡向正方向移动；② 在生产中为了充分利用某一反应物料，可以使另一反应物的原料过量，增加反应物浓度，促使反应沿增加生成物方向进行，保证某一反应物原料的充分反应。压力是通过改变单位体积内分子数，增加或减少分子间相互碰撞机会而影响反应的。因此，只要反应中有气体存在，压力对平衡就有影响。实验证明，增加总压力，平衡向摩尔数减少的反应方向移动。升高温度使分子运动加速，对正逆反应都有利，但影响的程度不同。实验证明，升高反应温度，有利于放热反应，平衡沿吸热方向移动。

上述影响可归结为理查德平衡移动原理，这一原理指出：如果改变平衡状态时的条件之一，平衡被破坏，平衡向减弱这种改变的方向移动。

（3）反应的转化率、产率和收率

设有下列化学反应　　　　　　　　　　　$A+B$

其中 A 为主反应物，不过量，则可作如下定义

$$转化率\ y=\frac{反应掉的\ A\ 物料量}{进入反应器的\ A\ 物料量}\times100\% \tag{7-24}$$

$$产率\ \phi=\frac{转化为产品\ C\ 的\ A\ 物料量}{反应掉的\ A\ 物料量}\times100\% \tag{7-25}$$

显然，如不存在副反应，则产率为100%。

转化率与产率的乘积称为收率，即

$$收率\ \phi=\frac{转化为产品\ C\ 的\ A\ 物料量}{进入反应器的\ A\ 物料量}\times100\% \tag{7-26}$$

转化率、产率或收率是表征反应质量的重要指标，对于不存在副反应的场合，它们三者是统一的，可用任一指标来衡量反应的好坏；而对于有副反应存在的场合，则必须认真分析，根据生产的要求来选择，一般以收率高作为目标函数为好。

影响转化率、产率或收率的因素，一般有进料浓度、反应温度、压力、停留时间、催化剂和反应器类型等。通常情况下，反应温度相同时，停留时间越长，则转化率越高。但当停留时间已经很长时，继续增加停留时间，影响并不显著，而在相同停留时间下，随着反应温度的上升，反应加快，转化率也上升，当达到一定程度时，再增加反应速度，转化率的变化将不明显。

7.4.2　化学反应器的控制要求和手段

在设计反应器的控制方案时，首先要弄清反应器的控制要求和可能的控制手段。关于控制要求可以从下列几个方面考虑。

① 控制指标　根据反应器及其在内进行的反应不同，其控制指标可以选择反应转化率、产品的质量、产量等直接指标，或与它们有关的间接工艺指标，例如温度、压力等。

② 物料平衡和能量平衡　为了使反应器的操作能够正常进行，必须在反应器系统运行过程中保持物料与能量的平衡。例如，为了保持热量平衡，需要及时除去反应热，以防热量的积聚；为了保持物料的平衡，需要定时地排除或放空系统中的惰性物料，以保证反应的正常进行。

③ 约束条件　与其他化工单元操作设备相比，反应器操作的安全性具有更重要的意义，这样就构成了反应器控制中的一系列约束条件。例如，不少具有催化剂的反应中，一旦温度过高或反应物中含有杂质，将导致催化剂的破坏和中毒；在有些氧化反应中，反应物的配比不当会引起爆炸；流化床反应器中，流体速度过高，会将固相吹走，而流速过低，又会导致固相沉降等。因此，在设计中经常配置报警、连锁或选择性控制系统。

控制指标的选择常常是反应器控制方案设计中的一个关键问题，应按照实际情况作出选择。如有条件直接测量反应物的成分，例如黄铁矿焙烧炉的出口二氧化硫浓度，可选择成分作为直接被控变量，或选择某种间接的参数，例如一个绝热反应器的出料与进料的温差表征了反应器的转化率

$$y = \frac{\gamma c_p (T - T_f)}{x_0 H} \tag{7-27}$$

当进料浓度 x_0 恒定时，温差 $(T - T_f)$ 就与 y 成正比。这就是说，转化率 y 越高，放热量就越大，$(T - T_f)$ 也越大，所以可以取 $(T - T_f)$ 作为 y 的间接指标。最常用的间接指标是反应器的温度，但是对于具有分布参数特性的反应器，应注意所测温度的代表性。

此外，由于影响反应的因素大部分都是从外部进入反应器的，所以保证反应质量的一种最简单的方法就是尽可能将干扰排除在进入反应器之前，即将进入反应器的各个参数维持在规定的数值。这类控制系统通常有如下几种。

① 反应物流量控制　保证反应器进入量的稳定，将使参加反应的物料比例和反应时间恒定，并避免由于流量变化而使反应物料带走和放出的热量发生变化而引起反应温度的变化。这在转化率低、反应热较小的绝热反应器或反应器温度高、反应放热大的反应器中更显得重要。因为前者流量变化造成带走的热量变化，对反应器温度影响大；后者流量变化造成进入反应器的物料变化使反应放出的热量变化大，对反应器温度影响也大。

② 流量比值控制　在上述物料流量控制中，如果每个进入反应器的物料都设有流量控制，则物料间的比值也得到保证。但这只能保证静态比例关系，当其中一个物料由于工艺等原因不能进行流量控制时，就不能保证进入反应器的各个物料之间成一定的比例关系。在控制要求较高，流量变化较大的情况下，针对上述情况可采用单闭环比值控制或双闭环比值控制系统。在有些化学反应过程中，当需要两种物料的比值根据第三参数的需要不断校正时，可采用变比值控制系统。

③ 反应器入口温度控制　反应器入口温度的变化同样会影响反应。这对反应体积较小，反应放热又不大的反应影响更显著，这时需要稳定入口温度。但是对反应体积大，又是强烈放热反应时，入口温度变化对反应影响较小，入口温度控制相对来说比较麻烦，常常不加控制。

④ 冷却剂或加热剂的稳定　冷却剂或加热剂的变化影响热量移走或加入的大小，因此，常需稳定其流量或压力。但冷却剂或加热剂往往作为反应温度控制的操纵变量，因此，一般对它们的流量不进行控制，有时作为与反应温度串联控制时的副变量。如果它们上游的压力变化较大，通常设置压力控制，以减少流量的变化。

7.4.3　反应器温度被控变量的选择

化学反应器的控制指标主要是反应的转化率、产量、收率、主要产品的含量和产物分布等。用这些变量直接作为被控变量，反应要求就直接得到了保证。但是，这些指标大多数是

综合性指标，还无法测量。目前，在化学反应器的反应过程控制中，温度和上述这些指标关系密切，又容易测量，所以大多用温度作为反应器控制中的被控变量。为了保证反应质量，也可把直接指标和温度两个被控变量结合起来，用成分等参数作为主变量，用温度作为副变量；或者，用成分作为监测手段，人工修正作为被控变量的温度的设定值。

必须指出，温度作为反应质量的控制指标是有一定条件的。只有在其他许多参数不变的条件下，才能正确反映反应情况。因此，在温度作为反应器控制指标时，要尽可能保证物料量等其他参数的恒定。

另外还需指出，反应器的反应温度是个总体概念。具体选取哪一点的温度能够反映整个反应器情况，把它作为被控变量，需要很好的斟酌。一般来说，对于间歇搅拌反应釜、连续搅拌反应釜、流化床、鼓泡床等内部具有强烈混合的反应器，反应器内温度分布比较均匀，检测点位置变化的影响不大，都能代表反应釜的温度。对于其他连续生产的反应器（例如固定床、管式反应器），反应情况好坏，并不取决于反应器内某一点的温度，而是取决于整个反应器的温度分布情况。只有在一定的温度分布情况下，反应器才处于最佳的反应状态。因此，如何选择一些比较关键的点，使它能反映整个反应情况，或者能够反映反应器的温度分布情况，是反应器温度控制的一个关键。对于这一类反应器，温度检测点大致有反应器的进口、出口、反应器内部和反应器进出口温差四种。下面对这四种情况作一说明。

（1）以出口温度作为被控变量

在反应变化不大的情况下，出口温度在一定程度上反映了转化率。但是，当出口温度发生变化，通过控制回路调节，由于控制滞后，不合格的产品已经离开反应器，而且，反应器出口温度一般并不是最高的，反应变化较大时，难以避免反应器内局部温度急剧升高，造成催化剂破坏。对反应在出口处已经趋向平衡的反应器，出口温度就不能灵敏地反映反应的最终情况。因此，直接用出口温度作为被控变量是不多见的。

（2）以反应器内热点作为被控变量

热点即为反应器内温度最高的一点。这点温度得到控制，可防止催化剂的破坏。但是，热点往往随着催化剂的使用时间增加而移动。图 7-16 是实例之一，随着使用时间的增加，热点逐渐向床层内部移动。用热点作为被控变量时，应该对反应器多取几个测量点，以确定热点的位置。同时，随着热点的转移，检测点位置也应该跟着转移。热点往往对干扰不够敏感，因此，在控制上常与对干扰敏感的敏点串联，构成串级控制回路。

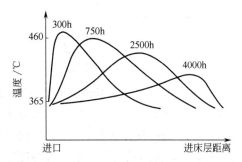

图 7-16 反应器热点与催化剂使用时间的关系

敏点位置一般在热点之前，它也会转移，要用实测决定它的所在位置。当敏点和热点的距离较近时，则串级失去了意义。对于固定床或管式反应器，在许多场合，两点的位置是较接近的。

（3）以进口温度作为被控变量

反应温度变化是由热量不平衡所引起的。对具体反应器、催化剂稳定情况下，这个不平衡就是由散热情况和进入反应器的物料状态变化所引起的。当反应比较复杂，难以测定反应的变化时，可以设想，不管反应器里面进行怎样的化学反应，只要控制好进入反应器的物料状态和冷却情况，以后反应的结果大体上就有了保障。在进料的组分变化不大、流量有了自动控制系统以后，反应物料的入口温度就基本上决定了反应的结果。因此，可以用进口温度作为被控变量，控制反应器的反应。

这种控制方式，通常在反应热还比较小的时候还可以；当反应热比较大，其他参数又有较大变化时，它仅仅是控制反应前情况，不能反映反应过程及终了的情况。因此，在实际中仅仅用入口温度的自动控制作为反应器的质量控制是很少的。

（4）以温差作为被控变量

如果反应是绝热的，则由热量衡算式知，转化率和进口温差成正比。用温差作为被控变量反映转化率，可以排除进料流量和温度引起反应温度变化而影响转化率，它比用反应温度衡量转化率更精确些。但是，它使用的条件必须是绝热反应。而且，温差控制并不能保证反应器本身温度的恒定。温差恒定，反应器温度可以变动，从而影响到反应速度等其他因素，使反应不一定处于合适的状态。同时，一般情况下，温差控制的稳定性比较差，不易控制。只有在工况比较稳定的情况下，温差控制才能较正常运行。

7.4.4 以温度作为控制指标的控制方案

（1）单回路控制系统

图 7-17 和图 7-18 所示为两个单回路温度控制系统，反应热量由冷却剂带走。

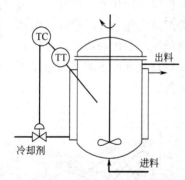 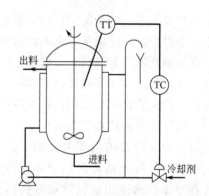

图 7-17 单回路控制系统   图 7-18 强制循环的单回路控制系统

图 7-17 的控制方案是通过冷却剂的流量变化来稳定反应温度。冷却剂流量相对较小，釜温与冷却剂温度差较大，当内部温度不均匀时，易造成局部过热或过冷。

图 7-18 的控制方案是通过冷却剂的温度变化来保持反应温度不变。冷却剂是强制循环式，流量大，传热效果好，但釜温与冷却剂温度差较小。

除了控制出口温度外，也可以通过控制进料温度来维持反应器温度的稳定，图 7-19 所示即为控制反应物进料温度的一个例子。在该流程中，为了尽可能回收热量，采用进口物料与出口物料进行热交换，以提高进料温度。对于这种流程，如果对进口温度不进行控制，则在过程中存在着正反馈作用。当出现干扰使反应温度上升，经过热交换后，使进料温度升高，从而促使反应温度的进一步升高，由此形成恶性循环，造成严重的后果。为此，常与进口温度的自动控制系统相配合，以切断这个正反馈通道。

（2）串级控制系统

上述的简单温度控制系统常用载热体作为控制手段，其滞后时间较大，对温度控制质量有较大影响，有时满足不了工艺要求。为此可以采用串级控制方案，例如对于釜式反应器，可以采用反应温度对载热体流量的串级控制，反应温度对载热体阀后压力的串级控制，反应温度对夹套温度的串级控制等，到底采用哪种方案，应视扰动情况而定。

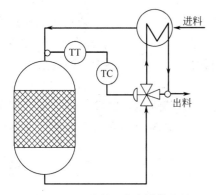
图 7-19　以进料温度为被控变量

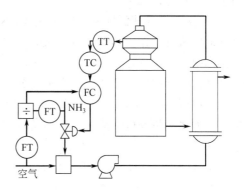
图 7-20　氨氧化炉温度的串级控制系统

图 7-20 所示的是稀硝酸生产过程中，氧化炉温度对氨空比的串级控制系统。氨氧化炉是将氨气与空气中的氧气在高温、催化剂条件下进行反应，反应极为迅速，且是一个强烈的放热反应。其反应式为

$$4NH_3 + 5O_2 \longrightarrow 4NO + 6H_2O + Q$$

工艺要求氧化率在 97% 以上，但转化率无法测量，通常以氧化炉反应温度作为间接指标来进行控制，以满足工艺要求。影响氧化炉反应温度的扰动因素有氨气总管压力（决定了氨气流量）、温度、空气流量、温度及催化剂活性等，而这些扰动因素中，氨气流量与空气流量的比值（即氨空比）对反应温度的影响最大。如果采用氧化炉温度为被控变量，氨气流量为操纵变量的简单控制系统，则由于控制通道滞后较大，当扰动稍大时，反应温度最大偏差就达10℃。为此采用图 7-20 所示的串级控制系统，以克服扰动的影响，满足了工艺生产的要求。

（3）前馈控制系统

若生产负荷（进料流量）变化较大时，可以采用以进料流量为前馈信号的前馈-反馈控制系统来提高控制质量，如图 7-21 所示。

（4）分程控制系统

在间歇操作的釜式反应器中进行的放热反应，开始时由于物料温度很低，需要加热升温至一定温度才能开始反应，待聚合反应进行后，又需要把反应产生的热量移走以保持反应器内的温度。为此有必要同时连接冷热两种载体，此时可采用分程控制，如图 7-22 所示，即用一个控制器的输出控制两个阀门。

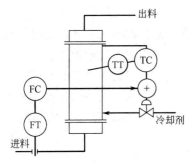
图 7-21　反应器的前馈-反馈控制方案

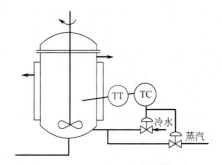
图 7-22　反应器的分程控制方案

（5）分段控制系统

分段控制的原理如图 7-23 所示，它是根据工艺要求将每段温度控制在相应的温度上，多用于以下两种情况。

ⅰ.使反应沿最佳温度分布曲线进行。对于可逆放热反应，要使其反应历程总体速度快，就应按最佳轨迹操作，即沿最佳温度、最佳转化率曲线（如图 7-24 中虚线所示）进行。在实际操作中，为实现这个目的，常采用温度分段控制的方法。例如，在丙烯腈生产中，丙烯进行氨氧化的沸腾床反应器就常常采用分段控制。

ⅱ.在有些反应中，反应物料存在着温度稍高就会局部过热，造成分解、暴聚等现象。如果反应为强放热反应，热量移去不及时或不均匀，这种现象更易发生。为避免这种情况，也常用分段控制。

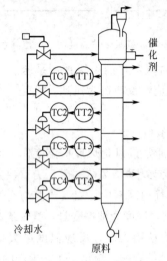

图 7-23　反应器的分段控制原理图

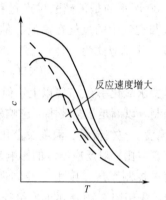

图 7-24　最佳温度最佳转化率曲线

7.5　精馏塔的控制

7.5.1　概述

精馏是石油化工等行业中广泛应用的一种传质过程，根据混合物各组分在同一温度下蒸汽分压的不同，即挥发度的不同，由精馏过程可以使液相中的轻组分转移到气相，气相中的重组分转移到液相中，达到分离混合物的目的。

精馏过程一般由再沸器、冷凝器、精馏塔、回流罐和回流泵等设备组成。再沸器位于塔底，为液相轻组分向气相转移提供所需的能量，冷凝器将上升的蒸汽冷凝，并提供回流。精馏过程的产品一般由塔顶和塔底馏出，以馏出液中轻组分的纯度为质量指标。

精馏是一个很复杂的传质过程，从精馏塔来看，它是一个多输入多输出的过程，机理复杂，动态响应迟缓，且工艺差别很大，对控制提出了很高的要求，且精馏过程是整个石化行业中耗能最大的典型单元操作，约占行业总能耗的 40% 左右，所以精馏塔的控制效果对提高塔效率和节约能源有重大意义。

7.5.2 精馏塔的基本关系

精馏过程的顺利进行建立在物料平衡和能量平衡基础之上，而扰动也是通过这两个平衡关系进行作用的。下面以二元简单精馏为例，介绍一下这两个基本关系。

物料平衡
$$\frac{D}{F}=\frac{x_F-x_B}{x_D-x_B} \tag{7-28}$$

$\frac{D}{F}$ 增大，x_D 减小，x_B 减小。

式中　F，D，B——进料、顶馏出液和底馏出液流量；

x_F，x_D，x_B——进料、顶馏出液和底馏出液中轻组分含量。

能量平衡
$$\frac{V}{F}=\beta \ln s \tag{7-29}$$

式中，分离度 $s=\dfrac{x_D(1-x_B)}{x_B(1-x_D)}$。$s$ 增大，x_D 增大，x_B 减小。说明塔系统分离效果增大。β 为塔特性因子，V 为上升蒸汽量，是由再沸器施加热量来增大的。$\frac{V}{F}$ 增大，分离效果增大，能耗增大。对于一个既定的塔，进料组分一定，$\frac{D}{F}$ 和 $\frac{V}{F}$ 一定，x_D、x_B 完全确定。

7.5.3 精馏塔的控制要求及干扰因素

精馏塔的控制目标就是要在保证产品质量的前提下，使塔的总成本最小，总收益最大。基于此，具体设计控制系统时可以从以下四个方面来考虑。

（1）产品质量控制

精馏塔的质量指标指塔顶或塔底产品的纯度（即组分浓度）。一般，塔顶或塔底中一端产品满足一定纯度，而另一端产品纯度在规定范围之内，也可以两端产品都满足一定纯度，二元精馏就是这种情况。通常，产品浓度要求只需满足使用即可，如果过高，对控制系统的偏离度要求就高，增大操作成本。

（2）物料平衡控制

目标是控制回流罐和塔釜液位一定，维持物料平衡，保证精馏塔的正常平稳操作。

（3）能量平衡控制

精馏过程的能源消耗是多方面的，除了再沸器、冷凝器外，塔身、附属设备以及管线都会有热量消耗。能量平衡控制的目标是在维持塔内操作压力一定的条件下，使输入、输出能量处于平衡。

（4）约束条件控制

精馏过程的进行是在一定的约束条件下进行的，通常有下列一些约束条件：最大气相速度限、最小气相速度限、操作压力限和临界温度限。

最大气相速度限指精馏塔上升蒸汽速度超过一定值，就会造成雾沫夹带，出现液泛现象，也称为液泛限；如果上升蒸汽速度低于一定值时，就托不起上层液相，造成漏液，这就是最小气相速度限，又称为漏液限；操作压力指精馏塔都有一定的操作压力，如果超过该值，就会影响两相平衡，并且对塔的安全造成威胁。

精馏塔的干扰因素主要来自进料状态，即进料流量 F、进料成分 x_F、进料温度 T_F。

另外，再沸器的加热蒸汽压力、冷凝器冷却水压力和温度以及外界环境温度都会对精馏过程产生干扰，在具体设计控制系统时，能对这些扰动因素加以控制，对精馏过程的正常运行极为有利。

7.5.4　被控变量的选择

精馏塔的控制目标是控制塔底、塔顶产品的组分浓度，即以 x_B、x_D 为质量指标。通常，有两类质量指标的选取方法：直接质量指标和间接质量指标。直接质量指标就是直接以产品的组分浓度为被控变量。从控制目标来看，直接以产品成分为被控变量应该是最为理想的，但实际应用中，由于检测成分信号的成分分析仪表可靠性差、测量滞后大、价格昂贵等因素而较少采用，所以一般采用的是间接质量指标，通常以温度为被控变量。对于二元精馏塔来说，在塔的操作压力一定的条件下，温度与成分之间成一一对应关系，即使对于多元精馏来说，由于石化精馏产品多为碳氢化合物，所以塔压一定时，温度与成分之间亦有近似对应关系，误差较小，所以采用温度作为被控变量是可行的。

精馏塔的温度控制根据温度检测点位置不同，可以分为三种情况：精馏段温度控制、提馏段温度控制和中温控制。精馏段温度控制指为了保证塔顶产品的质量，而将温度检测点放在离塔顶较近的塔板上；提馏段温度控制与精馏段类似，将测量温度的检测点放在离塔底较近的塔板处；所谓中温控制，就是指把温度检测点放在加料板附近的塔板上，这样可及时发现操作线左右移动的情况，并可兼顾塔顶、塔底的组分变化。实际上，采用精馏段温控和提馏段温控时，由于塔顶或塔底附近的塔板相互之间的温差很小，不能及时反映产品质量的变化，所以一般将温度检测点放在精馏段或提馏段的灵敏板上。

所谓灵敏板，就是指塔受到干扰或控制作用时，温度变化最大的塔板。可以先通过逐板计算得到灵敏板的大致位置，然后在这个大致位置的塔板附近布多个检测点，最终确定灵敏板的位置。

上述实施温度控制时，假设精馏塔的操作压力是一定的。在一般的场合下，塔压的微小变化对产品质量不会有太大的影响，但在一些要求较高的精馏过程中，塔压的微小变化将使产品组分浓度发生很大的波动，这种情况下，应考虑采用具有压力补偿的温度控制系统，常用的方法有：温差控制、双温差控制和计算控制。

① 温差控制　以保持塔顶或塔底产品的纯度不变为前提。塔压波动时，塔板上的温度会有所变化，但变化方向是一致的，大小也基本一致，因此，温差变化非常小。通常选择塔顶附近或塔底附近塔板的温度为基准温度，另一端检测点选择相应精馏段或提馏段的灵敏板，以此温度差 ΔT 为被控变量，则压力波动的影响几乎可以相互抵消。

② 双温差控制　实施温差控制时，温差设定值必须合理，如果过大，会使温差和成分成非单值函数关系，影响操作。为此，可以考虑采用双温差控制，即将分别在精馏段、提馏段上采到的温差信号相减，并以此差值为被控变量。

③ 计算控制　也称直接压力补偿，可以根据式（7-30）求得。

$$T=T_0-\Delta T=T_0-K(p-p_0) \tag{7-30}$$

式中　p——塔压测量值；

p_0——额定值；

K——常数；

T_0——额定温度设定值。

应该注意，这种补偿方法只适用于小范围压力波动。

7.5.5 精馏塔的控制

精馏塔的控制过程中，经常采用复杂控制系统如前馈、串级、均匀、比值以及选择性控制系统，这里只讨论基本的控制系统。

精馏塔有多个被控变量和操纵变量，合理的将这些变量配对，并依此设计控制系统有利于精馏塔的平稳操作和塔效率的提高。根据欣斯基（Shinsky）关于精馏塔控制的三条准则——仅需要控制塔一端的产品时，选用物料平衡控制方式；塔两端产品流量较小时，应作为操纵变量去控制两端产品质量；如果两端都进行质量控制时，杂质较多的一端采用物料平衡控制，杂质较少的一端采用能量平衡控制。精馏塔常见的基本控制方案如图 7-25 所示。

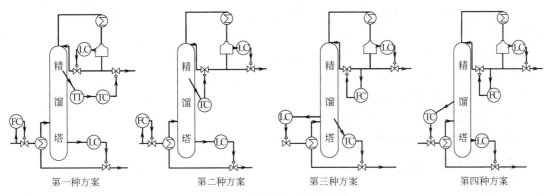

图 7-25 精馏塔基本控制方案

第一种：也称为精馏段直接物料平衡控制。该方案的被控变量是精馏段的温度，操纵变量为塔顶馏出液 D，加热蒸汽量 Q 不变。优点是物料和能量平衡之间的关联最小，内回流受环境温度影响小，有利于精馏塔的平稳操作，另外，由于操纵变量是 D，所以若产品不合格则可以马上停止出料。缺点是控制回路滞后大，改变 D，不能直接影响温度，还必须通过回流罐内液位变化，影响回流量，才能间接影响到精馏段温度，动态响应缓慢，尤其是如果回流罐容积很大，则滞后更大。因此，这种方式的控制系统适用于馏出液 D 很小（回流比大），回流罐容积适中的精馏塔。

第二种：也称为精馏段间接物料平衡控制。该方案与第一种方案一样，被控变量也是精馏段温度，但操纵变量是回流量 L，加热蒸汽量 Q 恒定。该方案优点和缺点刚好和第一种方案相反，它动态响应快，温度稍有变化，即可通过调节回流量加以控制，能够很好地克服扰动，但是物料与能量平衡之间的关联较大，不利于精馏塔平稳操作，并且内回流量受环境温度变化影响大，这个方案一般用在回流比 $L/D < 0.8$，并且要求滞后小的场合，是最为常用的方案。

第三种：即提馏段直接物料平衡控制。该方案以提馏段温度为被控变量，塔底馏出液 B 为操纵变量，回流量一定。物料和能量平衡关系关联较小，B 较小时，操作平稳，产品不合格不出料，但是控制回路滞后大，动态响应差。适用于 B 很小且 $B < 0.2V$ 的场合。

第四种：提馏段间接物料平衡控制。被控变量是提馏段温度，加热蒸汽量 Q 为操纵变量，对回流量采用定值控制。这种控制系统，滞后小，反应迅速，利于迅速克服进入提馏段的干扰，保证产品质量。缺点就是关联较大。适用于 $V/F<2.0$ 的场合。

正如前文所述，精馏塔控制方案采用温度作为被控变量，是以塔压恒定为前提条件的，精馏塔操作压力发生波动时，就必须对其控制。塔压控制一般有三种类型：常压塔、减压塔、加压塔压力控制，其中加压精馏塔压力控制又可分为四种情况：液相出料，馏出物含微量不凝物；液相出料，馏出含少量不凝物；液相出料，馏出物含大量不凝物；气相出料。限于篇幅，此处不再详述，请参考相关文献资料。

7.6 计算机数字控制的典型实例
——炉温控制系统的计算机控制

某真空电阻炉（在实验室里该炉也可以用油槽代替）的加热功率为 5kW，实验室工作环境。控制任务要求如下。

ⅰ.给定值在 100～300℃之间实现恒温控制；

ⅱ.控制精度为 5%（全量程允许误差±5℃）；

ⅲ.实时数字显示温度；

ⅳ.温度超过 330℃时要有报警指示；

ⅴ.可以在线改变给定温度。

7.6.1　控制方案设计

（1）目标和任务估计

从控制任务要求可知是单点、恒值控制。控制范围和精度要求一般，功能上无特殊要求。可采用一般的闭环控制系统实现。

（2）元件选择

① 计算机的选择　按上述要求只需单点控制和显示，没有特别的数据处理任务。因此适宜于采用嵌入式微控制器控制。为了使系统结构紧凑，采用国内应用非常广泛的 80C51 系列 8 位微控制器为核心组成控制系统。该系列多种型号之间引脚兼容，可根据系统规模相互替换，开发和升级都很方便。

② A/D 转换器的选择　假定控制范围设定为 0～330℃。若选用 8 位 A/D 转换器，其分辨率约为 1.5℃/字。它虽然在±5℃的允许误差范围之内，但是裕量太小。因为系统的其他环节，特别是传感元件的非线性，也会产生误差引起精度损失，因此实际精度很难达到要求。若选用 10 位 A/D 转换器，其分辨率为 0.3℃/字，在要求的精度范围内有较大裕量，可以满足要求。若采用 12 位的 A/D 转换器，其分辨率约为 0.1℃/字，但是由于其他环节对精度的影响，单纯过高追求 A/D 的高分辨率是一种资源浪费。而且无论采用 10 位，还是 12 位 A/D 转换器，与 8 位 CPU 连接都比较麻烦，增加了系统的复杂性。

针对本系统的实际情况，实际控温范围只有（330－100）℃＝230℃，因此可用 8 位 A/D 转换器，再加放大器偏置措施实现。所谓偏置，在本系统中就是调整放大器的零点，当温度达到 80℃时，放大器才开始有输出，并且调整其放大倍数，保证在 330℃时，其输出为最大（与 A/D 匹配）。这样，采用 8 位的 A/D 转换器，也可以达到 1℃/字的分辨率。

对于 A/D 转换器的速度，没有过高的要求，采用一般中速芯片如 ADC0809 即可满足。

③ 传感元件的选择　根据控温范围，选用镍铬-镍铝（K 型）热电偶可以满足。

下面根据它的分度表列出几个在控制范围内的数据：

温度/℃	80	100	150	200	250	300
毫伏值/mV	3.266	4.095	6.137	8.137	10.151	12.207

可见，其线性度比较好，如果不进行非线性补偿，把 100～300℃ 之间作为线性看待，下面具体分析一下由于非线性带来的误差。

100～300℃ 的平均斜率为　$(12.207-4.095)/(300-100)=0.04$（mV/℃）

下面列出几个考虑偏置之后实际温度值与计算温度值的偏差：

实际温度值/℃	100	150	200	250	300
计算温度值/℃	100.75	151.75	202	251.75	300.75
误　　　差/℃	0.75	1.75	2	1.75	0.75

可见，把 100～300℃ 之间作为线性对待，产生的误差最大约 2℃，因此是允许的，程序将不再作非线性补偿。

④ 执行元件的选择　电阻加热炉按通常方法，采用晶闸管（SCR）做功率控制。根据炉子功率小、惯性小的特点，为了减少炉温的波动，对输出通道采用较高分辨率的方案。因此采用移相触发方式，并且由模拟触发器实现移相触发。

⑤ D/A 转换器的选择　D/A 转换器的位数一般可低于 A/D 的位数。因为一般控制系统对输出通道分辨率的要求比输入通道低。因此选用常用的 DAC0832 芯片。

⑥ 放大器的选择　因为要求偏置，又需要对热电偶进行冷端补偿，故采用常规的 DDZ-Ⅲ系列温度变送器。

⑦ 显示元件的选择　采用 8 位 7 段 LED 显示器，其中 4 位用于显示设定温度值，另 4 位用于显示实测炉温。由前面误差分析，测量值误差不超过 2℃，因此，设定值和测量值只用后三位显示器，而最高位用于指示运行状态。因此扩展一片 82C55，A 口和 B 口分别作为段码锁存器，C 口用于位选，整个显示过程为动态扫描。

⑧ 给定元件的选择　为方便设定值的输入和炉温的操纵，故采用 3×4 行列式键盘输入，其中前 10 个键用于输入数字 0～9，另两个键分别用于"设定/确认"和"启动/停止"。按键在程序中通过扫描读入。

（3）软件控制方案的确定

按照系统的要求，采用程序巡回控制方式或者定时中断控制方式都可以实现。为了便于功能的扩充，便于使用动态显示，采用定时中断控制方式。定时中断由定时器 T0 的溢出来触发，定时长度 50ms。

7.6.2　硬件线路

根据上述分析，具体的硬件线路表示于图 7-26。

扩展 I/O 口 82C55、ADC 0809 和 DAC 0832 的地址分配采用线选方式，其中 82C55 地址为 0FB00H～0FB03H；ADC 0809 地址为 0FE00H～0FE07H（启动通道 0～7），读数据地址可与启动相同；DAC 0832 的地址为 0FD00H，接成一步直通的方式（$\overline{WR_2}$、$\overline{XFER}$ 均接地）。

图 7-27 给出了 SCR 触发器线路图。

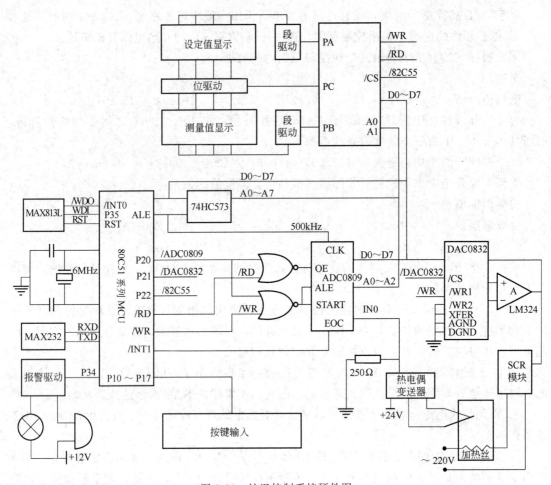

图 7-26 炉温控制系统硬件图

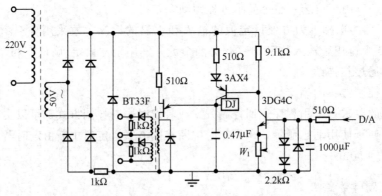

图 7-27 SCR 触发器的电路图

　　需要说明的是，随着集成电路技术的发展，出现了结构更先进、功能更丰富的微控制器产品，这里做的硬件设计仅供参考。实际应用中应尽量选用新型器件。

7.6.3 控制算法的确定

（1）对象特性的测量与识别

按照阶跃响应法测得加热炉的飞升曲线如图 7-28 所示。

从曲线形状确认为带纯滞后的一阶惯性对象，但纯滞后时间不长，其传递函数为

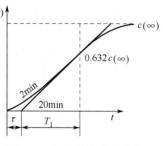

图 7-28　加热炉的飞升曲线

$$G(s) = \frac{K e^{-\tau s}}{T_1 s + 1} \qquad (7\text{-}31)$$

实测得　　　$T_1 = 20 \text{min}$　　　$\tau = 2 \text{min}$　　　$K = 6$

因此有　　　$G(s) = \dfrac{6}{1200 s + 1} e^{-120 s}$

（2）控制算法的确定

因为控制算法由程序实现，不需要附加硬件。所以为了增加灵活性和修改调整方便，程序按照 PID 算法编程，然后在实际调试时再确定 P、I、D 之间的比例，或者消去 I 或 D 的成分。

因为执行元件是 SCR，因此要采用位置式 PID 算法

$$u(k) = u(k-1) + K_P e(k) + K_I e(k) + K_D [e(k) - e(k-1)] \qquad (7\text{-}32)$$

参数 K_P、K_I、K_D 的确定方法如下。

一般可以在开环情况下测得广义飞升曲线。由于本系统放大器、SCR、热电偶等其他元件的滞后和惯性时间相对于加热炉对象而言，都是很小的。因此可用对象飞升曲线近似表示系统开环的广义飞升曲线。

由此可得基准参数　$\tau = 2 \text{ min}$　　　$T_1 = 20 \text{ min}$　　　$T_1/\tau = 10$

取控制度为 1.2，根据阶跃响应曲线法的经验公式得

$$K_P = 1.00 \times \frac{T_1}{\tau} = 10$$

$$T_I = 1.9\tau = 1.9 \times 120 = 228 \text{(s)}$$

$$T_D = 0.55\tau = 0.55 \times 120 = 66 \text{(s)}$$

采样周期 $T = 0.16\tau = 0.16 \times 120 = 19.2$（s），取为 20s。

计算得

$$K_I = K_P \times \frac{T}{T_I} = 10 \times \frac{20}{228} = 0.877 \qquad \text{取为 1.0}$$

$$K_D = K_P \times \frac{T_D}{T} = 10 \times \frac{66}{20} = 33 \qquad \text{确定为 33}$$

这些值都是近似值，需要在实际调试时进行反复调整才能最后确定。

7.6.4　程序流程框图

图 7-29 表示了炉温控制的主程序流程图，图 7-30 表示了中断服务程序流程图。程序清单略。

7.6.5　控制系统的调试

以下的调试工作是在硬件已正常工作的条件下进行的。

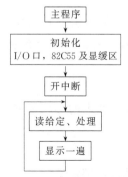

图 7-29　炉温控制主程序流程图

（1）输入通道的调整

温度变送器偏置调整：本系统的偏置温度是 80℃，相应的热电偶毫伏值为 3.266mV。调整步骤是输入 3.266mV 直流电信号，调整偏置电位器，使变送器从有输出下调至 0 为止。

温度变送器放大倍数调整：本系统温度测量上限值为 330℃（13.456mV），因此放大倍数的计算值为

$$K=\frac{5000}{13.456-3.266}\approx 490$$

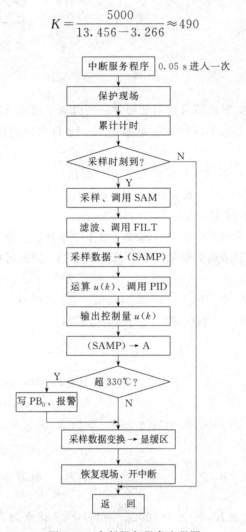

图 7-30　中断服务程序流程图

5V 的放大器输出对应的 A/D 转换数字量为 255，因此实际调整步骤为输入 13.456mV，调整放大倍数使 A/D 输出为 FFH（255），并校验几点。校验几点后若都能与计算值相符，说明 A/D 和放大器的线性都是符合要求的，可以保证系统精度。

（2）输出通道调整

调整 SCR 触发电路，在最大和最小的控制量输出范围内，应有足够大的移相范围，以及当控制量最大时，晶闸管离全导通尚有一定余量，以保证控制速度。

（3）PID 参数的现场调整

根据 P、I、D 对系统性能影响的方向，对 K_P、K_I、K_D 进行试凑性细调整，直到得到满意的效果。

思考题与习题

1. 离心式压缩机防喘振的控制方案有什么特点？

2. 单回路控制系统的主要应用场合有哪些？

3. 为什么选择控制参数时要从分析过程特性入手？怎样选择一个可控性良好的量作为控制参数？

4. 化学反应器对自动控制有什么基本要求？

5. 为什么大多数反应器的主要被控量都是温度？

6. 生产过程一般对换热器控制系统有什么要求？

7. 精馏塔的控制要求有哪些？干扰因素有哪些？

8. 精馏塔的控制变量为什么要选择温度？其温度控制的类型有哪些？作用分别是什么？

8 先进过程控制系统简介

8.1 概 述

过程控制诞生后不久，就被人们接受，并得到了广泛的应用。随着现代控制理论与计算机技术等学科的发展，为了满足工业生产过程自动化的迫切要求，自从 20 世纪 70 年代以来，国内外控制界大力致力于过程控制的研究和开发。例如对建模理论、在线辨识技术、系统结构、控制方法等开始突破了传统的 PID 控制方法，并且已取得了成功应用的新进展。纵观控制系统的体系结构，它的发展经历了以下几个阶段。

第一阶段为气动控制系统（pneumatic control system，PCS）这个阶段主要指 1950 年以前，以 2～10kPa 气动信号为标准信号的控制系统。

第二阶段为电动模拟控制系统（analogy control system，ACS）。这个阶段是指 1960 年以后出现的 4～20mA 和 0～10mA 电动模拟信号的统一标准信号的控制系统。

第三阶段为集中式计算机控制系统（centralized control system，CCS）。这个阶段是指 1970 年以后出现的以计算机为指挥中枢，具有环节集中管理的控制系统。由于这种系统控制集中，可靠性很令人担忧，因此很快被可靠性更好的系统取代。

第四阶段为分布式计算机控制系统（distributed control system，DCS）。这个阶段出现的 DCS 系统正是在 CCS 基础上发展起来的，它克服了 CCS 系统的可靠性方面的缺陷，成为工业过程控制发展史上的一个里程碑。

第五阶段是现场总线控制系统（fieldbus control system，FCS）。这个阶段是在 20 世纪 70 年代中期网络技术发展的基础上出现的，随着网络技术的发展，DCS 出现了开放式系统，实现多层次计算机网络构成的管理-控制一体化。在控制的低层，各国厂商纷纷推出了各种数字化智能变送装置和智能化数字执行机构，以现场总线为标准，实现以微处理器为基础的现场仪表与控制系统之间的全数字化的双向通信和工作站之间的通讯。随着网络技术的发展，在总线控制技术上发展起来的工业以太网（Ethernet）控制技术也开始得到广泛应用。

从另外一个角度纵观控制策略和控制算法，曾出现了简单控制系统、复杂控制系统、先进控制系统。简单控制系统是指单变量的 PID 控制系统。复杂控制系统是指在简单控制的基础上，加入串级控制等构成的控制系统。先进控制系统是指针对工业过程本身的非线性、时变性、耦合性和不确定性的特点，而采用的自适应控制、推断控制、预测控制、模糊控制、非线性控制、智能控制和人工神经网络控制等系统。本章将对其中几种先进控制系统作一简单介绍。

8.2 自适应控制系统

8.2.1 基本概念

自适应控制系统是指能够适应被控过程参数的变化，自动地调整控制的参数从而补偿过程特性变化的控制系统。自适应控制系统的适应对象是：非线性的工业对象和非定常而具有时变特性的工业对象。因为传统的线性控制是根据线性化模型和其稳态工作点以及过程参数的值而设计的。当过程的稳态工作点改变时，需要调整控制器参数来补偿这种变化，这时可采用自适应控制系统。自适应控制系统的工作特点是：首先测量系统的输入和输出值，根据这些值产生系统的动态特性，再与希望系统比较，从而在自适应机构中决定该如何改变控制的参数和结构，以保证系统的最优性能。由适应机构输出信号改变控制方式，使被控对象达到合适的控制。由此可见，自适应控制的工作特点是：辨识、决策、控制。

8.2.2　自适应控制系统的基本类型

工业上常用的自适应控制系统的形式很多，目前理论上较完整、应用较为广泛的自适应控制系统主要有以下三类。

① 简单自适应控制系统　它可用一些简单的方法来辨识过程参数或环境条件的变化，按一定的规模来调整控制器参数，控制算法也比较简单。

② 模型参考自适应控制系统　模型参考自适应控制系统框图如图 8-1 所示。它利用一个具有预期的品质指标、并代表理想过程的参考模型，要求实际过程的模型特性向它靠拢。这就是在原来反馈控制回路的基础上，增加一个根据参考模型与实际过程输出之间的偏差，通过调整机构（适应机构）来自动调整控制算法的自适应控制回路，以便使被调整系统的性能接近参考模型规定的性能。此类系统发展很快。

③ 自校正适应性控制系统　它先用辨识方法取得过程数学模型的参数，然后以此进行校正控制算法，使其品质为最小方差，实现最优控制。如图 8-2 所示。

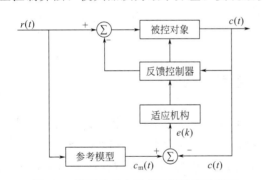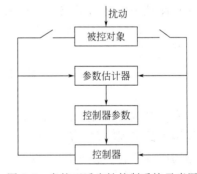

图 8-1　模型参考自适应控制系统示意图　　　图 8-2　自校正适应性控制系统示意图

自适应控制的结构可以非常简单，亦可以相当复杂。主要有简单自适应控制系统、模型参考型自适应控制系统、自校正控制系统等，其中主要商业化产品有横河-北辰公司 YEW SERIES-80 专家自整定控制器和瑞典 ASES 公司的 Nova tane 自校正控制器等。

8.3　推断控制系统

在化工炼油生产过程中，有时需控制的过程输出量不能直接测得，因而就不能实施一般的反馈控制。如果扰动可测，则还可以采用前馈控制。而假若扰动也不能测得，则唯一的方法就是采用推断控制。

推断控制是由美国学者 C. B. Brosilow 等于 1978 年提出来的。所谓推断控制（又称推断控制系统）就是指利用模型，由可测信息将不可测的被控变量推算出来以实现反馈控制，或将不可测的扰动推算出来以实现前馈控制的一类控制系统。

假若不可测的被控变量，只要依靠可测的辅助输出变量（非被控变量的变量）即能推算出来，这是推断控制中最简单的情况，习惯上称这种系统为"按计算指标的控制系统"。对于这种系统，从结构来分有两类情况：一类是由辅助输出推算出来的值直接作为被控变量的测量值；另一类情况是以某辅助输出变量为被控变量，而它的设定值则由模型算式推算而来。在本质上，这两种情况是一致的。下面以精馏塔内回流控制为例说明推断控制的实现。

精馏塔内回流通常是指精馏塔的精馏段内上一层塔盘向下一层塔盘流动的液体流量。从精馏塔的操作原理来看，当塔的进料流量、温度和成分都比较稳定时，内回流稳定是保证塔操作良好的一个重要因素。因为内回流量不能直接测量，需用下面的工艺算式推得

$$L_1 = L_0 \left[1 + \frac{c_p}{\lambda}(T_{OH} - T_L) \right] \tag{8-1}$$

式中　L_1，L_0——分别为内回流量和外回流量；

　　　T_{OH}——塔顶第一层塔板温度；

　　　T_L——外回流液温度；

　　　λ——冷凝液的汽化热；

　　　c_p——外回流液的比热容。

按式（8-1）构成的内回流控制系统框图见图 8-3。图中 FC 为内回流控制器。

有许多场合要用到推断控制，如被控变量不可直接测量的聚合反应的平均分子量控制，或由于检测仪表价格昂贵或测量滞后太大的精馏塔顶、塔底产品成分的控制等。

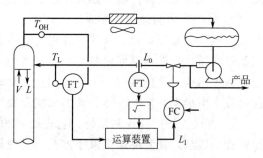

图 8-3　精馏塔内回流推断控制系统

8.4　预测控制系统

预测控制可被认为是近年来出现的集中不同名称的新型控制系统的总称，它们尽管分别由不同国家的工程师和学者所开发，但在系统结构和基本原理上有共同的特征，这其中包括模型预测启发控制（model predict heuristic control，MPHC），模型算法控制（model algorithmic control，MAC），动态矩阵控制（dynamic matrix control，DMC）以及预测控制（predictive control，PC）等。这些算法在表达形式和控制方案等方面各有不同，但基本思想类似，都是采用工业过程中较易得到的对象脉冲响应或阶跃响应曲线，把它们在采样时刻的一系列数值作为描述对象动态特性的信息，从而构成预测模型。这样就可以确定一个控制量的时间序列，使未来一段时间中被控变量与经过"柔化"后的期望轨迹之间的误差最小。上述优化过程的反复在线进行，构成了预测控制的基本思想。预测控制系统的一般性方框图如图 8-4 所示。

有人认为这类系统有以下三大要素。

① 内部模型　从图 8-4 中可以看出。在预测和控制算法中都引入了过程的内部模型。内部模型开始是非参量的，如动态矩阵控制中采用阶跃响应曲线的数据等，使建模工作变得相当简单。预测是用内部模型来进行的，依据当前和过去的控制作用和被控变量的测量值，来估计今后若干步内的变量值和偏差。

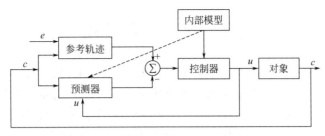

图 8-4　预测控制系统的原理方框图

② **参考轨迹**　设定值通过滤波器处理，成为参考轨迹，作用于系统，其目的是使被控变量的变化能比较缓和平稳地进行，或可称之为设定作用的"柔化"。

③ **控制算法**　预测控制算法的特点是基于预测结果，求取能消除偏差，并使调节过程品质优化的控制作用。为了确定应当采取的控制作用的数值，也需要数学模型，即内部模型。

预测控制在工业应用上颇为成功，在理论上也有特色，这类控制系统具有良好的鲁棒性，即使实际过程的特性与模型有一定程度的失配，仍能良好工作，这与按其他模型来设计的系统（如大纯滞后系统的史密斯预估控制）相比有明显的优越性。那么为什么预测控制能够如此有效？有这样两种看法，但它们之间也可互为补充解释。

一种看法认为预测控制的取胜是采用了滚动的时域指标，通过当时的预测值来设计控制算法。正如企业调整生产计划一样，可以不是全年一次完全定死，而是在每个月或每个季度，依据原定指标或今天已经取得的成绩，来筹划和确定下个月或下个季度的计划。这样可不断地吸收新的信息，加以调整，即使原来的考虑有些脱离当前现实，也可以及时改进。优化目标随时间而推移，而不是一成不变。优化过程不是一次离线进行，而是反复在线进行。滚动优化目标有局限性，结果可能是次优的，但是却可顾及模型失配等不确定性。

另一种看法则认为采用内部模型控制是预测控制的精髓。预测控制系统的原理图也可画成图 8-5 所示的方框图，该图说明了内模控制的特征。实际上预测控制都是以时间离散方式进行的。这里为了说明方便，简化为时间连续系统的形式，并用传递函数来表示各个环节的特性。

与简单的反馈控制系统相比较，这里增加了内部模型（简称内模）和滤波器。在此，内模实际上起着两方面的作用，一是用以产生被控变量的预测值，二是用以作为控制器设计的依据。如果模型和对象完全一致，而且扰动 f 为零，则两者输出的偏差

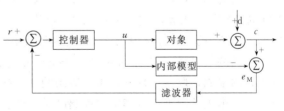

图 8-5　内模控制的方框图

e_M 也将为零，这当然是理想状态，此时，这个闭环系统实质上和开环没有区别。在实际中，内部模型可能和对象不完全一致，模型和对象之间有失配量，这时候通过滤波器的参数选择，使系统保持稳定。可以这么说，预测控制策略采用了双重的预测方式，即基于模型的输出预测和估计偏差的误差预测。闭环的反馈控制主要是针对后者进行的，是在模型失配量和扰动作用的影响下进行的。至于控制作用的主体，则依据模型得出，接近于开环控制，对象参数的变化对稳定性的影响要比闭环时小得多。目前在工业中已经成功应用的成熟模型预测控制软件包主要有 IDCO-M、DMC、RM PCT、SM CA 等控制软件包。

8.5 模糊控制系统

模糊控制的理论基础是美国控制理论学者查德于 1965 年创立的模糊集合理论。通俗地说，模糊集合是一种介于严格定量与定性间的数学表述形式，例如，衣服尺寸分为〔特大、大、中、小〕等，变量的数值分为〔正大、正中、正小、零、负小、负中、负大〕，即〔PB、PM、PS、0、NS、NM、NP〕等。模糊集合理论的核心是对复杂的系统或过程建立一种语言分析的数学模式，使日常生活中的自然语言能够直接转化为计算机所能接受的算法语言。模糊集合理论的重要贡献是提供了一个严格的数学框架，提供了一个从定量的精确现象王国到定性的不精确王国的逐渐的变换。

模糊集合理论的一个基本概念是隶属函数。在以布尔逻辑为基础的传统集合理论中。对于一个给定集合 A 来说，一个特定的元素要么属于集合 A，要么不属于集合 A，一个命题不是真就是假。引入隶属函数可以从非 0 即 1、非 1 即 0 的二值逻辑中用更符合自然的方式进行有限的扩展，可以取 $[0,1]$ 闭区间中的任何值来表示元素从属集合的程度。例如，偏差 E 有 13 个等级。而 E 的模糊子集分为 〔B、PM、PS、0、NS、NM、NB〕，则可以考虑采用表 8-1 那样的模糊变量置的隶属度赋值表

表 8-1　模糊变量 E 的隶属度赋值表

	6	5	4	3	2	1	0	−1	−2	−3	−4	−5	−6
NB										0.1	0.4	0.8	1.0
NM									0.2	0.7	1.0	0.7	0.2
NS								0.3	0.9	1.0	0.7	0.1	
0							0.5	1.0	0.5				
PS				0.2	0.7	1.0	0.9						
PM	0.2	0.7	1.0	0.7	0.2								
PB	1.0	0.8	0.4	0.1									

举例说明，数值 6 显然属于 PB，隶属度赋值为 1，由于不精确性的存在，6 也有属于 PM 的可能性，隶属度或可赋值 0.2；数值 5 介于 PB 与 PM 之间，对 PB 的隶属度赋值为 0.8，对 PM 的隶属度赋值为 0.7；对其他数值也可作类似解释。

英国的马丹尼（Ebrashim Mamdani）首先于 1974 年建立了模糊控制器，并用于锅炉和蒸汽机的控制，取得了良好效果。后来的许多研究大多基于他的基本框架。依据绝大多数文献报道，模糊控制可获得满意的控制品质，而且不需要过程的精确知识。模糊控制器的构思可说是吸收了人工控制的经验。人们搜集各个变量的信息，形成概念，如温度过高、稍高、正好、稍低、过低等，然后依据一些推理规则，决定控制决策。模糊控制器的设计在原则上包括以下三个步骤。

ⅰ.把测量信息（通常是精确量）化为模糊量，其间应用了模糊子集和隶属度的概念。

ⅱ.运用一些模糊推理规则，得出控制决策，这些规则一般都是 if…then…形式的条件语句，通常是依据偏差及其变化率来决定控制作用。

ⅲ.这样推理得到的控制作用也是一个模糊量。要设法转化为精确量。

因此，整个过程是先把精确量模糊化，在模糊集合中处理后，再转化为精确量的历程。

如果概括地从输入和输出看，那就是依据偏差 E 及变化率 $\dot{E}$ 的等级，按一定的规则决定控制作用 U 的等级。把上面的三步组合在一起，可归结为表 8-2 那样的控制表。在该表中，E 和 $\dot{E}$ 分别分为（−6）至（+6）的 13 个等级，U 分为（−7）至（+7）的 15 个等级。

表 8-2　模糊控制表

	6	5	4	3	2	1	0	−1	−2	−3	−4	−5	−6
6													
5													
4													
3											1	2	2
2										1	1	2	2
1									1	2	2	3	3
0								1	2	3	3	4	4
−1							1	3	3	4	4	4	4
−2						1	2	4	4	6	6	6	6
−3					1	3	4	4	6	7	7	7	7
−4				1	3	4	4	6	7	7	7	7	
−5				2	4	4	6	7	7	7	7		
−6				2	4	4	7	7	7	7	7		

为了把偏差 E 及其变化率 $\dot{E}=\dfrac{\Delta E}{\Delta t}$ 归入这 13 个等级之内，需要对它们分别乘以比例因子 K_1 和 K_2，然后再进行整量化，也就是说，把 4.5～5.4 都作为 5 等，3.5～4.4 都作为 4 等。得出的 U 要化为实际的控制作用，需乘以比例因子 K_3。整个控制器的方框图如图 8-6 所示。

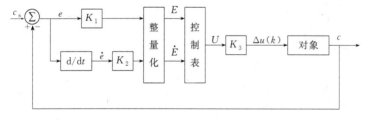

图 8-6　模糊控制器的方框图

需要说明以下三点。

ⅰ.输出往往是增量形式的 $\Delta u(k)$，因此，$\Delta u(k)$ 是 $u(k)$ 的累积值和瞬时值两者所决定的，尽管不是线性运算，却类似于积分与比例控制作用。

ⅱ.当偏差及其变化率进入零点附近区域后，$\Delta u(k)$ 将成为零，这样不能很好地实现无差的要求，为此，需引入一些补充的规则或措施。

ⅲ.比例因子 K_1、K_2 和 K_3 的调整，其效果相当于常规控制器的参数整定，一般由手工进行，但也可设法进行自整定。另外，控制表也可作适当的调整，以改进控制品质，称为专家模糊控制器。

为什么模糊控制器的效果有时优于一般的 PID 控制呢？在这里控制表是问题的关键。与通常的 PID 控制相比，控制表不仅是整量化的，而且是非线性的。非线性控制规律运用得当，会使控制品质得到明显的改善。

8.6　人工神经网络控制系统

人工神经网络（artificial neural network，ANN）是以人工神经元模型为基本单元，采用网络拓扑结构的活性网络；它能够描述几乎任意的非线性系统，具有学习、记忆、计算和智能处理的能力，在不同程度和层次上模仿人脑神经系统的信息处理能力和存储、检索功能。ANN 对解决非线性系统和不确定性系统的控制问题是一种有效的途径。

8.6.1　人工神经网络的数学模型

人脑神经元（图 8-7）是人体神经系统的基本单元，由细胞体及其发出的许多突起构成。突起的作用是传递信息：作为输入信号的若干个突起，称为树突；作为输出端的突起只有一个，称为轴突（即通常所指的神经纤维）。轴突的末端发散出无数的分支，称为轴突末梢，它们同后一个神经元的细胞体或树突构成一种突触结构。

正常情况下，神经元接受一定强度（阈值）的刺激后，在轴突上发放一串形状相同、频率经过调制的电脉冲并到达突触，突触前沿的电变化转为突触后沿的化学变化，成为突触后的神经元的外界刺激并被转为电变化向再下一个神经元传送。

（1）单神经元数学模型

1943 年心理学家 W. McCulloch 和数理逻辑专家 W. Pitts 首先提出一个极为简单的数学模型，简称 M-P 模型（图 8-8），为进一步的研究打下了基础。

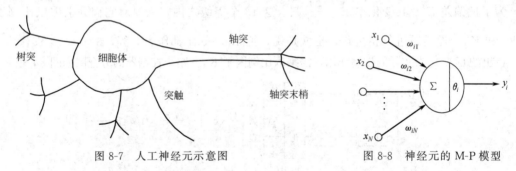

图 8-7　人工神经元示意图　　　　　图 8-8　神经元的 M-P 模型

从图中看出，它有四个基本要素。

ⅰ. 一组连接权 ω，对应于人脑神经元的突触，连接强度由各条连接上的权值表示，权值为正表示兴奋，为负表示抑制；

ⅱ. 一个求和单元 Σ，用于求取各输入信息 ω 的加权和；

ⅲ. 一个非线性激励函数中，起非线性映射作用，并限制神经元输出幅值在一定范围（如限制在 $[0，1]$ 或 $[-1，1]$）；

ⅳ. 一个阈值 θ_i。

对神经元 i，以上作用可以用数学式表达为

$$s_i = \sum_{j=1}^{N} \omega_{ij} x_j - \theta_i \tag{8-2}$$

$$y_i = \phi(s_i) \tag{8-3}$$

（2）激励函数

根据激励函数的不同，人工神经元有以下几种类型。

ⅰ.带阈值的线性函数 [图 8-9(a)]；

ⅱ.符号函数 [图 8-9(b)]；

ⅲ.S 型函数（Sigmoid 函数）[图 8-9(c)]。

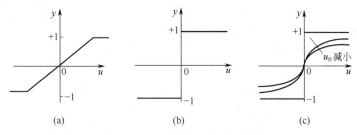

图 8-9　人工神经元激励函数

S 型函数的表达式为

$$y = \frac{1}{1 + e^{-\frac{u}{u_0}}} \tag{8-4}$$

8.6.2　人工神经网络拓扑结构及学习算法

（1）人工神经网络拓扑结构

大脑之所以具有思维、认知等高级功能，是由于它是由无数神经元相互连接而成的一个极为庞大复杂的网络。ANN 也是一样，单个神经元的功能是很有限的，只有许多神经元按一定规则连接构成的网络才具有强大的功能。因此，除单元特性外，网络的拓扑结构也是 ANN 的一个重要特征。从连接的方式看，ANN 主要有以下两种。

① 前馈网络　网络结构如图 8-10 （a） 所示。网络中的神经元是分层排列的，有一个输入层和一个输出层，统称可见层（visual layer），中间有一个或多个隐含层（hidden layer）。每个神经元只与前一层相连接，被分成两类：输入神经元和计算神经元。输入神经元仅用于表示输入矢量的各元素值；计算神经元有计算功能，可以有任意多个输入；只有一个输出，但可以耦合到任意多其他神经元的输入。前馈网络主要是函数映射，可用于模式识别和函数逼近。

② 反馈网络　网络结构如图 8-10 （b） 所示。在反馈神经网络中，每个神经元都是计算神经元，可接受外加输入和其他神经元的反馈输入，甚至自环反馈，直接向外输出。反馈网络又可细分为从输入到输出有反馈的网络、内层间有反馈的网络、局部或全部互连的网络等形式。层内神经元有相互连接的反馈网络，可以实现同层神经元之间横向抑制或兴奋机制，从而限制层内能同时动作的神经元数，或把层内神经元分组整体动作。

按对能量函数的所有极小点的利用情况，反馈网络可分为两类；一类是所有极小点都起作用，主要用作联想记忆；另一类只利用全局极小点，在模式识别、组合优化等领域获得了广泛的应用。

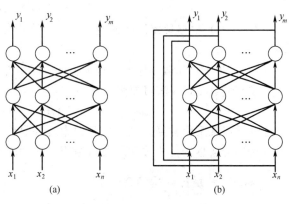

图 8-10　ANN 的拓扑结构

（2）人工神经网络的学习

ANN 的工作过程分为两个阶段：一个阶段是学习期，此时计算单元不变，各连接权值通过学习来修改；一个阶段是工作期，此时连接权固定，计算单元状态变化，以达到某种稳定状态。可见，学习算法是神经网络研究中的核心问题。学习，就是修正神经元之间连接强度（权值），使获得的网络结构具备一定程度的智能，以适应周围环境的变化。网络连接权的确定可以采用所谓的"死记式"学习，其权值是根据某种特殊的记忆模式事先设计好的，当网络输入有关信息时，该记忆模式就会被记忆起来。更多的情况是按一定的方法进行"训练"。按环境提供信息量的多少，其学习方式又可分为如下三类。

① 有监督学习（supervised learning）　通过外部指导信号进行学习，即要求同时给出输入和正确的期望输出的模式对，当计算结果与期望输出有误差时，网络将通过自动控制机制调节相应的连接强度，使之向误差减小的方向改变，经过多次重复训练，最后与正确结果相符合。

② 无监督学习（unsupervised learning）　没有外部指导信号，学习系统完全按照环境提供数据的统计规律来调整自身参数或结构。其学习过程为：对系统提供动态输入信号，使各个神经元以某种方式竞争，获胜的神经元及其邻域得到增强，其他神经元则被抑制，从而将信号空间分为多个有用区域，自适应于输入空间的检测规则。

③ 再励学习或强化学习（reinforced learning）　介于上述两者之间，外部环境对系统输出结果只给出评价信息（奖或惩）而不是正确答案，学习系统通过强化那些受奖的动作来改善自身的性能。

常用的学习规则如下。

ⅰ. Hebb 学习规则。神经心理学家 Donall Hebb 于 1949 年提出的一类相关学习，其基本思想是：如果有两个神经元同时兴奋，则它们之间的连接强度与它们的激励成正比。用 y_i、y_j 表示单元 i、j 的输出值，ω_{ij} 表示单元 i 到 j 之间的连接加权系数，则 Hebb 学习规则可用下式表示

$$\Delta\omega_{ij}(k) = \eta y_i(k) y_j(k) \tag{8-5}$$

式中，η 为学习速率，又称学习步长。Hebb 学习规则是人工神经网络的基本规则，几乎所有神经网络的学习规则都可以看成是它的变形。

ⅱ. δ 学习规则，又称 Widow-Hoff 学习规则、误差校正规则。在 Hebb 学习规则中引入教师信号，将上式中的 y_i 换成网络期望目标输出 d_i 与实际输出 y_i 之差，即

$$\Delta\omega_{ij} = \alpha\delta_i(k) y_j(k)$$
$$\delta_i = F[d_i(k) - y_i(k)] \tag{8-6}$$

函数 $F(\cdot)$ 根据具体情况而定。δ 学习规则是一种梯度方法，可由二次误差函数的梯度法导出。

ⅲ. 有监督 Hebb 学习规则，将无监督 Hebb 学习规则和有监督 δ 学习规则两者结合起来，组成有监督 Hebb 学习规则，即

$$\Delta\omega_{ij}(k) = \eta[d_i(k) - y_i(k)] y_i(k) y_j(k) \tag{8-7}$$

这种学习规则使神经元通过关联搜索对外界作出反应，即在教师信号 $d_i(k) - y_i(k)$ 指导下，对环境信息进行相关学习和自组织，使相应的输出增强或削弱。

8.6.3　常用神经网络简介

（1）Hopfield 神经网络

美国加州理工学院（CIT）的生物物理学家
J. J. Hopfield 于 1982 年和 1984 年先后发表了两篇论
文，提出了离散和连续 Hopfield 网络，成功解决了世
界上著名的"旅行推销员问题"，是神经网络发展史
上的里程碑。Hopfield 网络是一种全互连、无自连、
对称的反馈型神经网络，采用 Hebb 学习规则，其算
法是收敛的。结构如图 8-11 所示。

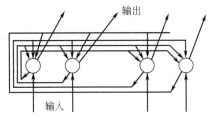

图 8-11 离散 Hopfield 神经网络

其激励函数采用单阈值函数，即

$$y_i = \text{sign}\left(\sum_{i \neq 1, j=1}^{N} \omega_{ij} x_{ij} - \theta_i\right) \tag{8-8}$$

这种网络是一种多输入、多输出、带阈值的二态非线性动态系统。对应于上式，其计算
能量函数定义为

$$E = -\frac{1}{2}\sum_{i=1}^{N}\sum_{i \neq 1, j=1}^{N} \omega_i y_j y_i + \sum_{i=1}^{N} \theta_i y_i \tag{8-9}$$

能力的变化量为

$$\Delta E_i = \frac{\partial E}{\partial y_i}\Delta y_i = \Delta y_i\left(-\sum_{i \neq 1, j=1}^{N} \omega_{ij} y_j + \theta_i\right) \tag{8-10}$$

由式（8-10）可见，因为 $|y_i| \leqslant 1$，所以只要满足

$$\theta_i \leqslant \sum_{j=1, i \neq 1}^{N} \omega_{ij} \tag{8-11}$$

能量的变化总是负的，即计算能量总是不断地随着神经元 i 的状态变化而下降，最后可趋于
稳定的平衡状态。因而可以利用这种能量函数作为网络计算求解的工具。

（2）BP 神经网络

BP 网络是一种有隐含层的多层前馈网络，是采用误差反向传播（error back propaga-
tion，EBP）算法的神经网络，由 D. E. Rumelhart 和 J. L. McClelland 及其 PDP（parallel
distributed processing）小组于 1985 年发表，其影响至今仍然很大。BP 神经网络结构如图
8-12 所示。

在 BP 神经网络的神经元多采用 S 型函数作为激励函数，利用其连续可导性，便于引入
最小二乘（least mean squares，LMS）学习算法，即在网络学习过程中，使网络的输出与
期望输出的误差一边向后传播一边修正连接强度（加权系数），以使其误差均方值最小。

BP 神经网络的学习可分为前向网络计算和反向误差传播两个部分。不论学习过程是否
已经结束，只要在网络的输入节点加入输入信号，则这些信号将一层一层向前传播；通过一
层时要根据当时的连接加权系数和节点的活化函数与阈值进行相应计算，所得的输出再继续
向下一层传送。这个前向网络计算过程，
既是网络学习过程的一部分，也是将来
网络的工作模式。如果前向网络计算的
输入和期望输入之间存在误差，则转入
反向传播，将误差沿着原来的连接通路
回送，作为修改加权系数的依据。这两
个部分是连续反复进行的，直至误差满

图 8-12 BP 网络

足要求，学习过程结束。

BP 网络经过不断改进获得了广泛的应用。由于其强大的非线性逼近能力，已经发展为一种重要的软测量手段和模型辨识方法。例如，乙烯精馏塔塔底浓度 x_B 与精馏塔提馏段灵敏板温度 T 有明显关联，为此，采用软测量技术对塔底浓度进行测量。基于最小二乘法的软测量回归模型为

$$x_B = -0.63309 - 0.143143T - 0.010693T^2 - 0.000266T^3 \tag{8-12}$$

式中，T 为灵敏板温度，样本范围是 $-23 \sim -11℃$。

作为对比，建立了 BP 神经网络的软测量模型，这是一个单输入（提馏段灵敏板温度 T）单输出（塔底乙烯浓度 x_B）的 BP 网，隐层用 7 个神经元节点，经 13627 次迭代训练后，建立的模型输出与实际输出的误差平方和达到设定的最小值。其相对误差（4.32%）较回归模型的误差（9.06%）小，外延时数据的泛化能力也较回归模型强，其误差在 5.66%，远小于回归模型的外延误差 12.87%。

（3）自适应共振理论神经网络

1986 年，S. Grossberg 和 A. Carpenter 基于自适应共振理论（adaptive resonance theory，ART）提出了一种具有自组织能力的复杂神经网络，能够对任意复杂的环境输入模式实现自稳定和自组织识别。其特点为：让输入模式通过网络双向连接权的识别与比较，最后达到共振来完成自身的记忆，并以同样的方式实现网络的回想。若提供给网络的输入模式是一个网络已记忆的或"似曾相识"的，网络会把这个模式回想出来，并提供正确的分类。若输入模式是一个陌生的新模式，网络将在不影响原有记忆的前提下，把它记下并分配一个尚未使用过的输出层神经元作为这一记忆模式的分类标志。ART 网络的学习和工作，是通过反复地将输入学习模式由输入层向输出层自下向上地识别和由输出层向输入层自上向下地比较来实现的。当这种识别和比较达到共振时，输出矢量能正确反映输入学习模式的分类，且原有网络的记忆不受影响。具有自组织能力的网络还有自组织特征映射网络和对向传播网络等。有兴趣的读者可参阅相关文献。

（4）径向基函数神经网络

径向基函数（radial basic function，RBF）是 Powell 于 1985 年提出的多变量插值方法，1988 年 Broomhead 和 Lowe 把它用于神经网络的设计。RBF 网络为三层前馈网络：输入层由信号源单元组成；第二层为隐含层，其单元数视需要而定；输出层对输入模式的作用做出响应。输入层空间到隐含层空间的变换是非线性的，而隐含层空间到输出层空间的变换是线性的。隐单元激励函数是 RBF，它是一种局部分布的，对中心点径向对称的、非负、非线性函数。

RBF 网络工作过程：用作为隐单元的基构成隐含层空间，将输入矢量直接映射到隐空间而不经过连接权，当 RBF 中心点确定后，这种映射关系也就确定了。由于隐含层空间到输出层空间的映射是线性的，即网络的输出是隐单元输出的线性加和，此处的权即为可调参数。从总体上看，网络由输入到输出是非线性的，而网络的输出对可调参数而言却是线性的，这样网络的权值就能由线性方程组直接解出或递推计算，从而大大加快学习速度，避免局部极小问题。

8.6.4　人工神经网络与自动控制

通过以上对人工神经网络的简要介绍，可以看出它有以下无可比拟的优势：即它是一个大规模的复杂系统，可提供大量可调变量，极力模仿所描述的对象；它实现了并行处理机

制，全部神经元集体参与计算，具有很强的计算能力和高速的信息处理能力；信息是分布存贮的，提供了联想与全息记忆的能力；神经元之间的连接强度可以改变，使得网络的拓扑结构具有很大的可塑性，提供了很高的自适应能力；对于一般的神经网络，都包含了巨量的处理单元和超巨量的连接关系，形成高度的冗余，提供了高度的容错能力和鲁棒性；输入输出关系皆为非线性，因而提供了系统自组织和协同的潜力等。

正是由于上述原因，神经网络已渗透到自动控制领域的各个方面，包括系统辨识、控制器设计、优化计算以及控制系统的故障诊断与容错控制等。基于神经网络控制器的设计方法主要有：由神经网络单独构成的控制系统，包括单神经元控制在内；神经网络与常规控制原理相结合的神经网络控制系统，如神经网络 PID 控制、神经网络预测控制、神经网络内模控制等；神经网络与自适应方式相结合的神经网络控制系统，包括神经网络模型参考自适应控制系统（NN-MRAC）和神经网络自校正控制系统（NN-STC）；神经网络智能控制，如 NN 推理控制、NN 模糊控制、NN 专家系统等；神经网络优化控制。

下面以醋酸乙烯合成中温（170℃±0.5℃）的神经网络 PID 控制为例说明 ANN 在过程控制中的应用。

例 8-1　合成反应是醋酸乙烯生产工艺中极为重要的一个环节，其简单工艺过程为乙炔气和醋酸气在混合器中混合后，分别经冷路和有预热器加热的热路合成一定温度的热混合气体后，进入醋酸乙烯合成反应器，在一定温度条件下，在以活性炭为载体的醋酸锌的作用下，进行合成化学反应，流程如图 8-13 所示，其中控制阀 TV1、TV2 控制冷、热路蒸汽流量，从而稳定反应器的温度。化学反应过程中，除发生主反应生成醋酸乙烯外，还发生大量副反应，为了获得高质量、高产量以及低能耗的醋酸乙烯，必须加强主反应，同时抑制副反应，而影响主反应比重的因素主要就是反应器的温度，所以对控制系统要求很高。

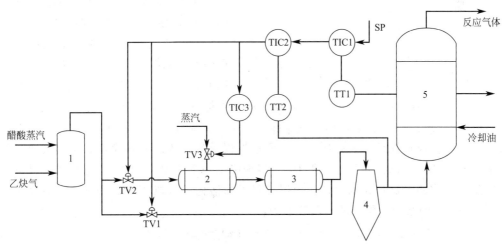

图 8-13　醋酸乙烯合成反应温度多重串级控制原理示意图

1—混合器；2—第一预热器；3—第二预热器；4—分离器；5—合成反应器

借助传统 PID 控制和神经网络单神经元结构形成单神经元自适应 PID 控制器，从而可在一定程度上克服传统 PID 控制器不易实现在线实时调整参数、难于对一些复杂过程和时变系统进行有效控制的不足。一个简单的单神经元自适应 PID 控制器的结构框如图 8-14 所示。

图 8-14 中，$w_i(t)(i=1,2,3)$ 为神经元权值，$x_i(t)(i=1,2,3)$ 为神经元输入的三个状态量，神经元的输入输出关系描述为

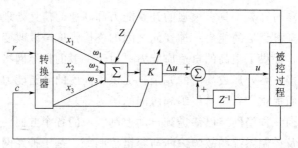

图 8-14　单神经元自适应 PID 控制器结构图

$$I = \sum_{i=1}^{3} w_i x_i \tag{8-13}$$

$$c = f(I) \tag{8-14}$$

若 $f(I) = \Delta u$，其中 $f(\cdot)$ 取线性截断函数，则神经元控制器输出可写成

$$\Delta u(k) = w_1 x_1 + w_2 x_2 + w_3 x_3 \tag{8-15}$$

若取 $x_1 = e(k) - e(k-1)$，$x_2 = e(k)$，$x_3 = e(k) - 2e(k-1) + e(k+1)$，则其 PID 控制器的增量算式可写为

$$\Delta u(k) = w_1 [e(k) - e(k-1)] + w_2 e(k) + w_3 [e(k) - 2e(k-1) + e(k+1)] \tag{8-16}$$

相比于传统 PID 控制算式

$$\Delta u(k) = K_P [e(k) - e(k-1)] + K_I e(k) + K_D [e(k) - 2e(k-1) + e(k+1)] \tag{8-17}$$

式（8-17）中各参数是预先固定的，但是由于式（8-15）中 w_i 能进行自适应调整，故可大大提高控制器的鲁棒性能。与常规 PID 控制器相比较，无须进行精确的系统建模，对具有不确定性因素的系统，其控制品质明显优于常规 PID 控制器。

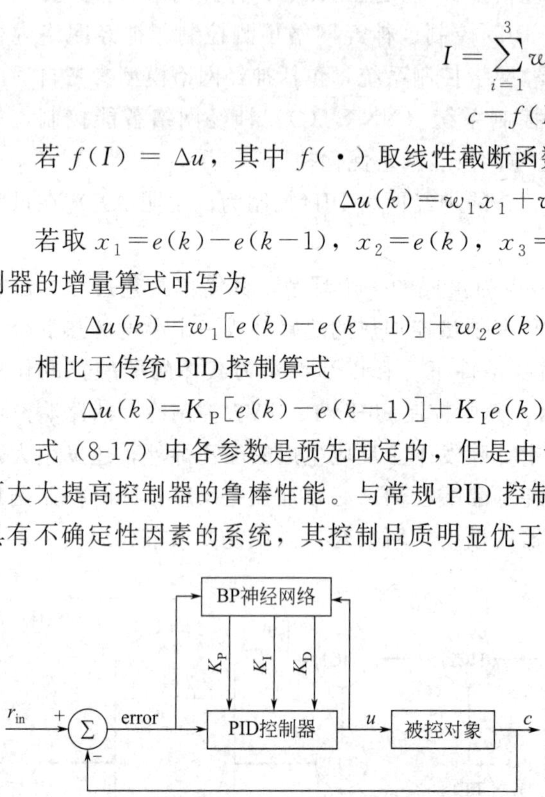

基于 BP 网络的 PID 控制系统结构如图 8-15 所示，控制器由两部分构成。

在经典的 PID 控制器的基础上加入 BP 神经网络，根据系统的运行状态，控制 PID 控制器的参数，以期达到某种性能指标的最优化，使输出层神经元的输出状态对应于 PID 控制器的三个可调参数

图 8-15　基于 BP 网络的 PID 控制器结构

K_P、K_I、K_D。通过神经网络的自学习、调整加权系数，从而使其稳定状态对应于某种最优控制律下的 PID 控制器参数。这里 BP 神经网络是一个三层 BP 网络，隐层神经元的活化函数取正负对称的 Sigmoid 函数，输出层神经元的活化函数取非负的 Sigmoid 函数 $g(x)$，由此可以得到，网络输出层权的学习算法为：

$$\Delta w_{ij}^3 (k+1) = \eta \delta_l^3 O_i^2 (k) + \alpha \Delta w_{ij}^3 (k) \tag{8-18}$$

$$\delta_l^3 = e(k+1) \operatorname{sgn} \left(\frac{\partial c(k+1)}{\partial \Delta u(k)} \right) \times \frac{\partial u(k)}{\partial O_l^3 (k)} g[net_l^3 (k)] \tag{8-19}$$

式中，η 为学习速率；α 为惯性系数。

结果证明，基于 BP 神经网络的 PID 控制只产生了很微小的超调量，整个过渡过程更加平稳，且过渡时间也比常规 PID 控制短。相对于常规的 PID 控制，基于 BP 神经网络整定的 PID 控制表现出较强的自适应能力和很强的鲁棒性。

附录1 拉普拉斯变换对照表

表 F1-1 拉普拉斯变换对照表

序号	时间函数 $f(t)$	拉普拉斯变换 $F(s)$
1	单位脉冲 $\delta(t)$	1
2	单位阶跃 $1(t)$	$\dfrac{1}{s}$
3	t	$\dfrac{1}{s^2}$
4	$t^n (n=1,2,3,\cdots)$	$\dfrac{n!}{s^{n+1}}$
5	$\dfrac{t^{n-1}}{(n-1)!} (n=1,2,3,\cdots)$	$\dfrac{1}{s^n}$
6	e^{-at}	$\dfrac{1}{s+a}$
7	$t e^{-at}$	$\dfrac{1}{(s+a)^2}$
8	$\dfrac{t^{n-1}}{(n-1)!} e^{-at} (n=1,2,3,\cdots)$	$\dfrac{1}{(s+a)^n}$
9	$t^n e^{-at} (n=1,2,3,\cdots)$	$\dfrac{n!}{(s+a)^{n+1}}$
10	$\sin\omega t$	$\dfrac{\omega}{s^2+\omega^2}$
11	$\cos\omega t$	$\dfrac{s}{s^2+\omega^2}$
12	$e^{-at}\sin\omega t$	$\dfrac{\omega}{(s+a)^2+\omega^2}$
13	$e^{-at}\cos\omega t$	$\dfrac{s+a}{(s+a)^2+\omega^2}$
14	$\dfrac{1}{a}(1-e^{-at})$	$\dfrac{1}{s(s+a)}$
15	$\dfrac{1}{a^2}(1-e^{-at}-at e^{-at})$	$\dfrac{1}{s(s+a)^2}$
16	$\dfrac{1}{a^2}(at-1+e^{-at})$	$\dfrac{1}{s^2(s+a)}$
17	$\dfrac{1}{b-a}(e^{-at}-e^{-bt})$	$\dfrac{1}{(s+a)(s+b)}$
18	$\dfrac{1}{b-a}(b e^{-bt}-a e^{-at})$	$\dfrac{s}{(s+a)(s+b)}$
19	$\dfrac{1}{ab}\left[1+\dfrac{1}{a-b}(b e^{-at}-a e^{-bt})\right]$	$\dfrac{1}{s(s+a)(s+b)}$

序号	时间函数 $f(t)$	拉普拉斯变换 $F(s)$
20	$\dfrac{\omega_n}{\sqrt{1-\zeta^2}}e^{-\zeta\omega_n t}\sin(\omega_n\sqrt{1-\zeta^2}\,t),0<\zeta<1$	$\dfrac{\omega_n^2}{s^2+2\zeta\omega_n s+\omega_n^2}$
21	$-\dfrac{1}{\sqrt{1-\zeta^2}}e^{-\zeta\omega_n t}\sin(\omega_n\sqrt{1-\zeta^2}\,t-\phi)$ $\phi=\tan^{-1}\dfrac{\sqrt{1-\zeta^2}}{\zeta},0<\zeta<1$	$\dfrac{s}{s^2+2\zeta\omega_n s+\omega_n^2}$
22	$1-\dfrac{1}{\sqrt{1-\zeta^2}}e^{-\zeta\omega_n t}\sin(\omega_n\sqrt{1-\zeta^2}\,t+\phi)$ $\phi=\tan^{-1}\dfrac{\sqrt{1-\zeta^2}}{\zeta},0<\zeta<1$	$\dfrac{\omega_n^2}{s(s^2+2\zeta\omega_n s+\omega_n^2)}$
23	$1-\cos\omega t$	$\dfrac{\omega^2}{s(s^2+\omega^2)}$
24	$\omega t-\sin\omega t$	$\dfrac{\omega^3}{s^2(s^2+\omega^2)}$
25	$\sin\omega t-\omega t\cos\omega t$	$\dfrac{2\omega^3}{(s^2+\omega^2)^2}$
26	$\dfrac{1}{2\omega}t\sin\omega t$	$\dfrac{s}{(s^2+\omega^2)^2}$
27	$t\cos\omega t$	$\dfrac{s^2-\omega^2}{(s^2+\omega^2)^2}$

附录 2　常用标准热电阻分度表

F2.1　Pt100 型铂热电阻分度表

常用的 Pt100 型铂热电阻可查表 F2-1，更多温度下的电阻可查 GB/T 30121—2013。

表 F2-1　常用 Pt100 型铂热电阻分度表

分度号 Pt100　　　　　　　　　　　　$R(0℃)=100.00Ω$　　　　　　　　　　　　　　Ω

温度/℃	0	5	10	15	20	25	30	35	40	45
	热电阻/Ω									
−200	18.52	20.68	22.83	24.97	27.10	29.22	31.34	33.44	35.54	37.64
−150	39.72	41.80	43.88	45.94	48.00	50.06	52.11	54.15	56.19	58.23
−100	60.26	62.28	64.30	66.31	68.33	70.33	72.33	74.33	76.33	78.32
−50	80.31	82.29	84.27	86.25	88.22	90.19	92.16	94.12	96.09	98.04
0	100.00	101.95	103.90	105.85	107.79	109.73	111.67	113.61	115.54	117.47
50	119.40	121.32	123.24	125.16	127.08	128.99	130.90	132.80	134.71	136.61
100	138.51	140.40	142.29	144.18	146.07	147.95	149.83	151.71	153.58	155.46
150	157.33	159.19	161.05	162.91	164.77	166.63	168.48	170.33	172.17	174.02
200	175.86	177.69	179.53	181.36	183.19	185.01	186.84	188.66	190.47	192.29
250	194.10	195.91	197.71	199.51	201.31	203.11	204.90	206.70	208.48	210.27
300	212.05	213.83	215.61	217.38	219.15	220.92	222.68	224.45	226.21	227.96
350	229.72	231.47	233.21	234.96	236.70	238.44	240.18	241.91	243.64	245.37
400	247.09	248.81	250.53	252.25	253.96	255.67	257.38	259.08	260.78	262.48
450	264.18	265.87	267.56	269.25	267.56	272.61	274.29	275.97	277.64	279.31
500	280.98	282.64	284.30	285.96	287.62	289.27	290.92	292.56	294.21	295.85
550	297.49	299.12	300.75	302.38	304.01	305.63	307.25	308.87	310.49	312.10
600	313.71	315.31	316.92	318.52	320.12	321.71	323.30	324.89	326.48	328.06
650	329.64	331.22	332.79	334.36	335.93	337.50	339.06	340.62	342.18	343.73
700	345.28	346.84	349.92	349.92	351.46	353.00	354.53	356.06	357.59	359.12
750	360.64	362.16	363.67	365.19	366.70	368.21	369.71	371.51	372.71	374.21
800	375.70	377.19	378.68	380.17	381.65	383.13	384.60	386.08	387.55	389.02
850	390.48									

Pt10 型热电阻分度表可以将 Pt100 型热电阻分度表中电阻值的小数点左移一位而得到。

F2.2 Cu50 型热电阻分度表

常用的 Cu50 型热电阻可查表 F2-2，更多温度下的电阻可查 JB/T 8623—2015。

表 F2-2 常用 Cu50 型铜热电阻分度表

分度号：Cu50 $R(0℃)=50.000\Omega$ Ω

温度/℃	0	−1	−2	−3	−4	−5	−6	−7	−8	−9
−50	39.242									
−40	41.400	41.184	40.969	40.753	40.537	40.322	40.106	39.890	39.674	39.458
−30	43.555	43.339	43.124	42.909	42.693	42.478	42.262	42.047	41.831	41.616
−20	45.706	45.491	45.276	45.061	44.846	44.631	44.416	44.200	43.985	43.770
−10	47.854	47.639	47.425	47.210	46.995	46.780	46.566	46.351	46.136	45.921
−0	50.000	49.786	49.571	49.356	49.142	48.927	48.713	48.498	48.284	48.069

温度/℃	0	1	2	3	4	5	6	7	8	9
0	50.000	50.214	50.429	50.643	50.858	51.072	51.286	51.501	51.715	51.929
10	52.144	52.358	52.572	52.786	53.000	53.215	53.429	53.643	53.857	54.071
20	54.285	54.500	54.714	54.928	55.142	55.356	55.570	55.784	55.998	56.212
30	56.426	56.640	56.854	57.068	57.282	57.496	57.710	57.924	58.137	58.351
40	58.565	58.779	58.993	59.207	59.421	59.635	59.848	60.062	60.276	60.490
50	60.704	60.918	61.132	61.345	61.559	61.773	61.987	62.201	62.415	62.628
60	62.842	63.056	63.270	63.484	63.698	63.911	64.125	64.339	64.553	64.767
70	64.981	65.194	65.408	65.622	65.836	66.050	66.264	66.478	66.692	66.906
80	67.120	67.333	67.547	67.761	67.975	68.189	68.403	68.617	68.831	69.045
90	69.259	69.473	69.687	69.901	70.115	70.329	70.544	70.758	70.972	71.186
100	71.400	71.614	71.828	72.042	72.257	72.471	72.685	72.899	73.114	73.328
110	73.542	73.757	73.971	74.185	74.400	74.614	74.828	75.043	75.258	75.472
120	75.686	75.901	76.115	76.330	76.545	76.759	76.974	77.189	77.404	77.618
130	77.833	78.048	78.263	78.477	78.692	78.907	79.122	79.337	79.552	79.767
140	79.982	80.197	80.412	80.627	80.843	81.058	81.273	81.488	81.704	81.919
150	82.134									

附录3 常用标准热电偶分度表

F3.1 铂铑 10-铂热电偶分度表（S 型）

表 F3-1 常用铂铑 10-铂热电偶分度表（S 型）

GB/T 16839.1—1997　　　　　　　　　　　　　　　　　　　　　　　　　（参比端温度为 0℃）

温度/℃	0	5	10	15	20	25	30	35	40	45
	热电动势/mV									
−50	−0.236	−0.215	−0.194	−0.173	−0.150	−0.127	−0.103	−0.078	−0.053	−0.027
0	0.000	0.027	0.055	0.084	0.113	0.143	0.173	0.204	0.235	0.267
50	0.299	0.332	0.365	0.399	0.433	0.467	0.502	0.538	0.573	0.609
100	0.646	0.683	0.720	0.758	0.795	0.834	0.872	0.914	0.950	0.990
150	1.029	1.069	1.110	1.150	1.191	1.232	1.273	1.315	1.357	1.399
200	1.441	1.483	1.526	1.569	1.612	1.655	1.698	1.742	1.786	1.829
250	1.874	1.918	1.962	2.007	2.052	2.096	2.141	2.187	2.232	2.277
300	2.323	2.369	2.415	2.461	2.507	2.553	2.599	2.646	2.692	2.739
350	2.786	2.833	2.880	2.927	2.974	3.021	3.069	3.116	3.164	3.212
400	3.259	3.307	3.355	3.403	3.451	3.500	3.548	3.596	3.645	3.694
450	3.742	3.791	3.840	3.889	3.938	3.987	4.036	4.085	4.134	4.184
500	4.233	4.283	4.332	4.382	4.432	4.482	4.532	4.582	4.632	4.682
550	4.732	4.782	4.833	4.883	4.934	4.984	5.035	5.086	5.137	5.188
600	5.239	5.290	5.341	5.392	5.443	5.495	5.546	5.598	5.649	5.701
650	5.753	5.785	5.857	5.909	5.961	6.013	6.065	6.118	6.170	6.223
700	6.275	6.328	6.381	6.434	6.486	6.539	6.593	6.646	6.699	6.752
750	6.806	6.859	6.913	6.967	7.020	7.074	7.128	7.182	7.236	7.291
800	7.345	7.399	7.454	7.508	7.563	7.618	7.673	7.728	7.783	7.838
850	7.893	7.948	8.003	8.059	8.114	8.170	8.226	8.281	8.337	8.393
900	8.449	8.505	8.562	8.618	8.674	8.731	8.787	8.844	8.890	8.957
950	9.014	9.071	9.128	9.215	9.242	9.300	9.357	9.414	9.472	9.529
1000	9.587	9.645	9.703	9.761	9.819	9.877	9.932	9.993	10.051	10.110
1050	10.168	10.227	10.285	10.344	10.403	10.461	10.520	10.579	10.638	10.697
1100	10.757	10.816	10.875	10.934	10.994	11.053	11.113	11.172	11.232	11.291
1150	11.351	11.411	11.471	11.531	11.590	11.650	11.710	11.770	11.830	11.890
1200	11.951	12.011	12.071	12.131	12.191	12.252	12.312	12.372	12.433	12.493
1250	12.554	12.614	12.675	12.735	12.796	12.856	12.917	12.977	13.038	13.098

续表

温度/℃	0	5	10	15	20	25	30	35	40	45
	热电动势/mV									
1300	13.159	13.220	13.280	13.341	13.342	13.462	13.523	13.584	13.644	13.705
1350	13.766	13.826	13.887	13.948	14.009	14.069	14.130	14.191	14.251	14.312
1400	14.373	14.433	14.494	14.554	14.615	14.676	14.736	14.797	14.861	14.918
1450	14.978	15.039	15.099	15.160	15.220	15.280	15.341	15.401	15.456	15.521
1500	15.52	15.642	15.703	15.762	15.822	15.882	15.942	16.002	16.062	16.122

F3.2　铂铑 13-铂热电偶分度表（R 型）

表 F3-2　常用铂铑 13-铂热电偶分度表（R 型）

GB/T 16839.1—1997　　　　　　　　　　　　　　　　（参比端温度为 0℃）

温度/℃	0	5	10	15	20	25	30	35	40	45
	热电动势/mV									
−50	−0.226	−0.208	−0.188	−0.167	−0.145	−0.123	−0.100	−0.076	−0.051	−0.026
0	0.000	0.027	0.054	0.082	0.111	0.141	0.171	0.201	0.232	0.264
50	0.296	0.329	0.363	0.397	0.431	0.466	0.501	0.537	0.573	0.610
100	0.647	0.685	0.723	0.761	0.800	0.839	0.879	0.919	0.959	1.000
150	1.041	1.082	1.124	1.166	1.208	1.251	1.294	1.337	1.381	1.425
200	1.469	1.513	1.558	1.602	1.648	1.693	1.739	1.784	1.831	1.877
250	1.923	1.970	2.017	2.064	2.112	2.159	2.207	2.255	2.304	2.352
300	2.401	2.449	2.498	2.547	2.597	2.646	2.696	2.746	2.796	2.846
350	2.896	2.947	2.997	3.048	3.099	3.150	3.201	3.253	3.304	3.356
400	3.408	3.460	3.512	3.564	3.616	3.669	3.721	3.774	3.827	3.880
450	3.933	3.986	4.040	4.093	4.147	4.201	4.255	4.309	4.363	4.417
500	4.711	4.526	4.580	4.635	4.690	4.745	4.800	4.855	4.910	4.966
550	5.021	5.077	5.133	5.189	5.245	5.301	5.357	5.414	5.470	5.527
600	5.583	5.640	5.697	5.754	5.812	5.869	5.926	5.984	6.041	6.099
650	6.157	6.215	6.273	6.332	6.390	6.448	6.507	6.566	66.215	6.684
700	6.743	6.802	6.861	6.921	6.980	7.040	7.100	7.160	7.220	7.280
750	7.340	7.401	7.461	7.522	7.583	7.644	7.705	7.766	7.827	7.888
800	7.950	8.011	8.073	8.135	8.197	8.259	8.321	8.384	8.446	8.509
850	8.571	8.634	8.697	8.760	8.823	8.887	8.950	9.014	9.077	9.141
900	9.205	9.269	9.333	9.397	9.461	9.526	9.590	9.655	9.720	9.785
950	9.850	9.915	9.980	10.046	10.111	10.177	10.242	10.308	10.374	10.440
1000	10.506	10.572	10.638	10.705	10.771	10.838	10.905	10.972	11.039	11.106
1050	11.173	11.240	11.307	11.375	11.442	11.510	11.578	11.646	11.714	11.782

温度/℃	0	5	10	15	20	25	30	35	40	45
	热电动势/mV									
1100	11.750	11.918	11.986	12.054	12.123	12.191	12.260	12.329	12.397	12.466
1150	12.535	12.604	12.673	12.742	12.812	12.881	12.950	13.019	13.089	13.158
1200	13.228	13.298	13.367	13.437	13.507	13.577	13.646	13.716	13.786	13.856
1250	13.926	13.996	14.066	14.137	14.207	14.277	14.347	14.418	14.488	14.558
1300	14.629	14.699	14.770	14.840	14.911	14.981	15.052	15.122	15.193	15.263
1350	15.334	15.404	15.475	15.546	15.616	15.687	15.758	15.828	15.899	15.969
1400	16.040	16.111	16.181	16.252	16.323	16.393	16.464	16.534	16.605	16.676
1450	16.746	16.817	16.887	16.958	17.028	17.099	17.169	17.240	17.310	17.380
1500	17.451	17.521	17.591	17.661	17.732	17.802	17.872	17.942	18.012	18.082

F3.3　铂铑 30-铂铑 6 热电偶分度表（B 型）

表 F3-3　常用铂铑 30-铂铑 6 热电偶分度表（B 型）

GB/T 16839.1—1997　　　　　　　　　　　　　　　　　　　（参比端温度为 0℃）

温度/℃	0	5	10	15	20	25	30	35	40	45
	热电动势/mV									
0	0.000	−0.001	−0.002	−0.002	−0.003	−0.002	−0.002	−0.001	0.000	0.001
50	0.002	0.004	0.006	0.009	0.011	0.014	0.017	0.021	0.025	0.029
100	0.033	0.038	0.043	0.048	0.053	0.059	0.065	0.072	0.078	0.085
150	0.092	0.099	0.107	0.115	0.123	0.132	0.141	0.150	0.159	0.168
200	0.178	0.188	0.199	0.209	0.220	0.231	0.243	0.255	0.267	0.279
250	0.291	0.304	0.317	0.330	0.344	0.358	0.372	0.386	0.401	0.416
300	0.431	0.446	0.462	0.478	0.494	0.510	0.527	0.544	0.561	0.578
350	0.596	0.614	0.632	0.650	0.669	0.688	0.707	0.727	0.746	0.766
400	0.787	0.807	0.828	0.849	0.870	0.891	0.913	0.935	0.957	0.979
450	1.002	1.025	1.048	1.071	1.095	1.119	1.143	1.167	1.192	1.217
500	1.242	1.267	1.293	1.318	1.344	1.371	1.397	1.424	1.451	1.478
550	1.505	1.533	1.561	1.589	1.617	1.646	1.675	1.704	1.733	1.762
600	1.792	1.822	1.852	1.882	1.913	1.944	1.975	2.006	2.037	2.069
650	2.101	2.133	2.165	2.197	2.230	2.263	2.296	2.329	2.363	2.397
700	2.431	2.465	2.499	2.534	2.569	2.604	2.639	2.674	2.710	2.746
750	2.782	2.818	2.854	2.891	2.928	2.965	3.002	3.040	3.078	3.116
800	3.154	3.192	3.230	3.269	3.308	3.347	3.386	3.426	3.466	3.506
850	3.546	3.586	3.626	3.667	3.708	3.749	3.790	3.832	3.873	3.915

续表

温度/℃	0	5	10	15	20	25	30	35	40	45
	热电动势/mV									
900	3.957	3.999	4.041	4.084	4.127	4.170	4.213	4.256	4.299	4.343
950	4.387	4.431	4.475	4.519	4.564	4.608	4.653	4.698	4.743	4.789
1000	4.834	4.880	4.926	4.972	5.018	5.065	5.111	5.158	5.205	5.252
1050	5.299	5.346	5.394	5.441	5.489	5.537	5.585	5.634	5.682	5.731
1100	5.780	5.828	5.878	5.927	5.976	6.026	6.075	6.125	6.175	6.225
1150	6.276	6.326	6.377	6.427	6.478	6.529	6.580	6.632	6.683	6.735
1200	6.786	6.838	6.890	6.942	6.995	7.047	7.100	7.152	7.205	7.258
1250	7.311	7.364	7.417	7.471	7.524	7.578	7.632	7.686	7.740	7.794
1300	7.848	7.903	7.957	8.012	8.066	8.121	8.176	8.231	8.286	8.342
1350	8.397	8.453	8.508	8.564	8.620	8.675	8.731	8.787	8.844	8.900
1400	8.956	9.013	9.069	9.126	9.182	9.239	9.296	9.353	9.410	9.467
1450	9.524	9.581	9.639	9.696	9.753	9.811	9.868	9.926	9.984	10.041
1500	10.099	10.157	10.215	10.273	10.331	10.389	10.447	10.505	10.563	10.621

F3.4　铜-铜镍（康铜）热电偶分度表（T型）

表 F3-4　常用铜-铜镍（康铜）热电偶分度表（T型）

GB/T 16839.1—1997　　　　　　　　　　　　　　　　　　　　（参比端温度为0℃）

温度/℃	0	5	10	15	20	25	30	35	40	45
	热电动势/mV									
−250	−6.180	−6.146	−6.105	−6.059	−6.007	−5.950	−5.888	−5.823	5.753	−5.680
−200	−5.603	−5.523	−5.439	−5.351	−5.261	−5.167	−5.070	−4.969	−4.865	−4.759
−150	−4.648	−4.535	−4.419	−4.300	−4.177	−4.052	−3.923	−3.791	−3.657	−3.519
−100	−3.379	−3.235	−3.089	−2.940	−2.788	−2.633	−2.476	−2.316	−2.153	−1.987
−50	−1.819	−1.648	−1.475	−1.299	−1.121	−0.940	−0.757	−0.571	−0.383	−0.193
0	0.000	0.195	0.391	0.589	0.790	0.992	1.196	1.403	1.612	1.823
50	2.036	2.251	2.468	2.687	2.909	3.132	3.358	3.585	3.814	4.046
100	4.279	4.513	4.750	4.988	5.228	5.470	5.714	5.959	6.206	6.454
150	6.704	6.956	7.209	7.463	7.720	7.977	8.237	8.497	8.759	9.023
200	9.288	9.555	9.822	10.092	10.362	10.634	10.907	11.182	11.458	11.735
250	12.013	12.293	12.574	12.856	13.139	13.423	13.709	13.995	14.283	14.572
300	14.862	15.153	15.445	15.738	16.032	16.327	16.624	16.921	17.219	17.518
350	17.819	18.120	18.422	18.725	19.030	19.335	19.641	19.947	20.255	20.563
400	20.872									

F3.5 镍铬-铜镍（康铜）热电偶分度表（E型）

表 F3-5 常用镍铬-铜镍（康铜）热电偶分度表（E型）

GB/T 16839.1—1997   （参比端温度为0℃）

温度/℃	0	5	10	15	20	25	30	35	40	45
	热电动势/mV									
−250	−9.718	−9.666	−9.604	−9.534	−9.455	−9.368	−9.274	−9.172	−9.063	−8.947
−200	−8.825	−8.696	−8.561	−8.420	−8.273	−8.121	−7.963	−7.800	−7.279	−7.458
−150	−7.279	−7.096	−6.907	−6.714	−6.516	−6.314	−6.107	−5.896	−5.681	−5.464
−100	−5.237	−5.009	−4.777	−4.542	−4.302	−4.058	−3.811	−3.561	−3.306	−3.048
−50	−2.787	−2.523	−2.255	−1.984	−1.709	−1.432	−1.152	−0.868	−0.582	−0.292
0	0.000	0.294	0.591	0.890	1.192	1.495	1.801	2.109	2.420	2.733
50	3.048	3.365	3.685	4.006	4.330	4.656	4.985	5.315	5.648	5.982
100	6.319	6.658	6.998	7.341	7.685	8.031	8.379	8.729	9.081	9.434
150	9.789	10.145	10.503	10.863	11.224	11.587	11.951	12.317	12.684	13.052
200	13.421	13.792	14.164	14.537	14.912	15.287	15.664	16.041	16.420	16.800
250	17.181	17.562	17.945	18.328	18.713	19.098	19.484	19.871	20.259	20.647
300	21.036	21.426	21.817	22.208	22.600	22.993	23.386	23.780	24.174	24.569
350	24.964	25.360	25.757	26.154	26.552	26.950	27.348	27.747	28.146	28.546
400	28.946	29.346	29.747	30.148	30.550	30.952	31.354	31.756	32.159	32.562
450	32.965	33.368	33.772	34.175	34.579	34.983	35.387	35.792	36.196	36.601
500	37.005	37.410	37.815	38.220	38.624	39.029	39.434	39.839	40.243	40.648
550	41.053	41.457	41.862	42.266	42.671	43.075	43.479	43.883	44.286	44.690
600	45.093	45.497	45.900	46.302	46.705	47.107	47.705	47.911	48.313	48.715
650	49.116	49.517	49.917	50.318	50.718	51.118	51.517	51.916	52.315	52.714
700	53.112	53.510	53.908	54.306	54.703	55.100	55.497	55.893	56.289	56.685
750	57.080	57.475	57.870	58.265	58.659	59.053	59.446	59.839	60.232	60.625
800	61.017	61.409	61.801	62.192	62.583	62.974	63.364	63.754	64.144	64.533
850	64.922	65.310	65.698	66.086	66.473	66.860	67.246	67.632	68.017	68.402
900	68.787	69.171	69.554	69.937	70.319	70.701	71.082	71.463	71.844	72.223
950	72.603	72.981	73.360	73.738	74.115	74.492	74.869	75.245	75.621	75.997
1000	76.373									

附录4　常用管道仪表流程图设计符号

管道及仪表流程图是自控工程设计的文字代号、图形符号在工艺流程图上描述生产过程控制的原理图，是控制系统设计、施工中采用的一种图示形式。该图在工艺流程图的基础上，按其流程顺序，标出相应的测量点、控制点、控制系统及自动信号与连锁保护系统。

由工艺人员和自控人员共同研究绘制。在管道及仪表流程图的绘制过程中所采用的图形符号、文字代号应按照有关的技术规定进行。

下面结合原化工部 HG/T 20505—2014《过程测量与控制仪表的功能标志及图形符号》，介绍一些常用的图形符号和文字代号。

（1）仪表位号

在检测、控制系统中，构成回路的每个仪表都用仪表位号来标识。仪表位号由仪表的功能标志和回路编号两部分组成。

功能标志：由首位字母及后继字母组成。功能标志只表示仪表的功能，不表示仪表的结构。如：要实现 FR（流量记录）功能，可采用差压记录仪，也可采用单笔或多笔记录仪。功能标志的首位字母应与被测变量或引发变量相应，可以不与被处理的变量相符。如：用于调节流量的控制阀在液位控制系统中的功能标志是 LV，而不是 FV。

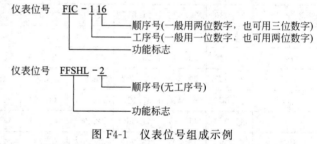

图 F4-1　仪表位号组成示例

常见的功能标志，如功能标志 PI，其中"P"为首位字母，表示被测变量，"I"为后继字母，表示读出功能；功能标志 TIC，"T"为首位字母，表示被测功能，"IC"为后继字母，表示读出功能和输出功能。

回路编号：由工序号和顺序号组成，一般用三位至五位阿拉伯数字表示。完整仪表位号组成可见图 F4-1。

常见的仪表图形符号可见表 F4-1。

表 F4-1　常见仪表图形符号

序号	共享显示，共享控制		C	D	安装位置与可接近性
	A	B	计算机系统及软件	单台(单台仪表设备或功能)	
	首选或基本过程控制系统	备选或安全仪表系统			
1	⊙	◇	⬡	○	• 位于现场 • 非仪表盘、柜、控制台安装 • 现场可视 • 可接近性—通常允许
2	⊖	◈	⬡	⊖	• 位于控制室 • 控制盘/台正面 • 在盘的正面或视频显示器上可视 • 可接近性—通常允许

续表

序号	共享显示,共享控制		C	D	安装位置与可接近性
	A 首选或基本过程 控制系统	B 备选或安全 仪表系统	计算机系统及 软件	单台(单台仪表 设备或功能)	
3					• 位于控制室 • 控制盘背面 • 位于盘后的机柜内 • 在盘的正面或视频显示器上不可视 • 可接近性—通常不允许
4					• 位于现场控制盘/台正面 • 在盘的正面或视频显示器上可视 • 可接近性—通常允许
5					• 位于现场控制盘背面 • 位于现场机柜内 • 在盘的正面或视频显示器上不可视 • 可接近性—通常不允许

（2）测量点和连接线

测量点不明确标出,必要可使用细实线加图形如 PP、LP 等表示。需要表示出测量点在设备内的位置,可用细实线或虚线标出。连接线表示仪表与测量点的连接,或仪表与其能源的连接。P&ID 上不表示变送器,控制室仪表与测量点直接用细实线连接。测量点表示如图 F4-2 所示。

常用仪表连接线可见表 F4-2。

图 F4-2　测量点示意图

表 F4-2　常用仪表连接线

序号	符号	应用
1	IA————	• IA 也可换成 PA(装置空气),NS(氮气),或 GS(任何气体) • 根据要求注明供气压力,如:PA—70kPa(G),NS—300kPa(G)等
2	ES————	• 仪表电源 • 根据要求注明电压等级和类型,如:ES　220 VAC • ES 也可直接用 24VDC,120VAC 等代替
3	HS————	• 仪表液压动力源 • 根据要求注明压力,如:HS—70kPa(G)
4	——/——/——	• 未定义的信号 • 用于工艺流程图(PFD) • 用于信号类型无关紧要的场合
5	——//——//——	• 气动信号

所有控制系统均是由众多设计符号组合而成,图 F4-3 为某压缩机气路控制系统图。

318

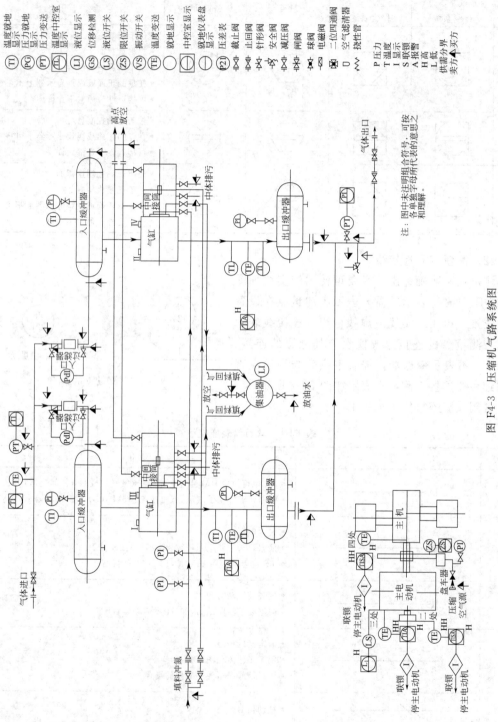

图 F4-3 压缩机气路系统图

附录 5　课外项目设计参考题目

为了加强学生对课程内容的理解和锻炼实践能力，本课程在教学时可安排学生课外分组设计练习，具体要求为每组 3～5 人，每个人都是小组一员，要既有分工，又有密切协作，每个人的作用要明确体现出来。

每个设计题目最终形成报告可以包括：设计任务和目标描述，设计过程描述，理论分析和仿真，结论陈述，参考文献，附件（程序、PPT 等）。所形成的报告可以安排到课堂汇报讨论，进一步加强学生实践能力培养。表 F5-1 是一些在西安交大开展的课外设计题目，供大家参考。

表 F5-1　课外设计项目参考题目

序号	题目
1	精馏塔的仪表控制系统(例如空分精馏塔的仪表控制系统)
2	反应器的控制
3	工业液位控制实例分析
4	前馈控制系统及其在工业中的应用
5	换热器最优控制方案应用实例
6	串级调节系统的工业应用实例及其控制器选型和整定
7	远程监测与控制系统及应用的设计
8	计算机直接数字控制系统应用案例分析
9	现场总线控制系统及其工业应用
10	虚拟仪器技术及其工业应用
11	DCS 控制系统及其应用
12	PLC 工业控制应用设计
13	新型先进控制系统设计
14	离心压缩机防喘振控制应用实例分析
15	房间舒适度自动控制
16	基于互联网＋的控制新技术
17	自动扫地机设计

参 考 文 献

[1] 高芸.气动与电动执行器.北京：中国纺织出版社，1995.

[2] 邓善熙，吕国强.在线检测技术.北京：机械工业出版社，1996.

[3] 刘宏才.系统辨识与参数估计.北京：冶金工业出版社，1996.

[4] 邵惠鹤.工业过程高级控制.上海：上海交通大学出版社，1997.

[5] 张乃尧，阎平凡.神经网络与模糊控制.北京：清华大学出版社，1998.

[6] 王永骥，涂健.神经元网络控制.北京：机械工业出版社，1998.

[7] 李锡雄等.微型计算机控制技术.北京：科学出版社，1999.

[8] 侯志林.过程控制与自动化仪表.北京：机械工业出版社，2000.

[9] 郁永章.容积式压缩机技术手册.北京：机械工业出版社，2000.

[10] 孙洪程，翁维勤.过程控制工程设计.北京：化学工业出版社，2001.

[11] 武汉大学化学系.仪器分析.北京：高等教育出版社，2001.

[12] 张勇德.过程控制装置.北京：化学工业出版社 2002.

[13] 王树青等.工业过程控制工程.北京：化学工业出版社，2002.

[14] 王桂增等.高等过程控制.北京：清华大学出版社，2002.

[15] 俞金寿.工业过程先进控制.北京：中国石化出版社，2002.

[16] 何衍庆，俞金寿.集散控制系统原理及应用.第 2 版.北京：化学工业出版社，2002.

[17] 翁维勤，孙洪程.过程控制系统及工程.第 2 版.北京：化学工业出版社，2002.

[18] 吴勤勤.控制仪表及装置.第 2 版.北京：化学工业出版社，2002.

[19] 孟华.工业过程检测与控制.北京：北京航空航天大学出版社，2002.

[20] 方康玲.过程控制系统.武汉：武汉理工大学出版社，2002.

[21] K. J. Astrom, B. Wittenmark. Computer-Controlled Systems—Theory and Design. Third Edition. 影印版. 清华大学出版社，2002.

[22] 陶永华等.新型 PID 控制及其应用.第 2 版.北京：机械工业出版社，2003.

[23] 俞金寿.过程控制系统和应用.北京：机械工业出版社，2003.

[24] 何离庆.过程控制系统与装置.重庆：重庆大学出版社，2003.

[25] 徐大诚等.微型计算机控制技术及应用.北京：高等教育出版社，2003.

[26] 潘新民，王燕芳.微型计算机控制技术.北京：电子工业出版社，2003.

[27] 孔峰.微型计算机控制技术.重庆：重庆大学出版社，2003.

[28] 熊静琪.计算机控制技术.北京：电子工业出版社，2003.

[29] 施仁，刘文江.自动化仪表与过程控制.第 2 版，北京：电子工业出版社，2003.

[30] 阳宪惠.工业数据通信与控制网络.北京：清华大学出版社，2003.

[31] J. Berge.过程控制现场总线：工程、运行与维护.陈小枫等译.北京：清华大学出版社，2003.

[32] F. G. Shinskey.过程控制系统——应用、设计与整定.萧德云译.第 3 版.北京：清华大学出版社，2004.

[33] 王锦标.计算机控制系统.北京：清华大学出版社，2004.

[34] 李新光等.过程检测技术.北京：机械工业出版社，2004.

[35] 曹玲芝.现代测试技术及虚拟仪器.北京：北京航空航天大学出版社，2004.

[36] 田丹碧.仪器分析.北京：化学工业出版社，2004.

[37] 刘巨良.过程控制仪表.北京：化学工业出版社，2004.

[38] 潘立登，潘仰东.系统辨识与建模.北京：化学工业出版社，2004.

[39] 周彤著.面向控制的系统辨识导论.北京：清华大学出版社，2004.

[40] 陈夕松.汪木兰.过程控制系统.北京：科学出版社，2005.

[41] 邵裕森，戴先中.过程控制工程.第 2 版.北京：机械工业出版社，2005.

[42] 邓勃等.分析仪器与仪器分析概论.北京：化学工业出版社，2005.

[43] 诸静等.模糊控制原理与应用.北京：机械工业出版社，2005.

[44] 朱豫才.过程控制的多变量系统辨识.张湘平等译.长沙：国防科技大学出版社，2005.

[45] D. E. Seborg 等.过程的动态特性与控制.王京春等译.北京：电子工业出版社，2006.

[46] 赵庆国等.热能与动力工程测试技术.北京：化学工业出版社，2006.

[47] 张根宝.工业自动化仪表与过程控制.西安：西北工业大学出版社，2006.

[48] 曹辉，霍罡编.可编程序控制器过程控制技术.北京：机械工业出版社，2006.

[49] 王再英等.过程控制系统与仪表.北京：机械工业出版社，2006.

[50] 李亚芬.过程控制系统及仪表.大连：连理工大学出版社，2006.

[51] 林德杰.过程控制仪表及控制系统.北京：机械工业出版社，2006.

[52] 林锦国.过程控制.第 2 版.南京：东南大学出版社，2006.

[53] 王燕，方景林.过程检测与控制.北京：清华大学出版社，2006.

[54] 鲁明休，罗安.化工过程控制系统.北京：化学工业出版社，2006.

[55] 孙优贤，褚健.工业过程控制技术：方法篇.北京：化学工业出版社，2006.

[56] 孙优贤，邵惠鹤.工业过程控制技术：应用篇.北京：化学工业出版社，2006.

[57] 高金源，夏洁.计算机控制系统.清华大学出版社，2007.

[58] 张雪申，叶西宁.集散控制系统及其应用.北京：机械工业出版社，2007.

[59] 张早校，王毅，侯雄坡.过程装备控制技术及应用典型题解析.北京：化学工业出版社，2008.

[60] 张早校.过程控制装置及系统设计.北京：北京大学出版社，2010.

[61] 周杏鹏.传感器与检测技术.北京：清华大学出版社，2010.

[62] 王俊杰等.传感器与检测技术.北京：清华大学出版社，2011.

[63] 厉玉鸣.化工仪表及自动化.第 5 版.北京：化学工业出版社，2011.

[64] 高金吉.机器故障诊治与自愈化.北京：高等教育出版社，2012.

[65] 侯慧姝.过程控制技术.北京：北京理工大学出版社，2012.

[66] 罗文广等.计算机控制技术.北京：机械工业出版社，2013.

[67] 李江全.计算机控制技术与组态应用.北京：清华大学出版社，2013.

[68] 巨林仓.自动控制原理.第 2 版.北京：中国电力出版社，2013.

[69] F. Franklin, J. D. Powell, Abbas Emami-Naeini. Feedback Control of Dynamic Systems (Sixth Edition)., Beijing：Publishing House of Electronics Industry, 2013.

[70] M. P. Taylor, J. Chen, B. R. Young. Control for Aluminum Production and Other Processing Industries. Boca Raton：CRC Press, Taylor & Francis Group, 2014.

[71] 曾胜，顾超华.过程装备控制技术.北京：化学工业出版社，2015.

[72] 丁建强，任晓，卢亚平.计算机控制技术及其应用.第 2 版.北京：清华大学出版社，2017.

[73] W. L. Luyben. Chemical Reactor Design and Control. New Jersey：John Wiley & Sons, Inc., 2007.